高等职业教育土建类专业"十三五"规划教材

GAODENGZHIYEJIAOYU TUJIANLEI ZHUANYE SHISANWU GUIHUAJIAOCAI

U0669084

第2版

建筑设备工程

JIANZHU SHEBEI GONGCHENG

主　编　吕东风　常爱萍

副主编　张　弘

主　审　任伯帜

中南大学出版社

www.csupress.com.cn

内容简介

    本书为高等职业教育土建类专业"十三五"规划教材。全书分六个模块，内容包括：建筑给水排水工程、建筑供暖工程、建筑通风与空气调节工程、建筑燃气系统、建筑电气与智能建筑、建筑设备施工图识读等。本书注重培养学生的建筑设备施工图的识读能力，按照最新国家标准、规范编写，内容系统全面，浅显易懂，具有较强的实用性和借鉴性。

    本书适合高等职业教育建筑工程技术、建筑工程管理、工程造价、建筑设计、建筑装饰灯专业作教材，亦可作为成教学院、网络学院、电视大学土建类专业专科教学用书，还可作为相关专业工程技术人员的培训参考用书。

    本书配有多媒体教学电子课件。

高等职业教育土建类专业"十三五"规划教材编审委员会

主 任

王运政　　胡六星　　郑 伟　　玉小冰　　刘孟良　　陈安生

李建华　　谢建波　　彭 浪　　赵 慧　　赵顺林　　向 曙

副主任

（以姓氏笔画为序）

王超洋　　卢 滔　　刘文利　　刘可定　　刘庆潭　　孙发礼

杨晓珍　　李 娟　　李玲萍　　李清奇　　李精润　　欧阳和平

项 林　　胡云珍　　黄 涛　　黄金波　　龚建红　　颜 昕

委 员

（以姓氏笔画为序）

万小华	邓 慧	王四清	龙卫国	叶 姝	包 屫
邝佳奇	朱再英	伍扬波	庄 运	刘小聪	刘天林
刘汉章	刘旭灵	许 博	阮晓玲	孙光远	孙湘晖
李为华	李 龙	李 冰	李 奇	李 侃	李 鲤
李亚贵	李进军	李丽田	李丽君	李海霞	李鸿雁
肖飞剑	肖恒升	何 珊	何立志	佘 勇	宋士法
宋国芳	张小军	张丽姝	陈 晖	陈 翔	陈贤清
陈淳慧	陈婷梅	易红霞	金红丽	周 伟	赵亚敏
徐龙辉	徐运明	徐猛勇	卿利军	高建平	唐 文
唐茂华	黄郎宁	黄桂芳	曹世晖	常爱萍	梁鸿颉
彭 飞	彭子茂	彭秀兰	蒋 荣	蒋买勇	曾维湘
曾福林	熊宇璟	樊淳华	魏丽梅	魏秀瑛	瞿 峰

出版说明 INSTRUCTIONS

　　遵照《国务院关于加快发展现代职业教育的决定》〔国发(2014)19 号〕提出的"服务经济社会发展和人的全面发展，推动专业设置与产业需求对接，课程内容与职业标准对接，教学过程与生产过程对接，毕业证书与职业资格证书对接"的基本原则，为全面推进高等职业院校土建类专业教育教学改革，促进高端技术技能型人才的培养，依据国家高等职业教育土建类专业教学指导委员会高等职业教育土建类专业教学基本要求，通过充分的调研，在总结吸收国内优秀高等职业教育教材建设经验的基础上，我们组织编写和出版了这套高等职业教育土建类专业"十三五"规划教材。

　　高等职业教育教学改革不断深入，土建行业工程技术日新月异，相应国家标准、规范、行业、企业标准、规范不断更新，作为课程内容载体的教材也必然要顺应教学改革和新形式的变化，适应行业的发展变化。教材建设应该按照最新的职业教育教学改革理念构建教材体系，探索新的编写思路，编写出版一套全新的、高等职业院校普遍认同的、能引导土建专业教学改革的"十三五"规划系列教材。为此，我们成立了规划教材编审委员会。教材编审委员会由全国 30 多所高职院校的权威教授、专家、院长、教学负责人、专业带头人及企业专家组成。编审委员会通过推荐、遴选，聘请了一批学术水平高、教学经验丰富、工程实践能力强的骨干教师及企业专家组成编写队伍。

　　本套教材具有以下特色：

　　1. 教材依据国家高等职业教育土建类专业教学指导委员会《高等职业教育土建类专业教学基本要求》编写，体现科学性、创新性、应用性；体现土建类教材的综合性、实践性、区域性、时效性等特点。

　　2. 适应高等职业教育教学改革的要求，以职业能力为主线，采用行动导向、任务驱动、项目载体，教、学、做一体化模式编写，按实际岗位所需的知识能力来选取教材内容，实现教材与工程实际的零距离"无缝对接"。

　　3. 体现先进性特点。将土建学科的新成果、新技术、新工艺、新材料、新知识纳入教材，结合最新国家标准、行业标准、规范编写。

　　4. 教材内容与工程实际紧密联系。教材案例选择符合或接近真实工程实际，有利于培养学生的工程实践能力。

　　5. 以社会需求为基本依据，以就业为导向，融入建筑企业岗位(八大员)职业资格考试、国家职业技能鉴定标准的相关内容，实现学历教育与职业资格认证相衔接。

　　6. 教材体系立体化。为了方便老师教学和学生学习，本套教材建立了多媒体教学电子课件、电子图集、标准规范、优秀专业网站、教学指导、教学大纲、题库、案例素材等教学资源支持服务平台。

高等职业教育土建类专业规划教材

编 审 委 员 会

前 言 PREFACE

近年来，随着我国城镇化进程的加快、人民生活居住水平的改善，建筑设备工程技术水平不断的提高，具备高等教育的建筑类人才需求也随之不断地扩大。为此，我们通过深入建筑行业及高等院校调查，组织了高等院校的多名优秀教师编写本书。

本书以《高等职业教育工程土建类人才教育标准和培养方案》为指导，以培养较强的实践能力、高素质的技术技能应用型人才为导向，贯彻实践为主、理论为辅的原则，对建筑设备各方面的内容进行了较为详尽的介绍。编者均为多年从事建筑设备施工和工程造价的行业人员，具有丰富的现场实践经验和教学经验，对于专业知识的深度和广度有较好的把握。

本书系统地介绍了建筑给水排水工程、建筑消防系统、建筑热水及饮用水供应系统、建筑中水系统、建筑采暖系统、建筑通风空调系统、建筑燃气系统、建筑供配电系统、建筑电气照明及动力系统、建筑防雷接地系统、建筑智能化系统、建筑施工图识读等内容。各模块每节后面均附有复习思考题，供读者复习巩固之用。

本书是按照高等职业教育培养高技能应用型人才的要求，以国家现行的建设工程规范、文件为依据，根据作者多年的工程实际经验及教学实践，在课堂教案与自编教材的基础上多次修改、补充撰编而成。全书分六个模块，内容包括：建筑给水排水工程、建筑供暖工程、建筑通风与空气调节工程、建筑燃气系统、建筑电气与智能建筑、建筑设备施工图识读等。本书注重培养学生的建筑设备施工图的识读能力，按照最新国家标准、规范编写，内容系统全面，浅显易懂，具有较强的实用性和借鉴性。

本书由湖南城建职业技术学院吕东风、湖南交通职业技术学院常爱萍担任主编并参与编写，湖南城建职业技术学院张弘担任副主编并参与编写。全书共分六个模块，模块一、四由吕东风编写，模块二、三由张弘编写，模块五、模块六由常爱萍编写。全书由湖南科技大学土木工程学院任伯帜教授主审。

本书适用于高等职业院校建筑工程技术、建筑工程管理、工程造价专业、房地产与物业管理、建筑设计技术专业、建筑装饰设计技术专业"建筑设备"课程的教学，或者作为课程设计、实训的辅导资料。此外，也可供暖通空调、给水排水、建筑电气工程设计施工人员进行参考。

由于编者水平有限，教材中难免还有一些不足之处，恳请读者批评指正。

编 者

2020 年 1 月

目 录 CONTENTS

绪　论

一、本课程的目的、性质和任务

房屋建筑为了满足生产和生活上的需要，要求在建筑物内设置完善的给水、排水、供热、通风、空气调节、燃气、供电等设备系统。这些设备系统装设在建筑物内，统称为建筑设备。设置在建筑物内的设备系统，必然要求与建筑、结构及生活需求、生产工艺设备等相互协调，才能发挥建筑物应有的功能，并提高建筑物的使用质量，避免环境污染。因此，建筑设备工程是房屋建筑工程不可缺少的组成部分。

本课程是高职高专房屋建筑工程、工程造价、建筑设计、建筑装饰工程等非"建筑设备工程"类专业的专业课程之一，使学生在从事建筑施工与管理、建筑装饰工程及工程造价时具有建筑给水与排水、消防、供热通风与空气调节、建筑供配电、电气照明、防雷与接地、建筑弱电与消防电气等设备工程专业知识，以及掌握这些基本知识和技术所必备的基本理论，成为高素质的中、高级专门人才。

二、建筑设备课程的主要内容

1. 建筑给水排水工程

主要介绍给水排水系统的组成，常用的管材和配件，建筑消防给水以及给水排水施工图。

2. 建筑供暖工程

主要介绍建筑供暖系统及其主要设备，以及有关施工图。

3. 通风和空气调节工程

主要介绍通风系统，空气调节及有关的施工图。

4. 建筑燃气系统

主要介绍燃气分类，室内燃气供应方式，燃气管道及其室内安装施工等。

5. 建筑电气

主要介绍建筑物常用的电气系统，如电气照明、防雷以及弱电系统等，对电气施工图也作了较详细的讨论。

随着我国各种类型工业企业的不断建立、城镇各类民用建筑的兴建、人民生活居住条件的逐步改善、基本建设工业化施工的迅速发展，建筑设备工程技术水平正在不断提高。

同时，由于近代科学技术的发展，各门学科互相渗透和互相影响，建筑设备技术也受到交叉学科发展的影响而日新月异。

现代建筑设备工程技术的发展，有几个方面值得我们认真研究和采用：

（1）新材料、新品种的快速发展，在建筑设备中引起了许多技术改革。例如，由于各种聚合材料具有重量轻、耐腐蚀、电气性能好等优点，在建筑设备工程中凡是不受高温高压的各种管材、配件、给水器材、卫生器具、配电器材等，国外大都以之代替各种金属材料；又如钢和铝的新品种和新规格轧材的应用，使许多设备的使用寿命得以延长，从而不仅保证了设备的使用质量，而且节约了金属材料的使用，节省了施工的费用。

（2）新型设备的不断出现，使建筑设备工程向着更加节约和高效的方向发展。利用真空排除污水的特制便器，节约了大量冲洗用水；在高层建筑中广泛采用水锤消除器，有效地减少了管道的噪声。各种设备正朝着体积小、重量轻、噪声低、效率高、整体式的方向发展。

（3）新能源的利用和电子技术的应用，使建筑设备工程技术不断更新。各种系统由于集中、自动化控制而提高了效率，节约了费用，创造了更好的卫生环境，为建筑设备工程技术的发展开辟了广阔的领域。例如，国外采用的被动式太阳能采暖及降温装置，为采暖、通风、空调技术提供了新型冷源和热源；使用程序控制装置调节建筑物通风空调系统，使建筑物通风量随气象参数自动调节，保证了室内的卫生与舒适条件；使用自动温度调节器，可以保证室内采暖及空调的设计温度并节约了能源；利用电子控制设备或敏感器件，可以控制卫生设备的冲洗次数，达到节约水量的效果；又如电气照明光源（如氙灯、卤化物灯、节能灯等）的发展，使灯的亮度、光色及使用寿命不断改善和提高。

三、建筑设备课的学习方法

"建筑设备工程"是一门专业技术课。学习本课程的目的在于掌握和了解建筑设备工程技术的基本知识和一般的设计原则与方法，提高综合考虑和合理处理各种建筑设备与建筑主体之间的关系的能力，从而作出适用、经济的建筑设计。在领会本学科基本原理的基础上，应当加强实训和施工的实践，才能完整地掌握建筑设备工程技术。

1. 要有明确的学习目的

首先要明确作为房屋建筑工程、工程造价、建筑装饰工程等专业的工程技术人员必须掌握一定的建筑设备基本知识，具有综合考虑和合理处理各种建筑设备与建筑主体之间关系的能力。

通过上述介绍，我们可以了解到，有些设备系统，如给排水、供电系统是每幢建筑物所必备的。对于高层建筑还要考虑消防、电梯、火灾自动报警等设备系统。

所以我们在学习建筑设备课时应了解其重要性，学习目的明确了，在学习时遇到的困难也就相对容易克服。

2. 要有正确的学习方法

（1）结合专业的特点，抓主要的设备系统。结合本专业的特点来进行学习，不仅能提供学习兴趣，还能培养综合运用和协调各学科技术的能力。

（2）结合本地区的特点。我国幅员广阔，气候、生活习惯和经济发展程度存在差异，所以要结合本地区的特点进行教学。例如在南方地区，对供暖这部分的内容就可以略讲或不讲。对于弱电系统部分的内容，也可根据本地区的实际情况进行选讲、选学。

（3）现场参观。现场参观能给学生一个完整和直观的概念，在条件允许的情况下，应多到现场参观和教学，观察、考察周围的建筑设备，增强感性认识，加深对所学知识的理解。

（4）适当阅读参考书，更新知识。

（5）通过课后的复习思考题，巩固所学知识。

模块一　建筑给水排水工程

1.1　室外给水排水工程

室外给水排水工程与建筑给水排水工程有着非常密切的关系。其主要任务是为城镇提供足够数量并符合一定水质标准的水；同时把使用后的水（污、废水）汇集并输送到适当地点净化处理，在达到对环境无害化的要求后排入水体，或经进一步净化后灌溉农田、重复使用，图1-1为以地表水为水源的室外给水排水工程组成示意图。

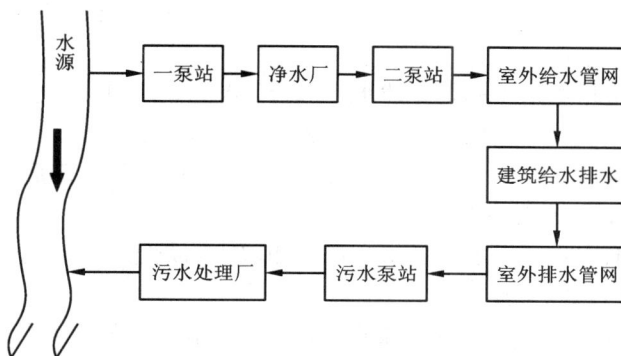

图1-1　室外给水排水组成示意图

1.1.1　室外给水工程概述

室外给水工程是为满足城镇居民生活或工业生产等用水需要而建造的工程设施，它所供给的水在水量、水压和水质方面应适合各种用户的不同要求。因此室外给水工程的任务是自水源取水，并将其净化到所要求的水质标准后，经输配水管网系统送往用户。

以地表水为水源的给水系统一般包括取水工程、净水工程、输配水工程以及泵站等，图1-2为以地表水为水源的城市给水系统图。以地下水为水源的给水系统一般包括取水构筑物（如井群、渗渠等）、净水工程（主要设施有清水池及消毒设备）、输配水工程，如图1-3所示。

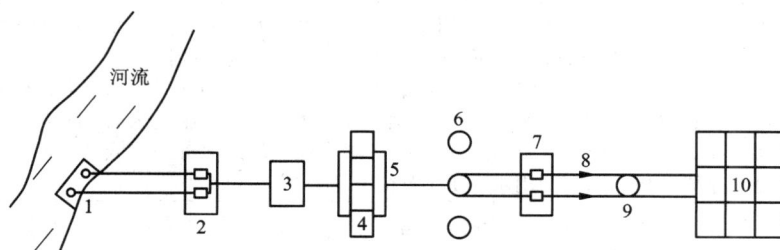

图1-2　地表水源给水系统示意图

1—取水头；2—一级泵站；3—沉淀池；4—过滤设备；5—消毒设备；
6—清水池；7—二级泵站；8—输水管线；9—水塔；10—城市配水管网

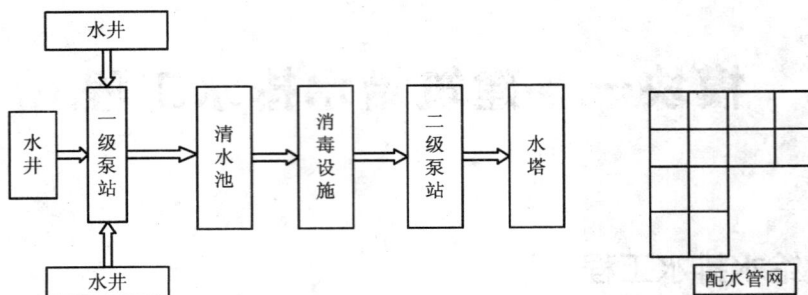

图 1-3　地下水源给水系统示意图

室外给水工程是论述水源选择、水的处理净化、水的输送与调配的一门技术，室外给水工程应满足不同用户在水量、水质和水压的不同要求。因此室外给水工程的基本任务是从天然水源取水，并将原水净化到用户所要求的水质标准后经输配水管网系统送至用户。

1. 取水工程

取水工程一般包括水源选择和取水构筑物两大部分。

1）水源选择

城市给水系统按水源的不同可分为地表水源给水系统和地下水源给水系统。

地表水源给水系统是指以地表水（江、河、湖泊、水库等）为水源的给水系统。

地下水源给水系统是指以水井中的地下水为水源的给水系统。

地表水：径流量较大，汛期混浊度较高，水温变幅大，有机污染物和细菌含量高，容易受到污染，具有明显的季节性，矿化度及硬度低。

地下水：水质清澈，水温稳定，分布面广，矿化度及硬度高，径流量小。

地表水与地下水的特点见表 1-1。

表 1-1　地下水源与地表水源的比较

地下水源与地表水源的比较		
	地下水源	地表水源
优点	（1）取水条件好，取水构筑物构造简单，便于施工和运行管理；（2）通常地下水无需澄清处理，水质不符合要求时，水处理工艺仍比地表水简单，处理构筑物投资和运行费用也较省；（3）便于靠近用户建立水源，降低输水管网投资，同时也提高给水系统的安全可靠性；（4）便于分期修建；（5）自然、人为因素干扰较少，便于保护；（6）水温变幅小，冬暖夏凉，适用于冷却水和恒温空调用水，便于节能	（1）水量充沛，常能满足大量用水的需要。城市及工业企业常利用地表水作为给水水源，尤其是我国华东、中南、西南地区河网发达，以地表水作为给水水源的城市、村镇、工业企业更为普遍；（2）矿化度和硬度低、含铁锰量等较低
缺点	（1）径流量小；（2）一般矿化度和硬度较高，部分地区可能出现矿化度很高或其他物质（如铁、锰、氟、氯化物、硫酸盐、各种重金属或硫化氢等）含量较高的情况；（3）水量往往不够稳定；（4）勘测时间较长等	（1）河水浑浊度较高（特别是汛期），水温变幅大，易受工农业污染，有机物和细菌含量高，有时还有较高的色度，水质及水量季节性变化明显；（2）卫生防护复杂，水处理工艺要求高，投资和运行费用较大

2）取水构筑物

按照水源的不同，取水构筑物分为地下水取水构筑物和地表水取水构筑物。常用的地下水取水构筑物有管井、大口井、辐射井、渗渠等。

地表水取水构筑物有固定式和移动式两大类。固定式取水构筑物，有岸边式、河床式和斗槽式；移动式取水构筑物，有浮船式和缆车式。

2. 净水工程

净水工程的任务就是解决水的净化问题。水是一种极易与各种物质混杂、溶剂能力又较强的溶剂，这使得水在自然界循环过程中和因人为因素造成水中含有各种杂质。水源不同，水中的杂质往往有很大的差异，如地下水常含有各种矿物盐类，而地面水则常含有泥砂、水草腐殖质、溶解性气体、各种盐类、细菌及病原菌等。由于用户对水质有不同的要求，故未经处理的水不能直接送往用户。

水的净化方法和净化程度根据水源的水质和用户对水质的要求而定。生活用水净化须符合我国现行的生活饮用水标准。

工业用水的水质标准和生活饮用水不完全相同，或有较大差异。如食品、酿造和饮料制造的用水，水质要求高于生活饮用水标准；锅炉用水要求水质具有较低的硬度，避免引起腐蚀和结垢；纺织工业对水中的含铁量限制较严；而制药工业、电子工业则需要含盐量极低的脱盐水。因此，工业用水应按照生产工艺、产品性质对水质的不同要求来具体确定相应的水质标准及净化工艺。

城市自来水厂只需生活饮用水的水质标准。对水质有特殊要求的工业企业，常单独建造生活给水系统。如用水量不大，允许自城市给水管网取水时，则可用自来水为水源再行进一步处理。

以地表水为原水，以供给饮用水为目的的工艺流程一般经过混凝、沉淀、过滤及消毒等净水工艺。

1）混合与絮凝

天然水中分散有悬浮物及胶体物质，细小的悬浮杂质沉淀极慢，胶体物质根本不能自然沉淀，所以在原水进入沉淀池之前需投加混凝剂，降低胶体微粒稳定性，使微粒与混凝剂相互凝聚生成较大的絮凝体，依靠重力作用下沉，从而使水得以澄清。常用的絮凝池有隔板、折板、涡流、机械絮凝池等。

2）沉淀与澄清

沉淀池的作用是使混合絮凝形成的絮凝体依靠重力作用下沉，加速沉淀并除去胶体物质，从而使水得以澄清。沉淀池的形式很多，常用的有平流式、竖流式及辐射式等。近年来随着浅池理论的发展和应用，斜板和斜管式的上向流、同向流沉淀池也逐渐推广使用。综合混凝、沉淀于一体的构筑物称为澄清池，常用的澄清池有悬浮式澄清池、脉冲式澄清池和机械加速澄清池等。经沉淀后的水，浑浊度应不超过 200 mg/L。要达到饮用水水质标准所规定的浊度要求（5 mg/L）尚需进行过滤。

3）过滤

过滤是通过多孔隙的粒状滤料层，进一步截留水中杂质，降低浊度及除去水中有机物和细菌。常用的过滤池有普通快滤池、虹吸滤池、无阀滤池和移动罩滤池等。

以地下水为水源时，则因其水质较好而无需进行沉淀过滤处理，一般只需消毒处理即可。在水的沉淀、过滤的过程中，虽然同时有大部分的细菌除去，但由于地表水的细菌含量较高，残留于处理水中的细菌仍为数甚多，并可能有病原菌传播疾病，故必须进行消毒处理。

4）消毒

消毒的作用一是消灭水中的细菌和病原菌，以满足《生活饮用水水质标准》的有关要求；二是保证净化后的水在输送到用户之前不致被再次污染。消毒的方法有物理法和化学法两种。物理法有紫外线、超声波加热法等。化学法有氯法或氯胺法和臭氧法等。我国目前广泛采用的是氯法或氯胺法。

图1-4是以地表水为水源的某自来水厂平面布置图。它是由生产构筑物、辅助构筑物和合理的道路布置组成。

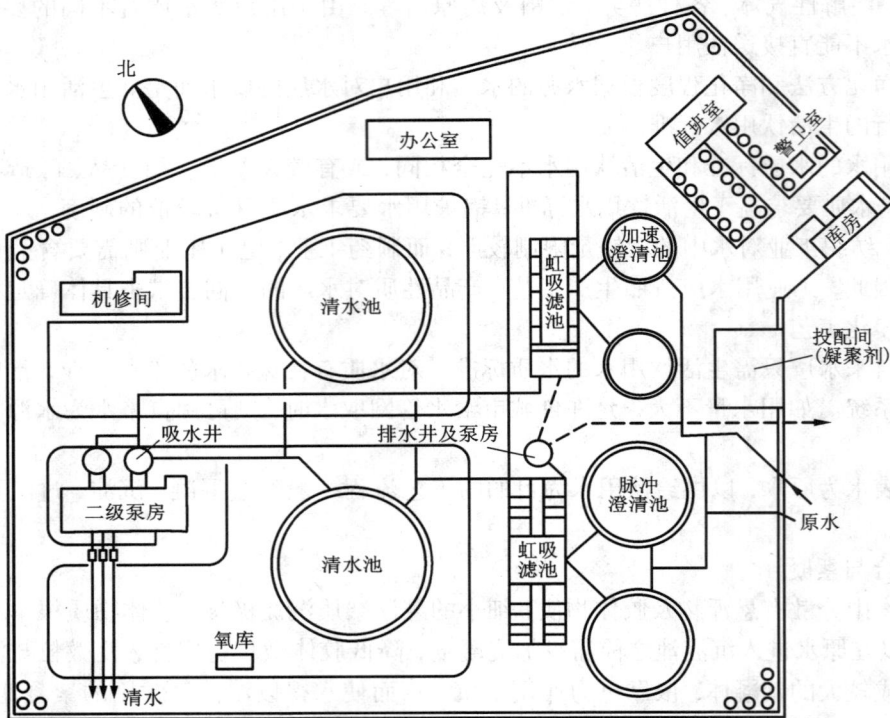

图1-4 某自来水厂平面布置图

3. 输配水工程

净水工程解决了水质问题，输配水工程则是将净化后的水输送至用水地区并分配到所有用户的全部设施。通常包括输水管网，配水管网及调节构筑物等。

输水管是把净水厂和配水管网联系起来的管道。其重要的特点是只输水不配水。允许间断供水的给水工程或多水源供水的给水工程一般只设一条输水管；不允许间断供水的给水工程一般应设两条或两条以上的输水管。有条件时，输水管最好沿现有道路或规划道路敷设，并应尽量避免穿越河谷、山脊、沼泽、重要铁道及洪水泛滥淹没的地区。

配水管网的任务是将输水管送来的水分配到用户。它是根据用水地区的地形及最大用水户分布情况并结合城市规划来进行布置。配水干管的路线应通过用水量较大的地区，并以最短的距离向最大的用户供水。在城市规划设计中，应把最大用户置于管网之始端，以减小配水管的管径,降低工程造价。配水管网应均匀布置在整个用水地区,并保证足够的水量和水压。管网形状有环状与枝状两种,为减少初期投资,新建居民区和工业区一开始可布置成枝状管网,待将来扩建时再发展成环状管网。

4. 调节构筑物

常见的调节构筑物有水塔和高地水池。作用是调节供水与用水之间的不平衡状况。供水量在目前的技术经济状况下,在某段时间内是个固定的量,而用户的用水情况较为复杂,随时都在变化。这就出现了供需之间的不平衡。水塔或高地水池能够把用水低峰时管网中多余的水暂时储存起来,在用水高峰时再送入管网。这样就可以保证管网压力的基本稳定,同时也使水泵能经常在高效率范围内运行。水塔的调节能力非常有限。

清水池与二泵站可以直接对给水系统起调节作用,清水池也可以同时对一、二级泵站的供水与送水起调节作用。一般来说,一级泵站的设计流量是按照最高日的平均时考虑,而二级泵站的设计流量则是按照最高日的最大时考虑的,并且是按照用水高峰出现的规律分时段进行分级供水。当二级泵站的送水量小于一级泵站的送水量,多余的水便存入清水池。到了用水高峰时,二级泵站的送水量就大于一级泵站的供水量,这时清水池中所储存的水和刚刚净化后的水便一起送入管网。

5. 泵站

泵站是把整个给水系统连为一体的枢纽,是保证给水系统正常运行的关键。在给水系统中,通常把水源地取水泵站称为一级泵站,而把连接清水池和输配水系统的送水泵站称为二级泵站。

一级泵站的任务是把水源的水抽升上来,送至净化构筑物。

二级泵站的任务是把净化后的水,由清水池抽吸并送入输配水管网,供给用户。

泵站的主要设备有水泵及其引水装置,配套电机及配电设备,起重设备等。

1.1.2 室外排水系统

在人们的日常生活和工业生产中,会产生大量的污水、废水,其中含有大量的有毒有害物质危害人们的健康,污染环境。我们必须对污水排放和处理予以高度重视。

室外排水工程就是来收集、输送、处理、利用和排放城市污水和降水的综合设施。图1-5为城市污水排水系统的总平面示意图。

1. 污水及排水系统分类

1)城市污水按其来源和性质分为生活污水、工业废水和降水

生活污水是指人们在日常生活过程中使用过的水,如由厕所、浴室、厨房、洗衣房等排出的水。生活污水中含有碳水化合物、蛋白质、脂肪等有机物,含有大量细菌和寄生虫卵等原微生物,具有一定的危害。

工业废水是指在各种生产过程中排出的污水和废水,不同的工业其废水的性质差异很大。如冷却用水,其温度较高并无太多的杂质;冶金、建材废水含有较多无机物;食品、炼油、石化等废水含有较多的有机物;焦化、化工废水含有较多的有机物和无机物。

降水主要是指雨水和雪水。降水比较清洁,一般雨水不需处理,直接就近排入水体。

2)排水系统的组成

(1)生活污水排水系统。生活污水排水系统的任务是收集居住区和公共建筑的污水并将

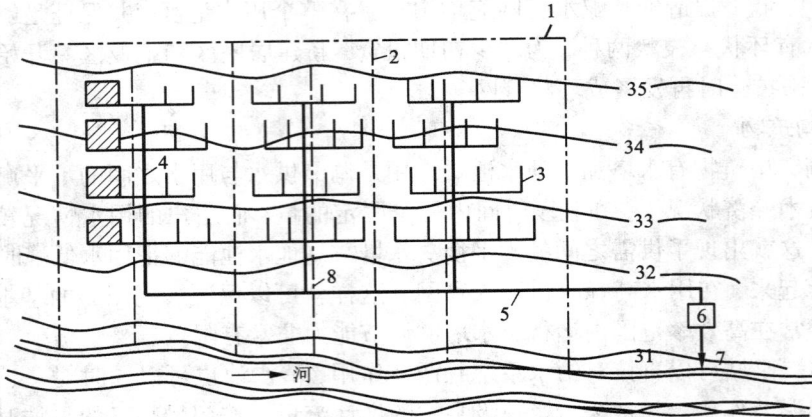

图 1-5 城市污水排水系统总平面图
1—城市边界；2—排水流域分界线；3—支管；4—干管；
5—主干管；6—污水处理厂；7—出水口；8—雨水管

其送至污水厂，经处理后排放或再利用。它由以下几部分组成：室内污水管网系统和设备、室外污水管网系统、污水泵站、污水处理厂、排除口和事故排出口。

（2）工业废水排水系统。工业废水排水系统是由厂区废水排水管道、厂区废水检查井、厂区废水泵站及压力管道、厂区废水处理站、废水出水口和厂区废水处理后循环管道等组成。

（3）雨水排水系统的组成。雨水排水系统的排出对象包括雨水和雪水各类降水，系统由以下部分组成：房屋雨水管道系统和设施、街道或厂区雨水管线系统、街道雨水管线系统、雨水泵站、出水口。

2. 室外排水系统的体制

污水是采用一套管线系统来排出，还是采用两套或两套以上各自独立的管线系统来排出，污水的这种不同排出方式称为排水体制。排水体制，分为合流制和分流制两大类。

将生活污水、工业废水和雨水混合在一个管渠内排出的系统称为合流制排水系统。合流制因只设一根干管，在道路断面上所占的位置小，易施工、造价低。但不宜普遍使用。

将生活污水和雨水在两个或两个以上的各自独立的管线内排出的系统，称为分流制排水系统。这种排水方式，又可分为完全分流制和不完全分流制两类。

完全分流制：分别设污水和雨水两个排水系统汇集生活污水、工业废水将其送至污水处理厂，经处理后排放或利用；雨水排水系统汇集雨水和部分较清洁的工业废水，就近排入水体。

不完全分流制：只设污水排水系统而不设雨水排水系统。污水通过污水排水系统流至污水厂，处理利用后排入水体；雨水通过地面漫流和道路边沟、明沟排入附近水体。

分流制因污水和雨水分流虽然占道路断面位置大，总造价较合流制高，但减小了污水处理厂的流量负荷，污水处理质量好，符合环境保护的要求，因此现在被广泛采用。

排水体制的选择应根据城市总体规划、环境保护的要求、污水利用处理情况、原有排水设施、水环境容量等条件从全局出发，通过技术经济比较，综合确定。城市与小区的排水系统目前主要还是采用一条管渠合流排放生活污水、生产废水和雨雪水，既会造成污水量的增大、水处理费用增加和环境污染，又会造成水资源的浪费。目前我国一些城市如北京、上海等，已经采用分质排水系统，即在城市与小区分别设置几条排水管道系统(生活污水排水管道、工业废水排水管道和雨雪水排水管道)。按排水水质不同分别输送、处理和排放再利用。

室外排水系统主要有合流制和分流制两种排水形式。新建住宅小区最好采用生活污水排水与雨水分流排水的系统。采用合流制排水的小区和城市排水系统应逐步进行管网改造，早日实现分质分流排水。

3. 污水处理过程

污水处理过程可分为三级，分别采用不同的处理方法和设施。

一级处理：也称机械处理。使用的是物理方法，如重力分离方法、过滤法等，利用物理作用分离除去污水中的非溶解性物质。处理设施包括滤筛、隔栅、沉淀池、沉砂池等。

二级处理：也称生物处理。这种方法就是在供氧充分的条件下，利用好氧细菌的作用将污水中的有机物分解为稳定的无机物。处理设施包括曝气池、生物塘及生物滤池等。

三级处理：也称化学处理。利用化学反应的方法来处理和回收污水中的溶解性物质或胶体物质，这种方法多用于工业废水处理。处理设施主要有投药装置、混合槽、沉淀池等。

图 1-6 为城市污水处理的典型流程。

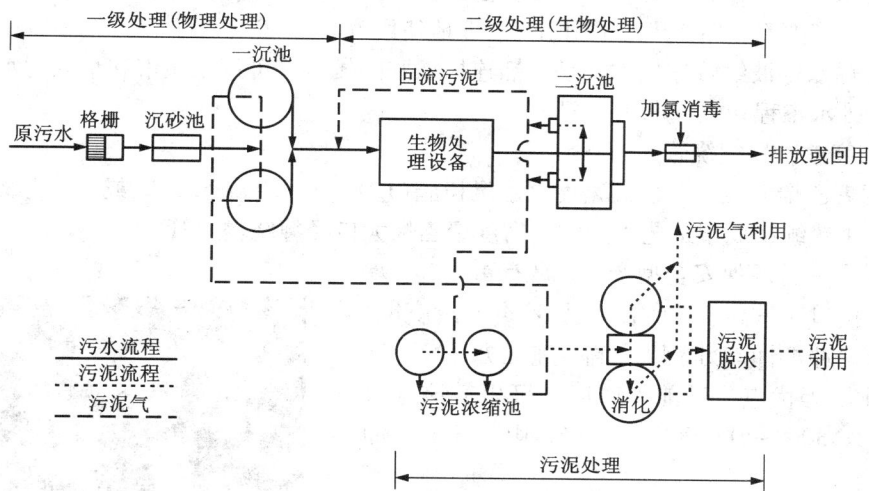

图 1-6　城市污水处理的典型流程

4. 室外排水系统常用管材与连接

城市与小区排水系统应根据设计要求选用混凝土管、钢筋混凝土管、普通排水铸铁管、柔性抗震排水铸铁管、硬聚氯乙烯管双壁波纹管、高密度聚乙烯缠绕管，穿越管沟、河流等特殊地段或高压的地段可选用钢管，输送腐蚀性污水的管道采用耐腐蚀的管材，其接口的附属构筑物必须采取防腐措施。

1)钢筋混凝土管

钢筋混凝土管分为预应力钢筋混凝土管和自应力钢筋混凝土管。

目前，国内大中口径钢筋混凝土排水管生产工艺主要有离心、悬辊、立式振捣、芯模振动四种工艺。其中芯模振动工艺生产钢筋混凝土排水管，混凝土强度高、抗渗性好、抗外压能力强、允许顶力大、生产效率高、节能环保。

目前钢筋混凝土排水管的接口形式有平口、刚性企口、承插口和柔性企口。承插口和柔性企口因其接口采用橡胶圈密封，是柔性连接，抗震性能好，可有效抵抗地基不均匀沉降，且安装速度快，深受施工单位好评。

钢筋混凝土排水管内径 $d \leqslant 1200$ mm 时，接口宜采用承插口；内径 $d > 1200$ mm 时，接口宜采用柔性企口。压力管的工作压力一般有 0.6、0.8、1.0、1.2 MPa 等。

2）聚氯乙烯双壁波纹管

聚氯乙烯双壁波纹管是以聚氯乙烯树脂为主要原料，加入稳定剂、润滑剂、阻燃剂加工改性剂和抗冲击改性剂，经捏合内、外挤出，一次成型，内壁平滑，外壁呈梯形波纹状，内外壁之间有夹壁空心的塑料管材，如图 1 - 7 所示。

聚氯乙烯双壁波纹管性能特点：有较大环刚度，承受外压荷载能力强，内壁光滑摩擦阻力小，

图 1 - 7　聚氯乙烯双壁波纹管

流通量大，不需要做混凝土基础，重量轻，每根长 6 m，搬运安装方便，施工快捷，方法可靠，施工坡度要求小，质量有保证，柔性接口密封性能好，抗不均匀沉降能力强，可耐多种化学介质的侵蚀，管内不结垢，基本不用疏通，埋地使用寿命达 50 年以上。

聚氯乙烯双壁波纹管连接方式是承插连接橡胶圈接口。可用于城市和小区污水排水抢修工程、雨水排水工程和电气电信工程。

3）高密度聚乙烯缠绕管

高密度聚乙烯缠绕管是以高密度聚乙烯树脂（HDPE）为原料，以 PP 或 PE 波纹管做辅助支撑管，采用热缠绕成型工艺生产的高密度聚乙烯大口径缠绕增强管。

该管材是一种环保安全型产品，具有重量轻、承压能力强、接口质量高、寿命长可达 50 年、耐腐蚀、耐磨、抗低温冲击性能好、刚度高、施工方便、可回收不污染环境等优点。目前生产厂家可生产该管材的规格有 DN300 ～ DN4000 mm，每根长 6 m，如图 1 - 8 所示。

该管材广泛应用于城市供水、排水、远距离输水及农田水利灌溉等工程。管材重量轻，整体柔性好，是目前埋地排污排水工程首选的主要管材。

图 1 - 8　高密度聚乙烯缠绕管

高密度聚乙烯缠绕管可采用承插式电熔连接或双向承插橡胶圈弹性密封连接。施工时，可采用非开挖管道施工，即钻孔式、顶进式施工。

5. 室外排水管道安装

以高密度聚乙烯缠绕管为例，介绍室外排水塑料管的施工要求。

1）选定安装工艺

选定确保管材连接强度和密闭性要求的连接工艺，确定管道地面连接整体吊装的施工方案。在沟槽边平地连接管道，整体吊装就位。

2）确定施工工艺流程

测量放线→管沟开挖→基础砂垫层制作→检查井制作→管道拼接→管道安装→管道与井口连接→管道压腰→闭水试验→回填土。

（1）沟槽开挖

根据当地地质条件和设计沟槽深度，宜选择分层组合槽开挖，将管基夯实平整，铺垫200 mm 的砂层，增大管道底部与基础接触面积，保护管道。

（2）选择接口连接方式

HDPE 中空壁缠绕管，管道接口内外使用热收缩带粘接密封，外部用电热熔固定带连接，保证接口的密闭性和足够的连接强度。

（3）管道拼接

在管沟边较平坦的部位顺管沟摆放管道，并根据两井间距切割相应的长度。管道切割可用木工切割锯，管道端部用木工刨刨平。

热收缩带连接时，先在管道连接部位用燃气喷枪均匀加热到 80～90℃。将固定带胶面加热熔融后贴在管道上部，即对口缝应在管道的中部以上。

电热熔固定带连接时，管道连接部位擦净，管端 500 mm 内不得有泥砂及水气。如有水滴、水气应使用棉布擦净，再用燃气喷枪烘干。将电热熔带围在管道连接位置上，有连接线的一端在里面，带的中心线与管道中心线垂直，并不得偏出接口 10 mm。焊接完成后约 10～15 h，焊接部位完全冷却固化，可移动管道，在焊接过程中或完全冷却之前移动管道将会影响焊接质量。

（4）管道吊装就位

对 DN1400 mm～DN1800 mm 管道，每次可以连接 6 m 长的管道四根，共 24 m，可用两辆吊机抬吊就位。吊装时，要用尼龙吊带，吊点加固，防止管道断裂。24 m DN1800 mmHDPE 管道重量约为 2.5 t，吊机的起重量及起重力臂均能满足吊装要求。

（5）沟槽内管道连接

沟槽内管道连接时，不同点是要注意有地下水应及时排除，在接口时要严禁泥、水进入接口部位。水位应保持在管底 300 mm 以下。槽底部经平整后铺 200 mm 厚的中砂或粗砂，用震动夯实。

（6）管道与井的连接

先做好检查井，预留出管道的安装位置。管道就位后，找正中心线及标高，用半干石棉绒水泥及油麻沿管道周围包裹宽 100 mm 的长度，用凿子锤打密实，再用 C30 水泥砂浆抹实。

（7）闭水试验

在进行闭水试验前，必须将管道接口部位的中下部及时回填密实。作为柔性管道，悬臂结构会对管道产生巨大的径向变形，在闭水试验时一定要避免。室外排水工程闭水试验合格标准应符合规范要求。

（8）回填土

管道安装完毕并且闭水试验合格后方可进行回填土工作。回填之前必须将沟槽内的杂物清理干净，并应先从管线、检查井等构筑物两侧对称回填，应确保管线及构筑物不产生位移。管道两侧及管顶以上 0.5 m 内的回填土，不得含有碎石、砖块、冻土块及其他杂硬物体。对于回填土密实度的要求要符合厂家提供的有关技术规程或规范要求。

1.1.3 室外排水管网附属构筑物

1. 检查井

排水检查井是排水管网的重要构筑物，它具有沉积杂物、疏通管道、定期维修的作用。通常设置在管道交汇、转弯、管径改变或坡度改变、跌水等处，以及相隔一定距离的直线管段上。

检查井一般由砖、石砌体，也有现成的混凝土预制品或钢筋混凝土预制品。按形状可分为圆形和矩形两种，一般采用圆形；按作用可分为直线井、分支井和转向井。

检查井由锥形井身、井圈、井盖组成，如图1－9所示。井底通常采用100号混凝土灌注，厚度为100 mm，在有地下水时，井底应铺100 mm厚碎石或卵石。为了使水流流过检查井时阻力较小，井底常设半圆或弧形流槽。

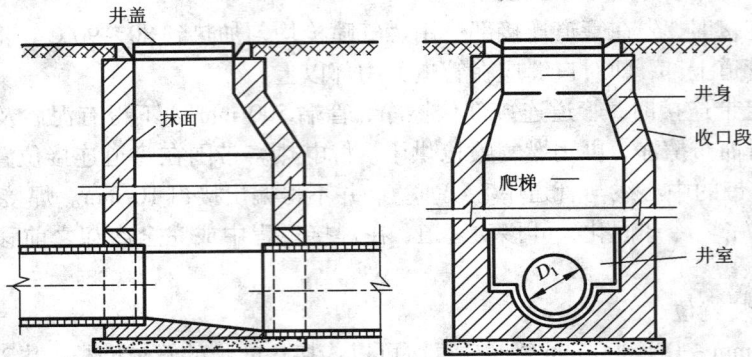

图1－9 收口式检查井

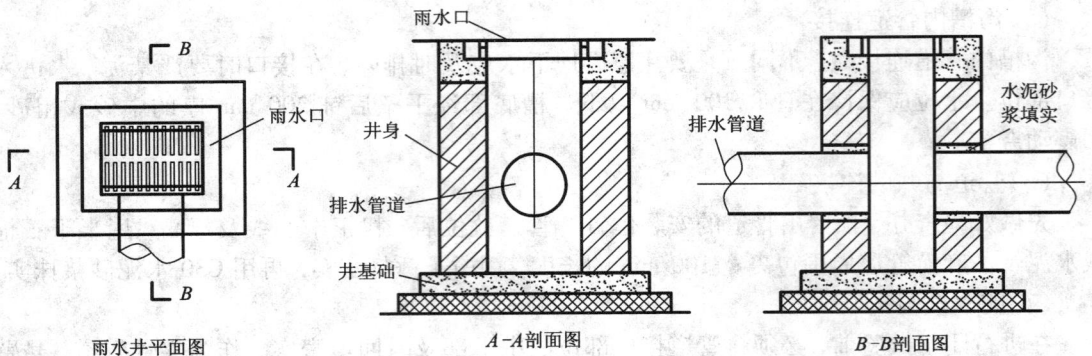

图1－10 雨水口与雨水井

2. 雨水口与雨水井

雨水口用于收集地面雨水，经雨水井和连接管流入雨水管道系统中，收集、处理成中水再利用，或排至小区及城市污水管网，合流输送到城市污水处理厂集中处理。雨水口一般设置在道路上汇水低洼处，道路交汇处，能截留雨水处，广场、停车场等适当的位置，建筑物单元出入口附近，建筑物落水管口附近及建筑物前后空地和绿地低洼处，其他易积水的低洼地段。雨水井如图1－10所示。

雨水井一般由进水箅子、井身和连接管等组成。进水箅子一般用铸铁制成，井身用砖砌

12

筑也可用混凝土浇铸制成。雨水井的深度一般不大于 1 m，寒冷地区可适当加深。连接管最小管径为 200 mm，铺设坡度为 0.01，同一连接管上承插的雨水口一般不宜超过两个。

3. 跌水井

跌水井是设置在城市排水系统中具有消能设施的检查井，其作用是连接两段高程相差较大的管段，降低上游沟道带来的水流流速。常设置在排水管沟底高程急剧变化的地点和水流流速需要降低的地点。

目前常用的跌水井有竖槽式、竖管式和溢流堰式。竖槽式和竖管式用于上游沟道管径小于 400 mm 的雨水、污水管道；溢流堰式用于上游沟道管径大于 400 mm 的雨水、污水管道。

竖管式跌水井的构造，如图 1-11 所示。

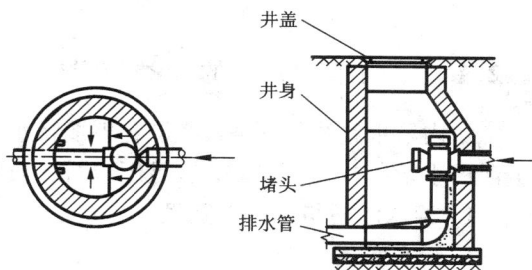

图 1-11　竖管式跌水井

4. 化粪池

化粪池是将生活污水分格沉淀处理，对污泥进行厌氧消化的一种小型处理生活粪便的构筑物。其结构分为单格、两格和三格。化粪池有钢筋混凝土和砖砌水泥砂浆抹面两种。其形状有圆形、矩形两种形式。

三格化粪池由相连的三个池子组成，中间由过粪管连通，主要是利用厌氧发酵、中层过粪和寄生虫卵比重大于一般混合液比重而易于沉淀的原理，粪便在池内经过 30 天以上的发酵分解，中层粪液依次由一格池流至三格池，以达到沉淀或杀灭粪便中寄生虫卵和肠道致病菌的目的，第三池粪液成为优质化肥。矩形三格化粪池如图 1-12 所示。

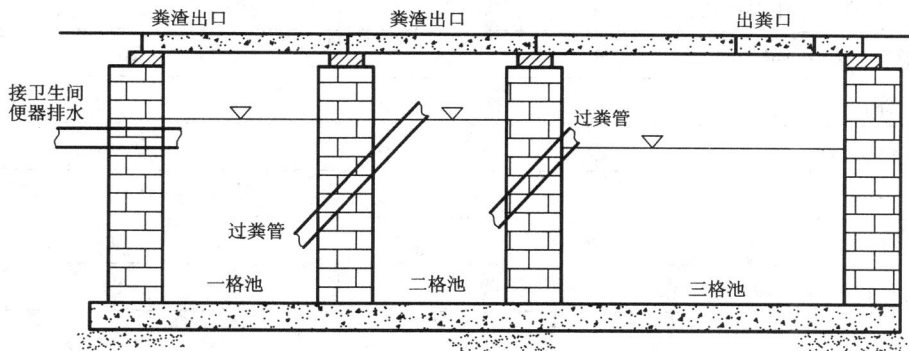

图 1-12　三格式化粪池

复习思考题

1. 水源的分类和选取的原则是什么？
2. 设计秒流量的概念和集中计算方法。
3. 室外给水系统的组成和生活饮用水的常规处理工艺是什么？
4. 城市污水系统的组成？城市污水的一般处理方法有哪些？
5. 化粪池的作用是什么？

1.2 建筑室内给水系统

1.2.1 室内给水系统的分类与组成

室内给水系统的任务：经济合理地将水从室外给水管网送到室内的各种水龙头、生产和生活用水设备或消防设备，满足用户对水质、水量和水压等方面的要求，保证用水安全可靠。

1. 给水水质与用水量定额

1）给水水质

工业用水或生产用水的水质因生产性质不同差异较大，应满足生产工艺要求，最后由有关工业部门的行业标准确定。

消防用水的水质一般无具体要求。

生活饮用水的水质，应符合现行的《生活饮用水卫生标准》（GB 5749—2006），生活饮用水水质标准中有关水质常规指标及限值的规定，见表1-2。

表1-2 水质常规指标及限值（GB 5749—2006）

指 标	限 值
1. 微生物指标[①]	
总大肠菌群/[MPN·(100 mL)$^{-1}$或 CFU·(100 mL)$^{-1}$]	不得检出
耐热大肠菌群/[MPN·(100 mL)$^{-1}$或 CFU·(100 mL)$^{-1}$]	不得检出
大肠埃希氏菌/[MPN·(100 mL)$^{-1}$或 CFU·(100 mL)$^{-1}$]	不得检出
菌落总数/(CFU·mL^{-1})	100
2. 毒理指标	
砷/(mg·L^{-1})	0.01
镉/(mg·L^{-1})	0.005
铬（六价）/(mg·L^{-1})	0.05
铅/(mg·L^{-1})	0.01
汞/(mg·L^{-1})	0.001
硒/(mg·L^{-1})	0.01
氰化物/(mg·L^{-1})	0.05
氟化物/(mg·L^{-1})	1.0
硝酸盐（以 N 计）/(mg·L^{-1})	10 地下水源限制时为20
三氯甲烷/(mg·L^{-1})	0.06

续表 1-2

指　　标	限　　值
四氯化碳/(mg·L^{-1})	0.002
溴酸盐(使用臭氧时)/(mg·L^{-1})	0.01
甲醛(使用臭氧时)/(mg·L^{-1})	0.9
亚氯酸盐(使用二氧化氯消毒时)/(mg·L^{-1})	0.7
氯酸盐(使用复合二氧化氯消毒时)/(mg·L^{-1})	0.7
3. 感官性状和一般化学指标	
色度(铂钴色度单位)	15
浑浊度(NTU－散射浊度单位)	1 水源与净水技术条件限制时为3
臭和味	无异臭、异味
肉眼可见物	无
pH (pH 单位)	不小于6.5且不大于8.5
铝/(mg·L^{-1})	0.2
铁/(mg·L^{-1})	0.3
锰/(mg·L^{-1})	0.1
铜/(mg·L^{-1})	1.0
锌/(mg·L^{-1})	1.0
氯化物/(mg·L^{-1})	250
硫酸盐/(mg·L^{-1})	250
溶解性总固体/(mg·L^{-1})	1000
总硬度(以 CaCO$_3$ 计)/(mg·L^{-1})	450
耗氧量(COD$_{Mn}$法,以 O$_2$ 计)/(mg·L^{-1})	3 水源限制,原水耗氧量 >6 mg·L^{-1}时为5
挥发酚类(以苯酚计)/(mg·L^{-1})	0.002
阴离子合成洗涤剂/(mg·L^{-1})	0.3
4. 放射性指标[②]	指导值
总 α 放射性/(Bq·L^{-1})	0.5
总 β 放射性/(Bq·L^{-1})	1

①MPN 表示最可能数;CFU 表示菌落形成单位。当水样检出总大肠菌群时,应进一步检验大肠埃希氏菌或耐热大肠菌群;水样未检出总大肠菌群,不必检验大肠埃希氏菌或耐热大肠菌群。②放射性指标超过指导值,应进行核素分析和评价,判定能否饮用。

2）用水量定额

建筑物内生产用水量根据工艺过程、设备情况、产品性质、地区条件等确定。计算方法有两种：①按消耗在单位产品上的水量计算；②按单位时间消耗在某种生产设备上的用水量计算。

生产用水的特点是在整个生产班期内比较均匀而且有规律性。

若工业企业采用分班工作制，最高日用水量

$$Q_{d} = nmq_{d} \qquad (1-1)$$

式中：n 为生产班数。

若每班生产人数不等，则

$$Q_{d} = (\sum m)q_{d} \qquad (1-2)$$

建筑物内的生活用水量与建筑物内卫生设备的完善程度、气候、使用者的生活习惯、水价等有关。

生活用水的特点，特别是住宅，一天中用水量变化较大，各地的差别也很大。

生活用水量可根据国家制定的用水定额（经多年实测数据统计得出）、小时变化系数和用水单位数，按下式计算：

$$Q_{d} = mq_{d} \qquad (1-3)$$

$$Q_{h} = Q_{d}K_{h}/T \qquad (1-4)$$

式中：Q_{d} 为最高日用水量，L/d；m 为用水单位数，人或床位等，对于工业企业建筑，为每班人数；q_{d} 为最高日生活用水定额，L/（人·d）、L/（床·d）或 L/（人·班）；K_{h} 为小时变化系数；Q_{h} 为最大小时用水量，L/h；T 为用水时数，h。

2. 室内给水系统的分类

室内给水系统，按其用途分为三大类。

1）生活给水系统

生活用水主要供家庭、机关、学校、部队、旅馆等居住建筑、公共建筑及工业建筑内部的饮用、烹饪、盥洗、洗涤、沐浴等用水。生活给水的水质必须符合饮用水水质标准。

2）生产给水系统

供给生产设备冷却、原料和产品的洗涤、锅炉用水及各种产品制造过程中所需的生产用水。由于工业种类、生产工艺各异，因而对水量、水压及水质的需要也不尽相同。

为了节约用水，应尽量设置循环或重复利用给水系统。

3）消防给水系统

供给层数较多的民用建筑、大型公共建筑及某些生产车间的消防系统的消防设备用水。消防给水对水质没有特殊的要求，但必须保证足够的水量和水压。

上述三种给水系统应根据建筑物的性质，综合考虑技术、经济和安全条件，按水质、水量、水温及室外给水系统情况组成不同的共同给水系统，如生活－消防给水系统，生产－消防给水系统，生活－生产给水系统，生活－生产－消防给水系统。

对于高层建筑，由于消防灭火的重要性和其特殊性，消防给水系统必须单独设置。

3. 室内给水系统的组成

一般的室内给水系统是由下列各部分组成（如图 1-13 所示）。

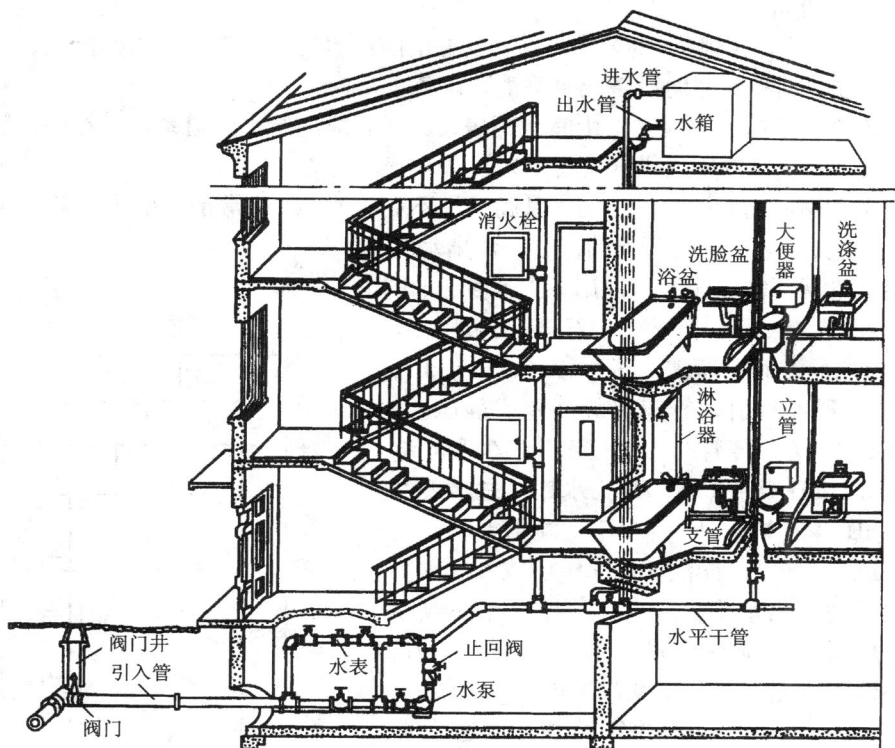

图1-13 室内供水系统

1)引入管(进户管)

对一幢单一建筑而言,引入管是室外给水管网与室内配水管网之间连络的管段。

对于一个工厂、一个学校、一个小区,引入管指总进水管。

2)水表节点

它是引入管上装设的水表及其前后设置的阀门、泄水装置的总称。

阀门是为了维修或拆换水表。

泄水装置用于检修时放空室内管网、检测水表的精度及测定进户点的压力值。

3)配水管道系统

指由室内给水水平干管、立管及配水横支管等组成的管道系统。

4)给水附件

指为检修和调节方便而装设在给水管上的各种水龙头和各种阀门等。

5)升压与贮水设备

在室外给水管网压力不足或室内对安全供水、水压稳定有要求时,需要设置的水泵、气压装置、水池、水箱等升压和贮水设备。

6)用水设备

对于住宅及公共建筑,主要指便溺用卫生器具,盥洗、沐浴用卫生器具及洗涤用卫生器具。对于科研单位、学校、工厂又各自置有专用的用水设备。

7)室内消防设备

根据《建筑设计防火规范》的要求,需要设置消防给水时,一般应设消火栓设备。有特殊要求时,另专设自动喷水消防设备或水幕消防设备。

图1-13给出了居住建筑内卫生间和厨房设施及相应的给水管道系统。在进户管上设有总水表,也可在每个住户室内供水支管上装设分水表。

室内给水管网应具有一定的压力,以确保最不利配水点(通常是距引入管起点最远和最高点)的配水龙头和用水设备所需的流量和流出水头。

室内给水管网所需的压力可以用下式计算,如图1-14所示。

$$H = H_1 + H_2 + H_3 + H_4 \qquad (1-5)$$

式中:H 为室内给水管网所需的压力,mH_2O 或 kPa;H_1 为室内最不利点与引入管起点的高差或静压差,mH_2O 或 kPa;H_2 为计算管路的沿程水头损失和局部水头损失之和,mH_2O 或 kPa;H_3 为水流通过水表的水头损失,mH_2O 或 kPa;H_4 为最不利配水点水龙头的流出水头或消火栓口所需水压,mH_2O 或 kPa。

用水器具的流出水头,是指各种配水龙头或用水设备在规定的出水额定流量时所需的最小压力。其数值大小因配水龙头及用水设备而异。

有条件时还可考虑一定的富裕压力,通常取 $1.5\ mH_2O \sim 2.0\ mH_2O$,或 $15 \sim 20\ kPa$。

对于住宅的生活给水,在未进行精确计算之前,为了选择给水方式,可按建筑物的层数估算自室外地面算起所需的最小保证压力值。一层建筑物为 $10\ mH_2O$ 或 $100\ kPa$,二层建筑物为 $12\ mH_2O$ 或

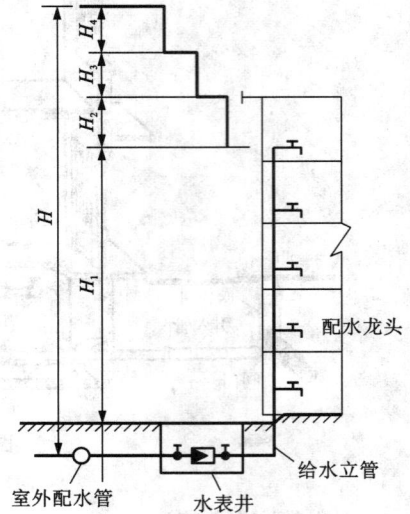

图1-14 室内给水管网所需的压力

$120\ kPa$,三层或三层以上的建筑物,每增加一层增加 $4\ mH_2O$ 或 $40\ kPa$,引入管或室内管网较长或层高超过 $3.5\ m$ 时,上述数值应适当增加。

1.2.2 室内给水系统的给水方式

1. 确定给水方式所需的资料

(1)用户对水质、水压和水量的要求,室外管网所能提供的水质、水压和水量情况。

(2)用水点在建筑物内的分布。

(3)用户对供水安全、可靠性的要求等。

2. 选择给水方式的原则

(1)力求给水系统简单,管路短。

(2)应充分利用城市管网的水压直接给水。如果室外给水管网水压不能满足整个建筑物的要求时,可以考虑建筑物下面几层采用直接供水,而上面几层采用加压供水。

(3)保证供水安全可靠,管理、维修方便。

(4)当两种或两种以上用水的水质接近时,应尽量共用给水系统。

(5)在技术、经济比较合理时,生产给水系统,应尽量采用循环或复用给水系统。

18

（6）在生活给水系统中，卫生器具、给水附件和管道配件处的静水压力不得大于 0.6 MPa，否则采用竖向分区给水。生产给水系统的最大静水压力，应根据工艺要求、各种设备的工作压力和管道、阀门、仪表等的工作压力确定。

3. 基本给水方式

1）直接给水方式

室外给水管网的水压、水量在一天内任何时间均能满足室内用水要求时采用，如图 1 − 15 所示。特点是供水方式简单，造价低，维修管理容易，能充分利用外网水压节省能耗；缺点是供水可靠性不高。

2）设水泵和水箱的给水方式

当室外给水管网的水压低于或周期性低于室内给水管网所需的水压，而且室内用水量又很不均匀时采用，如图 1 − 16 所示。

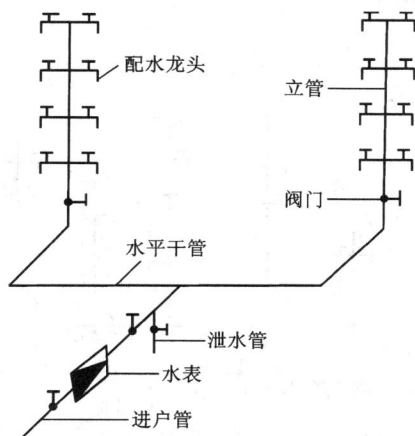

图 1 − 15　直接给水方式

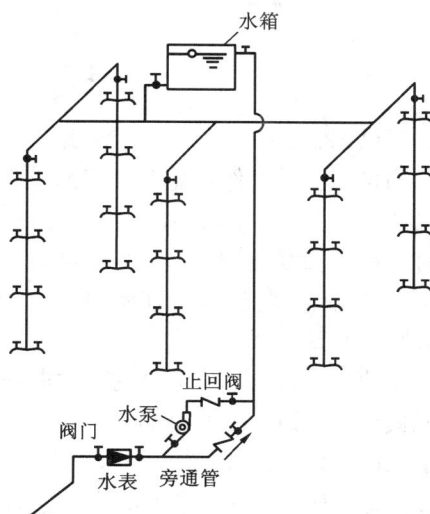

图 1 − 16　设水泵和水箱的给水方式

此种给水方式由于水泵可及时向水箱充水，使水箱容积可减小；又由于水箱的调节作用，水泵的出水流量稳定，可以使水泵在高效率区工作。如果水箱采用自动液位控制（如浮球继电器等装置），可实现水泵启闭自动化。这种给水方式技术上合理、供水可靠，虽然设备费用较高，但长期效果是经济的。

3）单设水箱的给水方式

当一天内室外管网的压力大部分时间满足室内管网的要求，只是在用水高峰时刻，由于用水量的增加，室外管网中水压降低而不能保证建筑物上层用水时采用，如图 1 − 17 所示。当室外管网水压足时（一般在夜间）向水箱充水；当室外管网水压不足时（一般在白天）由水箱向室内管网供水。一般建筑内水箱的容积不大于 20 m³，故单设水箱的给水方式仅在日用水量不大的建筑物中采用。优点是投资省、运行费用低、供水安全性高，缺点是增大建筑物荷载、占用室内面积，水箱容积选择不当，容易造成水的二次污染。

4）单设水泵的给水方式

若一天内室外管网压力大部分时间不能满足要求，且室内用水量较大又均匀时，可单设

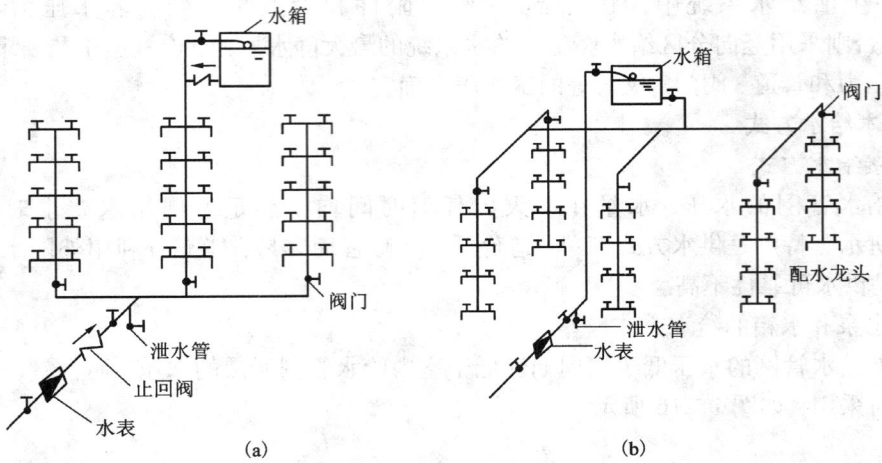

图 1-17 单设水箱的给水方式

水泵升压供水，如图 1-18 所示。此时由于出水流量均匀，水泵工作稳定，效率高，这种给水方式适用于生产车间给水。

对于用水量大且不均匀的建筑物，如住宅、高层建筑等，若仅设恒速水泵运行，很不经济，为了提高水泵的工作效率，可采用一台或多台变速水泵运行，使水泵的供水曲线和用水曲线接近，达到节能的目的。

水泵的取水方式：

（1）直接取水。即水泵的吸水管接入室外给水管取水。优点是利用了室外给水管网的水压，水不被污染。缺点是容易引起室外给水管网水压的波动，影响周围用户的用水稳定性。采用此种取水方式的条件是室外给水管网的压力不低于 10 mH$_2$O 或 100 kPa。

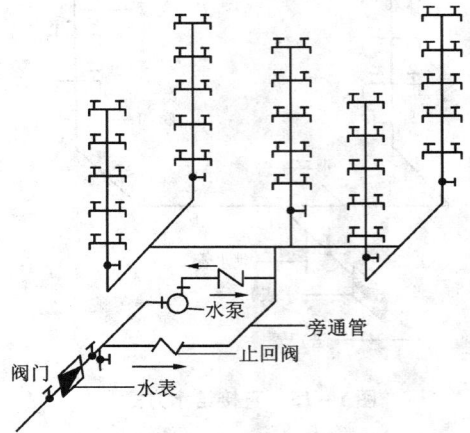

图 1-18 单设水泵的给水方式

（2）间接取水。先将室外给水管网的水放入贮水池，水泵从贮水池中吸水。优点是不影响室外给水管网压力的稳定，但是浪费了室外给水管网的压力，同时贮水池中的水容易被污染。

5）分区供水的给水方式

在多层建筑中，城市给水管网的水压仅能供到下面几层，不能供到上面楼层，为了充分利用外网的压力，宜将给水系统分为上、下两个供水区，如图 1-19 所示，下区由外网的压力直接供水，上区由水泵和水箱供水。为了提高供水的安全性，可把两区中的一根或几根立管相连，并在分区处设置阀门，必要时可使整个管网全由水箱供水或由室外给水箱网直接向水箱充水。这时水泵和水箱的容量由上区要求确定。

如果室内设有消防给水系统时，则消防水泵应能满足上、下两区的消防用水要求。

20

用水大户如洗衣房、浴室、大型餐厅和厨房等应布置在底层，由室外给水管网直接供水，以节省能源。

6）气压罐给水方式

当室外给水管网的水压经常不足、室内用水不均匀，且不宜设置高位水箱时，可设置气压给水设备。气压给水装置是利用密闭压力水罐内气体的可压缩性贮存池、调节和压送水的给水装置，其作用相当于高位水箱或水塔，如图 1－20 所示。水泵从贮水池或室外给水管网吸水，经加压后送至室内给水管网和气压罐内，停泵时，再由气压水罐向室内给水管网供水，并由气压水罐调节、贮存水量及控制水泵运行。

气压罐给水方式的优点：①设备可设在建筑物的任何高度上；②水质不易受污染；③安装方便，建设周期短，便于实现自动化等。缺点：①给水压力波动大；②调节能力小；③供水安全性小；④管理及运行费用较高。所以，气压罐给水方式只能作为一种辅助给水方式。

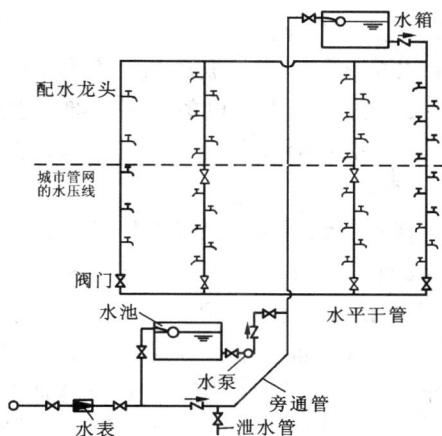

图 1－19　分区给水方式

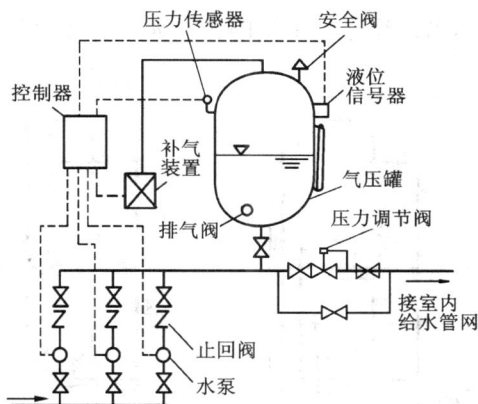

图 1－20　气压给水方式

4. 高层建筑的室内给水方式

1）竖向必须分区

对于高层建筑物，如果给水系统是采用一个区供水，则下层给水压力过大，将产生下列不良后果：①当水龙头开启时，水成射流喷溅，使用不便；②下层水龙头出流量过大，使管道中流速增加，导致管道振动，产生噪声，同时顶层水龙头产生负压抽吸现象，形成回流污染；③水龙头、阀门等管道附件容易损坏，使用寿命缩短等。

为此，高层建筑超过一定高度时，其给水系统必须进行竖向分区。

2）竖向分区的依据和标准

（1）给水系统中最低处卫生器具所受的最大静水压力，不允许超过 0.6 MPa。

（2）管材质量和卫生洁具的耐压性能。

分区标准：①住宅、旅馆、医院等给水系统一般以 0.30～0.35 MPa 为一个分区；办公楼以 0.35～0.45 MPa 为一个分区，或者说一个分区负担的楼层数为 10～12 层。②对于高层建筑的消火栓给水系统，分区以最低消火栓处的最大静水压力不大于 0.8 MPa。③自动喷水灭火给水系统，以管网内的工作压力不大于 1.2 MPa 为准。

3）分区供水的基本给水方式

在分区确定以后，就是经济合理地确定给水方式。基本供水方式有下面四种：

（1）并列给水方式。它是各区独立设置水泵和水箱，且水泵集中设置在建筑物的底层或地下室内，分别向各区供水，如图 1-21 所示。

优点：因为各区独立给水，供水可靠性高；水泵集中，维护、管理方便；运行动力费用经济；水泵运行产生的振动和噪声影响范围小。

缺点：管线长，设备费用增加。水泵型号多，又给管理带来不便。

（2）串联给水方式。如图 1-22 所示，水泵分散设置在各区的设备层内，低区水箱兼作上一区的贮水池。

优点：无高压水泵和高压管线；运行动力费用经济。

缺点：供水可靠性低，若下区发生事故，其上各区供水均受影响；水泵分散，管理不便；下区水箱大，上区水箱小，给结构设计带来麻烦。

（3）减压水箱给水方式。如图 1-23 所示，整幢建筑物内的用水量全部由设置在底层的水泵提升至屋顶总水箱，然后再由总水箱送至各分区水箱，分区水箱比较小，只起减压作用。

优点：水泵数量少，设置费用低，管理维护简单；水泵房面积小，各分区减压水箱调节容积小。

缺点：顶层总水箱容积大，对建筑结构抗震不利；建筑物高度较高，分区较多时，下区水箱内的浮球阀承受的压力大，造成关不严或经常维修；水泵运行费用高。

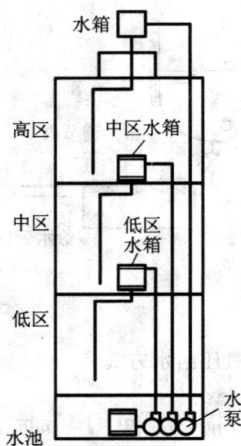

图 1-21　并列
给水方式

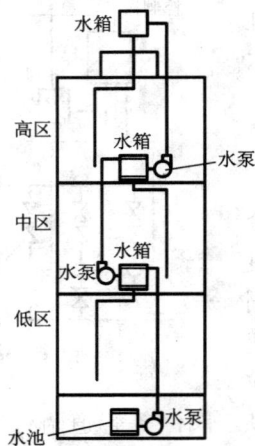

图 1-22　串联
给水方式

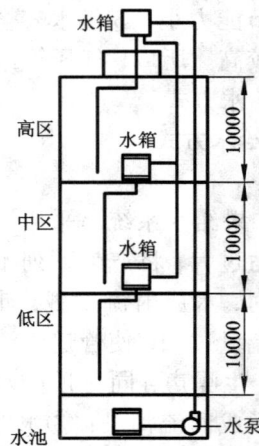

图 1-23　减压水箱
给水方式

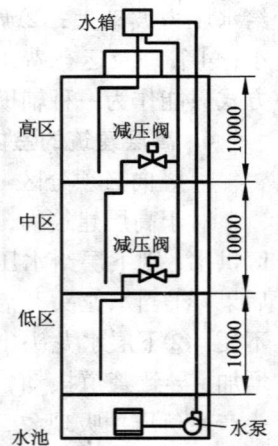

图 1-24　减压阀
给水方式

（4）减压阀给水方式。如图 1-24 所示，其工作原理与减压水箱给水方式相同，不同之处在于以减压阀来代替减压水箱。

此种给水方式的最大优点是减压阀占地面积小，其缺点是运行费用较高。

综合上述四种给水方式，目前普遍采用并列给水方式，其次是减压水箱给水方式，减压阀给水方式虽然与减压水箱给水方式原理相同，但目前由于减压阀的质量还有待提高，因此它的使用受到了限制。从长远看，减压阀给水方式随着减压阀质量的提高，将有广阔的应用前景。

1.2.3　建筑给水管道的布置和敷设

1. 室内给水系统的管路布置

室内给水管道的布置与建筑物性质，建筑物外形、结构状况，卫生用具和生产设备布置情况以及所采用的给水方式等因素有关，应根据设计要求和现行的施工验收规范和用户的要求，结合工程的实际情况科学合理的布置。

1）室内给水管道的布置应遵循以下原则

（1）力求工程经济合理、满足最佳水利条件：①给水管道布置应力求短而直。②室内给水管网宜采用枝状布置单向供水。③充分利用室外给水管网的水压，给水引入管宜布置在用水量最大处或不允许间断供水处。④室内给水干管宜靠近用水量最大处或不允许间断供水处。

（2）满足美观要求、便于维修及安装：①给水管道最好沿墙、梁、柱直线布置。②对美观要求较高的建筑，给水管道必须在管槽、管道竖井、管沟及吊顶内暗设。③为了便于维修，管道竖井应每层设检修装置，每两层应有横向隔断，检修门易开向走廊。暗设在顶棚或管槽内的管道，在阀门处应留有检修门。④室内管道安装位置应有足够的空间以利拆换附件。⑤给水引入管应有不小于0.3%的坡度坡向室外给水管网或阀门井、水表井，以便于检修放水。

（3）保证生产及使用安全性：①室外给水管道的覆土深度，应根据土壤冰冻深度、车辆荷载、管道材质及管道交叉等因素确定。管顶最小覆土深度不得小于土壤冰冻线以下0.15 mm，车行道下的管线覆土深度不宜小于0.7 mm。②给水管道的位置不得妨碍生产操作、交通运输和建筑物的使用。管道不得布置在遇水会引起燃烧、爆炸或损坏的原料、产品和设备上，并应避免在生产设备上面通过。③给水埋地管道应避免布置在可能受重物压坏处。如若穿过时，应采取有效保护措施。④室内给水管道不能敷设在烟道、风道内及排水沟内；给水管道不宜穿过橱窗、壁柜及木装修，并不得穿过大便槽和小便槽。⑤不允许间断供水的建筑，应从室外管网不同侧设两条或两条以上的引入管。在室内给水管道连成环状或贯通枝状双向供水。⑥给水引入管与室内排出管管外壁的水平距离不小于1.0 m。⑦室内给水管与排水管之间的最小净距为平行布置时0.5 m，交叉埋设时0.15 m，且给水管宜在排水管的上面。⑧室内冷、热水管上、下平行布置时，冷水管宜在热水管的下方；垂直平行布置时，冷水管宜在热水管的右侧。

2. 给水管道的布置形式

根据给水干管的位置可分为下行上给式、上行下给式和环状式等几种布置形式。

（1）下行上给式：水平干管敷设于底层走廊或地下室顶棚下，也可直接埋在地下。水平干管向上接出立管和支管，自下而上供水。直接给水管道的布置就是这种形式。

（2）上行下给式：水平干管敷设在顶棚或吊顶内，高层建筑敷设在设备层中。立管由干管向下分出，自上而下供水。单设水箱给水管道的布置就是这种形式。

（3）环状式：分水平干管环状式和立管环状式两种。水平干管环状式是将给水干管布置成环状；立管环状式是将给水立管布置成环状。此形式多用于大型公共建筑及不允许断水的场所。

3. 室内给水管路的敷设

1）室内给水管道的敷设方式

根据建筑物的性质、卫生标准的不同要求及美观方面的不同要求，室内给水管道的敷设可分为明装和暗装两种方式。

（1）明装。室内给水管道在建筑物内沿墙、梁、柱、天花板下及地板旁暴露敷设。明装管道造价低，施工安装、维护修理均较方便。缺点是由于管道表面易积灰、产生凝结水等影响环境卫生，而且明装有碍房屋美观。一般民用建筑和大部分生产车间内的给水管道均为明装方式。

（2）暗装。室内给水管道敷设在地下室、天花板下或吊顶中，或在管井、管槽及管沟中隐蔽敷设。管道暗装时，卫生条件好，房间整洁、美观，但施工复杂，维护管理不便，工程造价高。标准较高的民用建筑、宾馆等均采用暗装；在工业企业中，某些生产工艺要求较高的车间，如精密仪器或电子元件车间要求室内洁净无尘时，也可采用暗装。给水管道暗装时，必须考虑便于安装和检修。

2）给水管道敷设时应注意以下几点：

（1）给水横干管宜敷设在地下室、技术层、吊顶或管沟内，立管可敷设在管道井内。

（2）塑料管宜在室内暗设，明设时立管应布置在不宜受撞击处，如不能避免时，应采取保护措施。

（3）给水管道穿过承重墙或基础时，必须预留孔洞，且管顶上部净空不得小于建筑物的沉降量，一般不小于 0.1 m。如图 1－25 所示。

（4）当给水管道穿越地下室或外墙、屋面、钢筋混凝土水池壁板或底板连接管时，应设置防水套管。

（5）给水管道穿越楼板时应预留孔洞并设套管，孔洞尺寸一般比管径大 50～100 mm。

（6）给水管道不宜穿过伸缩缝、沉降缝和抗震缝，必须穿过时应采取以下措施：①螺纹弯头法，又称丝扣弯头法，建筑物的沉降可由螺纹弯头旋转补偿，适用于小管径的管道。如图 1－26 所示。②软接头法，用橡胶软管或金属波纹管连接沉降缝、伸缩缝两边的管道，如图 1－27 所示。③活动支架法，将沉降缝两侧的支架做成使管道能垂直位移而不能水平横向位移，以适应沉降伸缩的应力。如图 1－28 所示。

（7）给水管道外表面若结露，应根据建筑物的性质和使用要求，采取防结露措施。

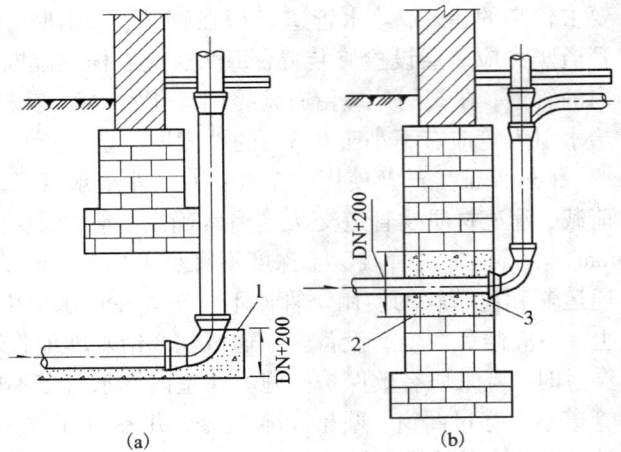

图 1－25　引入管进入建筑物

（a）从浅基础下通过；（b）穿基础

1—混凝土支座；2—黏土；3—水泥砂浆封

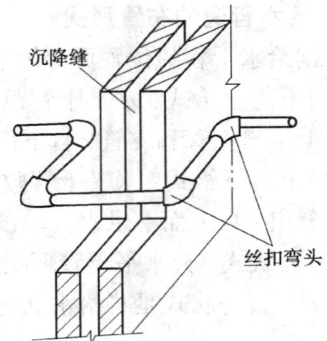

图 1－26　螺纹弯头法

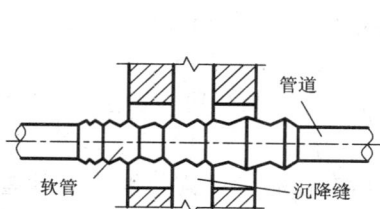

图 1 – 27

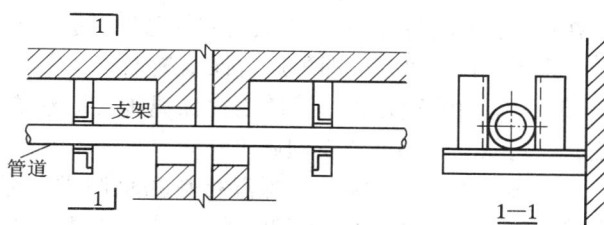

图 1 – 28

4. 给水管道的防护技术措施

要使室内给水管道系统能在较长的年限内正常、安全地工作，除日常加强维护管理外，在设计和施工过程中也需要对给水管道采取防腐、防冻和防露等防护技术措施。

1）给水管道的防腐

给水管道在长期的运行中，在物理、化学、电化学及微生物的作用下，管道受到腐蚀、污染水质，管壁减薄，管道承压能力下降，易发生爆管事故。

在给水管道系统中，无论是明装还是暗装的管道，除镀锌钢管、给水塑料管和复合管外，都必须作防腐处理。管道防腐最常用的方法有刷油法和喷塑法或涂塑法。

2）管道保温与防冻

设置在室内温度低于零度以下的，安装在受室外冷空气影响的门厅、过道的管道，冬季室外容器（水箱、水池）及各种配管都必须采取保温防冻措施。在给水管道系统安装完毕，经水压试验合格和管道外表面除锈并刷油防腐后，还应进行保温与防冻施工。

（1）保温材料。良好的保温材料应具有较低的热导率，受潮时不变质，耐热性能好，不腐蚀金属，质轻而空隙较多；具有一定的机械强度，受到外力时不损坏；易加工、成本低廉等特性。

工程中常用的保温材料有膨胀珍珠岩及其制品、玻璃棉及其制品、岩棉及其制品、矿渣棉及其制品、微孔硅酸钙、硅酸铝纤维制品、泡沫塑料（聚氨酯泡沫塑料、聚苯乙烯泡沫塑料、聚氯乙烯泡沫塑料）、泡沫石棉、软木管壳等。常用保温材料性能见表 1 – 3。

表 1 – 3　常用保温材料性能表

名　称	密　度 /(kg·m⁻³)	导热系数 /[W·(m·K)⁻¹]	使用温度范围 t/℃	特　点
膨胀珍珠岩	81 ~ 300	0.025 ~ 0.053	– 196 ~ 1200	密度轻，导热系数低，化学稳定性好
聚氨酯泡沫塑料	30 ~ 36	0.040	– 30 ~ 30	现场发泡强度高、造价高
玻璃棉管壳	120 ~ 150	0.035 ~ 0.058	< 250	耐火、耐腐蚀，化学稳定性好，但刺激皮肤
岩棉管壳	100 ~ 200	0.052 ~ 0.058	– 260 ~ 350	施工方便，温度使用范围大，绝热性好
矿渣棉管壳	125 ~ 200	0.034 ~ 0.039	< 650	绝热性好，使用温度高，防火不燃
聚苯乙烯塑料板	18 ~ 25	0.041 ~ 0.044	– 40 ~ 70	有自熄型和非自熄型

（2）保温结构。管道保温层一般由绝热层、防潮层和保护层三部分组成。

在被保温的管道应做水压试验或气密性试验。支架、支座和仪表接管灯安装工作均已完毕，表面经除锈刷油后，即可进行保温施工。

（3）保温的施工方法。管道工程保温施工方法有涂抹施工法、预制瓦块施工法、包扎施工法、填充施工法和整体发泡施工法。

涂抹施工法：先将分装的保温材料和水调成胶泥状，然后在保温管上均匀地缠上草绳，再直接将胶泥往草绳表面涂抹即可。若第一次抹的厚度不够，可待其稍干燥后再抹第二遍，直到达到要求的厚度。

预制瓦块施工法：先在预制瓦块内涂以用水调和成的硅藻土或石棉硅藻土浆，然后将相同规格的瓦块扣在管道上，并用细铁丝将其扎紧，在管道弯头、三通灯管件处还需要将预制瓦块按管件形状锯割成若干节再安装。保温瓦块安装完毕后，缝隙可用硅藻土浆填充，缝隙外用抹子抹平。也可用蛭石瓦块直接扣在管道上，并用细铁丝将其扎紧。保温层外用玻璃丝布缠绕，再用油毡包裹。

包扎施工法：将相同规格的保温管壳(玻璃棉、岩棉和矿渣棉)用钢锯条锯开一条缝后用手掰开套在管道上，然后用玻璃丝布缠绕刷沥青漆再用油毡包裹。

填充施工法：先在管道外安装一个保护壳再将保温材料填充到保护壳内，需与管道紧密包裹。

整体发泡施工法：在被包围的管道外先安装一个聚乙烯或玻璃钢材料的防护层套管，然后用喷枪将聚氨酯发泡剂喷入防护层套管内，经过几分钟的化学反应发泡将被包围的管道紧密包裹起来起到保温的作用。

3）管道防结露

在环境温度较高、空气湿度较大的房间，或管道内水温低于室内温度时，管道和设备表面容易产生凝结水，会引起管道和设备腐蚀，向房间滴水影响使用和室内卫生，因此，室内管道和设备必须采取防结露措施。管道防结露的方法一般与管道保温的方法基本相同。

4）管道及设备防振动和噪声

给水加压系统，应根据水泵扬程、管道走向、环境噪声要求等因素，设置水击消除装置。在水泵出口处设置法兰式橡胶软接头防止水泵工作振动，螺栓松动产生接口渗漏。水泵固定底座下应设置减振弹簧或减振橡胶隔振板。

防音防噪要求严格的场所，给水管道的支架应采用隔振支架；配水管起端宜设置水击吸纳装置；配水支管与卫生器具配水件的连接宜采用软管连接。

5. 室内给水系统安装与施工质量验收规范

1）室内给水系统安装施工工艺流程

（1）施工准备

定位。根据土建给定的轴线及标高线，结合主管坐标及主管距墙的间距(装饰面)，首先测定地下给水管道及主管甩头的坐标并绘制加工草图。

测量。从引入管开始端沿管道走向，用钢卷尺量出引入管至干管及各主管间尺寸。一般立管甩至地面上 500 mm 左右或至阀门处，并在草图上做好标记。

（2）室内地下进户管安装

①挖管沟深度根据城市给水管网埋深来确定，施工方法与室外管沟类似。②引入管穿过

基础时的施工措施。基础施工时，应按设计要求预留孔洞，并按要求进行构造处理，管道装妥后，洞口空隙内应用黏土填实，外抹防水的水泥砂浆，以防止室外雨水渗入。引入管穿过地下室或构筑物墙壁时，应采取防水措施。③引入管底部宜用三通管件连接，三通底部装泄水阀或管堵，以利管道系统试验及冲洗时排水。④管道铺设完毕后，在甩出地面的接口处作盲板或管堵，进行试水打压，经打压合格后，将打压水排空即可进行回填。

（3）干管的安装

根据干管的位置，可将给水系统分为在地下室、楼板下、地沟内或沿一层地面拖地安装的下分式系统和明装于顶层楼板下，暗装于屋顶内、吊顶内或技术层内的上分式。

（4）立管安装

给水立管可分为明装或安装于管道竖井内或墙槽内的暗装。

根据立管卡的高度在垂直线上确定出立管卡的位置，并画好横线，再根据横线和垂线的交点打洞栽卡，管卡应距地面 1.5～1.8 m，两个以上的管卡应均匀安装。

（5）横支管安装

横支管安装按凿打墙洞→量尺下料→栽管卡→预制安装→封堵洞眼的施工工序组织施工。

（6）支管安装

给水支管的安装一般先做到卫生器具的进水阀处。以下与卫生器具的连接，应在卫生器具安装后方可进行。支管应以不小于 0.002 的坡度坡向立管，以便修理时放水。

（7）管道试压与冲洗

确认管段已经安装完毕且符合要求后，即可进行管道水压试验。给水管道系统运行前，应按要求进行管道冲洗消毒。

2）室内给水系统施工质量验收规范

（1）给水管道必须采用与管材相适应的管件。生活给水系统所涉及的材料必须达到饮用水卫生标准。

（2）管径小于或等于 100 mm 的镀锌钢管应采用螺纹连接，套丝扣时破坏的镀锌层表面及外露螺纹部分应做防腐处理；管径大于 100 mm 的镀锌钢管应采用卡箍法兰或卡箍管件连接。

（3）给水塑料管和复合管可以采用橡胶圈接口、粘接接口、热熔连接、专用管件连接及法兰连接。塑料管和复合管与金属管件、阀门等的连接应使用专用管件连接，不得在塑料管上套丝。

（4）给水铸铁管管道应采用水泥捻口或橡胶圈接口方式连接。

（5）铜管连接可采用专用接头或焊接，当管径小于 22 mm 时宜采用承插或套管焊接，承口应迎介质流向安装；当管径大于或等于 22 mm 时宜采用对口焊接。

（6）给水立管和装有三个或三个以上配水点的支管始端，均应安装可拆卸的连接件。

（7）冷、热水管道同时安装应符合下列规定：①上、下平行安装时热水管应在冷水管的上方。②垂直平行安装时热水管应在冷水管的左侧。

主控项目：①室内给水管道的水压试验必须符合设计要求。当设计未注明时，各种材料的给水管道系统试验压力均为工作压力的 1.5 倍，但不得小于 0.6 MPa。金属及复合管给水管道系统在试验压力下观测 10 mm，压力降不应大于 0.02 MPa，然后降到工作压力对系统进行全面检查，接口应不渗不漏；塑料管给水系统应在试验压力下稳压 1 h，压力降不得超过

0.05 MPa，然后在工作压力的 1.15 倍状态下稳压 2 h，压力降不得超过 0.03 MPa，同时检查各连接处不得渗漏。②给水系统交付使用前必须进行通水试验并做好记录。③生活给水系统管道在交付使用前必须冲洗和消毒，并经过有关部门取样检查，符合国家生活饮用水标准方可使用。④室内直埋给水管道(塑料管道和复合管道除外)应做防腐处理。埋地管道防腐层材质和结构应符合设计要求。

一般项目：①给水引入管与排水排出管的水平净距不得小于 1 m。室内给水与排水管道平行敷设时，两管间的最小水平净距不得小于 0.5 m；交叉铺设时，垂直净距不得小于 0.15 m。给水管应铺设在排水管道的上面，若给水管必须铺设在排水管的下面时，给水管应加套管，其长度不得小于排水管管径的 3 倍。②给水水平管道应有 2‰～5‰ 的坡度坡向泄水装置。③给水管道和阀门安装的允许偏差应符合表 1－4 的规定。④管道的支、吊架安装应平整牢固，其间距应符合 GB 50242—2002 规范的规定。⑤水表应安装在便于检修，不受暴晒、污染和冻结的地方。安装螺翼式水表，表前与阀门应有不小于 8 倍水表接口直径的直线管段。表外壳距墙表面净距为 10～30 mm；水表进水口中心标高按设计要求，允许偏差为 ±10 mm。

表 1－4　　给水管道和阀门安装的允许偏差和检验方法

项次	项 目			允许偏差/mm	检验方法
1	水平管道纵横方向弯曲	钢管	每米(全长 25 m 以上)	1	用水平尺、直尺、拉线和尺量检查
		塑料管、复合管	每米(全长 25 m 以上)	1.5	
		铸铁管	每米(全长 25 m 以上)	2	
2	立管垂直度	钢管	每米(全长 5 m 以上)	3	吊线和尺量检查
		塑料管、复合管	每米(全长 5 m 以上)	2	
		铸铁管	每米(全长 5 m 以上)	3	
3	成排管段和成排阀门	在同一平面上间距		3	尺量检查

1.3　给水系统管材、附件和设备

1.3.1　建筑给水系统常用给水管材与连接方式

1. 建筑给水管材的选用原则

1）安全可靠性

这是建筑给水中最重要的原则，因为建筑给水是有压管，一旦爆裂将会给建筑和人民财产造成损失。管材应能经受得起振动冲击、水锤和热胀冷缩等，并经受时间考验，不会漏水、不爆裂等。

2）经济性

在满足使用安全供水前提下，花最少的钱选用管材。在比较管材质量时还要比较管材的价格，而且还要比较施工安装费。

3）卫生性

推向市场的管材均要符合国家标准 GB/T 17219—1998 的要求，而且有经过国家认可的检测部门测试报告，有出厂合格证方能使用。

4）可持续发展

任何一种管材能被接受，其中很重要的原因在于它能否被回收重复利用和能否不产生新的污染。

2. 建筑给水系统常用管材与配件

建筑给水系统是由管道和各种管件、附件连接而成的系统。掌握给水系统所选用的管材种类、性能、规格表示及连接方式等内容，对保证工程施工质量、降低工程造价及系统正常运行都非常重要。

建筑给水系统常用管材按材料分为金属管材、非金属管材和复合管材。

1）金属管材

目前应用较多的室内金属给水管材主要有镀锌钢管、不锈钢管、给水铝合金衬塑管和给水铜管等。

（1）低压流体输送镀锌焊接钢管及管件。

建筑给水和消防自动喷水灭火系统中常用的钢管是低压流体输送用镀锌焊接钢管。按镀锌工艺不同，可分为冷镀管（电镀工艺）和热镀管（热浸工艺），普通焊接钢管可承受工作压力为 1.0 MPa，加厚焊接钢管可承受工作压力为 1.6 MPa。

《低压流体输送用焊接钢管》（GB 3091—2001）规定了焊接钢管的规格质量标准。镀锌钢管管径小于或等于 100 mm 应采用螺纹连接，套丝时破坏的镀锌层表面及外露螺纹部分应做防腐处理，管径大于 100 mm 的镀锌钢管应采用卡箍连接。

我国建设部等四部委已于 1999 年 12 月发文从 2000 年 6 月 1 日起城镇新建住宅建筑中禁止使用冷镀锌钢管用于室内给水管道，并根据当地实际情况逐步限时禁止使用热镀锌钢管，推广应用铝塑复合管（PAP）、交联聚乙烯（PE – X）管、三型无规共聚聚丙烯（PP – R）管等新型管材，有条件的地方也可推广应用铜管。

低压流体输送用焊接钢管的螺纹连接管件，通常是用可锻铸铁制造的，带有管螺纹的镀锌管件，管件的公称压力为 1.6 MPa。

镀锌管件有 90°弯头、45°弯头、管箍、三通、四通、活接头、外接头和异径管等。

以管件活接头为例，活接头又称油任，作用与管箍相同，但比管箍装拆方便，用于需要经常装拆或两端已经固定的管路上。

（2）不锈钢管及管件。

不锈钢管可分为薄壁不锈钢管和厚壁不锈钢管。其中薄壁不锈钢管是由特殊焊接工艺处理，强度高，管壁较薄，造价较低，已在室内给水系统中应用。它经久耐用，卫生不会污染水质，防腐蚀性好，环保性好，抗冲击强，管道强度高、韧性好。薄壁不锈钢管的连接方式采用卡压式连接。厚壁不锈钢管的连接有氩弧焊接和螺纹连接。

其规格表示用外径×壁厚表示。该管道的目前常用规格有外径 D16 ~ 110 mm 十多种。不锈钢管道常用于室内给水系统、室外直饮水管道系统、食品工业和医药工业工艺管道系统中。

不锈钢管件是用不锈钢材料制成的成品管件，有卡压管件，其规格种类较多，有双卡压管件和单卡压管件两种。双卡压管件用于管件与管子的卡压连接，单卡压管件用于与其他连接方式（如螺纹连接）的转换。

（3）铜管及管件

铜管按材质不同分为紫铜管、青铜管和黄铜管三大类。建筑给水中采用紫铜管。国标 GB/T 18033—2000 按壁厚不同分为 A、B、C 三种型号的铜管，其中 A 型管为厚壁型，适用于较高压力用途；B 型管适用于一般用途；C 型管为薄壁铜管。薄壁紫铜管的常用规格有公称直径 DN15~250 mm 15 种。建筑给水的铜管，公称压力推荐 1.0 MPa 和 1.6 MPa。铜管根据制造方式分有拉制铜管和挤压铜管，一般中、低压采用拉制管。铜管连接可采用焊接、胀接、法兰连接和螺纹连接等。铜管规格用外径×壁厚表示。

目前，铜管可用于冷热水供应系统及直接饮用净水系统，连接方式多为螺纹连接、钎焊承插连接、卡箍式机械挤压连接和法兰连接。

根据铜管材的不同连接方式，要分别选择不同连接方式的铜管件。当螺纹连接时，就要选用铜螺纹管件。当焊接连接时，就要选用焊接铜管件，当管径小于 22 mm 时宜采用承插或套管焊接，承口应迎介质流向安装；当管径大于或等于 22 mm 时宜采用对口焊接。焊接用铜管件一般带有承口便于焊接。

2）非金属管材及管件

建筑给水非金属管材工程中常用塑料管。有硬聚氯乙烯给水管（UPVC）、聚乙烯管（PE）、无规共聚聚丙烯管（PP-R）、氯化聚氯乙烯管（CPVC）、聚丁烯管（PB）和工程塑料管（ABS）等。

（1）硬聚氯乙烯给水管

硬聚氯乙烯给水管用于输送温度低于 45℃ 以下的室内、室外给水系统中，建筑给水用硬聚氯乙烯管材应按管道的最大允许工作压力并考虑管材的刚度等因素选用。当公称外径 d_n ≤40 mm 时，宜选用公称压力 1.6 MPa 的管材；当公称外径 d_n≥50 mm，宜选用公称压力不小于 1.0 MPa 的管材。

还要考虑承压与温度有关的因素：当温度在 0℃ ≤t≤25℃ 时，承压≤1.0 MPa；当 25℃ <t≤35℃，承压≤0.8 MPa；当 35℃ <t≤45℃，承压≤0.63 MPa。管道连接宜采用承插式粘接连接、承插式弹性密封圈柔性连接。

它具有质量轻、输送流体阻力小、耐腐蚀、不生锈、不结垢、安全卫生、施工方便、使用寿命长等特点。

给水（PVC-U）管不得用于室内消防给水系统，也不得用于与消防给水系统相连接的给水系统。

（2）聚乙烯管（PE）

聚乙烯给水管是以优质聚乙烯树脂为主要原料，添加必要的抗氧剂、紫外线吸收剂等助剂，经挤出加工而成的一种新型产品。能广泛应用于工作压力 0.6~1.6 MPa，工作温度在 -20~40℃ 内的市政给水、排水、燃气、建筑给水、石油化工、矿山、农田排灌等各种管道工程中。

聚乙烯管重量轻、抗低温抗冲击性好、耐磨性好、水流阻力小、柔韧性好、管材长、管道接口少密封性好、材质无毒、无结垢层、不滋生细菌、抗腐蚀、使用寿命长、施工简单方法多样、维修方便。

管材按用途可分为给水用（PE）管，热水用交联聚乙烯管（PE-X），燃气用聚乙烯管，农村排灌用聚乙烯管；按密度分为高密度聚乙烯管（HDPE）、中密度聚乙烯管（MDPE）、低密度聚乙烯管（LDPE）。

给水用（PE）管，压力等级分为 0.6 MPa、0.8 MPa、1.0 MPa、1.25 MPa、1.6 MPa，管材规格有 DN90、DN110、DN160、DN200、DN250、DN315、450 等八种规格。用于建筑给水的规格有 DN16、DN20、DN25、DN32、DN40、DN50、DN63、DN75 等。

热水用交联聚乙烯管（PE–X）是以高密度聚乙烯为主要原料，通过高能射线或化学引发剂将大分子结构转变为空间网状结构材料制成的管材。该管材为橘红色，长期使用温度不超过 70℃，故障温度可达 95℃，主要用于建筑热水、地板辐射采暖、太阳能供热等系统。

（3）无规共聚聚丙烯管（PP–R）

无规共聚聚丙烯管具有重量轻、强度好、耐腐蚀、不结垢，防冻裂、耐热保温、使用寿命长等优点；但抗冲击性能差，线膨胀系数大。可用于建筑冷、热水，空调系统，低温采暖系统等场合。

PP–R 管及其管件的种类较多，连接方式有承插连接、热熔连接和法兰连接。

（4）聚丁烯管（PB）

聚丁烯（PB）管，是由聚丁烯、树脂添加适量助剂聚合而成的高分子聚合物，经挤出成型的热塑性加热管，它具有很高的耐寒、耐热、耐压、不生锈、不腐蚀、不结垢、寿命长（可达 50～100 年），无味、无臭、无毒、重量轻、柔韧性好、可在 95℃以上长期使用，最高使用温度可达 110℃，但管材造价较高等特点。它被誉为"塑料中的黄金"。

PB 管材适用于建筑自来水给水系统、直接饮用水给水系统、热水供应系统和地辐采暖地热系统。

聚丁烯（PB）管小口径的管材选用热熔连接；大口径的管材选用电熔连接。

（5）工程塑料（ABS）管

ABS 工程塑料管耐低温性能较好，使用温度在 –40～80℃之间，仍能保持其强度和韧性，工作压力可达 1 MPa。管材有 B、C、D 三个压力等级，B 级为 0.6 MPa、C 级为 0.9 MPa、D 级为 1.6 MPa。

ABS 工程塑料管无毒、无味，不污染介质。小口径的管材可作为室内纯净水及生活饮用水，输送食用油、果汁、啤酒、牛奶等系统管道。

ABS 工程塑料管可选用承插粘接（使用工程塑料管专用 ABS 胶水）；ABS 管与管件之间也可以进行焊接，使用工程塑料管专用 ABS 焊条、ABS 专用焊枪，焊接前可以先完成胶粘以保证管材连接的密封。大口径的管材还可以使用法兰连接（使用 ABS 法兰）。

3）复合管及管件

（1）铝塑复合管（PAP 管）

铝塑复合管以焊接铝管为中间层，铝层采用搭接超声波焊和对接氩弧焊，内外层均为塑料，铝层内外采用热熔胶粘接，通过专用机械加工方法复合成一体的管材。它的结构分为五层：塑料层、热熔胶层、铝管层、热熔胶层、塑料层。

铝塑复合管具有耐温、耐压、耐腐蚀，不结污垢、不透氧、保温性能好、管道不结露、抗静电、阻燃、可弯曲不反弹、可成卷供应、接头少、渗漏机会少、既可明装也可暗装、施工安装简便、施工费用低、重量轻、运输储存方便等特性。广泛应用于建筑室内冷热水供应、地面辐射供暖系统、空调管、城市燃气管道、压缩空气管等工程。

普通饮用水用铝塑复合管：白色、蓝色，LS/L 标识，主要用于建筑生活给水、中央空调冷凝水、氧气、压缩空气及其他化学液体输送等配管工程。

耐高温用铝塑复合管(XPAP):交联铝塑复合管,红色,LS/R 标识,主要用于长期工作水温不大于 95℃的热水供应和采暖系统中。

燃气用铝塑复合管:黄色,LS/Q 标识,主要用于室内天燃气管路。

铝塑管可采用卡套式和卡压式连接,专用管件结构与连接方式配套。

管件材质一般为黄铜或不锈钢。卡套式管接头由螺帽、C 型金属压紧环、O 型橡胶密封圈和接头本体组成。铝塑管专用管件有等(异)径直通、外牙(螺纹)直通、等(异)径弯头、外牙弯头、等(异)径三通、外牙三通等。

(2)给水镀锌衬(涂)塑钢管

钢塑复合钢管主要分为给水涂塑复合钢管与给水衬塑复合钢管两大类。

给水涂塑复合钢管安全卫生、价格低廉、防腐性能良好,且耐酸、耐碱、耐高温,强度高、使用寿命长,耐冲击力学性能优越,介质流动阻力低于钢管40%。常用规格有公称通径 DN15 ~ DN150 十多种。

给水钢衬塑复合管主要性能与给水钢涂塑复合管比较类似,它导热系数低,节省了保温与防结露的材料厚度。常用规格有公称通径 DN15 - DN150 十多种。

给水镀锌管衬(涂)塑钢管是采用热膨胀法工艺在热镀锌焊接钢管内衬(涂)塑料加工制成,并借以胶圈或厌氧密封胶止水防腐,与衬(涂)塑可锻铸铁管件、涂(衬)塑钢管件配套使用,是给水管道工程中的健康绿色管材。

这种管材将钢管的强度高、刚性好、耐高压等性能与塑料的耐腐蚀、不结垢、内壁光滑、流阻小等优点复合为一体,使其既承压又耐蚀,从而克服了钢管单独使用时的诸多缺陷。

给水镀锌衬(涂)塑钢管可采用法兰连接、卡箍连接和螺纹连接。

(3)孔网钢带塑料复合管

它是另一种钢塑复合管,简称孔网钢塑管。是以氩弧对接焊成型的多孔薄壁钢管为增强体,外层和内层双面复合热塑性塑料的一种新型复合管道。由于增强体通过洞孔完全被包覆在塑料之中,因此,这种复合管克服了钢管和塑料管各自的缺点,又保持了钢管和塑料管各自优点,是民用建筑、城市供水、城市供气、石油化工、电力、制药、冶金等行业最理想的应用管道。

孔网钢塑管道系统采用电热熔管件连接。利用塑料热加工机理,通过管件内部发热体将管材与管件熔融,把管道与配件可靠地连接在一起,一次完成,永不渗漏。孔网钢塑管也可采用法兰连接方式与其他管路、配件和设备进行过渡连接。

(4)给水铝合金衬塑管及管件

给水用铝合金衬塑管通常叫航天凯撒管,目前作为一种新型的建筑给水管材,它无毒、质轻、耐压、耐腐蚀,正在成为一种推广的材料,它不仅适用于冷水管道,也适用于热水管道,甚至纯净饮用水管道。接口采用热熔技术,管子之间完全融合到了一起,不会出现漏水现象,而且不会结垢,目前很多高档住宅和公寓普遍采用航天凯撒管作为冷水管和热水管。

给水铝合金衬塑管外层为无缝铝合金,内衬聚丙烯(PP),两者通过特殊工艺复合。该管材规格有公称通径 DN10 ~ DN150 mm 十多种。公称工作压力为 1.0 MPa。管道连接有卡套式快装管接头、专利法兰盘等。但由于管件为外接头,不利于暗装,又对碱性有一定的腐蚀性,有时也限制了它的使用。

常用管件如图 1 - 29 所示。

弯头

三通

四通

补芯	异径管	法兰	松套法兰

存水弯	管箍	内接丝	内外丝扣弯头

沟槽管件	法兰堵板	卡套接头	沟槽法兰

固定管箍	检查口	固定管卡	沟槽四通

图 1-29　常用管件

3. 管道的连接方式

管道连接是指按照图纸和有关规范、规程的要求，将管子与管子或管子与管件、阀门等连接起来，使之形成一个严密的整体，以达到使用的目的。管道连接方式有很多种，常用的连接有螺纹连接、焊接连接、法兰连接、承插连接、热熔连接、电熔连接和沟槽连接等方式。

1）螺纹连接

螺纹连接是通过管子上的内外螺纹将管子与带外内螺纹的管件、阀件和设备连接起来的方法，简称"丝接"（图1-30）。为了增加连接的严密性，在连接前应在带有外螺纹的管头或配件上按螺纹方向缠以适量的麻丝或者胶带等。螺纹连接一般用于工程直径在150 mm以下，工作压力1.6 MPa以内的低压水、煤气、蒸汽等管道。管道螺纹连接应留2~3牙螺尾。

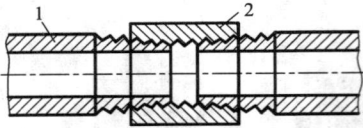

图1-30 螺纹连接

1—管子；2—管箍

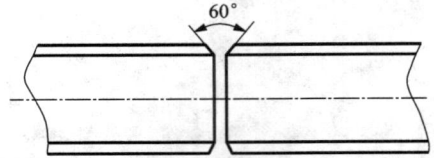

V形坡口焊接

图1-31 焊接连接

2）焊接连接

焊接连接是管道安装工程中最重要和应用最广泛的连接方式之一（图1-31）。管道焊接连接的优点：焊接牢固、强度大；安全可靠、经久耐用；接口严密性好，不易跑、冒、滴、漏；不需要接头配件，造价相对较低；维修费用也低。缺点：接口固定，检修、更换管子等不方便。焊接工艺有气焊、手工电弧焊、手工氩弧焊、埋弧自动焊、二氧化碳气体保护焊等多种焊接方法。各种有缝钢管、无缝钢管、铜管、铝管等都可以采用焊接连接。

3）法兰连接

管路法兰连接是指将垫片放入一对固定在两个管口上的法兰或一个管口法兰一个带法兰阀门的中间，用螺栓拉紧使其紧密结合起来的一种可以拆卸的接头（图1-32）。主要用于管子与管子、管子与带法兰的配件（如阀门）或设备的连接，

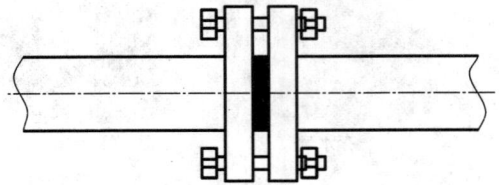

图1-32 法兰连接

以及管子需经常拆卸部件的连接。法兰连接是管道安装中常用的连接方式之一，其优点是结合强度大、结合面严密性好、易于加工、便于拆卸。法兰连接适用于明设和易于拆装的管沟、井里，不宜用于埋地管道上，以免腐蚀螺栓、拆卸困难。

4）承插连接

承插连接常用于带有承插口的铸铁管、混凝土管、陶瓷（土）管、塑料管等管道安装。承插接口所用接口材料有石棉水泥、青铅、自应力水泥、橡胶圈、水泥砂浆和氯化钙石膏水泥等（图1-33）。石棉水泥接口操作方便，质量可靠，是使用最多的接口材料；青铅接口操作复杂，费用较高，热赛法青铅接口在融铅和灌铅时对人体有害。因此，一般只有在紧急抢险或有震动的地方使用。

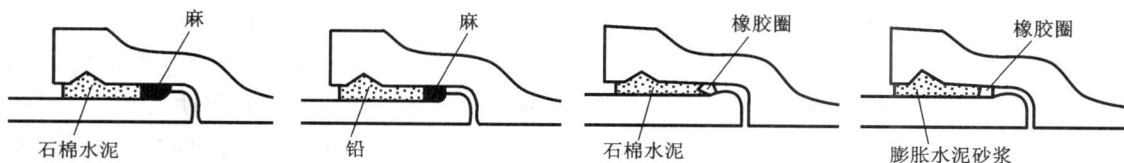

图 1－33　承插连接

5）热熔连接

热熔连接是利用热塑性管材的性质进行管道连接，热熔时采用专门的加热设备（一般采用电热式），使同种材料的管材与管件的连接面达到熔融状态，用手工或机械将其压合在一起（图 1－34）。这种方式结合紧密，安全耐用，避免了金属管件接头处水的跑、冒、滴、漏等现象。

6）电熔连接

管件出厂时将电阻丝埋在管件中，做成电热熔管件，在施工现场时，只需将专用焊接仪的插头和管件的插口连接，利用管件内部发热体将管件外层塑料与管件内层塑料熔融，形成可靠连接（图 1－35）。电熔效果可靠，人为因素低，施工质量稳定。另外安装时仅用电缆插头，可克服操作空间狭小导致安装困难的问题。

图 1－34　热熔连接

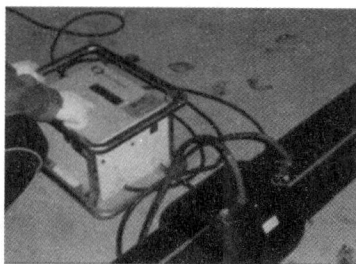

图 1－35　电熔连接

1.3.2　管道附件

室内给水管道附件分为配水附件和控制附件两大类。

1. 配水附件

配水附件用以调节和分配水量，装在卫生器具及用水点的各式水龙头，又称水嘴。常见的有普通水龙头、皮带水龙头、化验水龙头、浴盆水龙头和智能感应水龙头等（如图 1－36 所示）。

按材料分，可分为不锈钢、铸铁、黄铜、全塑和高分子复合材料水龙头等。按功能分为面盆、浴缸、淋浴和厨房水槽水龙头。

按结构分，可分为单联式、双联式和三联式等水龙头。单联式可接冷水管或热水管；双联式可同时接冷热两根管道，多用于浴室面盆以及有热水供应的厨房洗菜盆的水龙头；三联式除接冷热水两根管道外，还可以接淋浴喷头，主要用于浴缸的水龙头。还有单手柄和双手柄之分，单手柄水龙头通过一个手柄即可调节冷热水的温度，双手柄则需分别调节冷水管和热水管来调节水温。

按开启方式分，可分为螺旋式、扳手式、抬启式和感应式等。螺旋式手柄打开时，要旋转很多圈；扳手式手柄一般只需旋转 90°；抬启式手柄只需往上一抬即可出水；感应式水龙头只要把手伸到水龙头下，便会自动出水。另外，还有一种延时关闭的水龙头，关上开关后，水还会再流几秒钟才停，这样关水龙头时手上沾上的脏东西还可以再冲干净。

按阀芯来分，可分为橡胶芯(慢开阀芯)、陶瓷芯（快开阀芯）和不锈钢阀芯等几种。影响水龙头质量最关键的就是阀芯。使用橡胶芯的水龙头多为螺旋式开启的铸铁水龙头，现在已经基本被淘汰；陶瓷阀芯水龙头是近几年出现的，质量较好，现在比较普遍；不锈钢阀芯是最近才出现的，更适合水质差的地区。

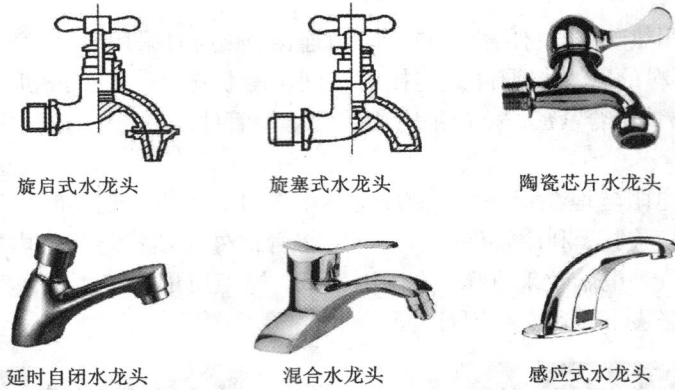

| 旋启式水龙头 | 旋塞式水龙头 | 陶瓷芯片水龙头 |
| 延时自闭水龙头 | 混合水龙头 | 感应式水龙头 |

图 1-36　各类配水龙头

2. 控制附件

控制附件是用来调节水量和水压，开启和切断水流的各类阀门(如图 1-37 所示)。

闸阀	截止阀	旋塞阀	升降止回阀
旋启止回阀	浮球阀	蝶阀	球阀
弹簧式安全阀	杠杆式安全阀	可调式减压阀	比例式减压阀

图 1-37　各类控制附件

建筑给水系统常用的阀门按阀体结构形式和功能可分为截止阀、闸板阀、球阀、浮球阀、蝶阀、止回阀和安全阀、旋塞阀、减压阀、排气阀和疏水阀;按照驱动动力分为手动、电动、液动、气动等四种方式;按照公称压力分高压、中压、低压三类。

建筑给水工程中常用的大都为低压或中压阀门,以手动为主。给水管道上使用的各类阀门的材质,应耐腐蚀和耐压,根据管径大小和所承受压力的等级使用温度,可采用全铜、全不锈钢、铁壳铜芯和全塑阀门等。

1.3.3　水表

1. 水表的类型和性能参数

水表是计量建筑物内用户或设备累计用水量的仪表。室内给水系统广泛采用流速式水表。它是根据管径一定时,通过水表的水流速度与流量成正比的原理制作的一种仪表。

流速式水表按叶轮转轴构造不同可分为旋翼式(又称为叶轮式)和螺翼式两种。旋翼式水表的叶轮转轴与水流方向垂直,阻力大,起步流量和计量范围较小,多用于小口径给水管道系统中,测小流量;螺翼式水表的叶轮转轴与水流方向平行,阻力较小,起步流量和计量范围较大,适用于室外较大口径给水管道系统中,测大流量。

旋翼式水表按计数部件所处环境状态不同又可分为干式水表和湿式水表两种。干式水表的计数部件和表盘与水隔开,计数器不受水中杂质污损,但精度较低;湿式水表的计数器浸没在水中,在计数盘上装有一块8 mm厚玻璃用来承受水压,其结构简单、精度较高,广泛用于室内给水系统中。旋翼式水表如图1-38所示,螺翼式水表如图1-39所示。

按水表智能程度分为IC卡智能水表和远传式水表。适用于"先付费后用水"条件下的管理系统,智能水表如图1-40所示。

IC卡智能水表　　超声波远传水表

图1-38　旋翼式水表　　　　图1-39　螺翼式水表　　　　图1-40　智能水表

2. 水表的安装

1)水表的选用原则

选择水表时,应考虑管道直径,还要考虑以经常使用流量的大小来选择适宜口径的水表,以经常使用的流量接近或小于水表要求流量为宜。

2)水表的安装要求

(1)水表应安装在便于检修,不受暴晒、污染和冰冻的地方。

(2)水表安装前应将管道内的所有杂物清洁干净,以免阻塞水表运行。

(3)安装螺翼式水表,表前与阀门应有不小于8倍水表接管直接的直管段,出水口侧直线管段的长度,不得小于水表口径的5倍。安装旋翼式水表时,水表前与阀门应有不小于

300 mm 的直管段。

（4）水表在水平安装时，标度盘应上、下不得倾斜；垂直安装时，水表叶轮轴和管道中心线必须保持同心，不得发生偏角。

（5）水表安装必须使表壳上箭头方向与管道内水的流向保持一致。水表外壳距墙表面净距为 10～30 mm；水表进水口中心标高按设计要求，允许偏差为 ±10 mm。

（6）水表安装后应无漏泄处。

（7）水表运行中应定期进行检查，发现问题，及时检修。

1.3.4　建筑给水系统常用设备

1. 给水系统的水泵

水泵是给水系统中最主要的升压机械设备，广泛应用于室外给水系统和室内给水系统中，工程中常选用清水离心泵。它结构简单，体积小，效率高，流量和扬程在一定范围内可以调整。

1）水泵的基本性能

水泵的基本性能通常由六个性能参数表示：

扬程：表示水泵出口总水头与进口总水头之差，反映了通过水泵的液体所获得的有效能量，用 H 表示，单位是 mH_2O。

流量：是水泵在单位时间内输送流体的量，用 Q 表示，单位是 m^3/s、m^3/h 或 L/s。

轴功率：又称输入功率，指原动机传递给泵轴的功率，用 N 表示，单位是 W 或 kW。

有效功率：是单位时间内液体从水泵所得到的能量，是水泵传递给液体的净功率。用 N_e 表示，单位是 W 或 kW。

效率：指水泵的有效功率与轴功率的比值，表示轴功率被利用程度的物理量。水泵的有效功率总是小于水泵的轴功率。

转速：指水泵叶轮每分钟的转动次数，用 n 表示，单位是 r/h。

允许吸上真空高度是指为避免水泵发生汽蚀所允许的最大吸上真空高度，反映离心水泵的吸水性能。汽蚀余量是为了保证水泵不发生汽蚀，在水泵的入口处必须具有超过其汽化压力的静压水头，它反映轴流泵、锅炉给水泵的吸水性能。

2）离心水泵的结构组成

离心水泵是由叶轮、泵壳、泵轴、轴承、密封环、填料函、吸水管和压水管等八部分组成的，如图 1-41 所示。

3）离心水泵的工作原理

离心泵是利用叶轮旋转而使水产生的离心力来工作的。水泵在启动前，必须使

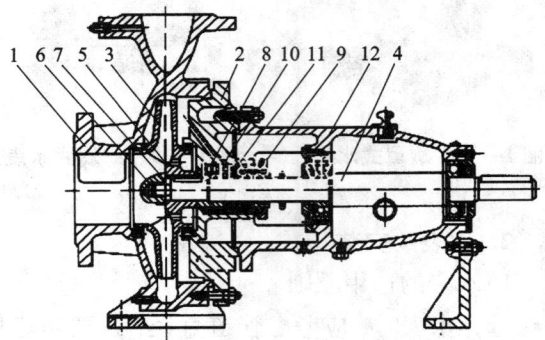

图 1-41　离心水泵的构造
1—泵体；2—泵盖；3—叶轮；4—轴；5—密封环；
6—叶轮螺母；7—止动垫圈；8—轴套；9—填料压盖；
10—填料环；11—填料；12—悬架轴承部件

泵壳和吸水管内充满水，或用真空泵抽气，形成真空后，然后启动电动机，使泵轴带动叶轮和水做高速旋转运动，水在离心力的作用下，被甩向叶轮外缘，经蜗形泵壳的流道流入水泵

的压水管路而输送出去。水泵叶轮中心处，由于水在离心力的作用下被甩出后形成真空，吸水池中的水便在大气压力的作用下被压进泵壳内，叶轮通过不停地高速转动，使得水在叶轮的作用下不断流入与流出，达到了输送水的目的。

2. 给水系统的贮水池和生活水箱

1）给水系统贮水池

贮水池是供水设备中贮存和调节水量的构筑物。当一幢（特别是高层建筑）或数幢相邻建筑所需的水量、水压明显不足，或者是用水量很不均匀（在短时间内特别大），城市无塔供水管网难以满足时，应当设置贮水池。

贮水池可设置成生活用水贮水池、生产用水贮水池、消防用水贮水池，或者是生产与消防合用的贮水池。贮水池的形状有圆形、方形、矩形和因地制宜的异形。小型贮水池可以是砖石结构，混凝土抹面，大型贮水池应该是钢筋混凝土结构。不管是哪种结构，必须牢固，保证不漏（渗）水。

贮水池的有效容积与水源供水保证能力和用户要求有关，一般应根据用水调节水量、消防贮备水量和生产事故备用水量来确定。

贮水池应设置进水管、出（吸）水管、溢流管、泄水管、人孔、通气管和水位信号装置。贮水池进水管和出水管应布置在相对位置，以便池内贮水经常流动，防止滞留和死角，以防池水腐化变质。

2）生活水箱

水箱按形状分为圆形、方形、矩形和球形等不同形式的水箱。水箱可采用不锈钢板、热浸镀锌钢板、塑料板、玻璃钢板、涂塑钢板加工而成。水箱按承压能力分有开口的非承压水箱和密闭的承压水箱两种。水箱按是否保温分保温水箱和非保温水箱两种。

水箱上必须设置进水管、出水管、溢流管、泄水管、通气管、水位信号装置、人孔和仪表等附件，如图 1-42 所示。

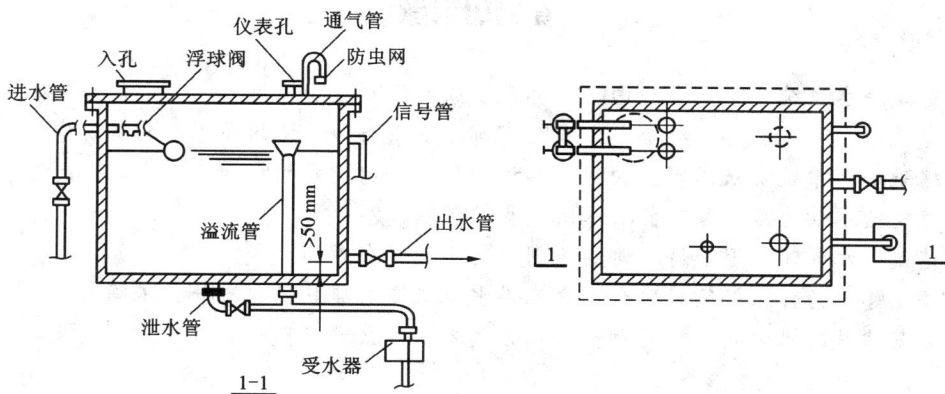

图 1-42　生活水箱的配管

进水管及浮球阀：进水管一般从侧壁接入，当水箱利用管网压力进水时，进水管入口应安装不少于两个的浮球阀，且管径应与进水管管径相同。在浮球阀前应装设控制阀门，一般采用螺纹截止阀或螺纹闸阀，以便检修时，切断水流。当水箱利用水泵加压供水并利用水位信号装置自动控制水泵运行时，可不设浮球阀。水箱水位上部应留有一定空间，以便安装浮球阀。

出水管及止回阀：出水管一般从侧壁下部接出，出水管管口应高出水箱内底部 50 ~ 100 mm，并应装设阀门。当贮水箱兼作消防贮水箱时，应保证消防水量不被动用。

水箱进、出水管宜分别设置，当进水管和出水管为同一条管道时，应在水箱的出水管上装设止回阀。与消防水箱合用的水箱，出水管应设止回阀。

溢流管：溢流管宜从水箱上侧壁接出，其管口最好做出朝上的喇叭口形状并高于设计最高水位 20 ~ 30 mm，管径应比进水管大 1 ~ 2 号，便于泄水。溢流管上不得安装阀门。其出口处应设网罩，并采取断流排水或间接排水方式。

泄水管：泄水管从水箱底部接出，并设阀门，泄水管可与溢流管相连，但不得与排水系统直接连接。

通气管：供生活饮用水的水箱应设置密封箱盖，箱盖上应设检修人孔和通气管。通气管可伸至室内或室外，但不得伸到有有害气体的地方。管口应设置防止灰尘、昆虫和蚊蝇进入的滤网，一般将口朝下设置。通气管上不得装设阀门、水封等等妨碍通气的装置，且不得与排水管道和通风管道连接。

水位信号装置：一般应在水箱侧壁上安装玻璃液位计，来显示水箱水位。当水箱液位与水泵连锁时，应在水箱内设置液位计。常用的液位计有浮球式、杆式、电容式和浮子式等。液位计停泵液位应比溢流水位低，不小于 100 mm，启泵液位应比设计最低水位高，不小于 200 mm。当水箱内未装设液位信号计时，一般应设信号管给出溢流信号。信号管一般从水箱侧壁接出接至值班房间内的污水盆内，当出水即可关闭进水阀，选择 DN15 ~ DN20 mm 的管子作为信号管。

人孔和仪表：人孔与仪表孔一般从水箱顶部接入。人孔不得小于 500 mm 并设置能够锁定的人孔盖，以保证水箱卫生安全。当水箱高度大于 1500 mm 时，应在人孔处设置内外人梯。

复习思考题

1. 建筑给水系统分哪几类？由哪几部分组成？
2. 建筑给水系统有哪几种给水方式？有哪些使用条件？适用于怎样的建筑中？
3. 建筑给水系统常采用哪些管材？各种管材是如何连接的？
4. 建筑给水管道应安装哪些配水附件和控制附件？
5. 建筑给水管道布置应遵循哪些原则？有哪几种布置的形式？
6. 高层建筑为什么必须采取分区分压供水？与多层建筑供水有什么不同？
7. 高层建筑给水方式有哪几种？给水方式各有什么特点？

1.4 消防给水工程

1.4.1 消防基本知识

凡是在时间上和空间上失去控制，造成物质的损失和人员的伤亡的燃烧现象即称为火灾。火灾给人类带来的灾难是巨大的，它能将国家和人民的财产顷刻间化为灰烬，使居民无家可归，无法生产、生活，影响社会稳定，也能夺取人们的宝贵生命。火灾烧毁古建筑、历史文物，造成无法弥补的损失。核燃烧、森林发生火灾能造成空气污染，危害健康，破坏生态平衡，后患无穷。

1. 火灾的产生与规律

建筑物产生火灾的原因大约有以下几种：

（1）人员用火不慎。如乱丢烟头、火柴，电焊、气焊火花跌落等引起可燃气、油料和木材、化纤等物体燃烧。

（2）电气起火。如用户随意接插用电，线路超载，配电线路受潮、老化、漏电甚至短路，变配电设备和用电设备安放位置不当，电气事故后迅速引燃周围物质等（如热得快）。

（3）建筑物遭受雷击。

（4）人为破坏。

2. 物质燃烧的必要条件

可燃物：凡是能与空气中的氧或其他助燃剂起燃烧化学反应的物质。

助燃剂：帮助和支持可燃物燃烧的物质，即能与可燃物发生氧化反应的物质。

温度（引火源）：指供给可燃物与氧或助燃剂发生燃烧反应的能量来源。

3. 火灾分类

A 类：由固体物质燃烧发生的火灾。

B 类：由液体物质和在燃烧条件下可熔化的固体物质燃烧发生的火灾。

C 类：由气体物质燃烧发生的火灾。

D 类：由金属燃烧发生的火灾。

4. 建筑材料的燃烧性能分级

A 级：不燃性建筑材料。

B1 级：难燃性建筑材料。

B2 级：可燃性建筑材料。

B3 级：易燃性建筑材料。

建筑构件的燃烧性能分类：

（1）不燃烧体（非燃烧体）：用金属、砖、石、混凝土等不燃性材料制成的构件。在空气中遇明火或高温作用下不起火、不微燃、不炭化。

（2）难燃烧体：用难燃性材料制成的构件或用可燃材料制成而用不燃性材料作保护层制成的构件。在空气中遇到明火或在高温作用下难起火、难微燃、难炭化，当火源移开后燃烧和微燃立即停止。

（3）燃烧体：用可燃性材料制成的构件。在空气中遇明火或在高温作用下会燃烧或微燃，且火源移开后仍继续保持燃烧或微燃。

5. 耐火极限

建筑构件按时间 – 温度标准曲线进行耐火实验，从受到火的作用时起，到失去支持能力或完整性被破坏或失去隔热作用时止。

《建筑设计防火规范》把建筑物的耐火等级分为一、二、三、四级，一级最高，四级最低；《高层民用建筑设计防火规范》把高层民用建筑耐火等级分为一、二级。

6. 灭火的机理

破坏燃烧条件使燃烧终止。主要机理有冷却、窒息、隔离、化学抑制。

（1）冷却：可燃物能够持续燃烧的条件之一就是在火焰或热的作用下达到了各自的着火温度。将可燃物冷却到其燃点或闪点以下，燃烧反应就会中止。水的灭火机理主要是冷却作用。

（2）窒息：可燃物燃烧必须在最低氧气浓度以上进行，降低燃烧物周围的氧气浓度可以起到灭火作用。二氧化碳、水蒸气、氮气等的灭火机理主要是窒息作用。

（3）隔离：把可燃物与引火源或氧气隔离开来，燃烧反应就会自动中止。关闭阀门，切断流向着火区的可燃气体和液体的通道；打开阀门，使已经燃烧或受到火势威胁的容器中的液体可燃物通过管道导至安全区域。

（4）化学抑制：灭火剂与链式反应的中间体自由基反应，从而使燃烧的链式反应中断。干粉灭火剂、卤代烷灭火剂的主要灭火机理就是化学抑制作用。

7. 建筑的防火方式

（1）被动式防火：（在建筑工程设计中予以考虑）

概念：指利用建筑的防火设施进行防火。

作用：尽量减少起火因素，防止烟、热气流及火的蔓延，确保人身安全。

主要内容：防火结构；防火分区；非燃性及阻燃性材质；疏散途径和避难区等。

（2）主动式防火：

概念：指利用自动防火工程中的报警、防灾和灭火系统进行防火。

作用：通过降低被保护区域的氧气含量而从一开始就将让火灾无法发生。

主要内容：火灾报警；防排烟；引导疏散；初期灭火等。

8. 建筑消防用水及其他灭火介质

1）水的灭火原理及应用

（1）水的冷却作用。①物理作用：加热汽化、吸取大量的热；②化学作用。

（2）水对氧（助燃剂）的稀释作用。

（3）水的冲击作用。

水灭火介质采用的设备：消火栓灭火系统，喷洒水灭火系统，水幕水帘等系统。

2）泡沫灭火剂

组成：发泡剂、泡沫稳定剂、降粘剂、抗冻剂、助熔剂、防腐剂及水。

用途：主要用于扑灭水溶性可燃液体及一般固体火灾。

灭火原理：形成无数小气泡→覆盖在燃烧物表面→阻燃热辐射、冷却、阻隔空气→灭火。

3）干粉灭火剂

用途：用以扑灭各种非水溶性和水溶性可燃易燃液体的火灾以及天然气和液化石油气可燃气体的火灾。

灭火原理：干粉喷出呈粉雾状→与火接触发生一系列化学作用→灭火。

4）二氧化碳灭火剂

组成：液态 CO_2。

用途：广泛应用于补救各种易燃液体火灾、电气火灾以及高层建筑中的重要设备、机房、电子计算机房、图书馆、珍藏库等发生的火灾。

灭火原理：液态二氧化碳喷出→对火灾起窒息、冷却和降温作用→灭火。

5）卤代烷灭火剂

组成：CF_2CLBr（1211）、CF_3Br（1301）、CF_2Br_2（1202）、$C_2F_4Br_2$（2402）

用途：适合于扑救各种易燃液体火灾和电器设备火灾，而不使用与扑救活泼金属、金属氧化物及能在惰性介质中由自身供氧燃烧的物质的火灾。

灭火原理：液态卤代烷喷出→抑制燃烧的化学过程→燃烧中断→灭火。

现代建筑消防系统由火灾自动报警系统、灭火及消防联动系统组成，其组成与结构如图1-43所示。

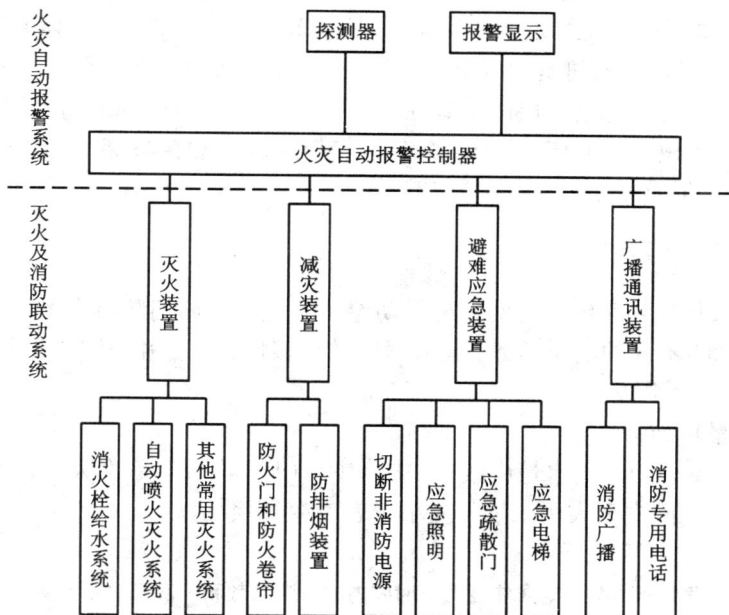

图1-43 建筑消防系统的组成与结构

1.4.2 消防系统的分类

按使用灭火剂的种类和灭火方式，建筑消防分三类：①消火栓给水系统；②自动喷水灭火系统；③其他使用非水灭火剂的固定灭火系统（二氧化碳、干粉、卤代烷）。

以水灭火是传统的防火方法，在各种灭火剂中，水具有使用方便、灭火效果好、器材简单等优点，是目前建筑消防的主要灭火剂。

以水为灭火剂的消防系统，主要有消火栓给水系统和自动喷水灭火系统，其次是水幕系统、水喷雾灭火系统等。

我国现行的消防规范有《建筑设计防火规范》（GBJ 16—1987）和《高层民用建筑设计防火规范》（GB 50045—1995）。根据后者规定：10层及10层以下的住宅及建筑高度小于24 m的其民用建筑为低层建筑，其他为高层建筑。

随建筑物高度的增加室内消防灭火系统的作用愈来愈大，而消防车的作用则相反。

（1）低层建筑中，6层及6层以下的单元式住宅，5层及5层以下的一般民用建筑可以不设室内消防给水系统，火灾完全依靠消防车扑救。

（2）其他低层建筑中应设置消火栓给水系统，主要用于扑灭初期火灾，后期火灾由消防车扑救。

（3）高层建筑中应同时设置消火栓给水系统和自动喷水灭火系统。

高度在 50 m 以下的高层建筑中的火灾，主要靠室内灭火系统扑救，但可以得到消防车的支援，如通过水泵接合器向室内管网加压补水。

高度在 50 m 以上的高层建筑中的火灾，完全依靠室内灭火系统扑救。

按照我国《建筑设计防火规范》（GBJ 16—1987）2001 年版的规定，下列建筑应设置消防给水：①厂房、库房、高度不超过 24 m 的科研楼（有与水接触能引起燃烧爆炸的物品除外）；②超过 800 个座位的剧院、电影院、俱乐部和超过 1200 个座位的礼堂、体育馆；③体积超过 5000 m³ 的车站、码头、机场建筑物以及展览馆、商店、病房楼、门诊楼、图书馆、书库等；④超过 7 层的单元式住宅，超过 6 层的塔式住宅、通廊式住宅及底层设有商业网点的单元式住宅；⑤超过 5 层或体积超过 10000 m³ 的教学楼等其他民用建筑物；⑥国家级文物保护单位的重点砖木或木结构的古建筑。

1.4.3　消火栓给水系统

建筑消防消火栓给水系统可分为室外消防给水系统和室内消防给水系统，它们之间有明确的消防范围，承担不同的消防任务，又有紧密的衔接性，配合和协同工作关系。

1. 室外消防给水系统

1）消防用水量标准

城市、居住区室外消防用水量应按同一时间内的火灾次数和一次灭火用水量确定。同一时间内的火灾次数和一次灭火用水量不应小于表 1-5 中数值。

表 1-5　城市、居住区同一时间内的火灾次数和一次灭火用水量

人数 N/万人	同一时间内的火灾次数/次	一次灭火用水量/（L·s⁻¹）
$N \leq 1$	1	10
$1 < N \leq 2.5$	1	15
$2 < N \leq 5$	2	25
$5 < N \leq 10$	2	35
$10 < N \leq 20$	2	45
$20 < N \leq 30$	2	55
$30 < N \leq 40$	2	65
$40 < N \leq 50$	3	75
$50 < N \leq 60$	3	85
$60 < N \leq 70$	3	90
$70 < N \leq 80$	3	95
$80 < N \leq 100$	3	100

注：城市的室外消防用水量应包括居住区、工厂、仓库、堆场、储罐（区）和民用建筑的室外消防用水量。

44

　　工厂、仓库、堆场、储罐(区)和民用建筑的室外消防用水量，应按同一时间的火灾次数和一次灭火用水量确定。见表1-6和表1-7。

　　可燃材料堆场、可燃气体储罐(区)等的室外消火栓用水量，见《建筑设计防火规范》(GB 50016—2006)相关条款。

表1-6　工厂、仓库、堆场、储罐(区)和民用建筑在同一时间的火灾次数

名称	基地面积/ha	附有居住区人数/万人	同一时间内的火灾次数	备　　注
工厂	≤100	≤1.5	1	按需水量最大的一座建筑物(或堆场、储罐)计算
		>1.5	2	工厂、居住区各一次
	>100	不限	2	按需水量最大的两座建筑物(或堆场、储罐)之和计算
仓库、民用建筑	不限	不限	1	按需水量最大的一座建筑物(或堆场、储罐)计算

　　注：①采矿、选矿等工业企业当各分散基地有单独的消防给水系统时，可分别计算。②1 ha = 10000 m²。

表1-7　工厂、仓库和民用建筑一次灭火的室外消火栓用水量　　　　　L/s

耐火等级	建筑物类别		建筑物体积/m³					
			V≤1500	1500<V≤3000	3000<V≤5000	5000<V≤20000	20000<V≤50000	V>50000
一、二级	厂房	甲乙类	10	15	20	25	30	35
		丙类	10	15	20	25	30	40
		丁戊类	10	10	10	15	15	20
	仓库	甲乙类	15	15	25	25	—	—
		丙类	15	15	25	25	35	45
		丁戊类	10	10	10	15	15	20
	民用建筑		10	15	15	25	25	30
三级	厂房(仓库)	乙、丙类	15	20	30	40	45	—
		丁戊类	10	10	15	20	25	35
	民用建筑		10	15	20	25	30	—
四级	丁、戊类厂房(仓库)		10	15	20	25	—	—
	民用建筑		10	15	20	25	—	—

　　注：①外消火栓用水量应按消防用水量最大的一座建筑物计算。成组布置的建筑物应按消防用水量较大相邻两座计算。②国家级文物保护单位的重点砖木或木结构的建筑物，其室外消火栓用水量应按三级耐火等级民用建筑的消防用水量确定。③铁路车站、码头和机场的中转仓库其室外消火栓用水量可按丙类仓库确定。

　　2)室外消防水压

　　室外消防给水管道可采用低压系统、高压系统和临时高压系统。

　　低压系统：管网内平时水压较低，火场上水枪需要的压力，由消防水车或其他移动式消

防泵加压形成。从室外设计地面算起，消火栓口处的水压力≥0.1 MPa。

高压消防给水系统：管网内经常保持足够的压力和消防用水量，火场上不需使用消防车或其他移动式消防设备加压，直接由消火栓接出水带就可满足水枪灭火要求。

临时高压管道：平时水压不高，其水压和水量不能满足最不利点灭火要求，在水泵站（房）内设有消防水泵，当接到火警时，消防水泵开动后，使管网内的压力升高达到高压给水系统的压力要求。

3）消防水源

消防用水可由市政给水管网、天然水源或消防水池供给。

4）室外消防给水管道和室外消火栓的布置

（1）室外消防给水管道的布置要求

室外消防给水管网应布置成环状，以增加供水的可靠性能；在建设初期或室外消防水量不超过15L/s时，可布置成枝状，但高层建筑室外消防给水管道应布置成环状。

向环状管网输水的进水管（指市政管网管向小区环网的进水管）不少于两条，当其中一条有故障时，其余输水管仍应保证供应100%的生产、生活、消防用水量。

管网上应设消防分隔阀门。阀门应设在管道的三通、四通处，三通处设两个、四通处设三个，皆设在下游侧，当两阀门之间消火栓的数量超过5个时，在管网上应增设阀门。

室外消防给水管道的最小直径不应小于100 mm；火场供水实践和水力试验说明，直径100 mm的管道只能勉强供应一辆消防车用水，条件许可时，宜采用较大的直径。

（2）室外消火栓的布置要求

室外消火栓应沿道路设置，道路宽度超过60 m时，宜在道路两边设置消火栓，并宜靠近十字路口。

甲、乙、丙类液体储罐区和液化石油气储罐区的消火栓，应设在防火堤或防护堤外。

消火栓距车行道边不大于2 m；距建筑物不宜小于5 m（一般设在人行道边），但不宜大于40 m，以便消防车上水，又不影响交通。在此范围内的市政消火栓可计入小区室外消火栓的必备数量中。

室外消火栓的间距不应超过120 m；其保护半径不应超过150 m；为了确保消火栓的可靠性，要考虑到相邻一个消火栓若受火灾威胁不能使用，其他消火栓仍能保护任何部位。

室外消火栓的数量应按室外消防用水量计算决定，每个消火栓的出水量应按10～15L/s计算（每辆消防车用水量）。

室外地上式消火栓应有一个直径150 mm或100 mm和两个直径65 mm的栓口；室外地下式消火栓应有直径100 mm和两个直径65 mm的栓口，并有明显的标志。

2. 室内消火栓给水系统的组成

消火栓给水系统是建筑物内使用最广泛的一种室内消防给水系统。一般由消防水源、消防管道（进户管、横干管、立管、横支管）、室内消火栓、水龙带和水枪组成。当室内水压不足时，还需设置消防水池、消防水泵、消防水箱和水泵接合器。

1）水枪

水枪是灭火的重要工具，一般由钢、铝合金制成。它的作用是产生灭火所需要的充实水柱。充实水柱是水枪射流中最有效灭火的一段长度，它包括水枪全部射流量的75%～90%，射流的直径约为26～38 mm，并保持紧密状态。充实水柱长度7～13 m。

室内一般采用直流式水枪。枪口直径为 13 mm、16 mm、19 mm 三种。13 mm 的水枪配 50 mm 的水龙带；16 mm 的水枪配 50 mm 或 65 mm 的水龙带；19 mm 的水枪配 65 mm 的水龙带。采用何种规格的水枪，要根据消防水量和充实水柱长度要求确定。

2）水龙带

水龙带有麻织、棉织和衬胶三种。衬胶的压力损失小，但抗折叠性能不如麻织和棉织的好。直径有 50 mm 和 65 mm 的两种，长度有 15 m、20 m 和 25 m 三种。

3）消火栓

室内消火栓是一个带内扣式接头的角形截止阀。其出口形式有三种：直角单出口式、45°单出口式、直角双出口式，如图 1-44 和图 1-45 所示。

我们常采用的单出口消火栓的进出口直径为 50 mm 和 65 mm 两种。一端连消防主管，另一端连水龙带。水

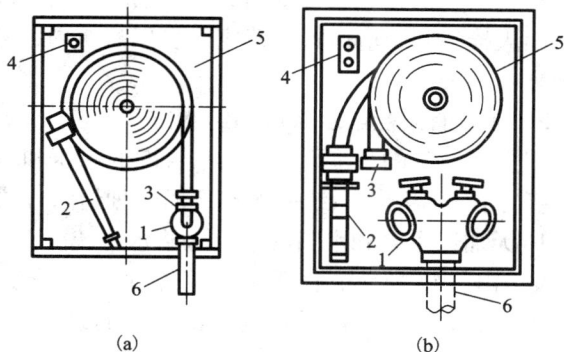

图 1-44 消火栓箱
(a)单出口消火栓；(b)双出口消火栓
1—消火栓；2—水龙带；3—水带接口；
4—按钮；5—水带；6—消防管道

枪射流量小于 5 L/s 时，采用出水口 50 mm 的消火栓；水枪射流量大于 5 L/s 时，采用出水口 65 mm 的消火栓。出水口直径 50 mm 的直角双出口消火栓，其进口直径为 65 mm，出水口直径为 65 mm 的直角双出口消火栓，其进口直径为 80 mm。双出口消火栓多布置在塔式建筑物内。

室内消火栓、水龙带、水枪及启动消防水泵的消防按钮装在消火栓箱内，如图 1-46 所示。

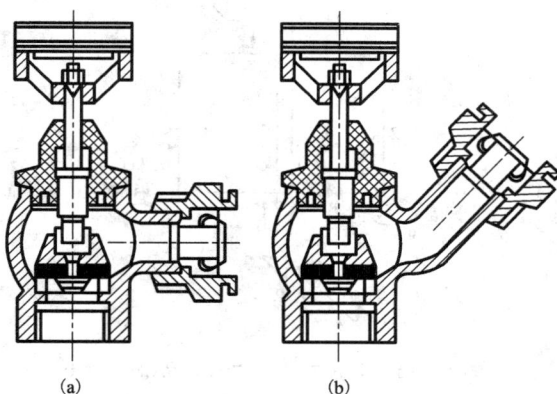

图 1-45 单出口室内消火栓
(a)直角单出口式；(b)45°单出口式

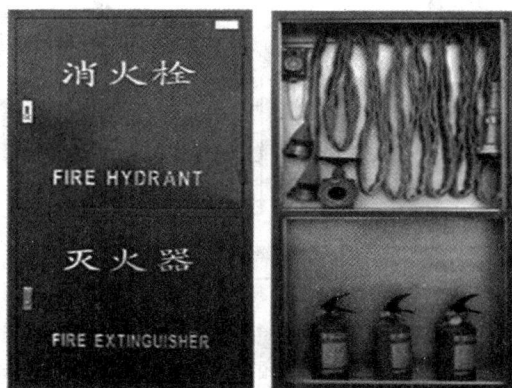

图 1-46 消火栓箱实物图

室内消火栓应布置在建筑物内各层明显、易于取用和经常有人出入的地方，如楼梯间、走廊、大厅、车间出入口、消防电梯的前室等处。消火栓中心距地面 1.1 m，出水方向向下或与墙面垂直。

室内消火栓布置，应保证有两支水枪的充实水柱同时到达室内任何部位。但建筑高度小于或等于 24 m，且体积小于或等 5000 m³ 的库房可采用一支水枪的充实水柱达到室内任何部位。

室内消火栓口处的静水压强不应超过 0.8 MPa，否则应采用分区给水系统；消火栓栓口处的出水压力超过 0.5 MPa 时，应有减压设施，如减压阀或减压孔板等。

消火栓的间距应由计算确定。多层建筑内，间距不大于 50 m；高层建筑内，间距不大于 30 m。

3．室内消火栓给水系统的给水方式

根据建筑物的高度、室外给水管网的水压和流量，以及室内消防管道对水压和流量的要求，室内消火栓给水系统一般有下面五种给水方式。

1）无加压水泵和水箱的消火栓给水系统

如图 1－47 所示，它适用于室外管网的压力和流量能够满足室内最不利点消火栓的设计水压和流量的情况。

2）单设水箱的室内消火栓给水系统

如图 1－48 所示，在水压变化较大的城市或地区，当生活、生产用水量达到最大时，室外管网不能保证室内最不利点消火栓的压力和流量，由水箱出水满足消防要求；当生活、生产用水量较小时，室外管网压力又较大，可向高位水箱补水。注意：①这种给水方式的消火栓给水管网应独立设置；②水箱可以与生活、生产给水合用，但必须保证贮存 10 min 的消防用水量不被他用；③同时还应设置水泵接合器。

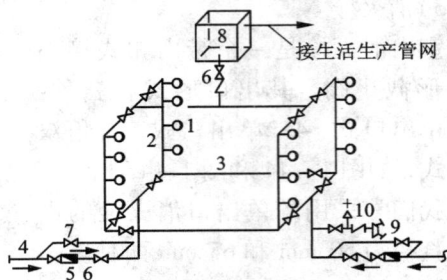

图 1－47　无水泵、水箱的消火栓给水系统
1—室内消火栓；2—消防立管；3—消防干管；
4—进户管；5—水表；6—止回阀；7—闸阀

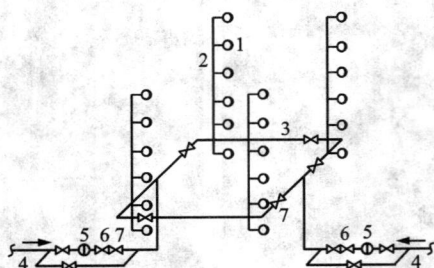

图 1－48　设有水箱的室内消火栓给水系统
1—室内消火栓；2—消防竖管；3—干管；4—进户管；
5—水表；6—止回阀；7—旁通管及阀门；
8—水箱；9—水泵接合器；10—安全阀

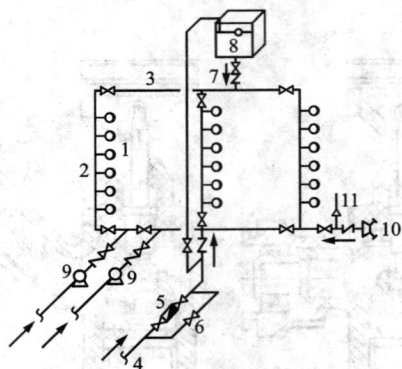

图 1－49　设水泵、水箱的消防供水方式
1—室内消火栓；2—消防竖管；3—干管；4—进户管；
5—水表；6—旁通管及阀门；7—止回阀；
8—水箱；9—消防水泵；10—水泵接合器；11—安全阀

3）设加压水泵和水箱的室内消火栓给水系统

如图 1－49 所示，当室外管网的压力和流量经常不能满足室内消防给水系统所需的水压和水量时采用。注意：①与生活、生产合用的室内消火栓给水系统，其消防水泵应保证供应生活、生产、消防用水的最大秒流量，并同时满足室内最不利点消火栓所需的水压；②水箱应贮存 10 min 的消防用水量。

4）分区消火栓给水系统

当建筑物高度超过 50 m，室内消火栓处的静水压力超过 0.8 MPa 时，消防车已难于协助灭火，室内消火栓给水系统应具有独立扑灭建筑物内火灾的能力，为了加强安全和保证火场的供水，要采用分区的室内消火栓给水系统。

4. 消防系统设计计算

1）水枪充实水柱长度

根据防火要求，从水枪射出的水流应具有射到着火点和足够冲击扑灭火焰的能力。充实水柱是指靠近水枪口的一段密集不分散的射流，充实水柱长度是直流水枪灭火时的有效射程，是水枪射流中在 26～38 mm 直径圆断面内、包含全部水量 75%～90% 的密实水柱长度，火灾发生时，火场能见度低，要使水柱能喷到着火点、防止火焰的热辐射和着火物下落烧伤消防人员，消防员必须距着火点一定的距离，因此要求水枪的充实水柱有一定长度。充实水柱的确定方法如下，并见图 1–50 所示。

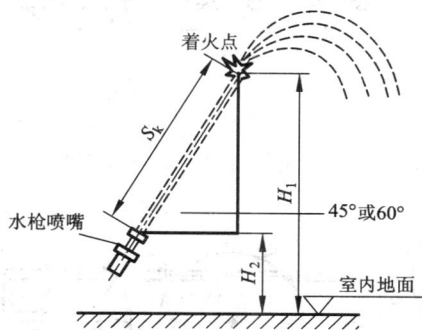

图 1–50　水枪的充实水柱

根据实验数据统计，当水枪充实水柱长度小于 7 m 时，火场的辐射热使消防人员无法接近着火点、达到有效灭火的目的；当水枪的充实水柱长度大于 15 m 时，因射流的反作用力而使消防人员无法把握水枪灭火。

水枪的充实水柱应经计算确定，甲、乙类厂房，层数超过 6 层的公共建筑和层数超过 4 层的厂房（仓库），不应小于 10 m；高层厂房（仓库）、高架仓库和体积大于 2500 m³ 的商店、体育馆、影剧院、会堂、展览建筑，车站、码头、机场建筑等，不应小于 13 m；其他建筑，不宜小于 10 m。

2）消火栓的保护半径

消火栓的保护半径系指某种规格的消火栓、水枪和一定长度的水带配套后，并考虑当消防人员使用该设备时有一定安全保障的条件下，以消火栓为圆心，消火栓能充分发挥其作用的半径。

消火栓的保护半径可按公式计算：

$$R = L_d + L_s \tag{1-6}$$

式中：R 为消火栓保护半径，m；L_d 为水带敷设总长度，m，其中每根水带长度不应超过 25 m，应乘以水带的转弯曲折系数 0.8；L_s 为水枪充实水柱在平面上的投影长度，$L_s = S_k cos\alpha$。

3）消火栓的间距

室内消火栓间距应由计算确定，并且高层工业建筑，高架库房，甲、乙类厂房，室内消火栓的间距不应超过 30 m；其他单层和多层建筑室内消火栓的间距不应超过 50 m。

（1）当室内宽度较小，只有一排消火栓，并且要求有一股水柱达到室内任何部位时，见图 1–51（a），消火栓的间距按下式计算：

$$S_1 = 2(R^2 - b^2)^{1/2} \tag{1-7}$$

式中：S_1 为一股水柱时消火栓间距；R 为消火栓的保护半径；b 为消火栓的最长保护宽度，外廊式建筑为建筑物宽度，内廊式建筑为走道两侧中较大一边的宽度。

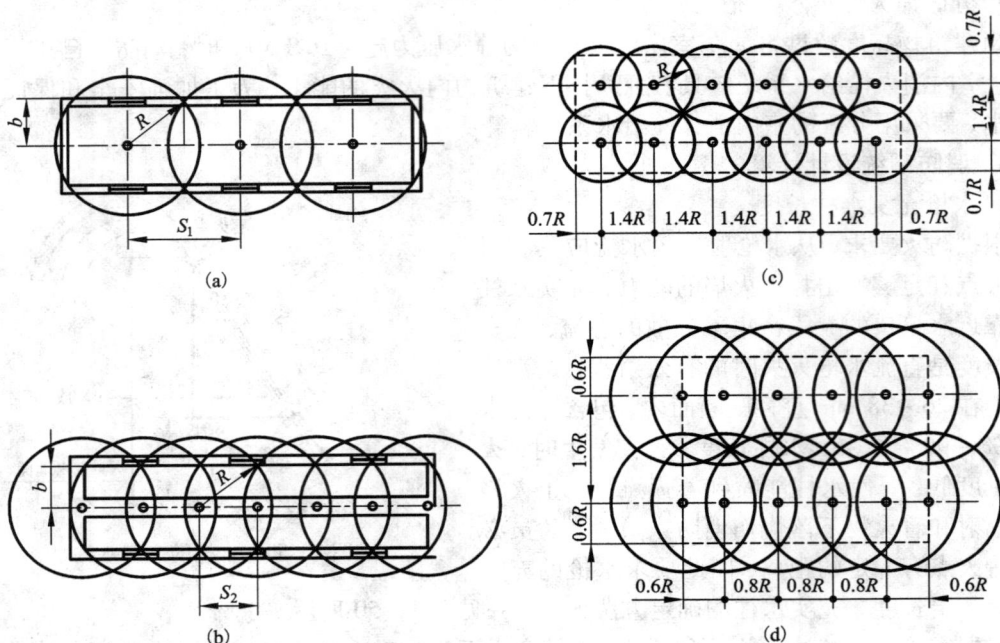

图 1-51　消火栓布置间距

（a）单排 1 股水柱到达室内任何部位；（b）单排 2 股水柱到达室内任何部位；
（c）多排 1 股水柱到达室内任何部位；（d）多排 2 股水柱到达室内任何部位

（2）当室内只有一排消火栓，且要求有两股水柱同时达到室内任何部位时，见图 1-51（b），消火栓的间距按下式计算：

$$S_2 = (R^2 - b^2)^{1/2} \tag{1-8}$$

式中：S_2 为 2 股水柱时的消火栓间距；R、b 为同上式。

（3）当房间较宽，需要布置多排消火栓，且要求有一股水柱达到室内任何部位时，见图 1-51（c），其消火栓间距可按下式计算：

$$S_n = 2^{1/2} R \tag{1-9}$$

（4）当室内需要布置多排消火栓，且要求有两股水柱达到室内任何部位时，可按图 1-51（d）布置。

4）消防给水管道的布置

当室外消防用水量大于 15 L/s，消火栓个数多于 10 个时，室内消防给水管道应布置成环状，进水管应布置两条。

室内消防给水管道应该用阀门分成若干独立段，如某段损坏时，对于单层厂房（仓库）和公共建筑，检修时停止使用的消火栓不应超过 5 个。对于多层民用建筑和其他厂房（仓库），室内消防给水管道上阀门的设置应保证检修管道时关闭竖管不超过一根，但设置的竖管超过三条时，可关闭不相邻的两条。

高层厂房(库房)、设置室内消火栓且层数超过四层的厂房(库房)、设置室内消火栓且层数超过五层的公共用建筑,其室内消火栓给水系统应设消防水泵接合器。

消防水泵接合器应设在消防车易于到达的地点,与室外消火栓或消防贮水池取水口的距离为 15 ~ 40 m。每个水泵接合器进水流量可达到 10 ~ 15 L/s,水泵接合器的数量应按室内消防用水量计算确定。

消防用水与其他用水合并的室内管道,当其他用水达到最大小时流量时,应仍能供应全部消防用水量。

5. 消火栓及管道系统的设置要求

(1)消火栓口距地面安装高度为 1.1 m,栓口宜向下或与墙面垂直安装;

(2)消火栓应设在每层的走道内,楼梯附近等明显易取用的地点;

(3)在建筑物平屋顶应设一个带压力显示装置检查用的消火栓;

(4)设置消防管道的消防系统,每层均设消火栓,每层楼每根消防立管上只设一根消火栓;

(5)消火栓应布置在经常有人出入的地方,便于使用;

(6)当室内消火栓个数多于 10 个时,消防给水管道应布置成环状,设置两条引入管,对于七层至九层的单元住宅允许采用一条引入管;

(7)消防给水管网应与自动喷水管网分开设置;

(8)在消防系统中关闭检修阀后,停止使用的消防立管根数不应多于立管根数;

(9)消火栓系统应设置水泵结合器,数量≥2 个,应设置在消防车易于到达的地点;

(10)平时,消火栓、水枪、水龙带一起装置在消防箱内,栓口距离地面的高度 1.1 ~ 1.2 m,充水方向与墙面垂直。

1.4.4 自动喷水灭火系统

在发生火灾时,能自动打开喷头喷水并同时发出火警信号的消防灭火设施称为自动喷水灭火系统。该系统的应用在国外已有近百年的历史,国内应用也有 50 余年的历史,但使用极不普遍,直至 1978 年后才逐渐推广使用。

国内外自动喷水灭火系统应用的实践证明,它具有安全可靠、控火灭火成功率高、经济实用、适用范围广、使用期长等优点。据美国国家防火协会的资料,1925—1969 年的 45 年中安装该灭火系统的建筑物,共发生过 81425 次火灾,其控火、灭控火成功率高达 96.2%。上海第一百货商店分别于 1958 年、1965 年、1976 年发生过三起火灾,均由该系统扑灭或控制。

国外统计数表明,安装自动喷水灭火系统的费用占工程总造价的 1% ~ 3%。一般在该系统安装后的几年内,少缴的保险费就够补偿该项费用。再从安装该系统后,减少火灾损失及减少消防总开支这一点看,也是合算的。

自动喷水灭火系统在民用建筑中设置场所:①特等、甲等或超过 1500 个坐位的其他等级剧院。②超过 2000 个坐位的会堂、礼堂;3000 个坐位的体育馆;5000 人的体育场的室内热源休息室和器材间。③任一楼层建筑面积大于 1500 m² 或总建筑面积大于 3000 m² 的展览馆、商店、旅馆、病房楼、门诊楼、手术部建筑。④超过 3000 m² 设置集中空调系统的办公楼。

一、自动喷水灭火系统的分类

目前,我国使用的自动喷水灭火系统的类型有湿式喷水灭火系统、干式喷水灭火系统、预作用喷水灭火系统、雨淋喷水灭火系统、水幕系统和水喷雾系统六种。前三种称为闭式自动喷水灭火系统。下面分别给予介绍。

自动喷水灭火系统虽然种类不同，但均由水源、加压贮水设备、喷头、管网、报警装置等组成。根据喷头的开、闭形式和管网充水与否分为以下几种系统。

1. 湿式自动喷水灭火系统

如图 1 – 52 所示，其特点是管网中的报警阀前后管道中平时充满压力水，喷头为常闭。当建筑物中发生火灾时，火点温度达到开启闭式喷头时，水从喷头喷出进行灭火。

1）系统组成

湿式喷水灭火系统由闭式喷头、报警装置（压力开关、水力警铃）、湿式报警阀、管网及供水设备等组成。

2）适用范围

适用安装在室内温度不低于 4℃、不高于 70℃ 且能用水灭火的建筑物、构筑物，如饭店、办公楼、医院、企业厂房、仓库及大型远洋客轮、货轮等场所，以及高层建筑和地下工程。

3）工作原理

湿式喷水灭火系统在非喷水状态时，湿式报警内阀瓣上下水压平衡，阀瓣在重力的作用下，紧压在瓣槽上。瓣槽下

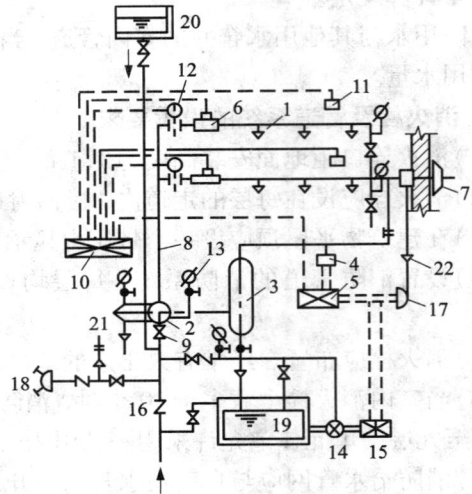

图 1 – 52　湿式自动喷水灭火系统

1—闭式喷头；2—湿式报警器；3—延迟器；4—压力继电器；5—电气自控箱；6—水流指示器；7—水力警铃；8—配水管；9—阀门；10—火灾收信机；11—感烟、感温火灾探测器；12—火灾报警装置；13—压力表；14—消防水泵；15—电动机；16—止回阀；17—按钮；18—水泵接合器；19—水池；20—高位水箱；21—安全阀；22—排水漏斗

的阀体内有一圈空腔，空腔与瓣槽之间有多个小孔，空腔阀体有一个出管接口，接向延时器和水力警铃。当阀瓣压在瓣槽上时，小孔被阀瓣堵住，没有水流入空腔，因此水力警铃不动作。当火灾发生时，喷头动作喷水，阀瓣上部水压下降，阀下部的水压就大于上部水压，将阀瓣顶起，水流经阀腔向喷头供水。由于阀瓣离开了瓣槽，瓣槽内的小孔就敞开，水经小孔流入空腔，汇集后经接管流向延时器。延时器是一个上、下、侧三个方向有接管口的筒形体。下部接管是用来泄水的，泄水量的大小可用接管上的阀门来调节。当侧向接口处由报警阀流来的水量较大时，由于流入量大于泄水量，则水在延时器中上升，并经上方出口涌向水力警铃，使警铃发出敲击声。同时压力开关在水压作用下接通电流，发出电讯号报警，并启动供水水泵。这一系列动作，大约在喷头开始喷水后 30 s 内完成。

优点：灭火及时，扑救效率高。

缺点：由于管网中充有有压水，当渗漏时会损毁建筑装饰和影响建筑的使用。

2. 干式自动喷水灭火系统

干式自动喷水灭火系统管网中平时不充压力水，而充满压缩空气，只在报警阀前的管道中充满压力水，其喷头常闭，故称干式灭火系统，如图 1 – 53 所示。发生火灾时闭式喷头打开，首先喷出压缩空气，配水管网中气压下降，利用压力差将干式报警阀打开，水流入配水

管网，再从喷头流出，同时水流到达压力继电器令报警装置发出报警信号，继而当水流到水力警铃处时，水力警铃又发出报警信号。

1）系统组成

与湿式系统不同处是，用干式报警阀代替湿式报警阀，另外系统增加了充气设备，如空气压缩机。其他部分与湿式系统相同。

2）适用范围

温度接近或低于4℃的建筑物内，如不采暖的仓库、冷藏室、冷库等。

环境温度在70℃以上且不宜用湿式灭火系统的地方。

3）工作原理

失火时，喷头在火灾温度作用下自动打开，排出管网中的压力气体，干式报警阀打开，水流入系统管网，并从打开的喷头中喷水灭火。

3. 预作用式自动喷水灭火系统

预作用式自动喷水灭火系统，喷水管网中平时不充水，而充以有压或无压气体，喷头常闭。发生火灾时，接到火灾探测器的信号后，自动启动预作用阀而向配水管网充水。当起火房间内温度继续升高，闭式喷头的闭锁装置脱落，喷头则自动喷水灭火。关键是火灾探测器的动作必须先于喷头的动作，如图1-54所示。

1）系统组成

它由预作用阀、闭式喷头、管网、报警装置、供水设施以及探测器和控制系统组成。

2）适用范围

（1）冬季结冻和不采暖的建筑物内；

（2）不允许误喷而造成水渍损失的建筑物，如高级旅馆，医院、重要办公楼、大型商场等。

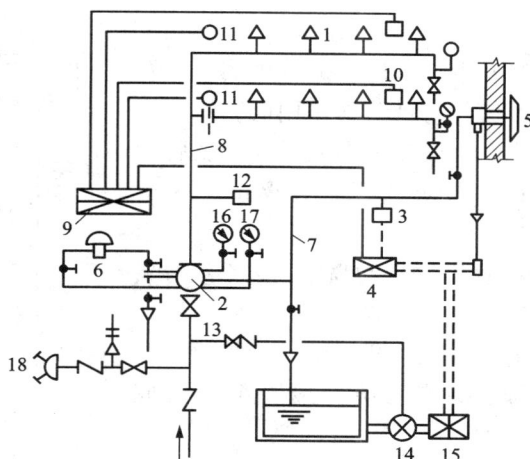

图1-53　干式自动喷水灭火系统

1—闭式喷头；2—干式报警器；3—压力继电器；4—电气自控箱；
5—水力警铃；6—快开器；7—信号管；8—配水管；
9—火灾收信机；10—感温、感烟火灾探测器；11—报警装置；
12—气压保持器；13—阀门；14—消防水泵；15—电动机；
16—阀后压力表；17—阀前压力表；18—水泵接合器

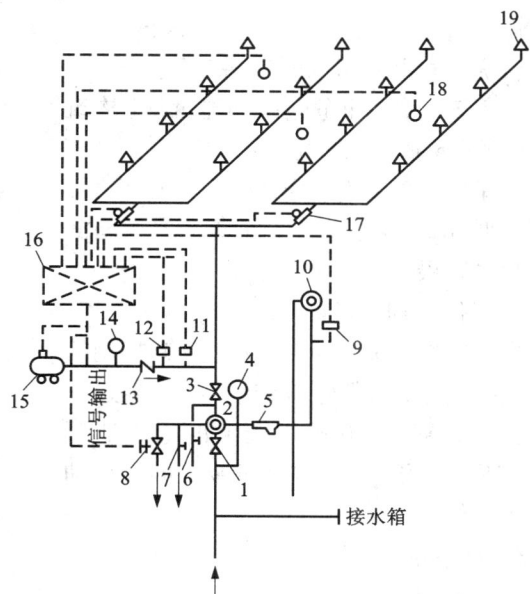

图1-54　预作用式自动喷水灭火系统

1—总控制阀；2—预作用阀；3—检修闸阀；4—压力表；
5—过滤器；6—截止阀；7—手动开启截止阀；8—电磁阀；
9—压力开关；10—水力警铃；11—压力开关（启闭空压机）；
12—低气压报警压力开关；13—止回阀；14—压力表；
15—空压机；16—火灾报警控制箱；17—水流指示器；
18—火灾探测器；19—闭式喷头

53

3)工作原理

当发生火灾时,探测器启动,发出报警信号,启动预作用阀,使整个系统充满水而变成湿式系统,以后的动作程序与湿式喷水灭火系统完全相同。

4. 雨淋式自动喷水灭火系统

1)系统的组成

由雨淋阀、开式喷头、管网、供水设施、探测系统和报警系统组成(图1-55)。

2)系统特点及应用范围

该系统和预作用喷水灭火系统类似,都是火灾探测报警系统先动作。不同点是,预作用喷水灭火系统采用闭式喷头,而雨淋系统采用开式喷头;又预作用喷水灭火系统预作用阀后的管道内平时充有压气体,而雨淋喷水系统在雨淋阀后的管道平时是空的。

应用于:①严重危险级的建筑物、构筑物,如赛璐珞胶片、消化纤维的厂房及这些物品的库房;②火势燃烧猛烈,蔓延迅速的场所,如剧院、会堂、礼堂的舞台、大型演播室和电影摄影棚等处。

3)工作原理

当火灾发生时,探测器动作,向控制箱发出报警信号,报警箱接到信号后,经过确认,发出指令,打开雨淋阀上的电磁泄压阀,使所有的开式喷头喷水灭火,同时启动消防水泵供水。

5. 水幕系统

1)系统组成

它由雨淋阀、水幕喷头(包括窗口、檐口、台口等各种类型)、供水设施、管网、探测系统和报警系统等组成(图1-56)。

2)系统的特点

该系统采用开式的水幕喷头,沿线布置,喷出的水形成水帘状,它不是直接用来灭火,而是起阻火、冷却、隔离作用。

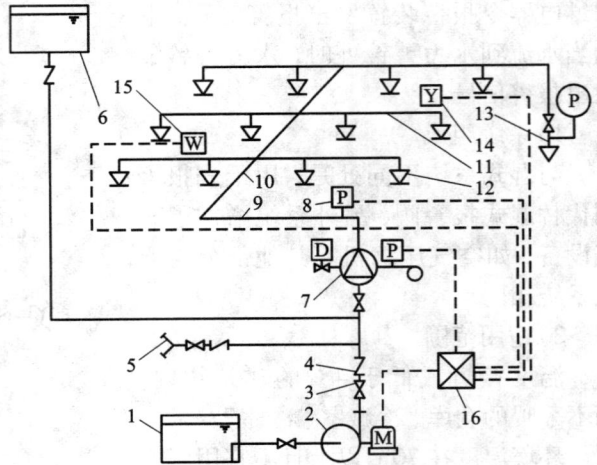

图1-55 雨淋式自动喷水灭火系统

1—水池;2—水泵;3—闸阀;4—止回阀;5—水泵接合器;
6—消防水箱;7—雨淋报警阀组;8—压力开关;9—配水干管;
10—配水管;11—配水支管;12—开式喷头;13—末端试水装置;
14—感烟探测器;15—感温探测器;16—报警控制器

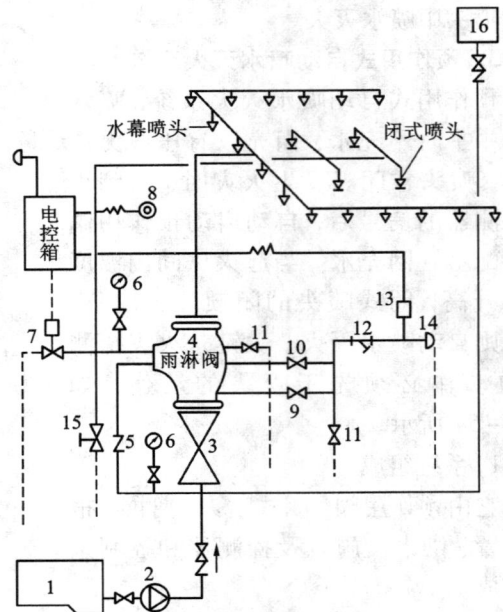

图1-56 水幕系统

1—水池;2—水泵;3—供水闸阀;4—雨淋阀;5—止回阀;
6—压力表;7—电磁阀;8—按钮;9—试警铃阀;
10—警铃管阀;11—放水阀;12—滤网;13—压力开关;
14—警铃;15—手动快开阀;16—水箱

54

3）应用范围

水幕系统可用于防火分隔或防火分区，如在大型剧场、会堂、礼堂的舞台口，或其他高层建筑门窗、洞口等处。

二、自动喷水灭火系统的组成

自动喷水灭火系统的组成及作用见表 1 - 8 所示。

表 1 - 8　自动喷水灭火系统的组成及作用

序号	名　称	作　用	序号	名　称	作　用
1	闭式喷头	感知火灾，出水灭火	8	配水管	分配水量
2	湿式报警阀	系统控制阀，输出报警水流	9	阀门	系统检修
3	延迟器	克服水压液动引起的误报警	10	感烟、温探测器	感知火灾，自动报警
4	压力继电器	自动报警或自动控制	11	火灾报警装置	信号蝶阀，打开阀门输出信号
5	控制箱	接收电信号并发出指令	12	压力表	检测系统压力
6	水流指示器	输出电信号，指示火灾区域	13	自喷水泵	系统供水
7	水力警铃	发出音响报警信号			

下面介绍喷头和控制器件与喷头和管网的布置。

1. 喷头和控制器件

1）喷头

喷头分三类，即闭式喷头、开式喷头和特殊喷头。

闭式喷头由喷水口和阀片、控制器及溅水盘组成。控制器有两种，即内充膨胀液体如酒精、乙醚的玻璃球和易熔合金锁片。当火灾温度达到一定值时，玻璃球破碎或易熔合金锁片脱落，喷水口处的阀片也相继脱落，喷水口喷

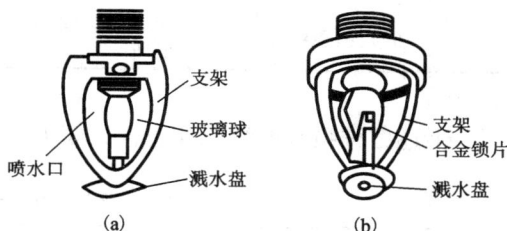

图 1 - 57　闭式喷头

（a）玻璃球闭式喷头；（b）易熔合金闭式喷头

水灭火。按溅水盘形式和安装位置闭式喷头又有直立型、下垂型、边墙型、普通型、吊顶型和干式下垂型。闭式喷头的构造见图 1 - 57，各种类型喷头的适用场所见表 1 - 9。

开式喷头分为开启式、水幕式和喷雾式三种。见图 1 - 58。

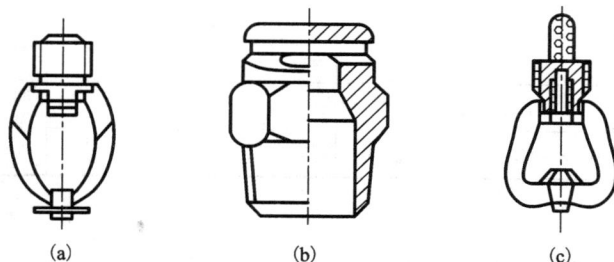

图 1 - 58　开式喷头

（a）开启式洒水喷头；（b）水幕喷头；（c）喷雾喷头

表 1 – 9　各种类型喷头适用场所

喷头类别		适 用 场 所
闭式喷头	玻璃球洒水喷头	因外形美观、体积小、质量轻、耐腐蚀，适用于宾馆等要求美观程度高和具有腐蚀性的场所
	易熔合金洒水喷头	适用于外观要求不高、腐蚀性不大的工厂、仓库和民用建筑
	直立型洒水喷头	适用安装在管路下经常有移动物体场所、尘埃较多的场所
	下垂型洒水喷头	适用于各种保护场所
	边墙型洒水喷头	安装于空间狭窄、通道状建筑
	吊顶型喷头	属装饰型喷头，可安装于旅馆、客厅、餐厅、办公室等建筑
	普通型洒水喷头	可直立，下垂安装，适用于有可燃吊顶的房间
	干式下垂型洒水喷头	专用于干式喷水灭火系统的下垂型喷头
开式喷头	开式洒水喷头	适用于雨淋喷水灭火和其他形式系统
	水幕喷头	凡需保护的门、窗、洞、檐口、舞台口等应安装这类喷头
	喷雾喷头	用于保护石油化工装置、电力设备等
特殊喷头	自动启闭洒水喷头	这种喷头具有自动启闭功能，凡需降低水渍损失的场所均适用
	快速反应洒水喷头	这种喷头具有短时启动效果，凡要求启动时间短的场所均适用
	大水滴洒水喷头	适用于高架库房等火灾危险等级高的场所
	扩大覆盖洒水喷头	喷水保护面积可达 30 ~ 36 m²，可降低系统造价，适用于有特殊要求的场所

上述各种喷头的性能和色标见表 1 – 10。

表 1 – 10　各类型喷头的技术参数

喷头类别	喷头公称口径/mm	动作温度/℃，颜色	
		玻璃球喷头	易熔元件喷头
闭式喷头	10, 15, 20	57，橙；68，红 79，黄；93，绿 141，蓝；182，紫红 227，黑；260，黑 343，黑	57 ~ 77，本色 80 ~ 107，白 121 ~ 149，蓝 163 ~ 191，红 204 ~ 246，绿 260 ~ 302，橙 320 ~ 343，黑
开式喷头	10, 15, 20		
水幕喷头	6, 8, 10, 12.7, 16, 19		

2）报警阀

报警阀开启和关闭管道系统中的水流，同时传递控制信号到控制系统，并启动水力警铃直接报警。根据使用条件有湿式、干式、干湿式和雨淋式四种类型，如图 1 – 59 所示，报警阀的规格有 DN50、DN65、DN80、DN125、DN150、DN200 等多种。

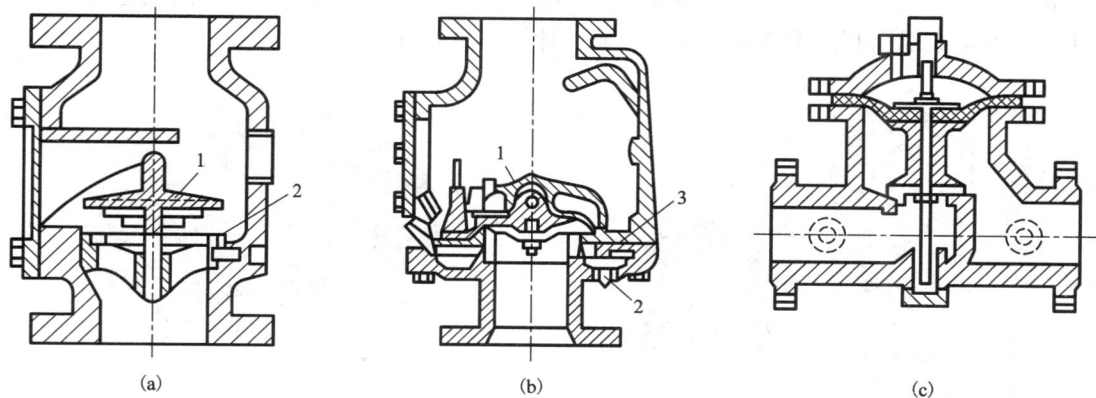

图 1−59　报警阀构造示意图

（a）座圈型湿式阀；（b）差动式干式阀；（c）雨淋阀

1—阀瓣；2—水力警铃接口；3—弹性隔膜

3）水流报警装置

水流报警装置有水力警铃、压力开关和水流指示器，如图 1−60 所示。

水力警铃是在水流冲动叶轮时打铃报警。在系统中不得由电动报警装置替代。

压力开关也是一种直接报警装置，一般垂直安装于延迟器和水力警铃之间的管道上。在水力警铃报警的同时，由于水压的升高自动完成电动报警，并向消防控制室传送电信号或直接启动消防水泵。

在湿式喷水灭火系统中，当某个喷头开启喷水或管网发生水量泄漏时，管道中的水产生流动，导致指示器中的桨片随水流而动作，并接通延时电路 20～30 s 之后，继电器发出区域水流电信号。通常将水流指示器安装于各楼层的配水干管或支管上。

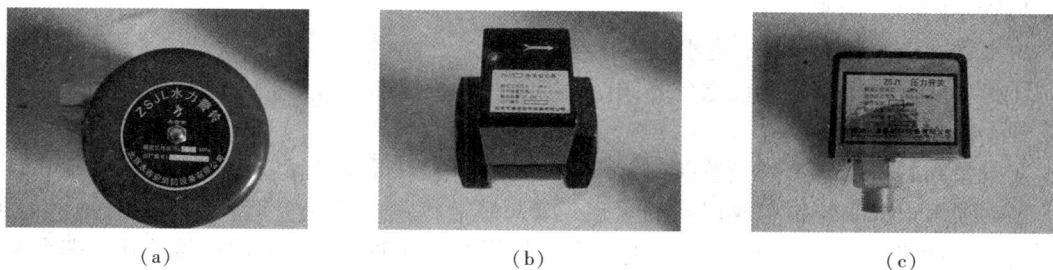

图 1−60　水力警铃、压力开关和水流指示器

（a）水力警铃；（b）压力开关；（c）水流指示器

4）延迟器

延迟器用来防止由于水压的波动而引起报警阀开启导致的误报。报警阀开启后，水流需经 30 s 左右充满延迟器后方可冲打水力警铃，如图 1−61 所示。

5）火灾探测器

目前常用的有烟感和温感两种探测器。烟感探测器是根据烟雾浓度进行探测并执行动作；温感探测器是通过火灾引起的温升产生反应。火灾探测器通常布置在房间或走廊的天花板下面，数量应根据其技术规格和被保护面积计算而定，如图1-62。

图1-61 延迟器

图1-62 火灾探测器

2．喷头和管网的布置

1）喷头的布置

喷头的布置间距应满足在火灾发生时所保护的区域内任何部位都能够得到规定强度的水量（L/min·m²），而这个喷水强度是由建筑物的危险等级决定的，因此喷头之间的水平距离也由建筑物危险等级决定。

喷头的布置形式应根据天花板、吊顶的装修要求确定，一般有正方形、长方形和菱形三种形式。

喷头与吊顶、楼板、屋面板的距离不宜小于7.5 cm，也不宜大于15 m，但楼板、层面板的耐火极限不低于0.5 h的非燃烧体，其距离可为30 cm。

水幕喷头布置，根据成帘状的要求应成线状布置，又根据隔离强度要求可布置成单排、双排和防火带形式，见图1-63所示。

2）管网的布置与敷设

供水管网应布置成环状，进水管不少于两根。

环状管网的供水干管应设立分隔阀门，当某一管段损坏或检修时分离阀门所关闭的报警阀装置不得多于三个。

在报警阀的供水管上应设置阀门，其后的配水管上不得设置阀门和其他用水设备。

自动喷水灭火系统报警阀以后的管道，应采用镀锌钢管或无缝钢管。湿式系统的管道，可用丝扣连接或焊接。对于干式、干湿式和预作用式系统管道，宜采用焊接连接。避免采用补心，而采用异径管。

配水管道应均匀布置，使最不利点的作用面积的位置距供水立管最近，以减小系统的水头损失。有两种管网的布置形式：侧边布置和中央布置，见图1-64所示。

配水支管管径不得小于25 mm，其上布置的喷头数应符合下列规定：

轻危险级和中危险级建筑物、构筑物不应多于8个，当同一配水支管在吊顶上下布置喷头时，其上下侧的喷头数各不超过8个。

严重危险级建筑物不应多于6个。

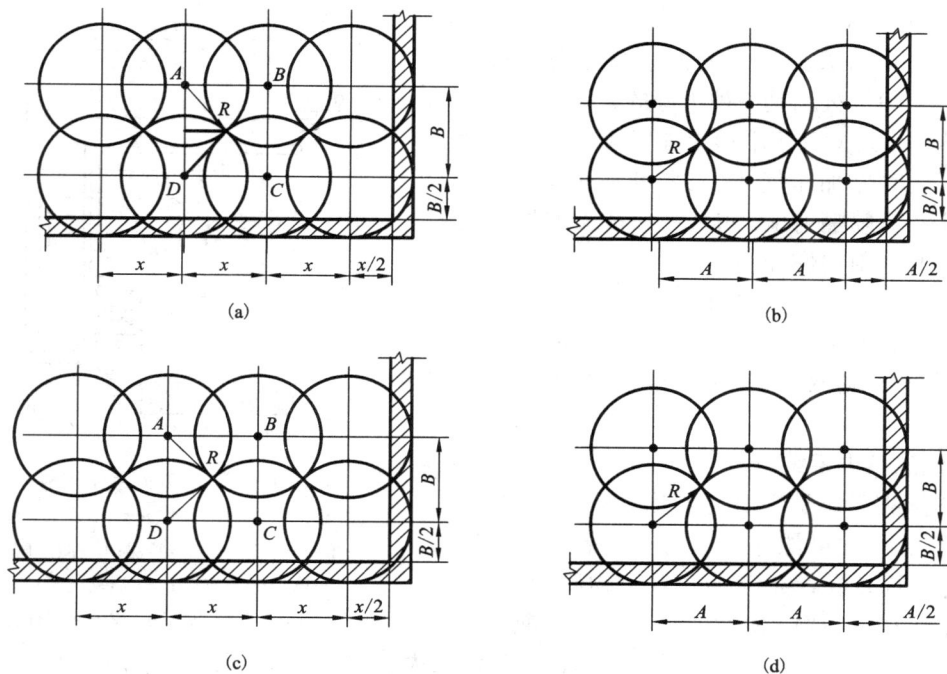

图 1-63 喷头布置的基本形式

（a）喷头正方形布置；（b）喷头长方形布置；（c）喷头菱柱形布置；（d）单双排及水幕防火带平面布置

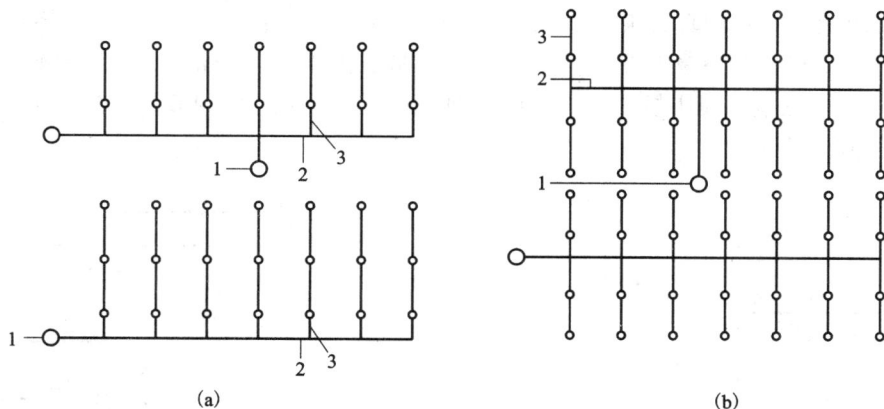

图 1-64 管网布置形式

（a）侧边布置；（b）中央布置

1—主配水管；2—配水管；3—配水支管

1.4.5 其他灭火消防设施简介

因建筑物使用功能不同，其内的可燃物质性质各异。根据可燃物的物理、化学性质的不同，可以采用不同的灭火方法和手段，以达到预期的目的。现将以下几种固定灭火系统作简单介绍。

1．干粉灭火系统

以干粉作为灭火剂的灭火系统称为干粉灭火系统。干粉灭火剂是一种干燥的、易于流动的细微粉末，平时贮存于干粉灭火器或干粉灭火设备中，灭火时靠加压气体（二氧化碳或氮气）的压力将干粉从喷嘴射出，形成一股挟夹着加压气体的雾状粉流射向燃烧物。

干粉灭火具有灭火历时短、效率高、绝缘好、灭火后损失小、不怕冻、不用水、可长期贮存等优点。干粉灭火系统的组成如图 1 - 65 所示。

图 1 - 65　干粉灭火系统组成

1—干粉贮罐；2—氮气瓶和集气管；3—压力控制器；
4—单向阀；5—压力传感器；6—减压阀；
7—球阀；8—喷嘴；9—启动气瓶；
10—控制中心；11—电磁阀；12—火灾探测器

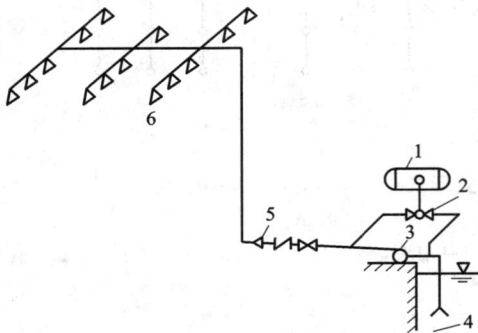

2．泡沫灭火系统

泡沫灭火系统是应用泡沫灭火剂，使其与水混合后产生一种可漂浮、粘附在可燃、易燃液体、固体表面，或者充满某一着火物质的空间，以隔绝、冷却可燃物，使燃烧物质熄灭。泡沫灭火剂按其成分分有化学泡沫灭火剂、蛋白质泡沫灭火剂和合成型泡沫灭火剂三种。

泡沫灭火系统广泛应用于油田、炼油厂、油库、发电厂、汽车库、飞机库、矿井坑道等场所。泡沫灭火系统组成如图 1 - 66 所示。

3．卤代烷灭火系统

卤代烷灭火系统是把具有灭火功能的卤代烷碳氢化合物作为灭火剂的消防系统。目前卤代烷灭火剂主要有一氯一溴甲烷（简称 1011）、二氟二溴甲烷（简称 1202）、二氟一氯一溴甲烷（简称 1211）、三氟一溴甲烷（简称 1301）、四氟二溴乙烷（简称 2402）。图 1 - 67 为卤代烷灭火系统组成的图示。

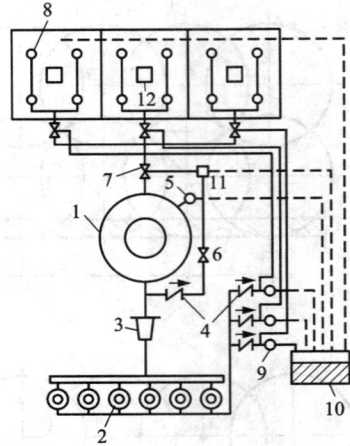

图 1 - 66　固定式泡沫喷淋灭火系统

1—泡沫液贮罐；2—比例混合器；3—消防泵；
4—水池；5—泡沫产生器；6—喷头

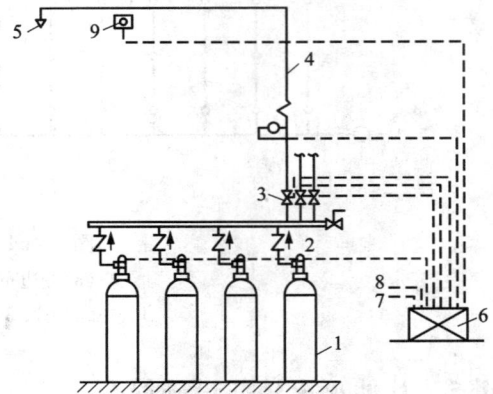

图 1 - 67　卤代烷灭火系统组成

1—灭火贮瓶；2—容器阀；3—选择阀；4—管网；5—喷嘴；
6—自控装置；7—控制联动；8—报警器；9—火警探测器

60

4. 二氧化碳（CO_2）灭火系统

二氧化碳灭火系统是一种纯物理的气体灭火系统。二氧化碳灭火剂是液化气体型，以液相贮存于高压容器内。当二氧化碳以气体喷向某些燃烧物时能产生对燃烧物窒息和冷却的作用。其组成如图1-68所示。

该灭火系统具有不污损保护物、灭火快、空间淹没效果好等优点。可用于扑灭某些气体、固体表面、液体和电器火灾，但这种系统造价高，灭火时对人体有害。

5. 水喷雾灭火系统

该系统由水源、供水设备、管道、雨淋阀组、过滤器和水雾喷头等组成。

其灭火机理是当水以细小的雾状水滴喷射到正在燃烧的物质表面时，产生表面冷却、窒息、乳化和稀释的综合效应，实现灭火。水喷雾灭火系统具有适用范围广的优点，不仅可以提高扑灭固体火灾的灭火效率，同时由于水雾具有不会造成液体火飞溅、电气绝缘性好的

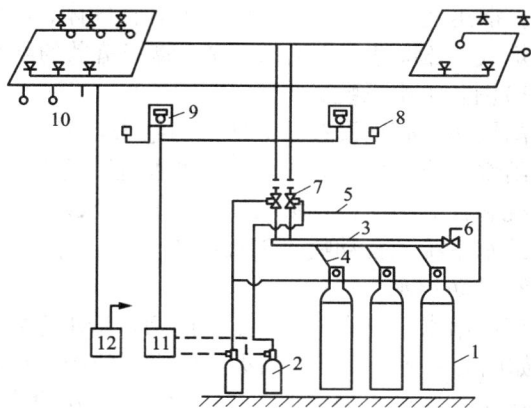

图1-68 CO_2灭火系统组成

1—CO_2贮存器；2—启动用气容器；3—总管；4—连接管；
5—操作管；6—安全阀；7—选择阀；8—报警器；
9—手动启动装置；10—探测器；11—控制盘；12—检测盘

特点，在扑灭可燃液体火灾、电气火灾中均得到广泛的应用。

1.4.6 高层建筑消防给水系统简介

由于目前我国登高消防车的工作高度约为24 m，消防云梯一般为30~48 m，普通消防车通过水泵接合器向室内消防系统输水的供水高度约为50 m，因此发生火灾时建筑的高层部分已无法依靠室外消防设施协助救火，所以高层建筑消防给水设计应立足"自救"，即立足于用室内消防设施来扑救火灾。这是高层建筑消防与低层、多层建筑消防的主要区别，也是高层建筑消防的核心。但高层建筑发生火灾时，为尽快灭火，减少损失，仍应充分利用和发挥室外消防设施的救火能力，"外救""自救"协同工作，提高灭火效率。一般高度在24 m以下的裙房在"外救"的能力范围内，应以"外救"为主；高度在24~50 m的部位，室外消防设施仍可通过水泵接合器升压送水，应立足"自救"并借助"外救"二者同时发挥作用；50 m以上部位，已超过了室外消防设施的供水能力，则应完全依靠"自救"灭火。

高层建筑一般多为钢筋混凝土框架结构或钢结构，耐火等级一般较高，因而人们往往容易忽视其发生火灾的可能性。但实践证明，国内外高层建筑发生火灾的事例并不罕见，而且一旦发生火灾其危害性更大，原因如下：

（1）高层建筑中的人员众多，人流频繁，相互隔开的房间数又多，这就给严密控制火灾的发生造成困难，再加上建筑物内部装修、家具设备、窗帘、地毯等易燃品多，因此常因烟火的余星、电气设备走火和检修时工具（如焊枪）的使用不当等因素而引起火灾。

（2）高层建筑的竖井多，诸如电梯井、管道井、楼梯间和垃圾管井等，这些竖井和横向的通风管道正好是促使火势蔓延的有利条件，加上楼高风大，火焰的扩散就更加迅速。

（3）由于目前我国消防设备能力所限，24 m以上建筑火灾时从室外扑救困难，消防队员

身负消防设备沿楼梯或云梯登高救火，体力明显不足，还需在热辐射强、烟雾浓的环境下工作，增加了控火、灭火的难度。

（4）由于我国登高消防车辆不能满足高层安全疏散的需要，室内普通电梯又因火灾时切断电源而停止工作，楼梯成为疏散的主要通道，因人多，火灾时楼梯拥挤，疏散速度缓慢，而烟气扩散迅速，又含有一氧化碳等有害气体，在浓烟中 2~3 分钟人就会窒息晕倒，楼梯间串入了烟气，必将进一步增加人员、物资疏散的困难。

1）消防给水系统的分类

高层建筑必须设置独立的消防给水系统，按消防给水压力的不同，分为高压和临时高压消防给水系统；按消防给水系统供水范围的大小，可分为区域集中高压（或临时高压）消防给水系统和独立高压（或临时高压）消防给水系统；按消防给水系统灭火方式的不同，可分为消火栓给水系统和自动喷水灭火系统。

2）消防给水方式

消防给水系统有分区、不分区两种给水方式，后者为一栋建筑采用同一消防给水系统供水，如图 1-69 所示。在消火栓给水系统中，消火栓口处静水压力超过 1.0 MPa、自动喷水灭火系统中管网压力超过 1.2 MPa 时，应分区供水。

图 1-70 为串联分区消防给水方式示意图。串联供水点是系统内设中转水箱（池），中转水箱的蓄水由生活给水补给，消防时生活给水补给流量不能满足消防要求，随水箱水位降低，形成的信号使下一区的消防水泵自动开泵补给。

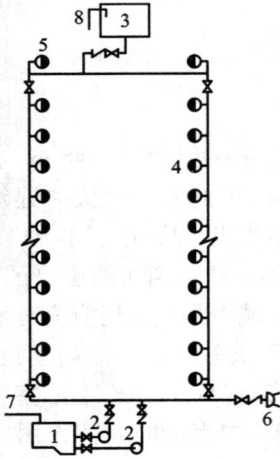

图 1-69　不分区的消防给水方式
1—水池；2—消防水泵；3—水箱；
4—消火栓；5—试验消火栓；6—水泵接合器；
7—水池进水管；8—水箱进水管

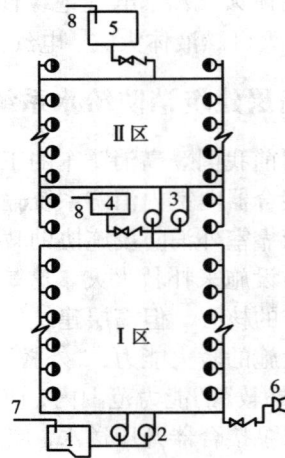

图 1-70　串联分区消防给水方式
1—水池；2—Ⅰ区消防泵；3—Ⅱ区消防泵；
4—Ⅰ区水箱；5—Ⅱ区水箱；6—水泵接合器；
7—水池进水管；8—水箱进水管

复习思考题

1. 消火栓系统的组成有哪些？消火栓供水方式有哪些？
2. 自动喷水灭火系统的主要组成有哪些？
3. 室外消防栓、室内消防栓、消防栓管道布置有何要求？

4. 自动喷水灭火系统主要包括哪些系统？
5. 简述湿式喷水灭火系统的工作原理。
6. 喷头主要有哪些类型？
7. 预作用喷水灭火系统与湿式、干式系统相比，其优点是什么？
8. 水幕系统的主要作用是什么？主要用于哪些部位的保护？
9. 报警阀的作用是什么？

1.5　室内热水供应系统

随着社会经济的发展和人们生活水平的日益提高，人们已不满足建筑中单纯的冷水供应，对热水的需求与日俱增，除了饭店、宾馆、高档住宅、大型公共建筑及生产车间设置热水供应系统外，目前在一般的居住小区建筑给水系统中也设计安装有集中的热水供应系统或一些小区建筑中设置局部热水供应如电热水器、燃气热水器、壁挂式锅炉和太阳能热水器等加热设备供热水用户洗浴之用，满足人们生活的需要。

1.5.1　热水供应系统的分类和组成

1. 热水供应系统的分类

1）按照热水的供应范围分类

按照热水的供应范围分为局部热水供应系统、集中热水供应系统和区域热水供应系统。

（1）局部热水供应系统

就地加热就地用热水，一般无热水输送管道，有也很短，热水分散加热，热水供应范围小，如单元旅馆、住宅、公共食堂、理发室及医疗所等。采用小型加热设备，如电加热器、煤气加热器、蒸汽加热器、太阳能热水器、炉灶等，热效率较低。

该系统适用于没有集中热水供应的居住建筑、小型公共建筑以及热水用水量较小且用水点分散的建筑。

（2）集中热水供应系统（图1-71）

此地加热异地用热水，有热水输配管网。热水供应范围较大，如一幢或几幢建筑物。加热设备为锅炉房，或热交换器，热水集中加热，热效率较高。

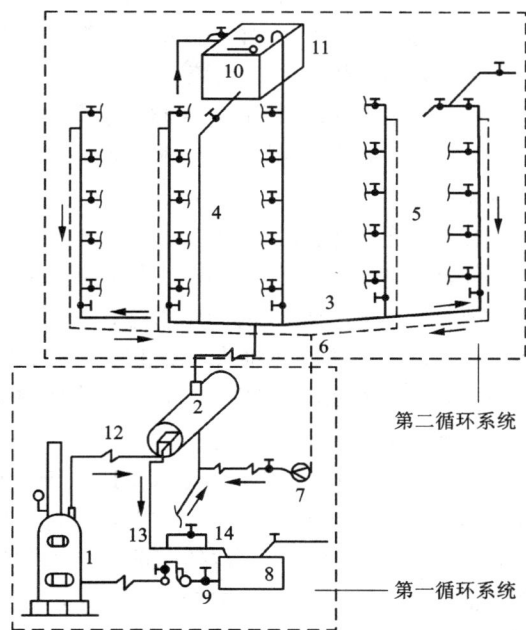

图1-71　集中热水供应方式

该系统适用于使用要求高、耗热量大、用水点多且比较集中的建筑。

（3）区域热水供应系统

热水供应范围大，供应城市一个区域的建筑群。加热冷水的热媒多为热电站或工业锅炉房引出的热力网提供。热效率高，有条件时优先采用。管网长且复杂，热损失大，设备、附件多，管理水平要求高，一次性投资大。

该系统适用于建筑布置较集中、热水用量较大的城镇住宅区和大型工业企业热水用户。

表 1 – 11　三种热水供应系统特点及应用

分　类	含　义	特　点	适用范围
局部热水供应系统	供单个或数个配水点热水	靠近用水点设小型加热设备，供水范围小，管路短，热损小	用量小且较分散的建筑
集中热水供应系统	供一幢或数幢建筑物热水	在锅炉房或换热站集中制备，供水范围较大，管网较复杂，设备多，一次投资大	耗热量大，用水点多而集中的建筑
区域热水供应系统	供区域整个建筑群热水	在区域锅炉房的热交换站制备，供水范围大，管网复杂，热损大，设备多，自动化高，投资大	用于城市片区、居住小区的整个建筑群

2）按热水管网循环动力分类

热水供应系统根据管网循环动力的不同可分为自然循环热水供应系统和机械循环热水供应系统。

（1）自然循环热水供应系统

该系统是利用配水管和回水管中水的温度不同，由密度差所产生的压力差，使热水管网内维持一定的循环流量，以补偿配水管道热损失，保证用户对热水温度的要求。该系统适用于热水供应系统小，用户对水温要求不严格的系统。

（2）机械循环热水供应系统

该系统是在回水干管上设置循环水泵强制一定量的水在管网中循环，以补偿配水管道热损失，保证用户对热水温度的要求。该系统适用于大、中型且用户对热水温度要求严格的热水供应系统。

3）按热水管网循环方式分类

为保证热水管网中的水随时保持一定温度，热水管网除配水管道外，还应根据具体情况和使用要求设置不同形式的回水管道，以便当配水管道停止配水时，使管网中仍维持一定的循环流量，以补偿管网热损失，防止温度降低太多，影响用户随时用热水的需要。常用的循环管网方式有全循环热水供应方式、半循环热水供应方式和非循环热水供应方式。

（1）全循环热水供应方式

全循环热水供应方式是指热水供应系统中热水配水管网的水平干管、立管及支管均设置回水管道确保热水循环，各配水龙头随时打开均能提供符合设计水温要求的热水。该系统应设置循环水泵，用水时不存在使用前放凉水和等时间的现象。该系统适用于对水温要求严的建筑，如高级宾馆、饭店、高级住宅等高标准的建筑，如图 1 – 72 所示。

（2）半循环热水供应方式

半循环热水供应方式是指只在热水干管设置回水管，只能保证干管中的热水设计温度。比全循环系统节省管材，适用于水温要求不太严的建筑，如图 1 – 73 所示。

（3）非循环热水供应方式

非循环热水供应方式是指在热水供应系统中热水配水管网的水平干管、立管、配水支管都不设置任何回水管道，不能随时保证配水点的设计水温。对于热水供应系统较小、使用要求不高的定时集中供应热水的建筑，如公共浴室、洗衣房、某些工厂生产用热水等场合，如图 1 – 74 所示。

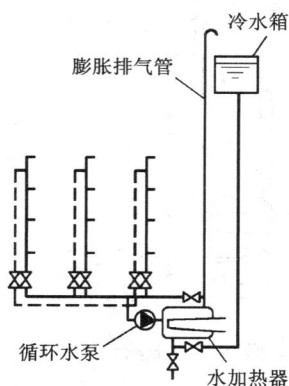

图 1 - 72　全循环热水供应系统　　图 1 - 73　半循环热水供应系统　　图 1 - 74　非循环热水供应系统

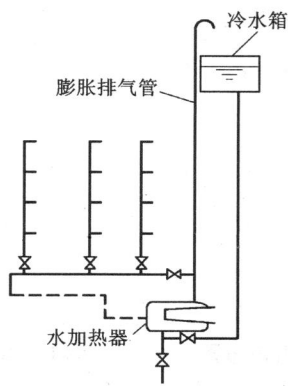

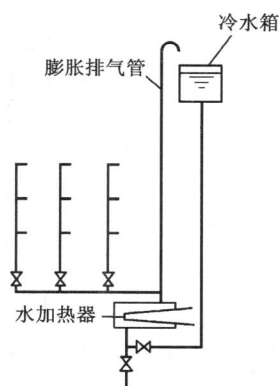

4）按热水管网运行方式分类

热水供应方式按热水供应时间可分为全日热水供应系统和定时热水供应系统。

（1）全日热水供应系统

全日热水供应是指热水供应系统管网中在全天候任何时刻都维持不低于循环流量的水量在进行循环，热水配水管网全天任何时刻都可以配水，并保证配水温度，如高级宾馆、医院、疗养院等建筑物。

（2）定时热水供应系统

定时热水供应是指热水供应系统每天定时配水，其余时间停止供水，该系统在集中使用前，利用循环水泵将管网中已冷却的水强制循环加热，达到规定水温时才能使用。该系统适用于每天定时供应热水的建筑，如旅馆、住宅楼和工业企业中。

5）按热水管网的布置方式分类

按热水管网的布置方式不同可分为上行下给式、下行上给式和分区供水式三种。

（1）上行下给式

上行下给式热水供水系统是指将水平供水干管布置在系统的上端，水流方向向下和系统排气方向相反，如图 1 - 75 所示。

上行下给式布置要求：①水平干管可布置在顶层吊顶内或顶层下；②设与水流方向相反≥0.003 的坡度；③最高点设排气阀；④冷、热水管布置：水平平行排列时，热管在上，冷管在下；垂直平行排列时，热管在左，冷管在右。

（2）下行上给式

下行上给式热水供水系统是指将水平供水干管布置在系统的下端，热水的水流方向是向上的，水流方向向上，和系统排气方向相同，如图 1 - 76 所示。

下行上给式布置要求：水平干管可设在地沟或地下室内，但不允许直接埋地；水平干管要设补偿器，尤其对线性膨胀系数大的管材；在最高配水点处排气。

方法：循环立管应在配水立管最高点下至少 0.5 m 处连接；热水横管应有与水流方向相反的≥0.003 的坡度；在管网最低处设泄水阀门，以便检修。

（3）分区供水式（略）

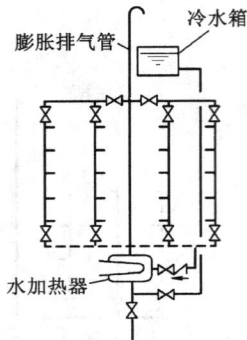

图 1-75　异程式自然循环上行下给管道布置　　　图 1-76　同程式全循环下行上给管道布置

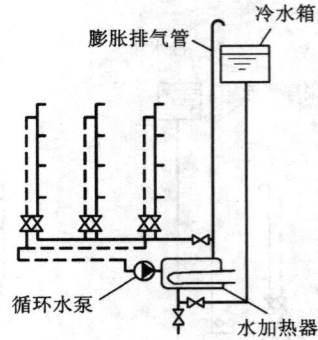

2. 热水供应系统的组成

（1）热源及加热设备

（2）热媒循环管路

（3）热水配水管路

（4）附件

1.5.2　热水水质、水温及用水量标准

1. 热水水质的要求

1）热水使用的水质标准

生活用热水的水质应符合我国现行的国标《生活饮用水卫生标准》（GB 5749—2006）；生产用热水的水质应根据不同生产工艺的要求分别确定，其水质必须满足生产工艺的要求。

2）被加热水的水质要求

水在加热后水中的钙镁离子受热会析出，在设备和管道内结垢，降低热效率、浪费能源；水中的氧也会因受热逸出，加速金属管材和金属容器的腐蚀，降低系统承压能力，易产生隐患。因此，集中热水供应系统中被加热的水，应根据水量、水质、水温、使用要求、工程投资、管理制度及设备维修等因素，来确定是否需要进行水质处理，即水质软化处理和除氧处理。若日用水量小于 $10\ m^3$，水温不超过 $65℃$ 时，水质可不进行软化。

2. 热水水温的要求

1）热水使用温度

生活用热水的水温应满足生活使用的各种需要，一般水温为 $25 \sim 60℃$。当设计一个热水供应系统时，应确定出最不利配水点热水最低水温，使其与冷水混合达到生活用热水的水温要求。生产用热水水温应根据生产工艺要求确定。为保证配水点水温达到要求，集中热水供应系统配水点的最低水温，当加热的冷水进行软化处理时不得低于 $60℃$，无软化处理时不得低于 $50℃$，且不低于用水设备要求的使用水温；局部热水供应系统和以热力管网热水作热媒的热水供应系统，配水点的最低温度为 $50℃$。

2）热水供应温度

热水锅炉或水加热器出口的水温应根据表 1-12 确定。水温偏低，满足不了用户的要求；水温过高，会使热水系统的设备、管道结垢加剧，且易发生烫伤、积尘、热损失增加等问题。热水锅炉或水加热器出口水温与系统最不利配水点的水温差称为降温值，一般不大于10℃，用作热水供应系统配水管网的热损失。降温值的选择应根据系统的大小、保温材料的不同，进行技术比较后确定。

表 1-12　出口的最高水温和配水点的最低水温

序号	水处理情况	热水锅炉、热水机组或水加热器出口的最高水温/℃	配水点的最低水温/℃
1	原水水质无需软化处理或原水水质需水质处理且有水质处理	75	50
2	需软化处理且无软化处理	60	50

注：当热水供应系统只供淋浴和盥洗用水，不供洗涤池(盆)洗涤用水时，配水点最低水温可不低于40℃。

3)热水用水量标准

生活用水量标准有两种：一种是根据建筑物的使用性质和内部卫生器具的完善程度，用单位数来确定。其水温按60℃计算。另一种是根据建筑物使用性质和内部卫生器具的单位用水量来确定，即卫生器具1次和1h的热水用水定额，根据卫生器具的使用功能不同，其水温要求也不同，见表1-13。

表 1-13　60℃热水用水定额

序号	建筑物名称	单位	用水定额/最高日	使用时间/h
1	住宅			
	有自备热水供应和淋浴设备	L/(人·d)	40~80	24
	有集中热水供应和淋浴设备		60~100	
2	别墅	L/(人·d)	70~110	24
3	单身职工宿舍、学生宿舍、招待所、培训中心、普通旅馆、设公用盥洗室	L/(人·d)	25~40	24 或定时供水
	设公用盥洗室、沐浴室	L/(人·d)	40~60	
	设公用盥洗室、沐浴室、洗衣室	L/(人·d)	50~80	
	设单独卫生间、公用洗衣室	L/(人·d)	60~100	
4	宾馆客房			
	旅客	L/(床·d)	120~160	24
	员工	L/(人·d)	40~50	
5	养老院	L/(床·d)	50~70	24
6	幼儿园、托儿所			24 10
	有住宿	L/(儿童·d)	20~40	
	无住宿	L/(儿童·d)	10~15	
7	公共浴室、淋浴	L/(顾客·次)	40~60	12
	淋浴、浴盆	L/(顾客·次)	60~80	
	桑拿浴、淋浴	L/(顾客·次)	70~100	

注：①表内所列用水定额均已包括在给水用水定额中。②本表60℃热水水温为计算温度。

1.5.3　热水供应系统的组成

以集中热水供应系统为代表，如图 1–71 所示，一个完整的热水供应系统应由热水加热系统也称第一循环系统和热水输配系统也称第二循环系统组成。第一循环系统由加热设备（锅炉或热交换器）、热媒管道、加热器、凝水管道、凝结水池、凝结水泵等组成。第二循环系统由上部贮水箱、冷水管、热水管、循环管及水泵等组成。

热水供应系统一般由热水制备系统、热水供应系统和附件三部分组成。

1）热水制备系统

热水制备系统又称第一循环系统，是由热源（蒸汽锅炉或热水锅炉）、水加热器（汽–水或水–水热交换器）和热媒管网组成。当使用蒸汽为热媒时，蒸汽锅炉生产的蒸汽通过热媒管网输送到热交换器中经过表面换热或混合换热将冷水加热成热水。

2）热水供应系统

热水供应系统又称为第二循环系统，它由热水配水管网和回水管网组成。被加热到设计要求温度的热水，从水加热器出口经配水管网送至各个热水配水点，而水加热器所需冷水侧由高位水箱或给水管网补给。在各立管和水平干管甚至配水支管上设置回水管，目的是使一定量的热水流回加热器重新加热，补偿配水管网的热损失，保证各配水点的水温。

3）附件

由于热媒系统和热水供应系统中控制、连接和安全的需要，常使用一些附件，有安全阀、减压阀、闸板阀、自动排气阀、疏水器、自动温度调节装置、膨胀罐、管道自动补偿器、水嘴等附件。

1.5.4　热水供应系统设备

1. 加热设备

1）小型锅炉

燃煤：立卧式，燃料价格低，成本低。

燃油：构造简单体积小，热效率高排污量少。

燃气：构造简单体积小，热效率高排污量少。

电锅炉：无污染，造价高。

2）容积式水加热器

有立式和卧式两种。卧式水加热器比立式性能好，一般多采用卧式水加热器。图 1–77 为卧式容积式水加热器，中下部放置加热排管，蒸汽由排管上部进入，凝结水由排管下部排出。加热排管可采用铜管或钢管。冷水由加热器底部压入，制备的热水由其上部送出，对于一般立式及卧式容积式水加热器，经选型计算后均可按国家标准图选用。

3）加热水箱

水箱中放置蒸汽多孔管、蒸汽喷射器、排管或盘管等就构成了加热水箱，见图 1–78，加热水箱一般用钢板做成矩形。

4）快速水加热器

有汽–水和水–水两种类型。前者热媒为蒸汽，后者热媒为过热水。汽–水快速加热器也有两种类型，图 1–79 是多管式汽–水快速加热器，它的优点是效率高，占地面积少；缺点是水头损失大，不能贮存热水供调节使用，在蒸汽或冷水压力不稳定时，出水温度变化较

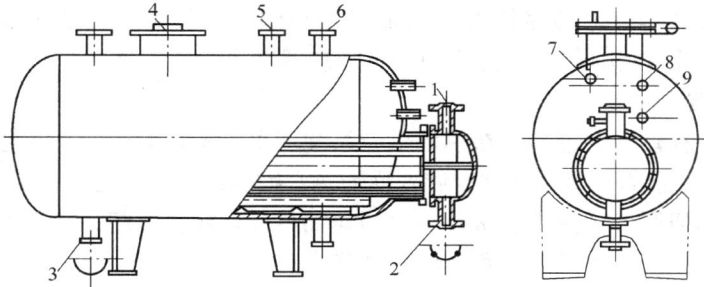

图1-77 容积式间接加热器

1—蒸汽；2—冷凝水；3—进水；4—入孔；5—接安全阀；6—出水；7—温度计接口；8—压力计接口；9—温度调节器接口

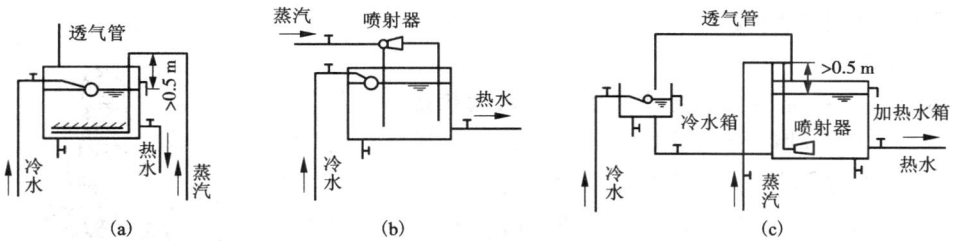

图1-78 热媒直接加热冷水方式

（a）多孔管蒸汽加热；（b）箱外蒸汽喷射器加热；（c）箱内蒸汽喷射器加热

大。快速加热器适用于用水量大而且比较均匀的建筑物。为避免水温波动，最好装设自动温度调节器或贮水罐。此外，还有一种单管式汽-水加热器，这种加热器的优点与多管式水加热器相同。单管式水加热器之间可以并联或串联，如图1-80所示。

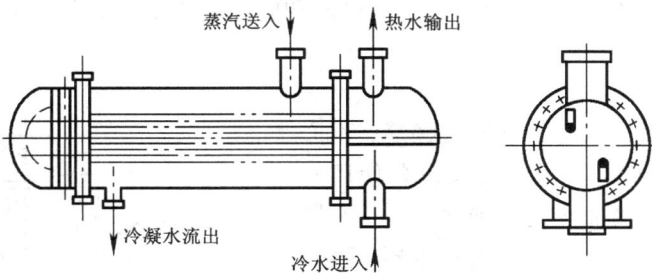

图1-79 汽-水快速加热器

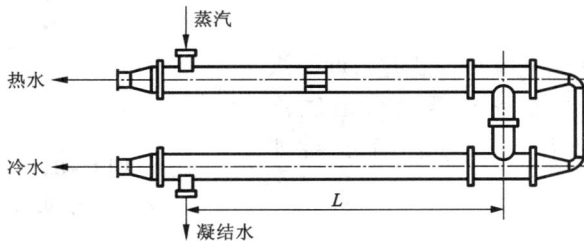

图1-80 单管式汽-水快速加热器

水－水快速加热器外形和多管汽－水加热器相同，唯套管内为多管排列；热媒是过热水。热效率比汽－水加热器低，但比容积式水加热器高。

2. 热水贮存器

是一种单纯贮存热水的容器。在热水供应系统用水不均匀时，贮水器起调节作用。它有开式和密闭式两种，前者称为热水箱，后者称为热水贮水罐，一般均用钢板或不锈钢板制造。热水箱可做成方形或圆形。热水贮水罐一般均与加热设备放在一起，但其底部应高出加热设备最高部位。热水箱及贮水罐的容积应经计算确定。

3. 热水供应系统中的主要附件

热水供应系统除需要设置必要的检修阀门和调节阀门外，还需要根据热水供应系统的方式安装一些附件，以便解决热水膨胀、系统排汽、管道伸缩等问题以及控制系统的热水温度，从而确保热水给水系统安全可靠地运行。

1）减压阀

在热水供应系统中当热交换设备以蒸汽为热媒时，若蒸汽压力大于热交换设备所能承受的压力时，应在蒸汽管道上设置减压阀，把蒸汽压力减到热交换设备允许的压力值，以保证设备运行安全。减压阀的工作原理是流体通过阀体内的阀瓣产生局部能量损失从而减压。

供蒸汽介质减压常用的减压阀有活塞式、膜片式、波纹管式等三种。减压阀如图1－81所示。

为避免热水供应系统运行压力超过规定的范围而造成热水管网和设备等的破坏，必须在系统中安装安全阀。在热水供应系统中宜采用微启式弹簧安全阀。

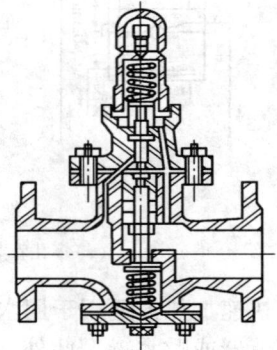

图1－81 减压阀

安全阀应垂直安装，安装在锅炉、水加热器和管路的最高点。排汽管应通至室外，以防排汽伤人。

2）疏水器

为保证热媒管道汽水分离，蒸汽畅通，不产生汽水撞击、管道振动、噪声，延长设备使用寿命。用蒸汽作热媒间接加热的水加热器、开水器的凝结水管道上应每台设备上设置疏水器；蒸汽立管最低处、蒸汽管下凹处的下部宜设置疏水器。工程中常用的疏水器有吊桶式疏水器和热动力圆盘式疏水器。

疏水器安装位置应便于检修，尽量靠近用汽设备，安装高度应低于设备或蒸汽管道底部150 mm以上，以便排出凝结水。疏水器如图1－82所示。

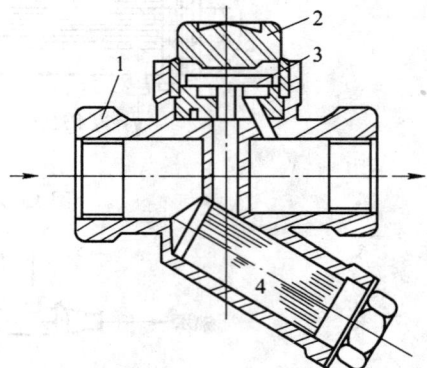

图1－82 热动力疏水器
1—阀体；2—阀盖；3—阀片；4—过滤器

3）自动排气阀

水在加热过程中会逸出原溶解于水中的气体和管网中热水汽化的气体，如不及时排出，这些气体不但阻碍管道内的水流、加速管道内壁的腐蚀，还会引起噪声、振动。为了使热水供应系统正常运行，可在热水管道积聚空气的地方安装自动排气阀。

　　自动排气阀必须安装在管网的最高处，以利于管内气体的汇集和排除。阀体应垂直安装，阀与管网之间的连接横管应朝阀体保持一定向上坡度。自动排气阀前必须设置检修阀门，以便维护检修关闭阀门。自动排气阀如图 1-83 所示。

　　4）自动温度调节装置

　　为了节能节水、安全供水，因此水加热器应安装自动温度调节装置。可采用直接自动温度调节器或间接自动温度调节器，如图 1-84 所示。

　　直接自动温度调节器适用温度为 -20~150℃，公称压力为 1.0 MPa 的环境内使用。其安装时必须直立安装，通过感温包，把感受到的温度变化传导给热媒管道上的调节阀，自动控制热媒流量起到自动调温的作用。

　　间接自动温度调节器是由感温包、电触点温度计、阀门电机控制箱等组成。

　　5）闭式膨胀水箱

　　冷水加热后，水的体积膨胀，若热水系统是密闭的，在卫生器具不用水时，膨胀水量必然会增加系统的压力，有胀裂管道的危险，因此必须设置膨胀管或闭式膨胀水箱。

　　6）补偿器

　　补偿热水管道因热胀伸长而产生内应力，避免管道的弯曲、破裂或接头松动，确保管网使用安全。

　　自然补偿是利用管道布置敷设的自然转向来补偿管道的伸缩变形，常将管道布置成 L、Z 型，如图 1-85 所示。

　　其他补偿器（方形、套管式、波纹管式）如图 1-86、图 1-87 所示。

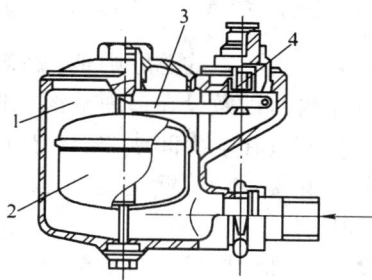

图 1-83　自动排气阀构造
1—浮球；2—阀腔；3—杠杆；4—排气阀

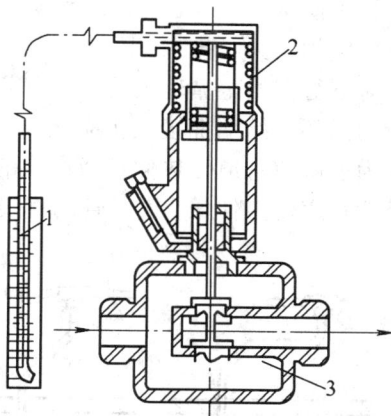

图 1-84　自动温度调节器构造图
1—感温包；2—感温元件；3—减压阀

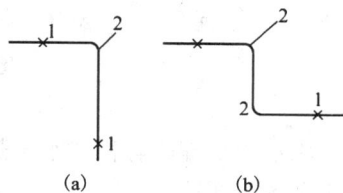

(a)　　　　　　(b)

图 1-85　自然补偿

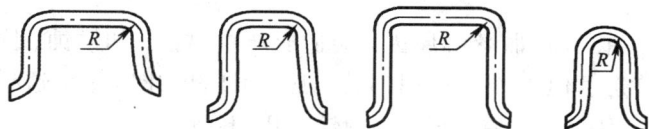

图 1-86　方形补偿器

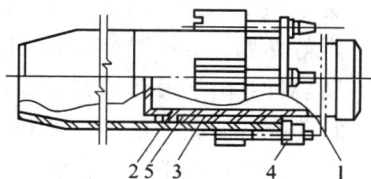

图 1-87　单向套管补偿器

1.5.5 室内热水管网的布置和敷设

热水管网布置的总原则是，在满足使用、便于维修管理的情况下管线最短。

横干管可以敷设在室内地沟、地下室顶部、建筑物顶层的天棚下或设备技术层内。明装管道尽量布置在卫生间或非居住房间内，暗装时热水管道放置在预留沟槽、管道井内。

管道穿楼板和墙壁应装套管，楼板套管应该高出地面 5~10 cm，以防楼板积水时由楼板孔流到下层。

为使局部管段检修时不至于中断大部分管路配水，在热水管网配水立管的始端、回水立管的末端和有 6~9 个水嘴的横支管上，应该装设阀门。

为防止热水管道发生倒流和串流，应在水加热器和贮水罐的给水管上、机械循环的第二循环管道上、加热冷水所用的混合器冷、热水进水管道上装设止回阀。

为了便于排气，上行式配水横干管应以不小于 0.003 的坡度抬头走，并在管道的最高点安装排气阀。为了排水，回水干管应低头走，并在最低点安装泄水阀门或丝堵。

对下行上给全循环式管网，为了防止配水管中分离出的气体被带回循环管，应当将每根立管的循环管始端都接在相应配水立管最高点以下 0.5 m 处，见图 1-88。

为了避免管道受热伸长所产生的应力破坏管道，横管与立管连接应按图 1-88 敷设。为了补偿管道受热伸长，横干管的直线段应设置伸缩器。

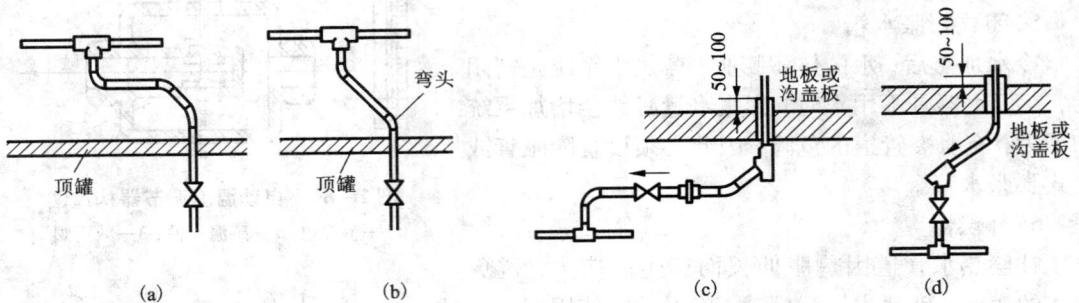

图 1-88 热水立管与横管的连接方式

热水贮水罐或容积式水加热器上接出的热水配水管一般从设备顶接出，机械循环的回水管从设备下部接入。

为了满足运行调节和检修的要求，在水加热设备、锅炉、自动温度调节器和疏水器等设备的进出水口的管道上，还应装设必需的阀门。

为了减少散热，热水系统的配水干管、水加热器、贮水罐等，一般要包扎保温。

做好防腐蚀、保温、防结垢措施。

防腐蚀：由于镀锌管在长期使用中，因镀层脱落等原因，会造成严重腐蚀，如锈蚀、穿孔，但其价格低廉，目前在我国仍为首选。但国外常采用铜管（现在国内也开始逐步这样做），同时也有采用聚丁烯管（耐 80℃），铝塑复合管，三型聚丙烯（PP-R）管等。

保温：减少散热损失，在加热设备、热水箱配水管道要设置保温层。保温材料选用导热系数小、价格低廉、易施工的泡沫混凝土、膨胀珍珠岩、硅藻土等预构件包装管外作为保温层。

注意：由于聚氨酯发泡材料的成本高，所以在热水保温中使用得较少。在强调保温管美观的有些场合，现在也有采用。

防结垢：水中含有钙、镁等盐类，通常被称为硬水。这种水受热后，钙镁的盐类化合物极易在加热器的表面或水的流通管道壁面上结垢，从而降低换热器的传热效果，增大流动阻力，并损坏加热设备。因此危害极大。

除垢方法：①化学除垢法：在硬水中加入化学成分，如含有钠离子的"归丽晶" Na_3PO_4，通过钠对镁、钙的置换，避免钙、镁的盐类在表面集结。②物理法：电子除垢器、磁水器，利用电磁场的作用，改变水的物理性质，使水垢变为极小的颗粒，悬浮在水中，不结垢于壁。

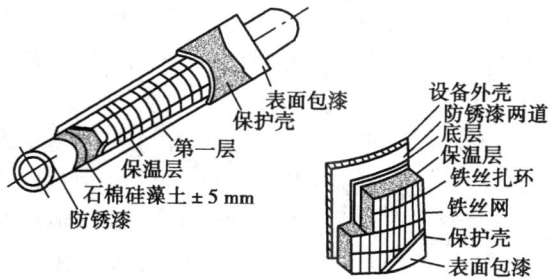

图 1-89　热水管保温构造

复习思考题

1. 在热水供应系统中，对热水水质、水温有什么要求？
2. 室内热水供应系统分哪几类？有哪几部分组成？
3. 水的加热有几种方式？有哪些加热设备？
4. 热水管网布置和和敷设有哪几种形式？施工时应考虑哪些因素？
5. 热水供应系统应安装哪些附件？各有何作用？
6. 热水供应系统常采用哪些管材？如何连接？
7. 在饮水系统中，对饮水水质、水温有哪些具体要求？

1.6　建筑排水系统

1.6.1　建筑排水系统的分类与组成

1. 建筑排水系统的任务、分类

室内排水系统的任务是接纳、汇集建筑物内各种卫生器具和用水设备排放的污（废）水，以及屋面的雨、雪水，并在满足排放要求的条件下，排入室外排水管网，为人们提供良好的生活、生产、工作和学习环境。室内排水系统可分为三类：

1）生活排水系统

生活排水系统用于排除住宅、公共建筑及工厂生活间内冲洗便器、盥洗、洗涤等的污、废水，进而又可分为排泄粪便污水的生活污水排水系统和排泄盥洗、洗涤废水的生活废水排水系统。

2）工业废水排水系统

工业废水排水系统用于排除生产过程中产生的工业废水。根据工业废水的污染程度不同，又分为生产污水排水系统和生产废水排水系统。生产污水是指严重污染的工业废水，如食品工业产生的被有机物污染的废水、冶金及化工等工业排出的含重金属等有毒物和酸、碱性废水、印染和电镀废水以及高温废水等。生产废水是指轻度污染的工业废水，如温度略有升高的冷却水、冲洗原材料和产品的废水等。

3) 雨水排水系统

雨水排水系统用于收集和排除建筑物屋面上的雨水和融化的雪水。

在上述三类排水系统中，如果污、废水单独排出，则称为分流制排水系统；若将其中两类或三类污、废水合流排出，则称为合流制排水系统。确定室内排水系统的合流或分流体制，是一项较为复杂而且必须综合考虑其经济技术情况的工作。主要考虑因素有室内污（废）水性质、室外排水系统制式、城市污水处理设备完善程度及综合利用情况，以及室内排水点和排水位置等。

建筑内的排水体制是指污水与废水的分流与合流。当有中水回用要求时，室内宜采用分流制。当无中水回用且室外有污水管网和污水处理厂时，室内宜采用合流制。

工业废水中含有大量的污染物质，应首先考虑回收利用，变废为宝。同时为了减少环境污染，其排水系统宜采用分质分流。

排水体制选择：

建筑内部排水体制的确定，应根据污水性质、污染程度，结合建筑外部排水系统体制、有利于综合利用、中水系统的开发和污水的处理要求等方面考虑。

（1）下列情况，宜采用分流排水体制：①两种污水合流后会产生有毒有害气体或其他有害物质时；②污染物质同类，但浓度差异大时；③医院污水中含有大量致病菌或含有放射性元素超过排放标准规定的浓度时；④不经处理和稍经处理后可重复利用的水量较大时；⑤建筑中水系统需要收集原水时；⑥餐饮业和厨房洗涤水中含有大量油脂时；⑦工业废水中含有贵重工业原料需回收利用及夹有大量矿物质或有毒和有害物质需要单独处理时；⑧锅炉、水加热器等加热设备排水水温超过40℃等。

（2）下列情况，宜采用合流排水体制：①城市有污水处理厂，生活废水不需回用时；②生产污水与生活污水性质相似时。

2. 室内排水系统的组成

建筑排水系统的基本任务是通畅地排出使用后的污、废水。对水系统的基本要求：①能迅速通畅地将污废水排到室外；②排水管道系统气压稳定，有害气体不进入室内，室内环境卫生；③管线布置合理，工程造价低。

一个完整的室内排水系统由卫生器具、排水管系（排水横支管、立管、排出管）、通气管、清通设备、污水抽升设备及污水局部处理设施等部分组成，如图1-90所示。

1) 卫生器具（或生产设备受水器）

卫生器具是室内排水系统的起点，接纳各种污、废水后排入管网系统。污、废水从器具排出经过存水弯和器具排水管流入横支管。

2) 排水管系

（1）排水横支管

横支管的作用是把各卫生器具排水管流来的污、废水排至立管。横支管中的流动属重力流，因此，管道应有一定的坡度坡向立管。其最小管径应不小于50 mm，粪便排水管径不小于100 mm。

（2）立管

立管承接各楼层横支管排入的污、废水，然后再排入排出管。为了保证排水通畅，立管的最小管径不得小于 50 mm，也不能小于任何一根与其相连的横支管的管径。

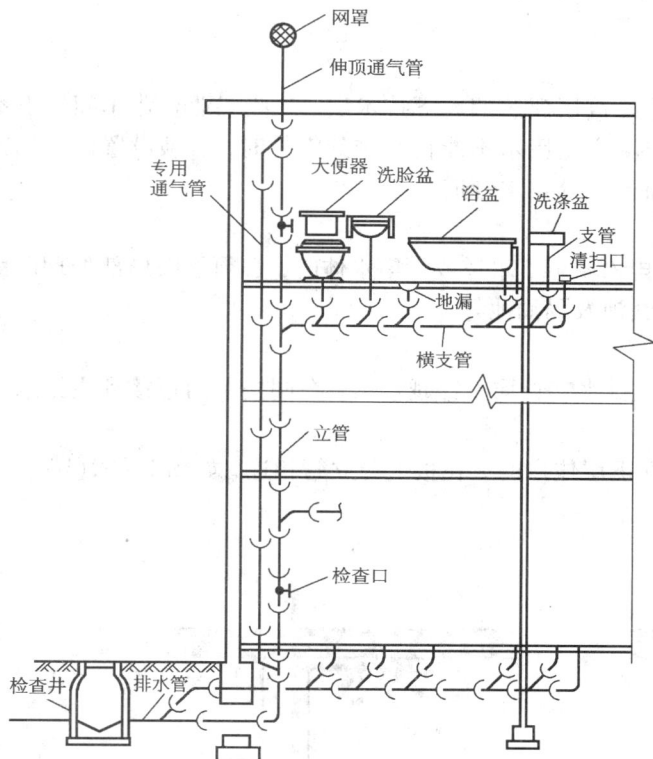

图 1-90　室内排水系统示意图

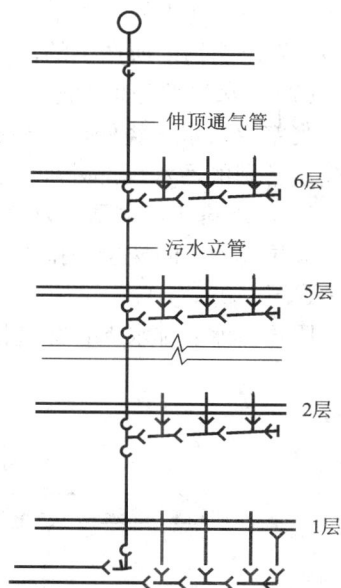

图 1-91　伸顶通气管排水系统

（3）排出管

排出管是室内排水立管与室外排水检查井之间的连接管段，它接受一根或几根立管流来的污、废水并排入室外排水管网。排出管的管径不能小于任何一根与其相连的立管管径。排出管埋设在地下，坡向室外排水检查井。

（4）通气管

设置通气管的目的是使室内排水管系统与大气相通，尽可能使管内压力接近大气压力，以保护水封不致因压力波动而受破坏；同时排放排水管道中的臭气及有害气体。

最简单的通气管是将立管上端延伸出屋面 300 mm 以上并大于积雪厚度，称为伸顶通气管，一般可用于低层建筑的单立管排水系统，如图 1-91 所示。这种排水系统的通气效果较差，排水量较小。

对于层数较多或卫生器具数量较多的建筑，因卫生器具同时排水的机率较大，管内压力波动大，只设伸顶通气管已不能满足稳定管内压力的要求，必须增设专门用于通气的管道。如与排水立管相接的专用通气立管；与排水横管相连的环形通气管；与环形通气管和排水立管相连的主通气立管，与环形通气管相连的副通气立管，前者靠近排水立管设置，后者与排

75

水立管分开设置；与排水立管和通气立管相连的结合通气管和与卫生器具相连的器具通气管等。

（5）清通设备

一般有检查口、清扫口、检查井以及带有清通门（盖板）的90°弯头或三通接头等设备，作为疏通排水管道之用。

（6）污水抽升设备

民用建筑中的地下室、人防建筑物、高层建筑的地下技术层、某些工业企业车间地下室或半地下室、地下铁道等地下建筑物内的污、废水不能自流排到室外时，必须设置污水抽升设备，将建筑物内所产生的污、废水抽至室外排水管道。

（7）污水局部处理设施

当室内污水未经处理不允许直接排入城市下水道或污染水体时，必须予以局部处理。民用建筑常用的污水局部处理设施有化粪池及隔油池等。

3. 隔层排水与同层排水

同层排水：同楼层的排水支管与主排水支管均不穿越楼板，在同楼层内连接到主排水立管上，图1-92（a）。

隔层排水：排水支管穿过楼板，在下层住户的天花板上与立管相连，如图1-92（b）。

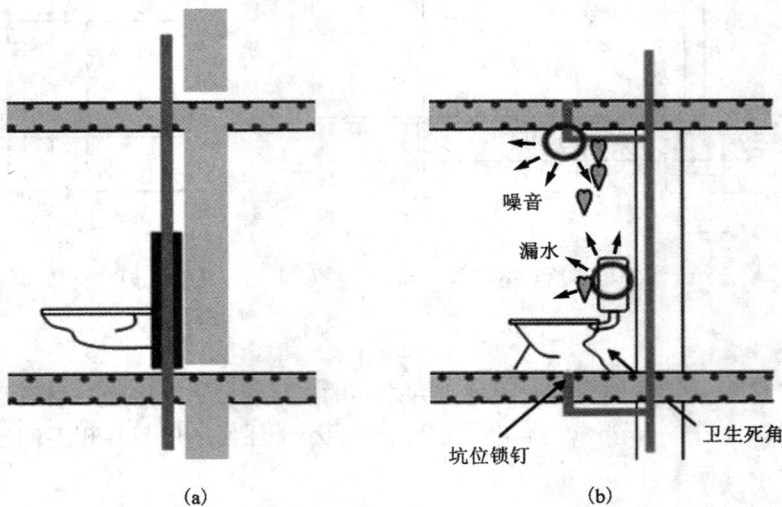

图1-92　同层排水与隔层排水示意
（a）同层排水；（b）隔层排水

目前，传统的地排水方式仍在中国的浴室中被广泛地运用，排水管道须要通过楼下住户的天花板与立管相连，这样不仅对楼下住户造成了很大的侵扰，而且卫生间的布局也将受到预留孔的严格限制。

近年来，随着房地产业的迅猛发展和卫浴文化的兴起，人们对卫生间有了新的认识，于是当人们将目光聚焦于此的时候，传统地排水方式的缺点便暴露无遗了。

传统地排水方式的问题在于：①侵占空间。楼上住户的排水支管侵占了楼下住户的空间,让卫生间变"矮"了。②噪音干扰。因为大家的生活习惯不可能完全同步,所以当你享受安静的时候,却往往遭到楼上住户用水噪音的干扰。③漏水问题。更为糟糕的是,如果管道漏水,那么到底应该由谁出资维修?造成的装潢损失又应该由谁承担?但无论如何,被迫承受不属于自己的错误,总是不合理的。

同层排水:①完全独立的卫生空间,再也不会受到上层住户的干扰。②卫生间的布局不受坑距的限制,可实现个性化的装修。③隐蔽式的安装系统具有出色的视觉效果。④由于采用了挂壁式洁具,没有卫生死角,打扫起来很方便。⑤节省成本,降低施工量,由于使用污废水一起排放,节省了管道的材料成本和安装成本。⑥减少建筑设计师工作量,无需设计卫生间的坑距以及避免了卫生间的设计可能导致的对房型的限制。

同层排水系统是目前欧洲广泛采用的一种排水方式,它从根本上解决了卫生间的许多问题,而且必将成为中国住宅排水方式的主流。

1.6.2　建筑排水系统的管材、卫生设备及污水局部处理设施

1. 管材与连接方式

目前用于建筑排水的管材,根据污水性质、成分,敷设地点、条件及对管道的特殊要求,主要有排水铸铁管和硬聚氯乙烯塑料管等。

1)排水铸铁管

用于排水的铸铁管,因不承受水压力,管壁较给水铸铁管薄,重量也相对较轻,管径一般为 50 ~ 200 mm。目前排水铸铁管多用于室内排水系统的排出管。

2)硬聚氯乙烯塑料管(UPVC)

硬聚氯乙烯塑料管是以硬聚氯乙烯树脂为主要原料的塑料制品。其优点是:①具有优良的化学稳定性、耐腐蚀性;②物理性能好、质轻、管壁光滑、水头损失小、容易加工及施工方便等。所以,目前我国建筑行业中广泛用它作为生活污水、雨水的排水管,亦可用作酸碱性生产污水、化学实验室的排水管。由于硬聚氯乙烯塑料管在高温下容易老化,因此,它适用于建筑物内连续排放温度不大于40℃,瞬时排放温度不大于80℃的污、废水管道。

硬聚氯乙烯塑料管主要用聚氯乙烯承插粘接。

2. 室内卫生器具

室内卫生器具是建筑设备的一个重要组成部分,是室内排水系统的起点,是用来满足日常生活中各种卫生要求、收集和排除生活及生产中产生的污(废)水的设备。

各种卫生器具的结构、形式和材料,应根据其用途、设置地点、维护条件等要求而定。作为卫生器具的材料应表面光滑易于清洗、不透水、耐腐蚀、耐冷热和有一定的强度。目前制造卫生器具所选用的材料主要有陶瓷、搪瓷、生铁、塑料、水磨石、不锈钢等。

1)便溺用卫生器具

厕所和卫生间中的便溺用卫生器具,主要作用是用来收集和排除粪便污水。

(1)大便器。常用的大便器有坐式、蹲式和大便槽三种。坐式大便器有冲洗式和虹吸式两种,多安装在高级住宅、饭店、宾馆的卫生间里,具有造型美观,使用方便等优点。用低位水箱冲洗。蹲式大便器使用的卫生条件较坐式好,多装设在公共卫生间、一般住宅以及普通旅馆的卫生间里,一般使用高位水箱或冲洗阀进行冲洗。大便槽的卫生条件较差,由于使用集中冲洗水箱,故耗水量也较大,但是其建造费用低,因此在一些建筑标准不高的公共建筑

中仍有使用，如图 1 - 93 所示。

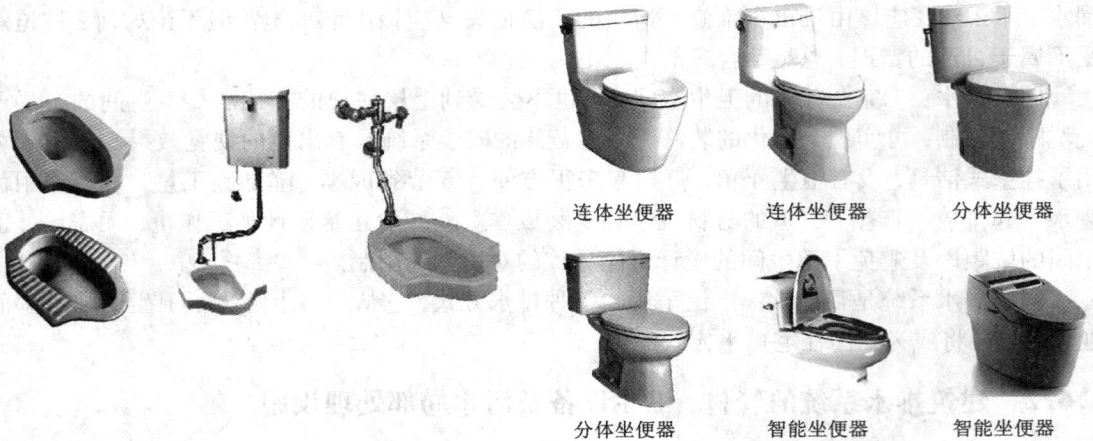

连体坐便器　　连体坐便器　　分体坐便器

分体坐便器　　智能坐便器　　智能坐便器

图 1 - 93　大便器

（2）小便器。小便器分挂式、立式和小便槽三种。挂式小便器悬挂在墙壁上，冲洗方式视其数量多少而定，数量不多时可用手动冲洗阀冲洗，数量较多时可用水箱冲洗。立式小便器设置在对卫生设备要求较高的公共建筑的男厕所内，如展览馆、大剧院、宾馆等，常以两个以上成组安装，冲洗方式多为自动冲洗。小便槽多为用瓷砖沿墙砌筑的浅槽，其构造简单、造价低、可供多人同时使用，因此广泛应用于公共建筑、工矿企业、集体宿舍的男厕所内，小便槽可用普通阀门控制的多孔管冲洗，也可采用自动冲洗水箱冲洗，如图 1 - 94 所示。

2）盥洗沐浴用卫生器具

（1）洗脸盆。洗脸盆安装在住宅的卫生间及公共建筑物的盥洗室、洗手间、浴室中，供洗脸洗手用。洗脸盆有长方形、椭圆形和三角形。其安装方式有墙架式和柱脚式两种。

（2）盥洗槽。盥洗槽设在公共建筑、集体宿舍、旅馆等的盥洗室中，一般用瓷砖或水磨石现场建造，有长条形和圆形两种形式。有定型的标准图集可供查阅。

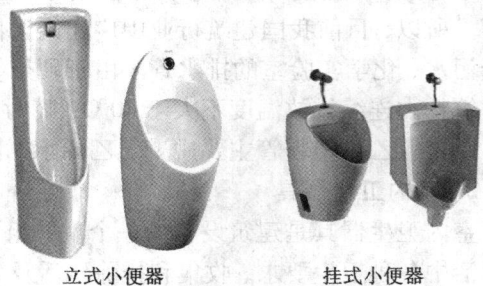

立式小便器　　　挂式小便器

图 1 - 94　小便器

（3）浴盆。浴盆一般设在宾馆、高级住宅、医院的卫生间及公共浴室内，供人们沐浴用。有长方形、方形和圆形等形式。一般用陶瓷、搪瓷和玻璃钢等材料制成。

（4）淋浴器。淋浴器是一种占地面积小、造价低、耗水量小、清洁卫生的沐浴设备，广泛用于集体宿舍、体育场馆及公共浴室中。淋浴器有成品的，也有现场组装的。

3）洗涤用卫生器具

洗涤用卫生器具供人们洗涤器物之用，主要有污水盆、洗涤盆、化验盆等。通常污水盆装置在公共建筑的厕所、卫生间及集体宿舍盥洗室中，供打扫厕所、洗涤拖布及倾倒污水之

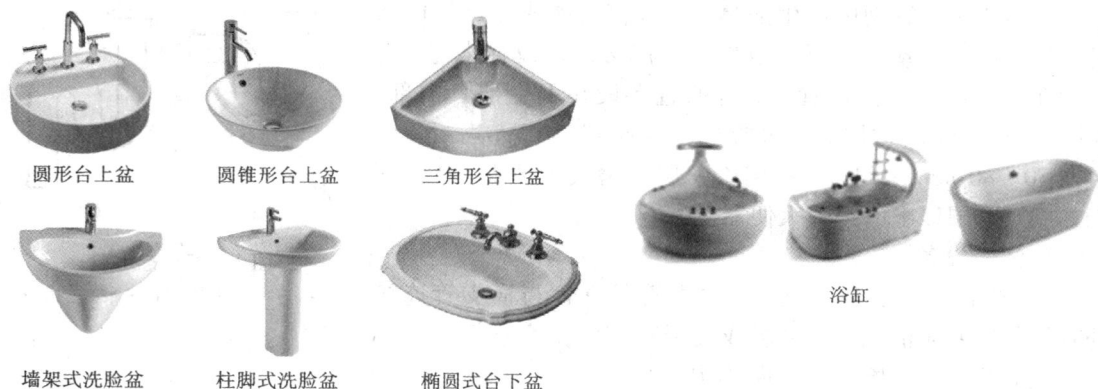

图 1 - 95　盥洗、洗涤用具

用;洗涤盆装置在居住建筑、食堂及饭店的厨房内供洗涤碗碟及蔬菜食物使用。

4)地漏及存水弯

(1)地漏。地漏主要用来排除地面积水。因此在卫生间、厨房、盥洗室、浴室以及需从地面排除积水的房间内应设置地漏。地漏应设置于地面最低处,其篦子顶面应比地面低 5 ~ 10 mm,并且地面有不小于 0.01 的坡度坡向地漏。地漏材料分为塑料、不锈钢等;按外形分为方形和圆形;按用途分为防臭地漏、洗衣机排水地漏和普通地漏等,如图 1 - 96 所示。

高水封地漏DG100　　不锈钢地漏DG120X120

图 1 - 96　常用各种地漏

表 1 - 14　各类地漏的适用场所

名称	适用场所
直通式地漏	用于地面和洗衣机排水,下部需设置存水弯
带水封地漏	地漏自带水封,下部不需设置存水弯
直埋式地漏	器具排水管及地漏预埋在下沉楼面的填层内
防溢地漏	可能造成溢水的房间内
密闭地漏	医院手术室、洁净厂房、制药等行业
带网筐地漏	公共厨房、浴室等含有大量杂质的场所
多通道地漏	地面、洗衣机、1 ~ 2 个卫生器具排水
侧墙式地漏	排水管不允许穿越下层的楼面不下沉的同层排水
防爆地漏	人防地下室洗涤间、排风竖井、扩散室、淋浴室

(2)存水弯。存水弯是一种弯管,在里面存有一定深度的水,这个深度称为水封深度。

水封可防止排水管网中产生的臭气、有害气体或可燃气体通过卫生器具进入室内。每个卫生器具都必须装设存水弯，有的设在卫生器具的排水管上，有的直接设在卫生器具内部。如图 1-97 所示，常用的存水弯有 P 形和 S 形两种，水封深度多在 50~80 mm 之间。S 形用于一层的蹲式大便器，P 形用于二层及二层以上的蹲式大便器。

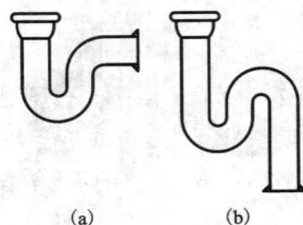

图 1-97　存水弯

(a) P 形；(b) S 形

5）清通设备

（1）检查口一般装于立管，供立管或立管与横支管连接处有异物堵塞时清掏用，多层或高层建筑的排水立管上每隔一层就应装一个，检查口间距不大于 10 m。但在立管的最底层和设有卫生器具的两层以上坡顶建筑物的最高层必须设置检查口，平顶建筑可用通气口代替检查口。另外，立管如装有乙字管，则应在该层乙字管上部装设检查口。检查口设置高度一般从地面至检查口中心 1 m 为宜。当排水横管管段超过规定长度时，也应设置检查口。

（2）清扫口：一般装于横管，尤其是各层横支管连接卫生器具较多时，横支管起点均应装置清扫口（有时亦可用能供清掏的地漏代替）。

图 1-98　检查口

当连接 2 个及 2 个以上的大便器或 3 个及 3 个以上的卫生器具的污水横管、水流转角小于 135°的污水横管，均应设置清扫口。

清扫口安装不应高出地面，必须与地面平齐。为了便于清掏，清扫口与墙面应保持一定距离，一般不宜小于 0.15 m。

3. 污水局部处理设施

1）化粪池

当城市污水处理设施不健全，生活粪便污水不允许直接排入城市污水管网时，需要在建筑物附近设置化粪池。

（1）化粪池的作用。一是用来对生活粪便污水进行沉淀，使污水与杂物分离后进入排水管道；二是沉淀下来的污泥在粪池中停留一段时间，发酵腐化，杀死粪便中的寄生虫卵后清掏。

（2）化粪池的制作。化粪池可采用砖、石或钢筋混凝土等材料砌筑。通常池底用混凝土，四周和隔墙用砖砌，池顶用钢筋混凝土板铺盖，盖板上设有人孔。化粪池要保证无渗漏。

化粪池有圆形和矩形两种。圆形用于污水排放量很小的场合。矩形化粪池由两格或三格污水池和污泥池组成，如图 1-99 所示。当污水流量小于 10 m³/d 时，两格的容积各占 75% 和 25%；当污水流量大于 10 m³/d 时，三格的容积各占 50%、25% 和 25%。格与格之间设有通气孔洞。池的进水管口应设导流装置，出水管口以及格与格之间应有拦截污泥浮渣的措施。化粪池的池壁和池底应有防止地下水、地表水进入池内和防止渗漏的措施。

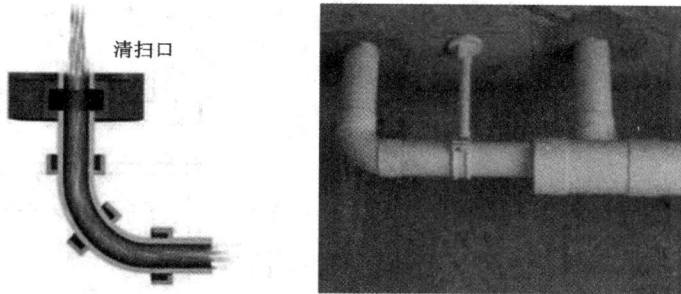

图1-99 清扫口

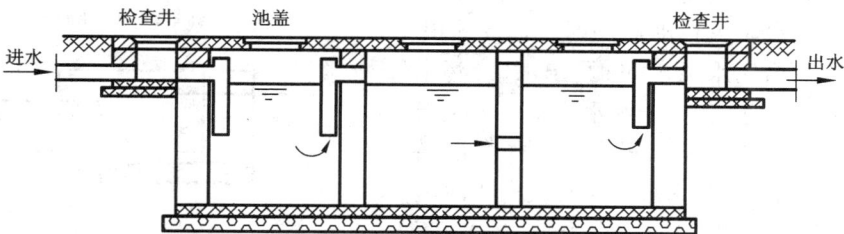

图1-100 化粪池

　　化粪池的尺寸与建筑物的性质、使用人数、污水排放量标准、污水悬浮物的沉降条件以及污水在化粪池中停留的时间等因素有关，一般应由水力计算确定，但通常不应小于下面的尺寸：水面到池底的深度不得小于1.3 m，池宽不得小于0.75 m，池长不得不于1.0 m，圆形化粪池的直径不得小于1.0 m。

　　（3）化粪池的选择。化粪池容量的大小与建筑物的性质、使用人数、每人每日的排水量标准及排水体制、污水在化粪池中停留的时间、污泥的清掏周期等因素有关，通常应经过计算确定。

　　2）隔油池

　　隔油池是截流污水中油类物质的局部处理构筑物。含有较多油脂的公共食堂和饮食业的污水，应经隔油池局部处理后才能排放，否则油污进入管道后，随着水温下降，将凝固并附着在管壁上，缩小甚至堵塞管道。隔油池一般采用上浮法除油，其构造如图1-101所示。

　　为便于利用积留油脂，粪便污水和其他污水不应排入隔油池内。对夹带杂质的含油污水，应在排入隔油池前，经沉淀处理或在隔油池内考虑沉淀部分所需容积。隔油池应有活动盖板，进水管要便于清通。此外，车库等使用油脂的公共建筑，也应设隔油池去除污水中的油脂。

　　3）沉砂池

　　汽车库内洗汽车的污水含大量的泥砂，在排入城市排水管道之前，应设沉砂池除去污水中较大颗粒杂质。小型沉砂池的构造如图1-102所示。

4)污水抽升设备

当用水房间的污（废）水不能自流排出室外时，应设污水泵等抽升设备将污（废）水排至室外，以保护良好的室内卫生环境。

局部抽升污（废）水的设备最常用的是水泵，其他尚有气压扬液泵、手摇泵和喷射器等。采用何种抽升设备，应根据污（废）水性质、所需抽升高度和建筑物类型等具体情况来定。

抽升建筑物内部污（废）水所使用的水泵一般为离心式污水泵。当污水泵为自动启闭时，其流量按排水的设计秒流量选定；人工启闭时，按排水的最大小时流量选定。

集水池容积的确定是设计污水泵房的关键因素之一，当污水泵为自动启闭时，有效容积不得小于最大一台污水泵 5 min 的出水量（污水泵每小时启动不大于 6 次）；污水泵采用人工启动时，应根据污水流入量和污水泵工作情况决定有效容积，一般采用 15～20 min 最大小时流入量（污水泵每小时启动次数不大于 3 次），否则运行管理工作麻烦。当排水量很小时，为了

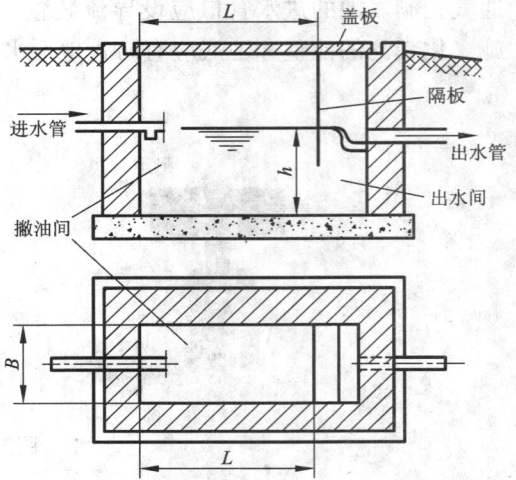

图 1-101　隔油池

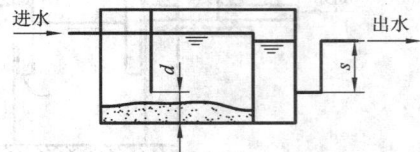

图 1-102　沉砂池

便于运行管理，污水泵可用人工定时启动，此时集水池有效容积应能容纳两次启动间的最大流入量，但不得大于 6 h 的平均流入量。

污水泵房和集水池间的建造布置，应特别注意要有良好的通风设施。

1.6.3　室内排水系统的管路布置与敷设

1. 室内排水管路的布置要求

排水管的布置应满足水力条件最佳、便于维护管理、保护管道不受损坏、保证生产和使用安全以及经济和美观的要求。因此，排水管的布置应满足以下原则：

（1）排出管宜以最短距离排至室外。因排水管网中的污水靠重力流动，污水中杂质较多，如排出管设置过长，容易堵塞，清通检修也不方便。此外，排出管长则末端高程低，会增加室外排水管道的埋深。

（2）污水立管应靠近最脏、杂质最多的排水点处设置，以便尽快地接纳横支管来的水流而减少管道堵塞的机会。污水立管的位置应避免靠近与卧室相邻的墙。

（3）排水立管的布置应减少不必要的转折和弯曲，尽量作直线连接。

（4）排水管与其他管道或设备应尽量减少互相交叉、穿越；不得穿越生产设备基础，若必须穿越，则应与有关专业协商作技术上的特殊处理；应尽量避免穿过伸缩缝、沉降缝，若必须穿越，要采用相应的技术措施。

（5）排水架空管道不得架设在遇水会引进爆炸、燃烧或损坏原料、产品的上方，并且不得架设在有特殊卫生要求的厂房内，以及食品和贵重物品仓库、通风柜和变配电间内。同时

还要考虑建筑的美观要求,尽可能避免穿越大厅和控制室等场所。

(6)在层数较多的建筑物内,为了防止底层卫生器具因受立管底部出现过大的正压作用而造成水封破坏或污水外溢现象,底层卫生器具的排水应考虑采用单独排出方式。

(7)排水管道布置应考虑便于拆换管件和清通维护工作的进行,不论是立管还是横支管应留有一定的空间位置。

2. 室内排水管路的敷设方法

室内排水管道的敷设有两种方式:明装和暗装。

为清通检修方便,排水管道应以明装为主。明装管道应尽量靠墙、梁、柱平行设置,以保持室内的美观。明装管道的优点是造价低、安装和维修方便。缺点是卫生条件差、不美观。明装管道主要适用于一般住宅、无特殊要求的工厂车间。

室内美观和卫生条件要求较高的建筑物和管道种类较多的建筑物,应采用暗装方式。暗装管道的立管可设在管道竖井或管槽内,或用木包箱掩盖;横支管可嵌设在管槽内,或敷设在吊顶内,有地下室时,排水横支管应尽量敷设在顶棚下,有条件时可和其他管道一起敷设在公共管沟和管廊中。暗装的管道不影响卫生,室内较美观,但造价高,施工和维修均不方便。

3. 室内排水系统的安装施工

安装顺序

排出管	→	立管	→	通气管	→	支管

先安装排出管、立管、辅助通气管、横管、器具排水支管、通气管、辅助排气横管。各管段长度适当,不宜过长,要等主要的直管段承插连接(石棉水泥接口)具有足够的强度后再依次就位、固定接口,然后安装卫生器具,土建地面施工

1)排出管的安装

(1)埋地铺设的管道宜分两段施工。第一段先作 ±0.000 以下的室内部分,至伸出外墙为止。待土建施工结束后,再铺设第二段,从外墙接入室外检查井。

(2)埋地管道的管沟,沟底应平整,无突出的尖硬物,沟底坡度同管道坡度。

(3)排水管道穿越基础做预留孔洞时,应配合土建设计的位置与标高进行施工。管顶上部净空不宜小于 150 mm。

排水管在穿越承重墙和基础时,应预留孔洞。预留孔洞的尺寸应使管顶上部的净空不小于建筑物的沉降量,且不得小于0.15 m,详见表1-15。

表1-15 排出管穿越基础预留孔洞尺寸 /mm

管径 DN	50~75	>100
孔洞尺寸(高×宽)	300×300	(DN+300)×(DN+300)

(4)为便于检修,排出管的长度不宜太长,一般自室外检查井中心至建筑基础外边缘距离不小于3 m,不大于10 m,见表1-15所示。

(5)排出管与排水立管连接,一般应采用2个45°弯头或弯曲半径≮4倍管径的90°弯头,如图1-103所示。

（6）排出管坡度不宜大于 15% 。

2）立管安装

（1）根据施工图核对预留洞尺寸有无差错，预制混凝土楼板则需剔凿楼板洞，应按位置画好标记，对准标记剔凿。

（2）排水立管应设在排水量最大，卫生器具最集中的地点。不得设于卧室、病房等卫生条件要求较高的房间。通常沿卫生间墙角设置，宜靠外墙。立管与墙面距离见表 1－16。

（3）立管穿楼板时，应预留孔洞，见表 1－17，并设套管。安装在楼板内的套管，其顶部应高出装饰地面 20 mm；安装在卫生间及厨房内的套管，其顶部应高出装饰地面 50 mm，底部与楼板地面相平。

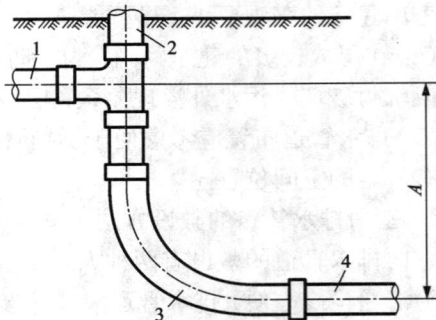

图 1－103　排出管与排水立管的连接
1—支管；2—立管；3—90°弯头；4—排出管

表 1－16　立管与墙面距离

立管管径/mm	50	75	100	120	150	200
立管与墙面距离/mm	50	70	80	90	110	130

表 1－17　排水立管穿越楼板预留孔洞尺寸　　　　　　　　/mm

管径 DN	50	75～100	125～150	200～300
孔洞尺寸	100×100	200×200	300×300	400×400

（4）安装立管应二人上下配合，一人在上层楼上，由管洞内投下一个绳头，下面一人将预制好的立管上半部拴牢，上拉下托将立管下部插口插入下层管承口内。立管插入承口后，下层的人把甩口及立管检查口方向找正，上层的人用木楔将管道在楼板洞处临时卡牢，然后将接口打麻、调直、捻灰。复查立管垂直度，将立管临时固定牢固。

（5）安装立管时，一定要注意将三通口的方向对准横管方向，以免在安装时由于三通口的偏斜而影响安装质量。三通口的高度，应根据横管的长度和坡度来确定。三通口中心和楼板的净距不得小于 250 mm，但不得大于 450 mm。

（6）立管的支架间距不得大于 3 m，层高小于或等于 4 m，立管可设一个支架，支架距地面 1.5～1.8 m，支架应埋设在承重墙上；立管底部的弯管处应设支墩。

（7）立管安装完毕后，配合土建用不低于楼板标号的混凝土将洞灌满堵实，并拆除临时支架。如果是高层建筑或管井内的管道，应按设计要求用型钢固定支架。

3）横支管的安装

（1）先将安装横管尺寸测量记录好，按正确尺寸和安装的难易程度应先行预制好（若横管过长或吊装有困难时可分段预制和吊装），然后将吊卡装在楼板上，并按横管的长度和规范要求的坡度调整好吊卡高度，再开始吊管。

（2）排水支管不得敷设在遇水易引起燃烧、爆炸或损坏的房间。不得穿越餐厅、贵重商品仓库、变电室、通风间等。排水支管应尽量抬高在梁底上方方格空间内和贴梁底敷设。

（3）排水支管与立管的连接，应采用45°三通和四通或90°斜三通、斜四通，尽量少采用90°正三通、正四通连接。吊卡的间距不得大于2 m，且吊杆要垂直。

（4）靠近排水立管底部的排水支管连接，应符合下列要求：

排水立管仅设置伸顶通气时，最低排水横支管与立管的连接处距立管管底垂直距离不得小于有关规定，连接关系如图1-104（a）所示。

当最低横支管与立管连接处距立管管底垂直距离不能满足要求时，可采用下列形式，如图1-104（b）所示。排水支管连接在排出管或排水横管上，连接点距立管底部水平距离不宜小于3 m。排水支管接入横干管竖直转向管段时，连接点应距转向处以下不得小于0.6 m。

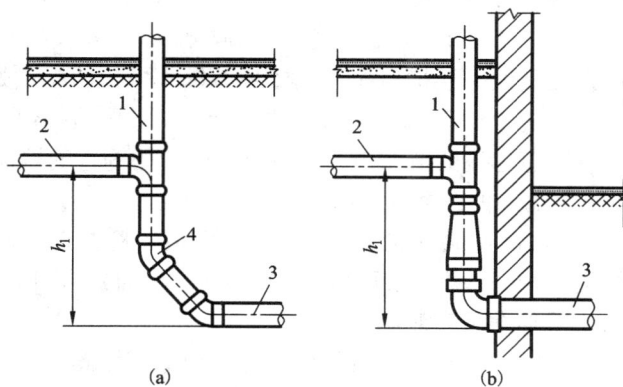

图1-104　最低横支管与立管连接

1—立管；2—最低横支管；3—排出管；4—弯头

当排水支管都不满足上述垂直距离和水平距离时，采用单独排放的形式或采取有效的防压措施。

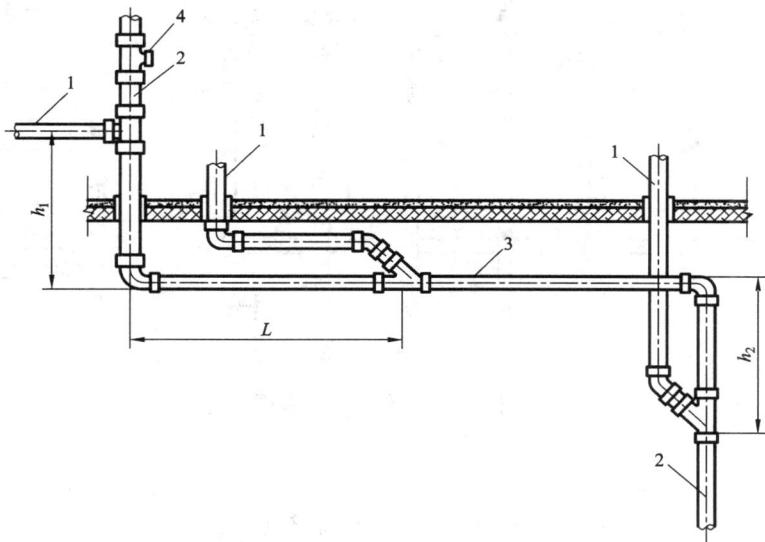

图1-105　排水支管与排水立管、横管连接

4）通气管安装

排水通气管道的安装应满足下列条件：①对于不上人屋顶，通气帽应高出屋面0.3 m，并大于积雪厚度。②对于上人的平屋顶，通气帽应高出屋面2 m，并设置防雷装置。在距通气管出口4 m以内有门窗时，通气帽应高出门窗0.6 m或引向无门窗的位置。③通气立管不得接纳污水、废水和雨水，通气管不得与通风管道或烟道连接。④对于伸顶通气管道的管径可以与排水立管管径一致。

清通设备安装：

（1）检查口布置在立管上，一般每隔一层设置一个检查口，其间距不大于 10 m，但最底层和有卫生器具的最高层必须设置。检查口中心距操作地面一般为 1 m，并应高于该层卫生器具上边缘 150 mm，允许偏差 ±20 mm。为便于检修，检查口向外与墙成 45°。安装的立管，检查口处应设检查门。

（2）清扫口布置在横管上，应与地面平齐。当排水横管在楼板层下悬吊敷设，可将清扫口设在其上一层楼地面上或楼板下排水横管的起点处。

在转角小于 135° 的排水横管上，应设置清扫口。

管道起端的清扫口，其与污水横管相垂直的墙面的距离应 ∢0.15 m，设堵头代替清扫口时，与墙面的距离应 ∢0.4 m。

（3）埋在地下或地板下的排水管道的检查口，应设在检查井中。井底表面标高与检查口的法兰相平，井底表面应有 5% 坡度，坡向检查口。

5）伸缩节安装

考虑适应管道的热胀冷缩之需要，不管图中是否有表示，都应设置波纹伸缩节（当有弯头等自然补偿时可减设）。当层高 ≤4 m 时，立管应每层设一个伸缩节，否则应根据设计伸缩量确定。伸缩节设置应靠近水流汇合的管件，并按情况确定，如图 1-106 所示。

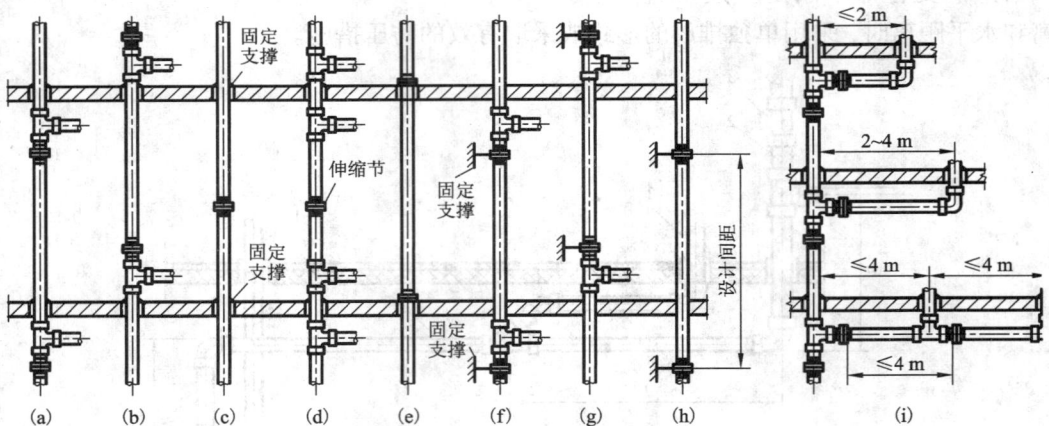

图 1-106 伸缩节安装图

6）阻火圈与防火套管安装

建筑塑料排水管穿室内楼板按 CJJ/T29—1998 第 3.1.3，3.1.4，3.1.5，4.1.14 条要求设置塑料阻火圈或防火套管。具体设置如下：

（1）立管管径大于或等于 110 mm 时，在楼板贯穿部位应设置阻火圈或长度不小于 500 mm 的防火套管。

（2）管径大于或等于 110 mm 的横支管与暗设立管相连时，楼板贯穿部位应设置阻火圈或长度不小于 300 mm 的防火套管，且防火套管的明露部分长度不宜小于 200 mm。

（3）横干管穿越防火分区隔墙时，管道穿越墙体的两侧应设阻火圈和长度不小于 500 mm 的防火套管，且防火套管的明露部分长度不宜小于 200 mm，如图 1-107 所示。

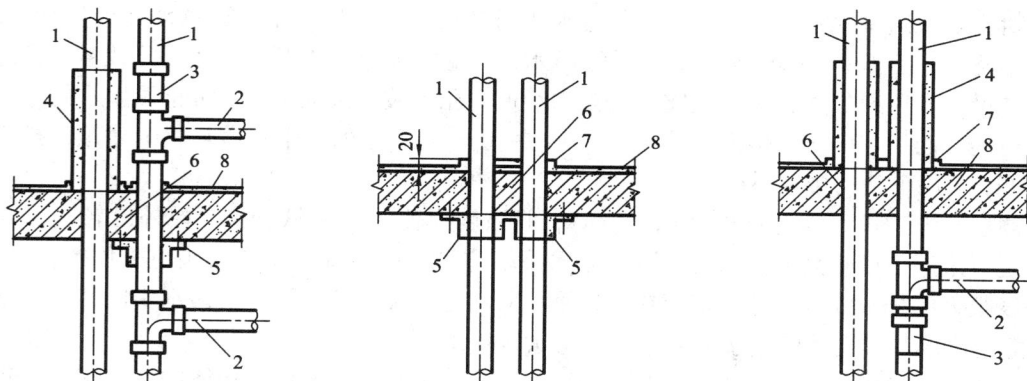

图 1 - 107 立管穿越楼板层阻火圈、防火套管安装

1—立管；2—横支管；3—伸缩节；4—防火套管；5—阻火圈；6—混凝土二次嵌缝；7—阻水圈；8—混凝土楼板

7）室内卫生器具的安装

（1）卫生器具的位置、标高、间距等尺寸，要按施工图纸或《全国通用给水排水标准图集》（90s342）将线放好。

（2）卫生器具的安装尺寸和安装质量必须符合《全国通用给水排水标准图集》（90s342）。安装高度如设计无要求时，应符合有关规定。

（3）连接卫生器具的排水管管径和最小坡度，如设计无要求，应符合有关规定。

器具排水管上须设置水封（存水弯），卫生器具本身有水封可不设（如坐式大便器），以防排水管中有害气体进入室内。

（4）需装设冷水和热水龙头的卫生器具，应将冷水龙头装在右手侧，热水龙头装在左手侧。

（5）安装好的卫生器具要平、稳、准、牢、无渗漏、使用方便、性能良好。

8）管道试验

通水试验：室内排水管道安装完毕后，应对管道的外观质量和安装尺寸进行复核检查，无误后再做通水试验。

检验方法：检查各排水点，系统排水通畅、管道及接口无渗漏为合格。

灌水试验：暗装或埋地的排水管道，在隐蔽前必须做灌水试验，灌水试验合格后方可回填土或进行隐蔽。对生活和生产排水管道系统，管内灌水高度须达一层楼高度（不超过 0.05 MPa）。埋地的排水管道，其灌水高度不低于底层地面高度。高层建筑的排水管道进行灌水试验时，灌水高度不能超过 8 m。雨水内排水管灌水高度必须到每根立管上部的雨水斗。

检验方法：满水 15 min 水面下降后，再灌满延续 5 min，接口不漏不渗，液面不下降为合格。灌水试验同时还应检查管道是否有堵塞现象。

1.6.4 高层建筑排水系统

1. 高层建筑室内排水系统的特点

高层建筑排水立管长、排水量大、立管内气压波动大。排水系统功能的好坏取决于排水管道布置的通气系统是否合理，这是高层建筑排水系统的特点。

对高层建筑排水系统的基本要求是排水通畅和良好的排气。排水通畅即要求设计合理、安装正确、管径要求能排出所接纳的污（废）水量，配件选择恰当及不产生阻塞现象；良好的排气应设置专用通气立管。建筑物底层排水管道内压力波动最大，为了防止发生水封破坏或因管道堵塞而引起的污水倒灌等情况，建筑物一层和地下室的排水管道与整幢建筑的排水系统分开，采用单独的排水系统。

高层建筑的排水管道仍可采用铸铁管，但强度要比一般铸铁管高，国外已较多采用钢管。也可采用强度较高的塑料管，但应考虑采取防噪声等措施。管道接头应采用柔性接口。对高度很大的排水立管应考虑消能措施，通常采用乙字弯管。为了防止污水中固体颗粒的冲击，立管底部与排出管的连接应采用钢制弯头。

高层建筑排水立管长、排水量大，立管内气压波动大。排水系统功能的好坏很大程度取决于排水管道通气系统是否合理。为保证高层建筑排水畅通，当设计排水流量超过排水立管的排水能力时，应采用双立管排水系统和特殊单立管排水系统（苏维托排水系统、旋流排水系统、UPVC 螺旋排水系统等）。

2. 高层建筑排水系统形式

1）双立管排水系统

我国目前各城市的高层建筑多采用设置专用通气管的排水系统。这种系统由于通气立管和排水立管共同安装在一个竖井内，相互联通，通气管专用通气，排水管专用排水，所以又称为双立管排水系统。双立管排水系统有专用通气立管系统、主通气立管和环形通气管系统、副通气立管系统等形式，如图 1−108 所示。

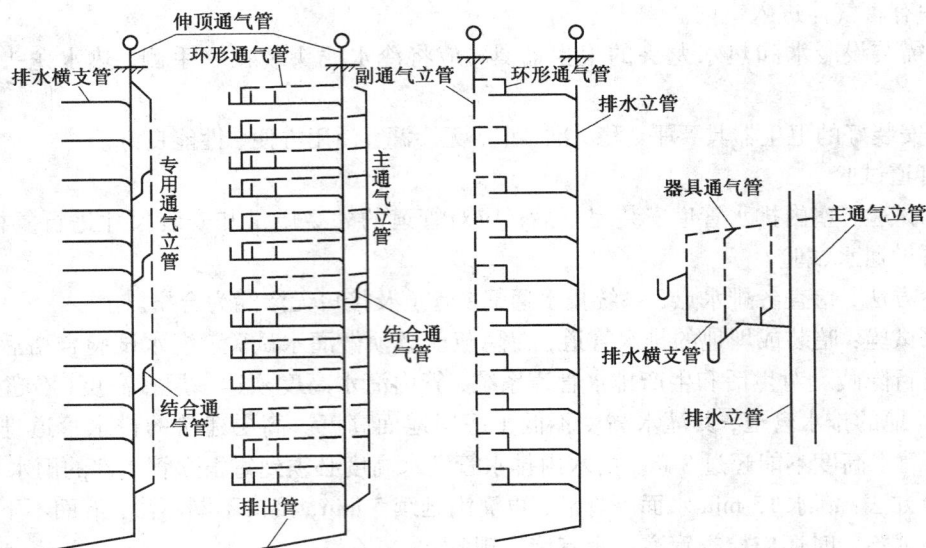

图 1−108　双立管排水系统

专用通气立管的系统中排水立管与专用通气立管每隔两层用连接短管相连接。专用通气管是用来改善排水立管的通水和排气性能，稳定立管的气压，适用于排水横管承接的卫生器具不多的高层民用建筑等。

主通气立管和环形通气管系统可改善排水横管和立管的通水、通气性能，此系统适用于排水横管承接的卫生器具较多的高层建筑，对于使用条件要求较高的建筑和高层公共建筑也可以设置主通气立管和环形通气管系统。对于卫生要求、安静要求较高的建筑物，可在卫生器具与主通气立管之间设置器具通气管。

副通气立管系统指的是仅与环形通气管连接，为使排水横支管空气流通而设置的通气管道。

2）特殊单立管排水系统

双立管排水系统排水性能虽好，但占地面积大，造价高，管道安装复杂。如果能省去通气立管和通气支管，则对建筑的排水系统具有较高的经济效益。国外一些国家高层建筑采用具有特制配件的单立管排水系统，这种系统可以省去主通气立管，安装施工方便，节省室内面积，管材用量少，但特殊配件用量多、价格高，排水效果不如双立管排水效果好。常用排水形式有苏维托单立管排水系统、旋流式排水系统、高奇马排水系统等。

（1）苏维托单立管排水系统

苏维托单立管排水系统是于1961年瑞士学者苏玛研制的，它是在各层排水横支管与立管的连接中采用气水混合接头配件，在排水立管基部设置气体分离接头配件，从而取消通气立管。

苏维托排水系统中的混合器是长约80 cm的连接配件，由上流入口、乙字弯、隔板、隔板上小孔、横支管流入口、混合室和排出口等组成，装设在立管与每层楼横支管的连接处。横支管接入口有三个方向；混合器内部有三个特殊构造乙字弯、隔板和隔板上部约1 cm高的孔隙，当横支管排水进入混合器时，形成气水两相流动，减小了立管中的流速，避免了水塞流的形成。

苏维托排水系统中的跑气器是由流入口、顶部通气口、有凸块的空气分离器、跑气器及底部排出口组成的一种配件，通常装设在立管底部。跑气器的作用是：沿立管流下的气水混合物遇到内部的凸块溅散，从而把气体（70%）从污水中分离出来，由此减少了污水的体积，降低了流速，并使立管和横干管的泄流能力平衡，气流不致在转弯处被阻塞；另外，将释放出的气体用一根跑气管引到干管的下游（或返向上接至立管中去），这就达到了防止立管底部产生过大反（正）压力的目的。

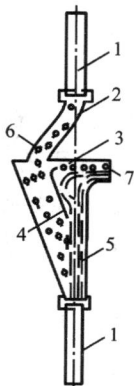

图 1-109　气水混合器
1—立管；2—乙字弯；3—空隙；4—隔板；
5—混合室；6—气水混合物；7—空气

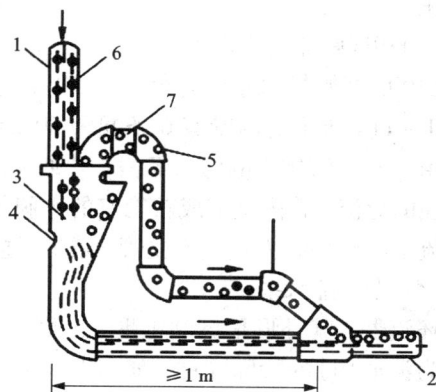

图 1-110　气水分离器
1—立管；2—横管；3—空气分离器；4—凸块；
5—跑气器；6—气水混合物；7—空气

（2）旋流排水系统

旋流排水系统也称为"塞克斯蒂阿"系统，是法国建筑科学技术中心于1967年提出的一项新技术，后来广泛应用于10层以上的居住建筑。这种系统是由各个排水横支管与排水立管连接起来的"旋流排水配件"和装设于立管底部的"导流弯头"所组成的。

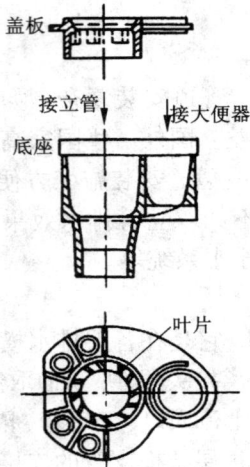

图 1 - 111　旋流接头

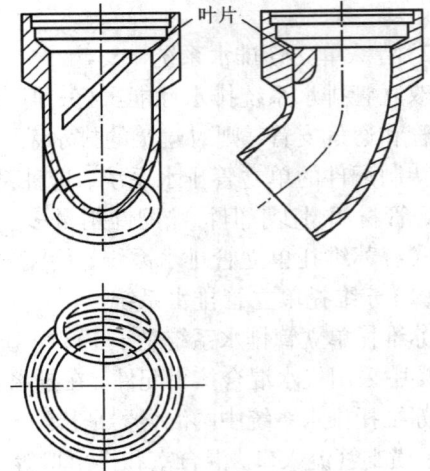

图 1 - 112　导流弯头

旋流连接配件的构造由底座及盖板组成，盖板上设有固定的导旋叶片，底座支管和立管接口处沿立管切线方向有导流板。横支管污水通过导流板沿立管断面的切线方向以旋流状态进入立管，立管污水每流过下一层旋流接头时，经导旋叶片导流，增加旋流，污水受离心力作用贴附管内壁流至立管底部，立管中心气流通畅，气压稳定。

导流弯头是在立管底部的装有特殊叶片的45°弯头。该特殊叶片能迫使下落水流溅向弯头后方流下，这样就避免了出户管（横干管）中发生水跃而封闭立管中的气流，以致造成过大的正压。

（3）UPVC 螺旋排水系统

UPVC 螺旋排水系统是韩国在20世纪90年代开发研制的，由图1 - 113所示的偏心三通和图1 - 114所示的内壁有6条间距50 mm呈三角形突起的导流螺旋线的管道所组成。

由排水横管排出的污水经偏心三通从圆周切线方向进入立管，旋流下落，经立管中的导流螺旋线的导流，管内壁形成较稳定的水膜旋流，立管中心气流通畅，气压稳定。同时由于横支管水流由圆周切线方式流入立管，减少了撞击，从而有效克服了排水塑料管噪声大的缺点。

（4）芯形排水系统

环流器：其外形呈倒圆锥形，平面上有2~4个可接入横支管接入口（不接入横支管时也可作为清通用）的特殊配件，如图1 - 115所示。

立管向下延伸一段内管，插入内部的内管起隔板作用，防止横支管出水形成水舌，立管污水经环流器进入倒锥体后形成扩散，气水混合成水沫，比重减轻、下落速度减缓，立管中心气流通畅，气压稳定。

角笛弯头：外形似犀牛角，大口径承接立管，小口径连接横干管，如图1 - 116所示。

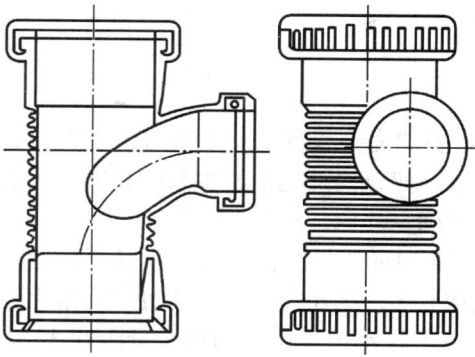

图 1 - 113 偏心三通

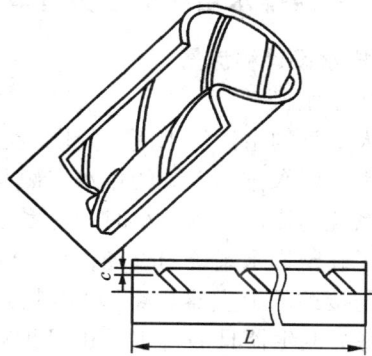

图 1 - 114 有螺旋线导流突起的 UPVC 管

由于大口径以下有足够的空间,既可对立管下落水流起减速作用,又可将污水中所携带的空气集聚、释放。又由于角笛弯头的小口径方向与横干管断面上部也连通,可减小管中正压强度。这种配件的曲率半径较大,水流能量损失比普通配件小,从而增加了横干管的排水能力。

除了上述几种排水系统外,还有高奇马排水系统、芯型排水系统等,双立管排水系统具有运行可靠、性能好、应用广泛,但系统复杂、管材耗量大、占用空间大、造价高等特点,特殊单立管系统具有结构简单、施工方便、造价低等优点,可根据实际情况采用。

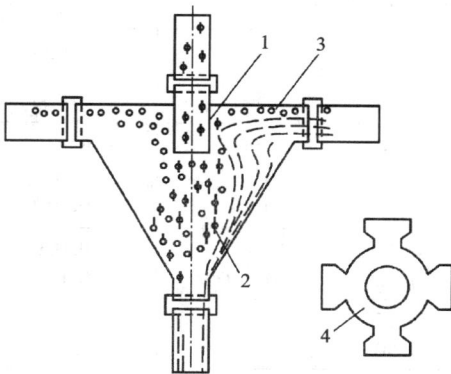

图 1 - 115 环流器

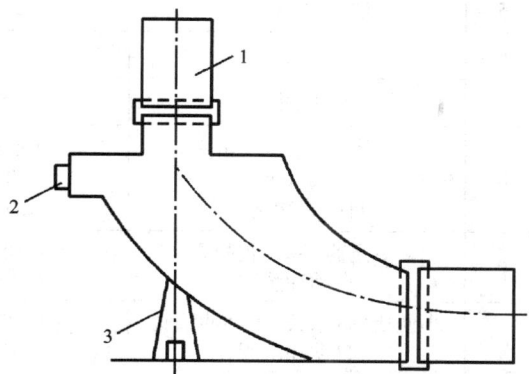

图 1 - 116 角笛弯头

3. 高层建筑给排水管道的安装

高层建筑给排水管道一般常敷设在管道竖井内,每层分出横支管供卫生器具用水和排水。横干管一般敷设在技术转换层或吊顶内。管道竖井内的各种立管应合理布置,一般先布置安装排水管、雨水管和管径较大的给水管,再安装其他管道。立管安装应按自下而上的顺序安装,每次必须安装管道支架将管道固定牢。

高层建筑技术层内安装有各种管道和水箱、水泵、风机和水加热器等设备。在布置安装时应综合考虑、合理布置。

1.6.5 室内排水系统的水力计算简介

1. 排水设计秒流量

1）排水定额

每人每日的生活污水量与气候、建筑物内卫生设备的完善程度以及生活习惯有关。建筑物内部生活污水排出系统的排水定额及小时变化系数与建筑内部生活给水系统相同。工业废水排出系统的排水定额及小时变化系数应按工艺要求确定。

为了确定排水系统的管径，首先应计算出通过各管段的流量。排水管段中某个管段的设计流量与接纳的卫生器具类型、数量及同时使用数量有关。为了计算上的方便，与给水系统一样，每个卫生器具的排水量也可折算成当量。与一个排水当量相当的排水量为 0.33 L/s，为一个给水当量的 1.65 倍。这是因为卫生器具排放的污水具有突然、迅猛、流率较大的缘故。各种卫生器具的排水流量、当量和排水管的管径、最小坡度见表 1-18。

表 1-18 卫生器具的排水流量、当量和排水管的管径、最小坡度

序号	卫生器具名称	排水流量/(L·s⁻¹)	当量	排水管径/mm	管道最小坡度
1	污水盆（池）	0.33	1.0	50	0.025
2	单格洗涤盆（池）	0.67	2.0	50	0.025
3	双格洗涤盆（池）	1.00	3.0	50	0.025
4	洗手盆、洗脸盆（无塞）	0.10	0.3	32～50	0.020
5	洗脸盆（有塞）	0.25	0.75	32～50	0.020
6	浴盆	0.67	2.0	50	0.020
7	淋浴器	0.15	0.45	50	0.020
8	大便器、高水箱 低水箱 自闭式冲洗阀	1.50 2.00 1.50	4.50 6.00 4.50	100 100 100	0.012 0.012 0.012
9	小便器 手动冲洗阀 自动冲洗阀	0.05 0.17	0.15 0.50	40～50 40～50	0.020 0.020
10	小便槽（每米长）手动冲洗阀 自动冲洗阀	0.05 0.17	0.15 0.50		
11	卫生盆	0.10	0.30	40～50	0.020
12	饮水器	0.05	0.15	25～50	0.010～0.020
13	化验盆（无塞）	0.20	0.60	40～50	0.025
14	家用洗衣机	0.50	1.50	50	

2）设计秒流量的计算

目前国内使用的排水设计秒流量计算公式基本上有两种形式。

（1）适用于工业企业生活间、公共浴室、洗衣房、公共食堂、实验室、影剧院、体育场等建筑的计算公式为

$$q_u = \sum \frac{q_0 n b}{100} \tag{1-10}$$

式中：q_u 为计算管段的排水设计秒流量，L/s；q_0 为计算管段上同类型的一个卫生器具排水量，L/s；n 为该计算管段上同类型卫生器具数；b 为卫生器具的同时排水百分数，同给水系统。大便器的同时排水百分数应按12%计算。

当计算出的排水流量小于一个大便器排水流量时，应按一个大便器的排水流量计。

（2）适用于居住建筑及公共建筑的计算公式如下：

$$q_u = 0.12a \sqrt{N_u} + q_{max} \tag{1-11}$$

式中：q_u 为计算管段的排水设计秒流量，L/s；N_u 为计算管段的排水当量总数；a 为根据建筑物用途而定的系数，按表1-19选取；q_{max} 为计算管段上排水量最大的一个卫生器具的排水流量，L/s。

如计算所得流量值大于该管段上各卫生器具排水流量累加值时，应按卫生器具排水流量累加值计。

表 1-19　根据建筑物用途而定的系数 a

建筑物名称	幼儿园托儿所	门诊楼诊疗所	办公楼商场	学校	医院、疗养院休养所	住　宅	集体宿舍旅馆
a 值	1.2	1.4	1.5	1.8	2.0~2.5	2.0~2.5	2.0~2.5

2. 排水管路的水力计算

管道水力计算的目的是在排出所负担的污水流量的情况下，确定所需要的管径和管道坡度，并确定是否需要设置专用或其他通气系统，以利排水管道系统的正常运行。

1）按经验确定排水管管径和横支管坡度

为避免排水管道经常淤积、堵塞和便于清通，根据工程实践经验，对排水管道管径的最小限值作了规定，称为排水管道的最小管径。各类排水管道的最小管径见表1-20。当排水管段连接的卫生器具较少时，可不经计算以排水管的最小管径作为设计管径，横支管的坡度宜采用表1-18中的通用坡度。

表 1-20　排水管道的最小管径

序号	管　道　名　称	最小管径/mm
1	单个饮水器排水管	25
2	单个洗脸盆、浴盆、净身器等排泄较洁净废水的卫生器具排水管	40
3	医院污物的洗涤盆、污水盆排水管	75
4	小便槽或连接3个或3个以上小便器的排水管	75
5	多层住宅厨房间立管	75
6	公共食堂厨房污水干（支）管	100(75)
7	连接大便器的排水管	100
8	大便槽排水管	150

注：除表中1、2项外，室内其他排水管管径不得小于50 mm。

2）按排水立管的最大排水能力确定立管管径

排水管道通过设计流量时，其压力波动不应超过规定控制值±25 mmH$_2$O，以防水封破坏。使排水管道的压力波动保持在允许范围内的最大排水量，即是排水管的最大排水能力。采用不同通气方式的生活排水立管最大排水能力分别见表1－21和表1－22。

表1－21　通气的生活排水立管最大排水能力

生活排水立管管径/mm	排水能力/(L·s^{-1})	
	无专用通气立管	有专用通气立管或主通气立管
50	1.0	
75	2.5	5
100	4.5	9
125	7.0	14
150	10.0	25

表1－22　不通气的排水立管的最大排水能力

工作立管高度 /m	排水能力/(L·s^{-1})			
	立管管径/mm			
	50	75	100	125
≤2	1.0	1.70	3.8	5.0
3	0.64	1.35	2.40	3.4
4	0.50	0.92	1.76	2.7
5	0.40	0.70	1.36	1.9
6	0.40	0.50	1.00	1.5
7	0.40	0.50	0.70	1.2
≥8	0.40	0.50	0.64	1.0

3）排水横管的管径和坡度的水力计算

当排水横管接入的卫生器具较多，排水负荷较大时，应通过水力计算确定管径、坡度。排水管道内为非满流，管中存在自由表面，属于重力流，应用下面的谢才公式计算。

$$v = \frac{1}{n}R^{2/3}i^{1/2} \qquad (1-12)$$

$$q = vA \qquad (1-13)$$

式中：v为断面平均流速，m/s；R为水力半径，m；i为水力坡度，采用排水管的坡度；n为管道壁面的粗糙系数，塑料管为0.009，钢管为0.012，陶土管、铸铁管为0.013；混凝土管、钢筋混凝土管为0.013～0.014；q为计算管段的设计秒流量，m^3/s；A为过流断面积，m^2。

为了保证排水系统在最佳水力条件下工作，在确定管径和管道坡度时，必须对直接影响水流工况的主要因素——管道充满度、流速、坡度进行控制。

（1）管道充满度

管道充满度是排水横管内水深与管径的比值。重力流的管道上部需保持一定空间，目的是：使污(废)水中的臭气和有害气体能通过通气管自由排出；调节排水系统的压力波动，防止水封被破坏；用来容纳未预见的高峰流量。排水管道的设计充满度，按表1-23确定。

表1-23 排水管道最大设计充满度

排水管道名称	管径/mm	最大计算充满度
生活排水管道	<150	0.5
	150~200	0.6
生产污水管道	50~75	0.6
	100~150	0.7
	≥200	0.8
生产废水管道	50~75	0.6
	100~150	0.7
	≥200	1.0

注：排水沟最大计算充满度为计算断面深度的0.8倍。

（2）管内流速

为使污(废)水中的杂质不致沉淀在管底，并使水流有冲刷管壁污物的能力，管中的流速不得小于表1-24中的最小流速，也称为自净流速。

表1-24 各种排水管道的自净流速

管渠类别	生活排水管道			明渠（沟）	雨水管道及合流制排水管道
	$D<150$	$D=150$	$D=200$		
自净流速/($m·s^{-1}$)	0.60	0.65	0.7	0.40	0.75

为防止管壁因污水流动的摩擦及水流冲击而损坏，不同材质排水管道的最大流速应符合表1-25的规定。

表1-25 排水管道最大允许流速值

管道材料	生活污水/($m·s^{-1}$)	含有杂质的工业废水、雨水/($m·s^{-1}$)
金属管	7.0	10.0
陶土及陶瓷管	5.0	7.0
混凝土管、钢筋混凝土管、石棉水泥管及塑料管	4.0	7.0

（3）管道坡度

为满足管道充满度及流速的要求，排水管道应有一定的坡度。工业废水管道和生活排水管道的通用坡度和最小坡度，应按表1-26确定。生活排水管道宜采用通用坡度。管道的最大坡度不得大于0.15，但长度小于1.5 m的管段可不受此限制。

表 1 – 26　排水管道的通用坡度和最小坡度

管径/mm	工业废水管道（最小坡度）		生活排水管道	
	生产废水	生产污水	通用坡度	最小坡度
50	0.020	0.030	0.035	0.025
75	0.015	0.020	0.025	0.015
100	0.008	0.012	0.020	0.012
125	0.006	0.010	0.015	0.010
150	0.005	0.006	0.010	0.007
200	0.004	0.004	0.008	0.005
250	0.0035	0.0035		
300	0.003	0.003		

1.6.6　雨水排放系统

降落在建筑物屋面的雨水和融化的雪水，必须妥善地予以排出，以免造成屋面积水、漏水，影响生活和生产。屋面雨水的排出方式，可分为外排水和内排水两种。根据建筑物的结构形式、气候条件及生产使用要求，在技术经济合理的情况下，屋面雨水应尽量使用外排水。

1. 外排水系统

1）檐沟外排水

这种方式也称普通外排水或水落管外排水。适用于一般居住建筑、屋面面积较小的公共建筑以及小型单跨工业厂房。雨水的排出多采用屋面檐沟汇集，然后流入有一定间距并沿外墙设置的水落管排泄至室外地面或地下雨水沟，如图 1 – 117 所示。

檐沟在民用建筑中多采用铝皮制作，也可采用预制混凝土构件制作。水落管可采用镀锌薄钢板（白铁皮）制作，也可直接用 UPVC 管制作，管径多为 75 ~ 100 mm。水落管的间距应根据降雨量及管道的通水能力所确定的一根水落管应服务的屋面面积而定。按经验，水落管间距：民用建筑为 8 ~ 16 m，工业建筑为 18 ~ 24 m。

2）天沟外排水

天沟外排水是利用屋面构造上的长天沟本身的容量

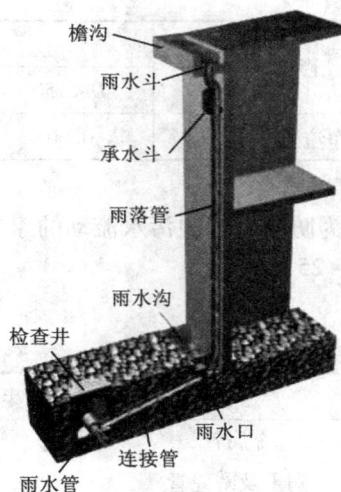

图 1 – 117　檐沟外排水

和坡度，使雨水向建筑物两端或两边（山墙、女儿墙）泄放，并由雨水斗收集经墙外立管排至室外地面、明沟或通过排出管、检查井流入雨水管道。由于天沟外排水在室内没有管道、检查井，能消除厂房内检查井冒水的现象，可节约投资，节省金属材料，施工简便，合理利用厂房空间。

天沟排水应以伸缩缝或沉降缝为分水线，如图 1 – 118 所示。天沟流水长度一般以 40 ~ 50 m 为宜，过长使天沟的起终点高差过大，超过天沟限值。

天沟断面的大小应根据屋面的汇水面积和降雨强度，按均匀流通过的水力计算确定。一般天沟断面尺寸宽为 500～1000 mm，水深为 100～300 mm，且有 200 mm 以上的超高。天沟的坡度不宜小于 0.003，并伸出墙 0.4 m。天沟在山墙或女儿墙处应设溢流口，以便泄掉超设计的屋面雨水。

天沟外排水多用于屋顶面积较大的公共建筑、多跨工业建筑。

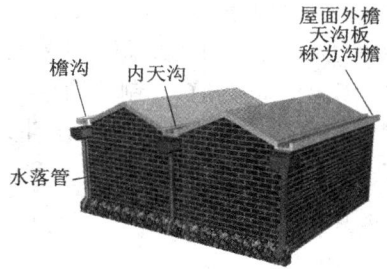

图 1-118 天沟外排水

2. 内排水系统

建筑屋顶面积较大的公共建筑和多跨的工业厂房，当采用外排水有困难时，可采用内排水系统；此外，对于高层大面积平屋顶民用建筑以及对建筑立面处理要求较高的建筑物，也宜采用雨水的内排水形式。

1）内排水系统的组成

雨水内排水系统是由雨水斗、连接短管、悬吊管、立管、排出管、埋地管组成。如图 1-119 所示。

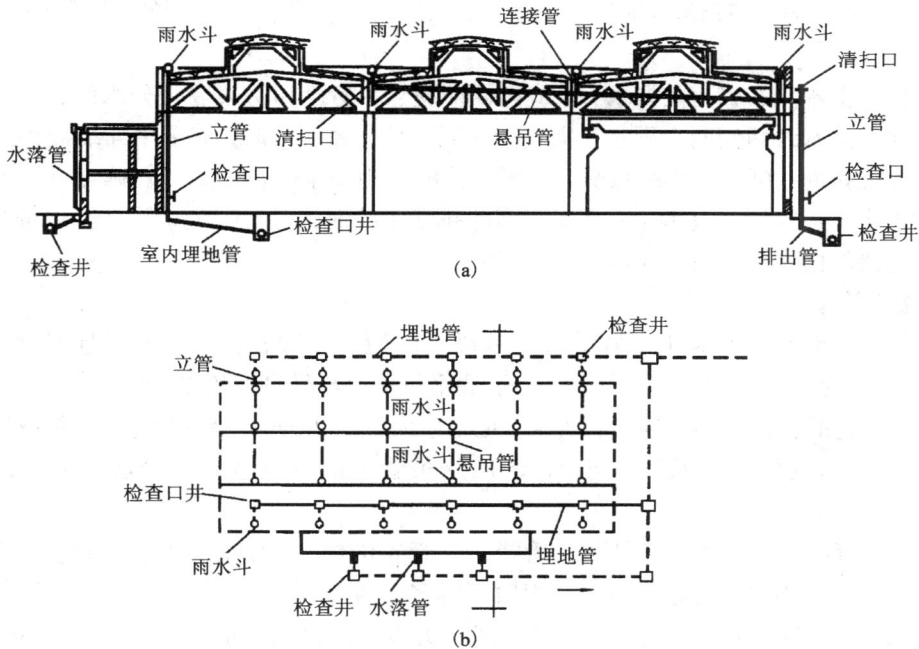

图 1-119 内排水系统
(a)剖面图；(b)平面图

连接短管、悬吊管、立管和排出管统称架空系统。这样，也可以说雨水内排系统是由雨水斗、架空系统和埋地管组成。架空系统内是压力流，埋地管内是重力流。

（1）雨水斗

雨水斗是一种专用设置，装在屋面雨水由天沟进入雨水管道的入口处。其作用是收集和排出屋面的雨雪水。对雨水斗的要求是：①在保证拦阻粗大杂物的前提下泄水面积最大，且导流通畅，水流平稳，阻力小；②不使其内部与空气相通，即减少掺气；③构造高度要小（一般以 5～8 cm 为宜），制造简单。

按照上述要求设计的雨水斗，有 65 型、79 型和 87 型。65 型雨水斗为铸铁浇铸，规格只有一种，为 100 mm，见图 1－120。79 型雨水斗为钢板焊制，规格为 75、100、150、200 mm 四种。雨水斗的安装见图 1－121。在阳台、花台和供人们活动的屋面处可用平算式雨水斗。

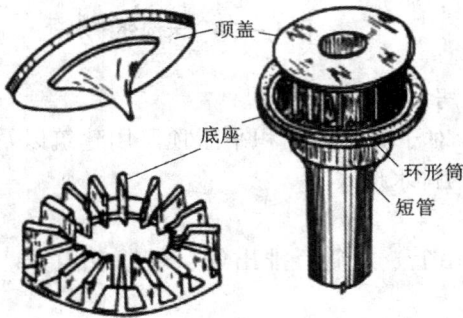

图 1－120　65 型雨水斗

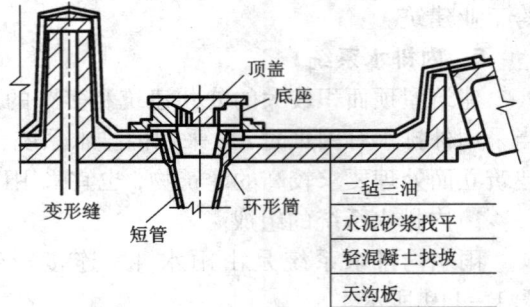

图 1－121　雨水斗的安装

对内排水雨水斗布置上的要求：①应以伸缩缝、沉陷缝和防火墙为分水线，各自自成排水系统。如果分水线两侧两个雨水斗需连接在同一架空系统上时，应采用伸缩接头。防火墙两侧雨水斗连接时，可不用伸缩接头；②雨水斗的间距和个数由水力计算确定。接入同一架空系统的雨水斗应在同一高程上；③采用多斗排水系统时，雨水斗对立管宜对称布置。一根悬吊管上连接的雨水斗不得多于四个。

（2）架空管道系统

连接管：它是连接雨水斗和悬吊管的一段竖向短管。管径同雨水斗，且不宜小于 100 mm。连接管固定在建筑物的承重结构上，下端用斜三通与悬吊管相连。

悬吊管：它的管径不小于连接管管径，也不应大于 300 mm。沿屋架悬吊，其坡度不小于 0.005。在悬吊管的端头和长度大于 15 m 的悬吊管上应设检查口或带法兰的三通，以便清通。

立管：立管的管径不得小于悬吊管管径。立管宜沿墙、柱安装，以便固定。在距地面 1 m 处设检查口。一根立管连接的悬吊管根数不得多于两根。

排出管：排出管是立管和检查井间的一段较大坡度的横向管道，其管径不得小于立管管径。排出管与下游埋地管在检查井中宜采用管顶平接，水流转角不得小于 135°。

架空系统各管的管径是根据降雨强度（5 min 的降雨深度）和最大允许汇水面积确定的。

（3）埋地管

埋地管设在室内或室外地下，承接立管的雨水，并将其排至室外雨水管道。埋地管内为重力流。其管径按生产废水的最大设计充满度（表 1－23）、生产废水的最小坡度（表 1－26）及埋地管的最大允许汇水面积确定。最小管径为 200 mm，最大不超过 600 mm。管径小于 300 mm 时采用混凝土管或陶土管，管径等于或大于 400 mm 时采用钢筋混凝土管。

复习思考题

1. 屋面雨水排水有哪几种方式？每种排水方式由哪几部分组成？各有何特点？
2. 雨水排水系统管道安装有什么要求？
3. 室内排水系统分哪几类？由哪几部分组成？
4. 排水系统为什么要设置存水弯？有哪几种？
5. 室内排水系统可选用哪些管材？如何连接？
6. 室内卫生器具分哪几种？举例说出常用的几种卫生器具。
7. 室内卫生器具布置和安装有哪些要求？
8. 简述室内排水管道布置和敷设的要求。

1.7 其他给水排水工程

1.7.1 建筑中水

中水这一概念来自日本，是指水质介于给水（上水）和排水（下水）之间的水。中水属于城市再生水。

1. 建筑中水的意义

随着人口增加和工业发展，淡水用水量日益增长，由于水资源有限，再加上水体的污染，世界性的缺水现象日益严重。我国淡水资源总量名列世界前茅（第6位），但人均拥有量仅列世界110位左右。

全国660多个城市中有400多个城市长期缺水，110多个城市严重缺水，如天津、北京、西安、太原、大连、青岛、深圳等城市尤为突出。

2009年中国总用水量达5500亿立方米，有79个城市缺水，超过2300万人口、2000多万农村人口饮水困难、1300万头牲畜发生临时性饮水困难。

因此，国家颁布了《环境保护法》《水法》等法规以合理利用和保护水源，并大力推广和开发节水技术——海水淡化、循环用水、废水回用等等。

从20世纪60年代开始，日本、美国、德国、苏联、英国、南非、以色列等国相继实施了中水工程。

我国从20世纪80年代起，节水的意识普遍增强，节水技术日益被人们重视，随之制定了《建筑中水设计规范》（GB 50336—2002）、《城市污水再生水利用 城市杂用水水质》（GB/T 18920—2002）和《城市污水再生利用 景观环境用水水质》（GB/T 18921—2002）相关政策规范，2006年4月建设部发布了《城市污水再生利用技术政策》。

我国是一个水资源匮乏的国家，日益严重的水资源短缺不但严重困扰着国计民生，而且成为制约我国社会经济发展的重要因素。加强水资源联合调度，供水、排水、节水、治水、中水回用统筹运作，开源节流，大力推广城市污水处理厂出水回用，使污水资源化利用是解决我国水资源短缺的有效办法。城市污水净化后的再生水可以有多种途径利用，主要概括为以下几种：①工业生产的冷却用水、工艺用水、锅炉用水、其他工业用水；②农业灌溉用水；

③冲厕、洗车、清扫等生活杂用水;④地下回注用水;⑤市政浇洒、消防、景观河道用水。

中水是城市的第二水源。城市污水再生利用是提高水资源综合利用率,减轻水体污染的有效途径之一。再生水合理回用既能减少水环境污染,又可以缓解水资源紧缺的矛盾,是贯彻可持续发展的重要措施。污水的再生利用和资源化具有可观的社会效益、环境效益和经济效益,已经成为世界各国解决水问题的必选。据有关资料统计,城市供水的80%转化为污水,经收集处理后,其中70%的再生水可以再次循环使用。这意味着通过污水回用,可以在现有供水量不变的情况下,使城市的可用水量至少增加50%以上。世界各国无不重视再生水利用,再生水作为一种合法的替代水源,正在得到越来越广泛的利用,并成为城市水资源的重要组成部分。

2. 建筑中水系统的组成

中水系统是一个系统工程,是给水工程技术、排水工程技术、水处理工程技术和建筑环境工程技术的有机综合,而得以实现各部分的使用功能、节水功能及建筑环境功能的统一。

建筑中水系统是指单幢或几幢相邻建筑所形成的中水系统,如图 1-122 所示。

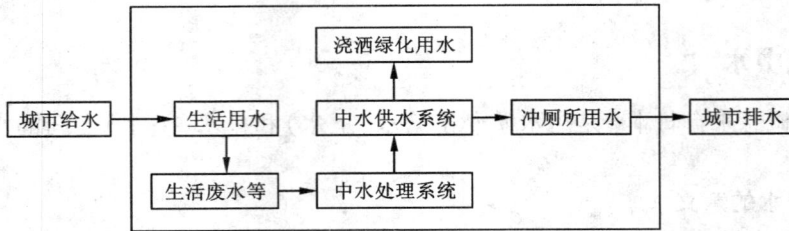

图 1-122　建筑中水系统

视其情况不同又可再分为两种形式:

(1)具有完善排水设施的建筑中水系统。这种形式的中水系统是指建筑物排水管系为分流制,且具有城市二级处理设施。

中水的水源为本系统内的优质杂排水和杂排水(不含粪便污水),这种杂排水经集流处理后,仍供应本建筑内冲洗厕所、绿化、扫除、洗车、水景、空调冷却等用水。

(2)排水设施不完善的建筑中水系统。

这种形式的中水系统是指建筑物排水管系为合流制,且没有二级水处理设施或距二级水处理设施较远。中水水源取自该建筑的排水净化池。

1)建筑中水系统的组成

(1)中水原水系统

该系统指的是收集、输送中水原水至中水处理设施的管道系统和一些附属构筑物。

建筑内排水系统有污废水分流制与合流制之分,中水的原水一般采用分流制方式中的杂排水和优质杂排水。

(2)中水处理设施

中水处理一般将处理过程分为前处理、主要处理和后处理三个阶段。

前处理阶段:此阶段主要是截留较大的漂浮物、悬浮物和杂物,分离油脂、调整 pH 值等,其处理设施为格栅、滤网、除油池、化粪池等。

主要处理阶段:此阶段主要是去除水中的有机物、无机物等。其主要处理设施有沉淀

100

池、混凝池、气浮池、生物接触氧化池、生物转盘等。

后处理阶段：此阶段主要是针对某些中水水质要求高于杂用水时，所进行的深度处理，如过滤、活性炭吸附和消毒等。其主要处理设施有过滤池、吸附池、消毒设施等。

（3）中水管道系统

中水管道系统分为中水原水集水和中水供水两大部分。

中水原水集水管道系统主要是建筑排水管道系统和必须将原水送至中水处理设施的管道系统。

中水供水管道系统应单独设置，是将中水处理站处理后的水输送至各杂用水用水点的管网。

中水供水系统的管网系统类型、供水方式、系统组成、管道敷设和水力计算与给水系统基本相同，只是在供水范围、水质、使用等方面有些限定和特殊要求。

（4）中水系统中调节、贮水设施

在中水原水管网系统中，除设置排水检查井和必要的跌水井外，还应设置控制流量的设施，如分流闸、调节池、溢流井等，当中水系统中的处理设施发生故障或集流量发生变化时，需要调节、控制流量，将分流或溢流的水量排至排水管网。

在中水供水系统中，除管网系统外，根据供水系统的具体情况，还有可能设置中水贮水池、中水加压泵站、中水气压给水设备、中水高位水箱等设施。

中水处理站位置：建筑物内的中水处理站宜设在建筑物的最底层；处理构筑物宜为地下式或封闭式。

应有采暖、通风、换气、照明、给水排水设施；中水处理中产生的臭气应采取有效的除臭措施；应具备污泥、渣等的存放和外运条件。

2）建筑物中水水源

（1）中水水源的选定：根据排水的水质、水量、排水状况和中水回用的水质、水量选定。

（2）选择的种类和选取的顺序：洗浴排水→盥洗排水→冷却排水→游泳池排水→冷凝水→洗衣排水→厨房排水→冲厕排水。

作用中水水源通常组合形式：①优质杂排水：冷却、沐浴、盥洗和洗衣水；②杂排水：优质杂排水 + 厨房排水；③生活排水：含杂排水 + 厕所排水。

注意：①综合医院污水作为水源时必须经过消毒处理，产出的中水仅可以用于独立的不与人直接接触的系统；②传染病医院、结核病医院污水和放射性废水，不得作为中水水源；③建筑屋面雨水可作为中水水源或其补充。

3. 中水的处理工艺

为了去除污水中的有害污染物质，使其水质符合使用要求，必须对污水进行处理，处理方法一般分为物化处理工艺和生物处理工艺两大类。

物化处理工艺包括物理方法和化学方法。利用物理作用分离污水中呈悬浮固体状态的污染物质为物理方法；利用化学反应的作用去除污水中处于各种形态的污染物质为化学方法。

生物处理工艺利用微生物的代谢作用，使污水中呈溶解、胶体状态的有机污染物质转化为稳定的无害物质。其主要方法又分为好氧法和厌氧法，在中水处理中采用好氧法较多，好氧法又可分为活性污泥法和生物膜法两类。

在各种处理工艺的前面都设有预处理单元，预处理单元可以有效地保护后续处理设备的安全，而消毒处理工艺作为水质安全保障的最后环节也是必不可少的处理单元。

由于原水种类不同，其含有的污染物种类和浓度亦不同；中水用途不同，其水质要求也不同。应根据原水种类和出水水质要求选择处理工艺。

1）以优质杂排水为原水的中水工艺流程

优质杂排水是中水系统原水的首选水源，根据这一原则，国内早期大部分中水工程，均以洗浴、盥洗等优质杂排水为中水水源。近期各地方政府制定了有关冷却水使用的法规及技术规范，目前实际工程中多将冷却系统及游泳池的排污水引入中水系统，以解决某些项目原水不足的问题。由于优质杂排水来源分散，以其为水源的中水工程往往规模较小，中水的回用一般为就近在本建筑物内或本单位内用于冲厕、洗车、绿化等。

以优质杂排水为原水的中水工程采用物化处理流程和生物－物化组合流程两类工艺。所采用的物化处理工艺主要为混凝沉淀、混凝气浮、活性炭吸附、臭氧氧化、过滤分离等工艺，近年来膜分离工艺开始得到应用。生物处理工艺早期主要为生物转盘或生物接触氧化，近期曝气生物滤池、生物活性炭、膜式生物反应器等新工艺受到重视，并在实际工程中得到广泛应用。由于设备或操作等问题，物化处理流程效果不够稳定，已较少单独使用，近期多采用生物－物化组合流程。

（1）物化处理工艺

物化处理工艺主要有以下几种代表流程：

以混凝沉淀为主的工艺流程

```
                          ↓混凝剂
原水 → 格栅 → 调节池 → 混凝沉淀 → 过滤 → 活性炭 → 消毒 → 中水
```

以混凝气浮为主的工艺流程

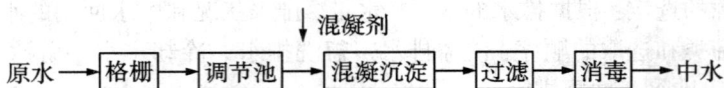

```
                          ↓混凝剂
原水 → 格栅 → 调节池 → 混凝沉淀 → 过滤 → 消毒 → 中水
```

以微絮凝过滤－（生物）活性炭为主的工艺流程

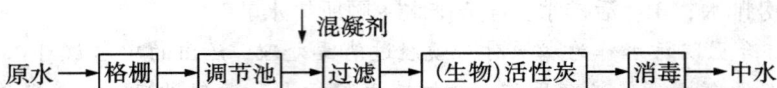

```
                          ↓混凝剂
原水 → 格栅 → 调节池 → 过滤 → （生物）活性炭 → 消毒 → 中水
```

以混凝过滤－臭氧为主的工艺流程

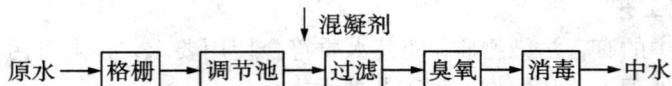

```
                          ↓混凝剂
原水 → 格栅 → 调节池 → 过滤 → 臭氧 → 消毒 → 中水
```

以混凝过滤－膜分离为主的工艺流程

```
                    ↓混凝剂
原水 → 格栅 → 调节池 → 絮凝沉淀过滤（或微絮凝过滤）→ 精密过滤 → 膜分离 → 消毒 → 中水
```

（2）生物－物化组合工艺

生物—物化组合工艺主要有以下几种代表流程：

102

以生物接触氧化为主的工艺流程

原水 → 格栅 → 调节池 → 生物接触氧化 → 沉淀 → 过滤 → 消毒 → 中水

以曝气生物滤池为主的工艺流程

原水 → 格栅 → 调节池 → 曝气生物滤池 → 消毒 → 中水

以膜式生物反应器为主的工艺流程

原水 → 格栅 → 调节池 → 膜式生物反应器 → 消毒 → 中水

2）以生活污水为原水的中水工艺流程

随着水资源紧缺矛盾和环境污染的加剧，开辟新的可利用水源及对水源地保护的呼声越来越高，就近收集、处理生活污水的中水工程应运而生。以生活污水为原水的中水工程一般均采用以多级生物处理为主或与物化处理结合的工艺流程，由于其进水有机物浓度较高，部分中水工程以厌氧处理作为前置工艺单元强化生物处理。其代表性工艺流程如下：

以多级生物接触氧化为主的工艺流程

原水 → 格栅 → 调节池 → 多级生物接触氧化 →（混凝剂）沉淀 → 过滤 → 消毒 → 中水

以水解－生物接触氧化为主的工艺流程

原水 → 格栅 → 水解池 → 多级生物接触氧化 →（混凝剂）沉淀 → 过滤 → 消毒 → 中水

以厌氧－人工湿地为主的工艺流程

原水 → 水解池或化粪池 → 人工湿地 → 消毒 → 中水

需要特别说明的是，以生活污水为原水的中水回用项目多数以居民小区或别墅区为主，这些项目多数建设在市政排水设施不完善或对排水水质要求较高的地区。中水设施的建设应充分考虑区域内雨污管线由于排水不畅对中水处理构筑物及负荷的影响，并应正确选择中水处理站的位置，以免由于散发的气味影响居民的正常生活。居民小区或别墅区的中水处理站一般选在下风口处。

3）以城市污水处理厂出水为原水的中水工艺流程

为了贯彻中央"发展循环经济，建设节约型社会"的精神，各地区城市污水处理厂出水成为重要的可利用水资源。鉴于水资源短缺已成为制约社会经济发展的主要因素，20世纪90年代国内开始兴建以城市污水处理厂出水为原水的大型再生水厂。

城市再生水厂采用的基本处理工艺为：一级处理—二级处理—混凝沉淀（澄清）—过滤—消毒。对以污水厂二级处理出水为原水的中水工程而言，中水工艺流程只包括上述工艺的深度处理部分。近年来，由于膜技术的快速发展，膜分离技术在中小型城市再生水厂中也得到应用。

以城市污水处理厂出水为原水的中水工程代表性工艺流程如下：

混凝剂

二级处理出水 → 混凝沉淀(澄清) → 过滤 → 消毒 → 中水

二级处理出水 → 过滤 → 膜分离 → 消毒 → 中水

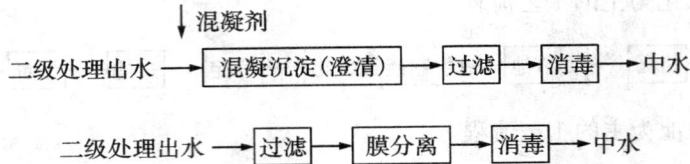

需要说明的是，城市再生水厂的出水水质虽然可以达到国家规定的某些用途的水质标准，但由于原水水质复杂，往往难以满足某些指标的特殊要求，所以这些单位在使用城市再生水时要根据自身的需求对再生水作进一步处理。例如河湖水对氮和磷的控制，电厂和化工企业冷却水对氯离子的控制等。

4．中水水质标准

1）中水的水质要求

（1）满足卫生要求：卫生安全可靠。

（2）满足感官要求：外观无使人不快。

（3）满足设备和管道的使用要求：不引起管道设备腐蚀。

2）中水水质标准

中水水质标准应符合国家标准，生活杂用水水质标准见表 1－27。

表 1－27　城市杂用水水质标准

项目	冲厕	道路清扫、消防	城市绿化	车辆冲洗	建筑施工
pH	6.0～9.0				
色/度，≤	30				
嗅	无不快感				
浊度/NTU，≤	5	10	10	5	20
溶解性总固体/(mg·L^{-1})，≤	1500	1500	1000	1000	—
五日生化需氧量(BOD5)/(mg·L^{-1})，≤	10	10	20	10	15
氨氮/(mg·L^{-1})，≤	10	10	20	10	20
阴离子表面活性剂/(mg·L^{-1})，≤	1.0	1.0	1.0	0.5	1.0
铁/(mg·L^{-1})，≤	0.3	—	—	0.3	—
锰/(mg·L^{-1})，≤	0.1	—	—	0.1	—
溶解氧/(mg·L^{-1})，≤	1.0				
总余氯/(mg·L^{-1})	接触30 min 后≥1.0，管网末端≥0.2				
总大肠杆菌/(个·L^{-1})，≥	3				

5．建筑中水系统管道安装

1）一般要求

（1）原水管道管材及配件：塑料管、铸铁管或混凝土管。

（2）给水管道及排水管道的检验标准按室内给水系统和室内排水系统的有关规定执行。

（3）中水管道的干管端、各支管的始端、进户管始端应安装阀门，并设阀门井，根据需要安装水表。

104

2）建筑中水系统管道安装

主控项目：

（1）中水高位水箱应与生活高位水箱分设在不同的房间内，如条件不允许只能设在同一房间时，与生活高位水箱的净距应大于 2 m。

检验方法：观察检查。

（2）中水给水管道不得装设取水水嘴。便器冲洗宜用密闭型设备和器具。绿化、浇洒、汽车冲洗宜用壁式或地下式的给水栓。

检验方法：观察检查。

（3）中水供水管道严禁与生活饮用水给水管道连接；中水管道外壁应涂浅绿色标志；中水池（箱）、阀门、水表及给水栓均应有"中水"标志。

检验方法：观察检查。

（4）中水管道不宜暗装于墙体和楼板内。如必须暗装于墙体时，在管道上要有明显且不会脱落的标志。

检验方法：观察检查。

3）一般规定

（1）管材及配件应采用耐腐蚀的给水管管材及附件。

检验方法：观察检查。

（2）与生活饮用水管道、排水管道平行敷设时，其水平净距离不得小于 0.5 m；交叉埋设时，中水管道应位于生活饮用水管道下面，排水管道的上面，其净距不应小于 0.15 m。

检验方法：观察和尺量检查。

4）中水系统的安全防护

（1）中水管道禁止与生活饮用水给水管道直接连接。

（2）中水管道宜明装，有时亦可敷设在管井、吊顶内；不宜暗装于墙体和楼面内，以便检查维修。

（3）中水池（箱）内的自来水补水管应采取自来水防污措施，补水管出水口应高于中水贮存池（箱）内溢流水位，其间距不得小于 2.5 倍管径。严禁采用淹没式浮球阀补水。

（4）中水管道与生活饮用水给水管道、排水管道平行埋设时，其水平净距不得小于 0.5 m；交叉埋设时，中水管道应位于生活饮用水给水管道下面、排水管道的上面，其净距不得小于 0.15 m。

（5）中水贮存池（箱）设置的溢流管、泄水管，均应采用间接排水方式排出。溢流管应设隔网。

（6）严格消毒。

（7）管理人员必须培训上岗。

（8）中水管道应采取防止误接、误用、误饮的措施。

1.7.2　饮水供应系统

饮水供应系统是现代建筑给水系统的重要组成部分。目前，饮水供应主要有开水供应系统和冷饮水供应系统两类。采用何种类型应根据人们日常生活习惯和建筑的使用要求确定。如办公楼、旅馆、大学生宿舍和军营等建筑多采用开水供应系统；大型娱乐场所、公园、城市广场和企业热车间等多采用冷饮水供应系统。

1. 饮水标准

随着人们生活水平的不断提高，自我保护意识逐渐增强，人们对饮用水水质的要求越来越高。因此我国已实施了《饮用净水水质标准》并在制定《饮用纯水水质标准》。

1）饮水定额

根据建筑物的性质或劳动性质以及地区气候条件，可按表1-28选用，表中所列数据适用于开水、温水、饮用自来水和冷饮水供应。

表1-28　饮用水量定额

建筑物名称	单位	饮水定额/L	开水温度/℃	冷饮水温度/℃
热车间	L/(人·班)	3~5	100(105)	14~18
一般车间	L/(人·班)	2~4	100(105)	7~10
工厂生活间	L/(人·班)	1~2	100(105)	7~10
办公楼	L/(人·班)	1~2	100(105)	7~10
集体宿舍	L/(人·d)	1~2	100(105)	7~10
教学楼	L/(人·d)	1~2	100(105)	7~10
医院	L/(床·d)	2~3	100(105)	7~10
影剧院	L/(人·场)	0.2	100(105)	7~10
招待所、旅馆	L/(床·d)	2~3	100(105)	7~10
体育场(馆)	L/(人·场)	0.2	100(105)	7~10
高级宾馆(饭店)、冷饮店	L/(人·h)	0.31~0.38	100(105)	4.5~7

2）饮水水质

饮用水水质应符合现行《生活饮用水水质标准》的要求。对于饮用水的水温、生水和冷饮水，在满足《生活饮用水水质标准》的同时，还应在接至饮水装置前必须进行过滤和消毒处理，以防止贮水设备和管道输送的二次污染，从而更好地提高饮水水质。

3）饮水温度

（1）开水。为满足饮水卫生标准的要求，应将水烧开至100℃，并持续3 min。饮用开水是我国各地采用较多的饮水方式。

（2）温水。计算温度采用50~55℃，目前我国常用在低温热水地板辐射采暖系统、厨房用热水或洗浴热水供应系统中。

（3）冷直饮水。冷饮水水质应满足《直饮水水质标准》，常用于宾馆、饭店、餐馆、冷饮店、工厂企业和公园、绿化广场等场合，既方便又卫生。

2. 饮水制备

1）开水的制备

开水可通过生活开水锅炉将水烧开制得，这是一种直接加热的方式，常采用的燃料有燃煤、燃气、燃油和电等；另一种方法是利用热交换器中的热媒间接加热。

目前在学校、商场、办公楼、实验楼等建筑中，常采用小型电开水器分散制备开水。其使用灵活方便，安装维护简单，运行较稳定，但在使用时必须采取防漏电措施，设备必须接地。

2）冷直饮水的制备

冷直饮水的制备方法较多，常用的方法有以下几种方法：①自来水烧开后，再冷却至饮水温度。②自来水经净化处理后再经水加热器加热至饮水温度。③自来水经净化处理后直接供给用户或饮水点。④纯水是通过对水的深度预处理、主处理、后处理等工序制备的。⑤离子水是将自来水通过过滤、吸附离子交换、电离和灭菌等处理，分离出碱性离子水供饮用，而酸性离子水可供美容使用。新型优质净水设备工艺流程示意图如图 1－123 所示。

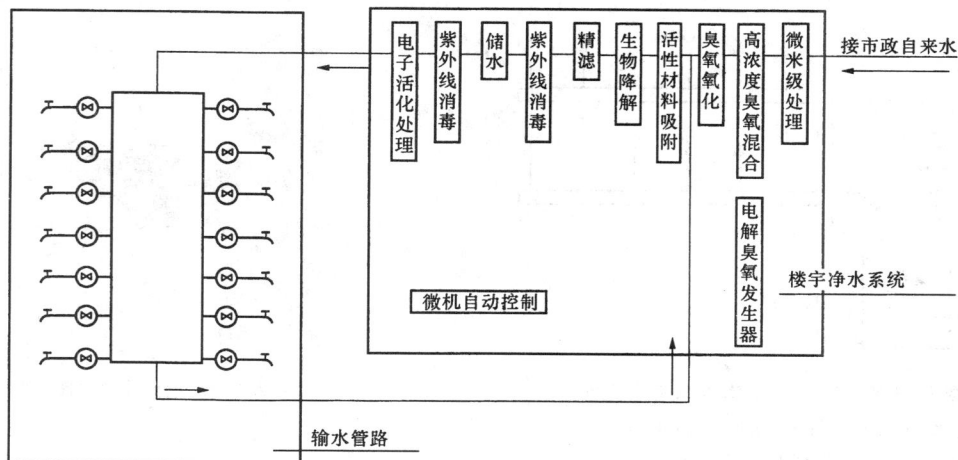

图 1－123　新型优质净水设备工艺流程示意图

3. 饮水供应

饮水的供应方式

（1）开水集中制备集中供应。在开水间集中制备，通过供水管道和热水龙头供人们取水饮用，如图 1－124 所示。

（2）开水集中制备分散供应。在开水间统一制备开水，通过管道输送至开水取水点，这种系统对管道材质要求较高，确保水质不受污染，如图 1－125 所示。

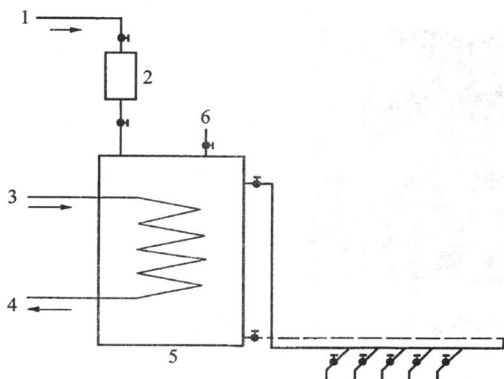

图 1－124　集中制备开水示意图
1—给水入口；2—过滤器；3—蒸汽入口；
4—冷凝水出口；5—开水器；6—安全阀

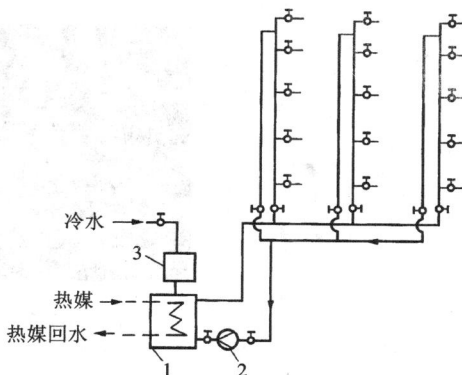

图 1－125　集中制备开水分散供应示意图
1—水加热器；2—循环水泵；3—过滤器

（3）冷直饮水集中制备分散供应。对于中小学校、体育场（馆）、车站、码头、公园、绿化广场等人员流动较集中的公共场所，可采用冷直饮水集中制备，再通过管道输送至各饮水点的饮水器供人们饮用，冷直饮水集中制备示意图如图 1－126 所示。

人们在各饮水点从饮水器中直接接水饮用，既方便又防止疾病传播。目前我国各大城市的广场和公园以及上海世博会和西安世园会都选用了这种直饮水器，如图1-127所示。

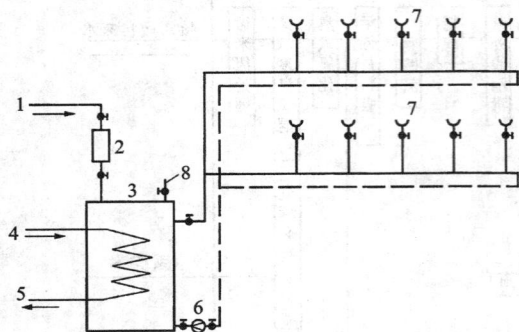

图1-126　冷直饮水集中制备示意图

1—冷水；2—过滤器；3—水加热器；4—蒸汽入口；
5—凝结水出口；6—循环水泵；7—饮水器；8—安全阀

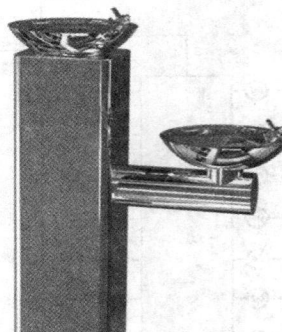

图1-127　直饮水器实物图

1.7.3　喷泉水景工程

1. 水景的功能及组成

水景是利用水流的形态、声音形成美化环境、装饰厅堂、提高艺术效果的人工装置，还可以起到增加空气的湿度、增加负氧离子浓度、净化空气、降低气温等改善小区气候的作用，也能兼作消防、冷却喷水的水源。

水景由各种不同构造的喷头等装置模拟自然水流形成，基本水流形状可按表1-29分类，这些水流形态相互组合构成了多姿多态的水景造型。

图1-128　深圳华侨城喷泉水景

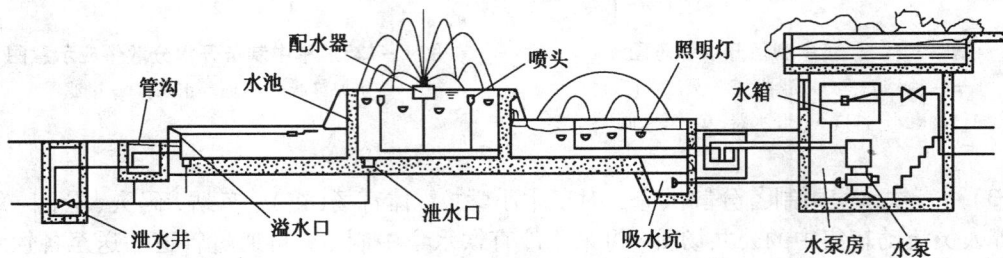

图1-129　水景工程的组成

108

水景工程的组成：

（1）土建部分：包括水泵房、水景水池、管沟、泄水井和阀门井等。

（2）管道系统：包括给水管道、排水管道。

（3）造景工艺器材与设备：包括配水器、各种喷头、照明灯具和水泵等。

（4）控制装置：阀门、自动控制设备和音控设备等。

表 1-29　水景的基本水流形态

类型	特征	形态	特点
池水	水面开阔的水体	镜池	具有开阔而平静的水面
		浪池	具有开阔而波动的水面
流水	沿水平方向	溪流	蜿蜒曲折的潺潺流水
		渠流	规整有序的水流
	流动的水流	漫流	四处漫溢的水流
		旋流	绕同心作圆周流动的水流
跌水	突然跌落的水流	叠流	落差不大的跌落水流
		瀑布	自落差较大的悬岩上飞流而下的水流
		水幕（水帘）	自高处垂落的宽阔水膜
		壁流	附着陡壁流下的水流
		孔流	自孔口或管嘴内重力流出的水流
喷水（喷泉）	在水压作用下自特制喷头喷出的水流	射流	自直流喷头喷出的细长透明长柱
		冰塔（雪松）	自吸气喷头中喷出的白色形似宝塔（塔松）的水流
		冰柱（雪柱）	自吸气喷头中喷出的白色柱状水流
		水膜	自成膜喷头中喷出的透明膜状水流
		水雾	自成雾喷头中喷出的雾状水流
涌水	自低处向上涌起的水流	涌泉	自水下涌出水面的水流
		珠泉	自水底涌出的串串气泡

2. 水景给水系统

水景可以采用城市给水、清洁的生产用水和天然水，以及再生水作为供水水源，水质宜符合《生活饮用水卫生标准》规定的生活饮用水水质标准的感官性状指标，再生水水质的控制指标按有关规定执行。

水景给水系统有直流式和循环式。直流式给水系统是将水源来水通过管道和喷头连续不断地喷水，给水射流后的水经收集直接排出系统，这种给水系统管道简单、无循环设备、占地面积省、投资小、运行费用低，但耗水量大，适用场合较少。

循环给水系统是水景工程最常用的供水方式，是利用循环水泵、循环管道和贮水池将水景喷头喷射的水收集后反复使用，其土建部分包括水泵房、水池、管沟、阀门井等；设备部分由喷头、管道、阀门、水泵、补水箱、灯具、供配电装置和自动控制等组成。

3．水景主要器材与设备

1）喷头

水景工程中的重要部件。它应当耗能低、噪声小、外形美，在长期运行环境中不锈蚀、不变形、不老化。

制作材质：一般是铜、不锈钢、铝合金等，少数也有用陶瓷、玻璃和塑料等制成的。

常用的有直流式喷头、吸气（水）式喷头、水雾喷头、隙式喷头、折射式喷头、回转型喷头等，见图 1 – 130 所示。另有多孔型喷头、组合式喷头、喷花型喷头等几十种喷头。

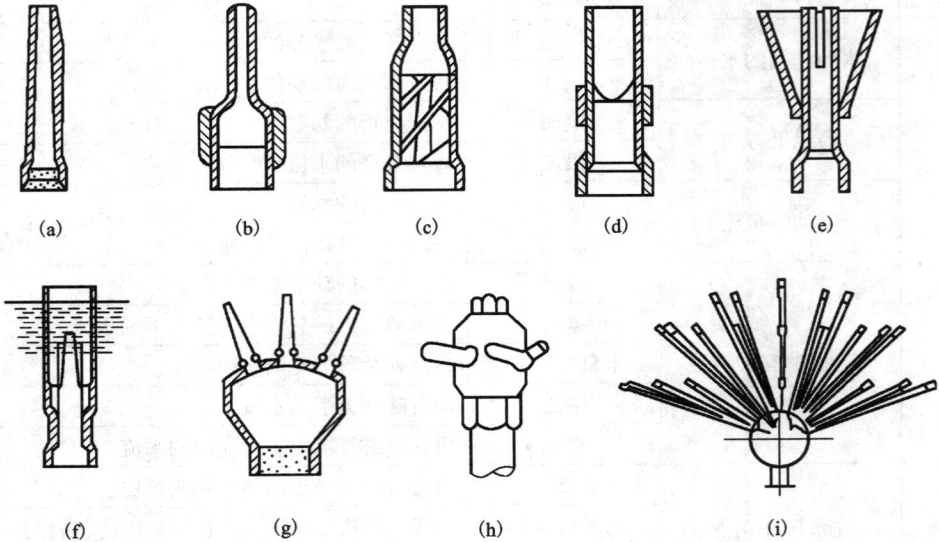

图 1 – 130　喷头

（a）直流式喷头；（b）可转动喷头；（c）旋转式喷头（水雾喷头）；（d）环隙式喷头；（e）散射式喷头；
（f）吸气（水）式喷头；（g）多股喷头；（h）回转喷头；（i）多层多股球形喷头

2）水泵

固定式水景工程：用卧式或立式离心泵和管道泵。

半移动式水景工程：宜采用潜水泵。最好是采用卧式潜水泵，如用立式潜水泵，则应注意满足吸水口要求的最小淹没深度。

移动式水景工程：常采用微形泵和管道泵。

3）控制阀门

水流控制阀门是关键装置之一，对它的基本要求是能够适时、准确地控制（即准时地开关和达到一定的开启程度），保证水流形态的变化与电控讯号和声频讯号同步，并保证长时间反复动作不失误，不发生故障。

电动阀：要求开启度与通过的流量成线性关系。

电磁阀：只适用于电控方式而不适用于声控方式（只有开关两个状态）。

4）照射灯具

水景工程彩光装饰：陆地照射和水下照射两方式。

如冰塔、冰柱等夹气水流，宜采用陆上彩色探照灯照明。

如射流、水膜等宜采用水下照明。白炽灯适合自动控制与频繁启动；气体放电灯启动时间长，不适合频繁启动。

1.7.4　游泳池给水排水工程

1. 室内游泳池的一般标准

(1)游泳池尺寸：长度 25 m(或 25 m 的倍数)；宽度每泳道 2～2.5 m，两侧的泳道再加 0.25～0.5 m；深度 1.4～1.8 m。

(2)游泳池水质：需符合生活饮用水卫生标准。

(3)游泳池水温：28℃左右(室内泳池)。

(4)游泳池室温：25℃左右(室内泳池)。

表 1-30　人工游泳池池水水质卫生标准

序　号	项　目	标　准
1	水温	22～26℃
2	pH 值	6.5～8.5
3	浑浊度	≤5(NTU)
4	尿素	≤3.5 mg/L
5	游离性余氯	≤0.3～0.5 mg/L
6	细菌总数	≤<1000 个/mL
7	大肠菌数	≤18 个/L
8	有毒物质	按地面水中有害物质的最高允许浓度执行

2. 室内游泳池的给水方式

1)直接给水法

长期打开游泳池进水阀门连续给水，让满出游泳池的水自动溢出，游泳池的进水阀门可以适当调节，使每小时的进水量等于15%游泳池的容积。

特点：管理方便，但浪费水资源，并且游泳池的水质、水温极难保证。

2)定期换水给水法

将游泳池的水定期(一般为1～3天)全部放净，再冲洗池底、池壁，重新放满池水。

特点：管理简单，一次性投资节约，但水质污染严重，水温也不能得到保证，并且换水时游泳池要停止使用。

3)循环过滤给水法

游泳池的水由循环过滤泵抽出，经过过滤器、加热器再回到游泳池，不断净化、消毒、加热，达到游泳池水质要求。

特点：系统较复杂，一次性投资大，管理较复杂，因能保证游泳池的水质，所以采用得较多。

3. 游泳池附件

(1)给水口：即进水阀的进水口，一般呈格栅状，有多个，分别设在池底或池的壁面上，要保证配水均匀。加工给水口的材料有不锈钢、铜、大理石或者工程塑料等。

(2)回水口：循环处理后回到游泳池的回水口，呈格栅状，一般有多个，分别设在池底或溢水槽内。要保证回水均匀，并且不能产生短路现象，即回水口要同循环泵的吸入口保持一定距离。回水口的材料与给水口相同。

（3）排水口：构造同回水口，尺寸可放大，以便排水畅快，一般要求 4~6 h 将水放掉最多不超过 12 h。排水口设在池底。

（4）溢流口：一般在池边做溢流槽，溢流槽要保证一定的水平度，槽内均匀布置回水口或循环泵吸入口。

（5）排污口：可由排水口兼任。每天在游泳池开始使用前，短时微开排污阀，以排出沉积在池底的污物，保证池水的卫生。

4．水循环系统附件

（1）平衡水箱：以不锈钢制成，安装位置要保证其水位同游泳池水位保持一致，下设连通管同游泳池相接。平衡水箱内有浮球阀控制水位。游泳池在使用时，向池中的补水会通过平衡水箱进入游泳池，以保证其正常水位。

（2）机械过滤器：为净化游泳池水质用。如果游泳池的水源为非饮用水系统，则机械过滤后面还需加装一套活性炭过滤器，才能达到饮用水水质标准。

（3）加热器：为保证游泳池内的水温，必须采用加热器。加热器一般采用气—水热交换器，也有采用热水炉及电加热器的。

（4）加药器：为了保证池水卫生，游泳池水除进行过滤及加热以外，还必须进行消毒。消毒是通过加药器的计量泵自动将药箱内的 $NaClO_3$ 溶液注入循环系统中，随水一起进入游泳池内。因为进入池水中的 $NaClO_3$ 在使用过程中要扩散到空气中去，致使池水含氯量降低，所以加药器要连续不断地注入药液。

5．游泳池排水

1）岸边清洗

游泳池岸边如有泥沙、污物，可能会被浪起的池水冲入池内而污染池水。为防止这种现象，池岸应装设冲洗水龙头，每天至少冲洗 2 次，这种冲洗水应流至排水沟。

2）溢流与泄水

（1）溢流水槽。用于排出各种原因而溢出游泳池的水体，避免溢出的水回流到池中，带入泥沙和其他杂物。溢水管不得与污水管直接连接，且不得装设存水弯，以防污染及堵塞管道；溢水管宜采用铸铁管、镀锌钢管或钢管内涂环氧树脂漆以及其他新型管道。

（2）泄水口。用于排空游泳池中的水体。泄水口应与池底回水口合并设置在游泳池底的最低处；泄水管按 4~6 h 将全部池水泄空计算管径。如难以达到时，则最长不得超过 12 h。应优先采用重力泄水，但应有防污水倒流污染的措施。重力泄水有困难时，采用压力泄水，可利用循环泵泄水。泄水口的构造与回水口相同。

3）排污与清洗

（1）排污。每天开放之前，将沉积在池底的污物清除。在开放期间，对于池中的漂浮物悬浮物应随时清除。

（2）清洗。游泳池换水时，应对池底和池壁进行彻底刷洗，不得残留任何污物，必要时应用氯液刷洗杀菌。一般采用棕板刷刷洗和压力水冲洗。清洗水源采用自来水或符合《生活饮用水卫生标准》的其他水。

6. 游泳池辅助设施给水排水

游泳池应配套设置更衣室、厕所、泳后淋浴设施、休息室及器材库等辅助设施。这些设施的给水排水与建筑给水排水相同。

复习思考题

1. 建筑中水系统的定义及作用。
2. 建筑物中水系统的水源及选取顺序。
3. 如何做好建筑中水系统的安全防护?
4. 什么是建筑中水系统的水量平衡? 如何保持水量平衡?
5. 试述以优质杂排水和杂排水为水源的中水处理工艺流程。
6. 中水处理设施有哪些? 各有何作用?

模块二　建筑供暖工程

2.1　供暖系统的组成与分类

室内温度高于室外温度时，室内的热量就会通过墙壁、门窗、屋顶和地板等房屋围护结构不断地传向室外，造成室内热量损耗；同时，室外的冷空气通过门窗缝隙及开启的外门进入室内，也要消耗室内的热量。因此，必须对房屋补充热量以补偿各种热量损耗，才能维持室内的温度，使之符合人们的生活及生产要求。这种向室内供给热量的工程设备，叫做供暖系统。

2.1.1　供暖系统组成

供暖系统主要由热源、输热管道及散热设备三部分组成。

热源是使燃料产生热能，并将热媒（将热量从热源携带到散热设备去的物质，如水、蒸汽等）加热到一定温度，如锅炉、加热器等。

输热管道是热源和散热设备之间的管道。热媒通过它将热量从热源输送到散热设备。它又分室外输热管道和室内供暖系统。

散热设备是将热量散入室内的设备，如散热器（暖气片）、辐射板等。

2.1.2　供暖系统分类

1. 按供暖系统的作用范围分

1）局部供暖系统

它是将热源、输热管道和散热设备在构造上成为一个整体的供暖系统，如火炕、火墙、电暖器、燃气暖器等。

2）集中供暖系统

热源远离供暖房间，利用输热管道将热媒送到一幢或几幢建筑物的供暖系统。它是当前采用最普遍的供暖系统，如图 2－1 所示。

3）区域供暖系统

它是以区域锅炉房或热电厂

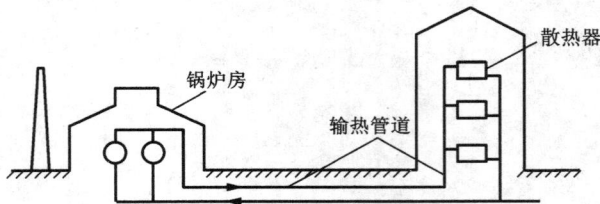

图 2－1　集中供暖系统示意图

为热源，通过输热管道将热媒送到一个区域建筑物的供暖系统。

2. 按照供暖的热媒分

1）烟气供暖系统

它是以燃料燃烧时产生的烟气为热媒，将热量带给散热设备的供暖系统，如火炕、火墙。

2）热水供暖系统

它是以热水为热媒，将热量带给散热设备的供暖系统。它又分低温热水供暖系统（供水温度95℃，回水温度70℃）和高温热水供暖系统（供水温度高于100℃）。

3）蒸汽供暖系统

它是以蒸汽为热媒，将热量带给散热设备的供暖系统。它又分低压蒸汽供暖系统（蒸汽的相对压力小于70 kPa）和高压蒸汽供暖系统（蒸汽的相对压力等于或大于70 kPa）。

4）热风供暖系统

它是利用风机内装设的加热器将空气加热，然后直接送入室内的供暖系统。

本章重点讲述住宅和公共建筑普遍采用的集中低温热水供暖系统。

2.2 自然循环热水供暖系统

2.2.1 热水供暖系统的分类

1）按热水供暖循环动力分为自然循环系统和机械循环系统

靠供、回水的密度差进行循环的系统，称为自然循环系统。靠机械力即水泵进行循环的系统，称为机械循环系统。

2）按有无立管分为垂直式系统和水平式系统

重直式系统按供、回水干管所处位置分为上供下回式、下供下回式、中供下回式和下供上回式。

3）按散热器供、回水方式不同分为单管系统和双管系统

单管系统又分单管顺流式和单管跨越式。热水依次流入各组散热器放热冷却，之后流回热源的单管，称为单管顺流式。沿着供给散热器热水流动方向，第一个散热的热水由供热水管直接供给，其后各散热器中的热水由两部分组成，一部分由供热水管直接供给，另一部分是前面散热器放热后流出的热水，这种方式称为单管跨越式。

热水经供水立管或水平供水管平行地分配给各组散热器，冷却后的回水自每个散热器直接沿回水立管或水平回水管流回热源的系统，称为双管系统。

2.2.2 自然循环热水供暖系统

1. 自然循环热水供暖的工作原理

图2-2是自然循环热水供暖系统的工作原理图。在图中假设整个系统只有一个放热中心1（散热器）和一个加热中心2（锅炉），用供水管3和回水管4把锅炉与散热器相连接。在系统的最高处连接一个膨胀水箱5，用它容纳水在受热后膨胀而增加的体积和排除系统中的空气。

在系统工作之前，先将系统中充满冷水。当水在锅炉内被加热后，密度减小，同时受从散热器流回密度较大的回水的驱动，热水沿供水总立管上升，流入散热器。在散热器内水被冷却，再沿回水干管流回锅炉。这样形成如图3-2箭头所示方向的循环流动。假设循环环路内，水温只在锅炉（加热中心）和散热器（冷却中心）两处发生变化，又假想在循环环路最低点的断面$A-A$处有一个阀门，若突然将阀门关闭，则在断面$A-A$两侧受到不同的水柱压力。这两侧所受到的水柱压力差就是驱使水在系统内进行循环流动的作用压力。

若 $P_右$ 和 $P_左$ 分别表示 $A-A$ 断面右侧和左侧的水柱压力，则

$$P_右 = g(h_0\rho_h + h\rho_h + h_1\rho_g) \text{（Pa）}$$

$$P_左 = g(h_0\rho_h + h\rho_g + h_1\rho_g) \text{（Pa）}$$

断面 $A-A$ 两侧之差值即系统的循环作用压力为

$$\Delta P = P_右 - P_左 = gh(\rho_h - \rho_g) \text{（Pa）} \tag{2-1}$$

式中：ΔP 为自然循环系统的作用压力，Pa；g 为重力加速度，m/s²，取 9.81 m/s²；h 为冷却中心至加热中心的垂直距离，m；ρ_h 为回水密度，kg/m³；ρ_g 为供水密度，kg/m³。

由式（2-1）可见，起循环作用的只有散热器中心和锅炉中心之间这段高度内的水柱密度差。如供水温度为 95℃，回水 70℃，则每米高差可产生的作用压力为

$$\Delta P = gh(\rho_h - \rho_g) = 9.81 \times 1 \times (977.84 - 961.92) = 156 \text{ Pa}$$

自然循环热水供暖的优点是：不设水泵，不耗电能，无噪声，装置简单，操作维护也简单。缺点是：由于系统上的作用压力小，故作用半径 <50 m，且管径大。为了提高循环系统的作用压力，应使散热器中心与锅炉中心的高差 $h \not< 2.5 \sim 3.0$ m。自然循环热水供暖仅适用于四层以下，供热面积小，且有地下室或半地下室或较低处能布置锅炉的建筑。

自然循环作用压力在机械循环热水供暖系统中也存在。尽管压力很小，但它是引起机械循环供暖系统垂直失调的重要原因之一。

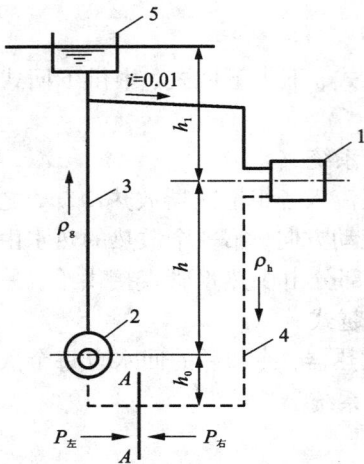

图 2-2 自然循环中双管系统的循环压力

1—散热器；2—热水锅炉；3—供水管路；
4—回水管路；5—膨胀水箱

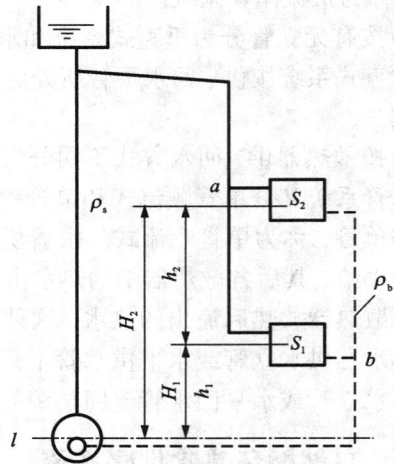

图 2-3 自然循环热水供暖
系统工作原理图

2. 双管系统中不同高度散热器环路的作用压力

在自然循环上供下回单管顺流式热水供暖系统中，由于立管上的散热器是串联，所以一根立管上所有散热器只有一个共同的自然循环作用水头，故不会产生上热下冷的垂直失调现象。然而在双管系统中却截然不同。

在如图 2-3 的双管系统中，由于供水同时在上、下两层散热器内冷却，形成了两个并联环路（$l-a-S_2-b-l$ 和 $l-a-S_1-b-l$）和两个冷却中心。它们的作用压力分别为

$$\Delta p_1 = gh_1(\rho_h - \rho_g) \text{（Pa）} \tag{2-2}$$

116

$$\Delta p_2 = g(h_1 + h_2)(\rho_h - \rho_g) = \Delta p_1 + gh_2(\rho_h - \rho_g) \text{ (Pa)} \qquad (2-3)$$

式中：Δp_1 为通过底层散热器 S_1 环路的作用压力，Pa；Δp_2 为通过上层散热器 S_2 环路的作用压力，Pa。

由式（2-3）可见，通过上层散热器环路的作用压力比通过底层散热器的大，其差值为 $gh_2(\rho_h - \rho_g)$ Pa。

由此可见，在双管系统中，由于各层散热器与锅炉的高差不同，虽然进入和流出各层散热器的供、回水温度相同（不考虑管路沿途冷却的影响），也将形成上层作用压力大、下层作用压力小的现象。如选用不同管径仍不能使各层阻力损失达到平衡，由于流量分配不均，必然要出现上热下冷的现象。

在供暖建筑物内，同一竖向各层房间的室温不符合设计要求的温度，而出现上、下层冷热不均的现象，通常称作系统垂直失调。由此可见，双管系统的垂直失调，是由于通过各层的循环作用压力不同而出现的，而且楼层数越多，上下层的作用压力差值越大，垂直失调就会越严重。

3. 自然循环热水供暖系统的主要形式

如图 2-4 所示。

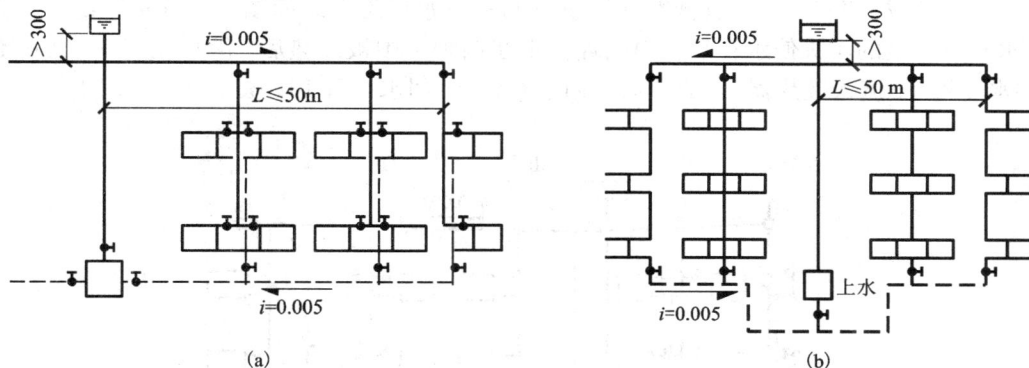

图 2-4 自然循环供暖系统

（a）双管上供下回式系统；（b）单管顺流式及跨越式系统

上供下回式自然循环热水供暖系统管道布置的一个主要特点是：系统的供水干管必须有向膨胀水箱方向上升的坡向，其坡度为 0.5% ~ 1.0%。散热器支管的坡度一般取 1%，沿水流方向下降。这是为了使系统内的空气能顺利地排除，因系统中若积存空气，就会形成气塞，影响水的正常循环。在自然循环系统中，水的流速较低，水平干管中流速小于 0.2 m/s；而在干管中空气气泡的浮升速度为 0.1 ~ 0.2 m/s，而在立管中约为 0.25 m/s。因此，在上供下回自然循环热水供暖系统充水和运行时，空气能逆着水流方向，经过供水干管聚集到系统的最高处，通过膨胀水箱排除。

为使系统顺利地排除空气和在系统停止运行或检修时能通过回水干管顺利地排水，回水干管应有沿水流向锅炉方向的向下坡度。

自然循环热水供暖系统是最早采用的一种热水供暖方式，已有约 200 年的历史，至今仍在应用。它装置简单，运行时无噪音和不消耗电能。但由于其作用压力小，管径大，作用范围受到限制。重力循环热水供暖系统通常只能在单幢建筑物中应用，其作用半径不宜超过 50 m。

2.3 机械循环热水供暖系统

机械循环热水供暖系统与自然循环热水供暖系统的主要差别是：①在系统中设置有循环水泵，靠水泵的机械能，使水在系统中强制循环；②由于水泵所产生的作用压力很大，因而供暖范围可以扩大，它不仅可用于单幢建筑物中，也可以用于多幢建筑，甚至可发展为区域热水供暖系统。

机械循环热水供暖系统主要有垂直式系统和水平式系统两大类。

2.3.1 垂直式系统

垂直式系统按供、回水干管布置位置的不同，有下列几种形式：①上供下回式热水供暖系统；②下供下回式热水供暖系统；③中供式热水供暖系统；④下供上回式(倒流式)热水供暖系统；⑤异程式系统与同程式系统。

1. 上供下回式热水供暖系统

这种系统在热水供暖系统中得到广泛的应用。它由锅炉、输热管道、水泵、散热器以及膨胀水箱等组成。图 2-5 是机械循环上供下回式热水供暖系统简图。在这种系统中，主要依靠水泵所产生的压头使水在系统内循环。水在锅炉 1 中被加热后，沿总立管 5、供水干管 6、供水立管 7，流入散热器 8，放热后沿回水立管 9、回水干管 10，被水泵 2 送回锅炉。

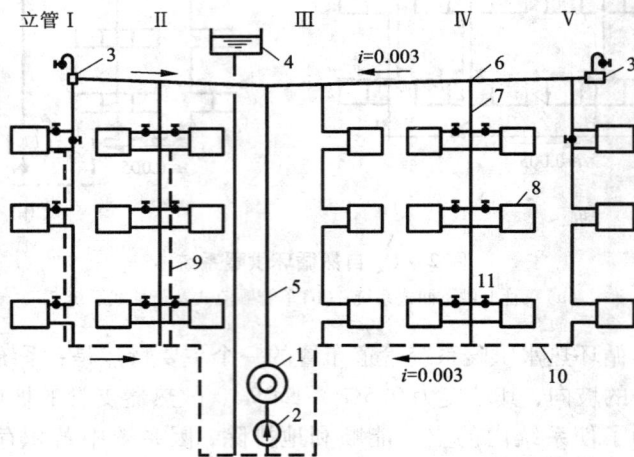

图 2-5 上供下回式热水供暖系统
1—热水锅炉；2—循环水泵；3—集气装置；4—膨胀水箱；5—总立管；6—供水干管；
7—供水立管；8—散热器；9—回水立管；10—回水干管；11—温度调节阀

在机械循环热水供暖系统中，为了顺利排除系统中的空气，供水干管应沿水流方向有向上 0.003 的坡度，并在供水干管的最高点设置集气罐。

在这种系统中，水泵装在回水干管上，并将膨胀水箱连在水泵吸入端。膨胀水箱位于系统最高点，它的作用主要是容纳水受热膨胀后增加的体积。当将膨胀水箱连在水泵吸入端时，它可使整个系统处于正压(高于大气压)下工作，这就保证了系统中的水不致汽化，从而避免了因水汽化而中断水的循环。

图2-5中立管Ⅰ和Ⅱ是双管式系统，立管Ⅲ是单管顺流式系统，立管Ⅳ是单管跨越式系统，立管Ⅴ是跨越式与顺流式相结合的系统。

对一些要求室温波动很小的建筑（如高级旅馆等），可在双管和单管跨越式系统散热器支管上设置室温调节阀。

在图2-5所示的立管Ⅰ和Ⅱ双管上供下回式热水供暖系统中，水在系统内循环，除主要依靠水泵所产生的压头外，同时也存在着自然压头，它使流过上层散热器的热水量多于实际需要量，并使流过下层散热器的热水量少于实际需要量，从而造成上层房间温度偏高，下层房间温度偏低。当楼层愈高时，这种现象就愈严重。由于上述原因，双管系统不宜在四层以上的建筑物中采用。

2. 下供下回式双管热水供暖系统（图2-6）

系统的供水和回水管都敷设在底层散热器下面。在设有地下室的建筑物，或在平屋顶建筑顶棚下难以布置供水干管的场合，常采用下供下回式系统。

与上供下回式系统相比，它有如下特点：

（1）在地下室布置供水干管，管路直接散热给地下室，无效热损失小，可减轻上供下回式双管系统的竖向失调。

（2）在施工中，每安装好一层散热器即可供暖，给冬季施工带来很大方便。

（3）排除系统中的空气较困难。

下供下回式系统排除空气的方式主要有两种：通过顶层散热器的放气阀手动分散排气（图2-6左侧），或通过专设的空气管手动或自动集中排气（图2-6右侧）。

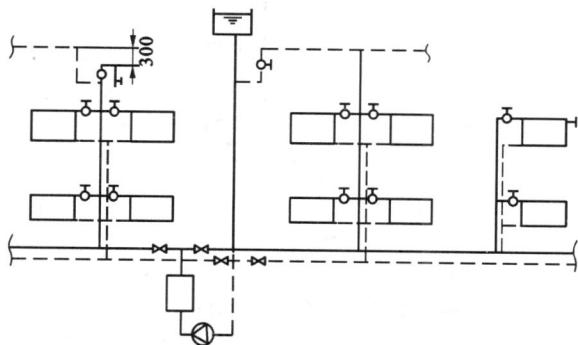

图2-6　下供下回式热水供暖系统

3. 下供上回式（倒流式）热水供暖系统（图2-7）

系统的供水干管设在下部，而回水干管设在上部，顶部还设置有膨胀水箱。立管布置主要采用顺流式。倒流式系统具有如下特点：

（1）水在系统内的流动方向是自下而上流动，与空气流动方向一致。可通过膨胀水箱排除空气，无需设置集气罐等排气装置。

（2）对热损失大的底层房间，由于底层供水温度高，底层散热器的面积减少，便于布置。

（3）当采用高温水供暖系统时，由于供水干管设在底层，静水压力大，这样可减小为防止高温水汽化所需要的水箱标高，减少布置高架水箱的困难。

（4）倒流式系统散热器的传热系数远低于上供下回式系统。散热器热媒的平均温度几乎等于散热器出水温度。在相同的立管供水温度下，散热器的面积要比上供下回顺流式系统的面积增多。

4. 异程式系统与同程式系统

在供暖系统供、回水干管布置上，通过各个立管的循环环路总长度不相等的布置形式称为异程式系统。而通过各个立管的循环环路的总长度相等的布置形式则称为同程式系统。

在机械循环系中，由于作用半径较大，连接立管较多，异程式系统各立管循环环路长短不一。循环环路短，压力损失小，通过的流量大；离总立管远的立管循环环路长，压力损失大，通过的流量小。在远近立管处出现流量失调而引起在水平方向冷热不均的现象，称为系统的水平失调。

为了消除或减轻系统的水平失调，可采用同程式系统。如图2-8所示，通过最近处立管的循环环路与通过最远处立管的循环环路的总长度都相等，因而压力损失易于平衡。由于同程式系统具有上述优点，在较大的建筑物中，常采用同程式系统。但同程式系统管道的金属消耗量要多于异程式系统。

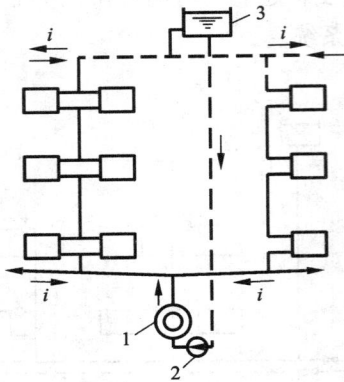

图2-7 下供上回式(倒流式)热水供暖系统

1—热水锅炉；2—循环水泵；3—膨胀水箱

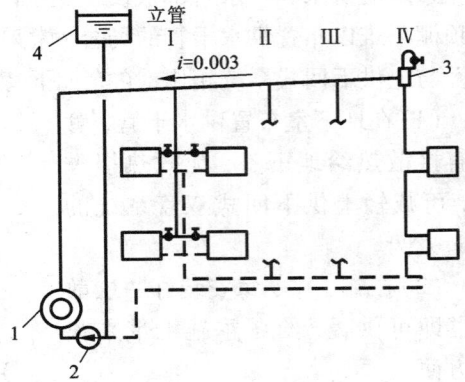

图2-8 同程式系统

1—热水锅炉；2—循环水泵；3—集气罐；4—膨胀水箱

2.3.2 水平式系统

水平式系统按供水管与散热器的连接方式同样可分为顺流式[图2-9(a)]和跨越式[图2-9(b)]两类。

水平式系统的排气方式要比垂直式上供下回系统复杂些。它需要在散热器上设置放气阀分散排气，或在同一层散热器上部串联一根空气管集中排气。对较小的系统，可用分散排气方式。对散热器较多的系统，宜采用集中排气方式。

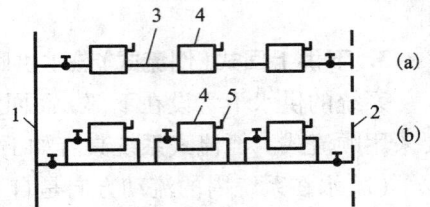

图2-9 单管水平式

(a)顺流式；(b)跨越式

1—供水立管；2—回水立管；

3—横支管；4—散热器；5—放气阀

水平式系统与垂直式系统相比，具有如下优点：

(1)系统的总造价，一般要比垂直式系统低。

(2)管路简单，无穿过各层楼板的立管，施工方便。

(3)有可能利用最高层的辅助空间(如楼梯间、厕所等)架设膨胀水箱，不必在顶棚上专设安装膨胀水箱的房间。

（4）对一些各层有不同使用功能或不同温度要求的建筑物，采用水平式系统，更便于分层管理和调节。

水平式系统用于公共建筑，如果水平管线过长时，容易因胀缩引起漏水。为此要在某两个散热器之间加乙字弯管补偿器或方形补偿器，如图2-10所示。

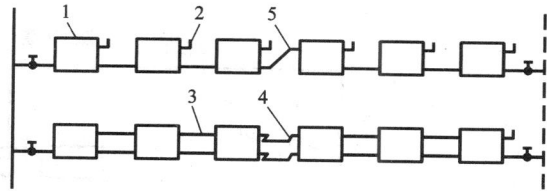

图2-10 水平式系统的排气及热补偿措施
1—散热器；2—放气阀；3—空气管；
4—方形补偿器；5—乙字弯管补偿器

2.4 蒸汽供暖系统

在蒸汽供暖系统中，热媒是蒸汽。蒸汽含有的热量由两部分组成：一部分是水在沸腾时含有的热量；另一部分是从沸腾的水变为饱和蒸汽的汽化潜热。在这两部分热量中，后者远大于前者（在1个绝对大气压下，两部分热量分别为418.68 kJ/kg 及 2260.87 kJ/kg）。在蒸汽供暖系统中所利用的是蒸汽的汽化潜热。蒸汽进入散热器后，充满散热器，通过散热器将热量散发到房间内，与此同时蒸汽冷凝成同温度的凝结水。

蒸汽供暖系统按系统起始压力的大小可分为高压蒸汽供暖系统（系统起始压力大于1.7个绝对大气压），低压蒸汽供暖系统（系统起始压力等于或低于1.7个绝对大气压），真空蒸汽供暖系统（系统起始压力小于1个绝对大气压）。按蒸汽供暖系统管路布置形式的不同又可分为上供下回式和下供下回式系统，以及双管式和单管式系统。

2.4.1 低压蒸汽供暖系统

在低压蒸汽供暖系统中，得到广泛应用的是用机械回水的双管上供下回式系统。图2-11是这种系统的示意图。锅炉产生的蒸汽经蒸汽总立管、蒸汽干管、蒸汽立管进入散热器，放热后，凝结水沿凝水立管、凝水干管流入凝结水箱，然后用水泵将凝结水送入锅炉。

下面对系统各组成部分的作用加以说明。

1. 疏水器

在每个散热器流出凝结水的支管上均装疏水器。其目的是阻止蒸汽进入凝水管，只让凝结水和空气通过。在低压蒸汽供暖系统中，常用如图2-12所示的恒温式疏水器。这种疏水器的波形囊中盛有少量酒精，当蒸汽通过疏水器时，酒精受热蒸发，体积膨胀，波形囊伸长。连在波形囊上的顶针堵住小孔，使蒸汽不能流入凝水管。当凝结水或空气流入疏水器时，由于温度低，波形囊收缩，小孔打开，凝结水或空气通过小孔流入凝结水管。

2. 蒸汽干管

由于蒸汽沿管道流动时向管外散失热量，因此就会有一部分蒸汽凝结成水，这叫做沿途凝水。为了排除这些沿途凝水，在管道内最好使凝结水与蒸汽同向流动，亦即蒸汽干管应沿蒸汽流动方向有0.003向下的坡度。在一般情况下，沿途凝水经由蒸汽立管进入散热器，然后依次排入凝水立管和凝水干管。必要时，在蒸汽干管上可设置专门排除沿途凝水的排水管。

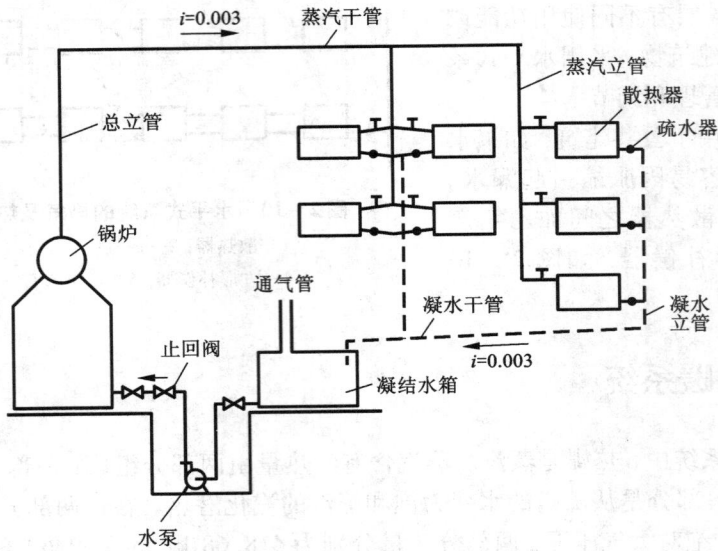

图 2-11　机械回水双管上供下回式蒸汽供暖系统示意图

3. 凝结水箱

其作用是：①容纳系统内的凝结水；②排除系统中的空气；③避免水泵吸入口处压力过低使凝结水汽化。

凝结水箱的有效容积应能容纳 0.5～1.5 h 凝结水量，水泵应能在少于 30 min 的时间内将这些凝结水送回锅炉。

在水泵工作时，为了避免水泵吸入口处压力过低使凝结水汽化，凝结水箱的位置应

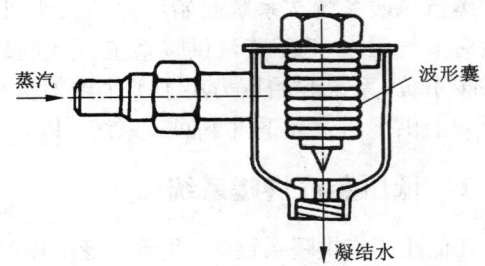

图 2-12　恒温式疏水器

高于水泵。凝结水箱的底面高于水泵的数值，取决于箱内凝结水的温度。当凝结水的温度在 70℃ 以下时，凝结水箱底面高于水泵 0.5 m 即可。

4. 止回阀

为了在水泵停止工作时，锅炉内的水不致流回凝结水箱，在水泵和锅炉相连接的管道上设有止回阀。

在蒸汽供暖系统中，要尽可能地减少"水击"现象。产生"水击"现象的原因是蒸汽管道的沿途凝水被高速运动的蒸汽推动而产生浪花或水塞，在弯头、阀门等处，浪花或水塞与管件相撞，就会产生振动及巨响，这就是"水击"现象。减少"水击"现象的方法是及时排除沿途凝水、适当降低管道中蒸汽的流速以及尽量使蒸汽管中的凝结水与蒸汽同向流动。

在蒸汽供暖系统中，不论是什么形式的系统，都应保证系统中的空气能及时排除、凝结水能顺利地送回锅炉、防止蒸汽大量逸入凝结水管以及尽量避免水击现象。

122

2.4.2　高压蒸汽供暖系统

由于高压蒸汽的压力及温度均较高，因此在热负荷相同的情况下，高压蒸汽供暖系统的管径和散热器片数都小于低压蒸汽供暖系统。这就显示了高压蒸汽供暖系统有较好的经济性。高压蒸汽供暖系统的缺点是卫生条件差，并容易烫伤人。因此这种系统一般只在工业厂房中应用。

在高压蒸汽供暖系统中，应注意下面几个问题：

（1）工业用锅炉房，往往既供应生产工艺用汽，同时也供应高压蒸汽供暖系统所需的蒸汽。

由这种锅炉房送出的蒸汽，压力往往很高，因此将这种蒸汽送入高压蒸汽供暖系统之前，必须用减压装置将蒸汽压力降至所要求的数值。

（2）为了避免高压蒸汽和凝结水在立管中反向流动而发生噪声，一般高压蒸汽供暖均采用双管上供下回式系统。

（3）高压蒸汽供暖系统在启动和停止运行时，管道温度的变化比热水供暖系统和低压蒸汽供暖系统的都大，应充分注意管道的热胀冷缩问题。

（4）由于高压蒸汽供暖系统的凝结水温度很高，在它通过疏水器减压后，部分凝结水会重新汽化，产生二次蒸汽。在有条件的地方，尽可能将二次蒸汽送到附近低压蒸汽供暖系统或热水供应系统中综合利用。

2.4.3　蒸汽供暖与热水供暖的比较

1. 蒸汽供暖系统的初投资少于热水供暖系统

在一般的热水供暖系统中，供水温度为95℃，回水温度为70℃，散热器内热媒的平均温度为82.5℃。而在低压蒸汽供暖系统中，散热器内热媒的温度等于或大于100℃。这样蒸汽供暖系统所用散热器片数比热水供暖系统的少30%。同时蒸汽供暖系统的管道直径也小于热水供暖系统。这样就使蒸汽供暖系统的初投资少于热水供暖系统。

2. 蒸汽供暖系统中底层散热器所受的静水压力比热水供暖系统中的小

在蒸汽供暖系统中，蒸汽的容重远小于热水供暖系统中水的容重。因此作用在底层散热器上的静水压力，蒸汽供暖系统的比热水供暖系统的小。当热水供暖系统的高度为30~40 m时，底层的铸铁散热器就有被压坏的可能。因此在高层建筑中采用热水供暖系统时，就要将供暖系统在垂直方向分成几个互不相通的热水供暖系统。

3. 蒸汽供暖系统的使用年限比热水供暖系统小

由于蒸汽供暖系统间歇工作，管道内时而充满蒸汽，时而充满空气，管道内壁的氧化腐蚀比热水供暖系统快。特别是凝结水管，更容易损坏。

4. 蒸汽供暖系统不能调节蒸汽的温度，热水供暖系统则不然

当室外温度高于供暖室外设计温度时，必须采用间歇供暖。这样会使房间内的温度波动较大，使人感到不舒适。而在双管式和单管跨越式热水供暖系统中，进入散热器内的热水量可以调节，以适应室外温度的变化。

5. 蒸汽供暖系统的热惰性比热水供暖系统的小

蒸汽供暖系统的热惰性小，即系统的加热和冷却过程快。这对于人数骤多骤少或不经常

有人停留而要求迅速加热的建筑物，如工厂车间、会议厅、影剧院、礼堂、展览馆、体育馆等是比较合适的。而热水供暖系统由于蓄热能力大，即热惯性大，热得慢，冷得也慢。当房间间歇供暖时，房间内的温度波动小，人们感到舒适。

6. 蒸汽供暖系统的卫生条件不如热水供暖系统

在低压蒸汽供暖系统中，散热器的表面温度始终在100℃左右，有机灰尘剧烈升华，对卫生不利，而且还容易烫伤人。在热水供暖系统中，散热器的表面温度平均低于82.5℃，既卫生又不易烫伤人。因此对卫生要求较高的建筑物，如住宅、宾馆、学校、医院、幼儿园等宜采用热水供暖系统。

7. 蒸汽供暖系统的热利用率不如热水供暖系统

在蒸汽供暖系统中，目前由于疏水器质量问题，往往有大量蒸汽通过疏水器流入凝结水管，最后由凝结水箱上的通气管排入大气中。又在系统的不严密处跑汽和漏汽也是不可避免的。在热水供暖系统中就不存在这样的问题。

2.5 辐射采暖系统

散热器采暖是多年来建筑物内常见的一种采暖形式。散热器主要是靠对流方式向室内散热，对流散热量占总散热量的50%以上。而辐射采暖是利用建筑物内部顶棚、墙面、地面或其他表面进行供暖的系统。辐射采暖系统主要靠辐射散热方式向房间供应热量，其辐射散热量占总散热量的50%以上。

2.5.1 辐射采暖分类

依靠供热部件与围护结构内表面的辐射换热向房间供热的方式，称为辐射采暖。

散热设备以辐射换热的方式将热量散发出来。

辐射采暖与对流采暖特征区别：辐射采暖房间各围护结构内表面的平均温度高于室内空气温度，而对流采暖正相反。

为什么地板低温辐射供暖是最舒适的采暖方式？

地板低温辐射供暖主要是依靠物体本身发出的辐射线向周边的物体和人体直接辐射热量，而使室温提高，达到供暖的目的。接收辐射热由地面而逐渐上升，因此，地面温度较高，而建筑物的上空温度较低。在正常供暖状态下，整个房间自地面至屋顶形成一个合理的空气温度场，使人体脚部、身躯和头部有一个舒适的温差。传统的散热器采暖是依靠物体的直接接触进行热量传递，在供暖过程中，空气被加热上升，冷空气下降，在建筑物内产生空气对流而达到供暖的目的，因此，该采暖方式在建筑物的高处温度较高，而地面温度相比较低。

1. 低温辐射采暖

低温辐射采暖的主要形式有金属顶棚式，顶棚、地面或墙面埋管式，空气加热地面形式，电热顶棚式和电热墙式等。其中低温热水地板辐射采暖近几年得到了广泛的应用，比较适合于民用建筑与公共建筑中考虑安装散热器会影响建筑物协调和美观的场合。

低温辐射供暖系统还具有节能、保温、热稳定性好、不占室内面积、使用广泛等优点，但造价高，运行费用也比较高。几乎不用维修，一旦损坏，影响巨大。

2. 中温辐射采暖

中温辐射采暖通常利用钢制辐射板散热。根据钢制辐射板长度的不同，可分成块状辐射板和带状辐射板两种形式。

3. 高温辐射采暖

高温辐射采暖按能源类型的不同可分为电红外线辐射采暖和燃气红外线辐射采暖。

电红外线辐射采暖设备中应用较多的是石英管或石英灯辐射器。石英管红外线辐射器的辐射温度可达 990℃，其中辐射热占总散热量的 78%。燃气红外线辐射采暖系统由一个或多个独立的真空系统组成。每个真空系统包括一台真空泵、控制系统、一定数量发生器和热交换器。

辐射供暖特点(与对流采暖相比)：

1)具有最佳的舒适感

辐射供暖在辐射强度和环境温度的双重作用下，造成了真正符合人体散热要求的热状态。

2)室内空气温度低

人体受到辐射照度和环境温度的综合作用，所感觉的温度要比室内实际的空气环境温度高 2~3℃。

3)设计热负荷小

沿房间的垂直方向温度分布均匀，即温度梯度小；辐射供暖房间的设计温度比对流供暖低。

4)卫生条件好

辐射供暖减少了对流散热量，加之竖直方向的温度分布均匀，使得室内空气的流动速度降低，减少了上升气流带尘量。

2.5.2 辐射采暖系统组成

在住宅建筑中，地板辐射采暖的加热管一般应按户划分独立的系统，并设置集配装置，如分水器和集水器，再按房间配置加热盘管，一般不同房间或住宅各主要房间宜分别设置加热盘管与集配装置相连。一般每组加热盘管的总长度不宜大于 120 m，盘管阻力不宜超过 30 kPa，住宅加热盘管间距不宜大于 300 mm。

加热盘管在布置时应保证地板表面温度均匀。一般宜将高温管设在外窗或外墙侧，使室内温度分布尽可能均匀，其布置形式有多种，常见的形式如下。

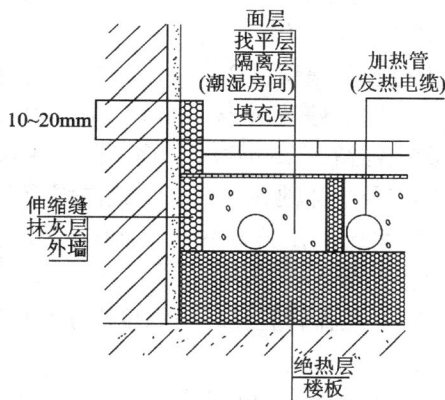

图 2-13　低温热水地板辐射采暖结构

加热盘管安装，图中基础层为地板，保温层控制传热方向，豆砾混凝土层为结构层，用于固定加热盘管和均衡表面温度。

125

低温热水地板辐射采暖施工安装要点：

1）地面构造

根据目前国内外低温热水地板辐射采暖系统的现状，推荐一种目前普遍采用的地面构造形式如图 3－14。

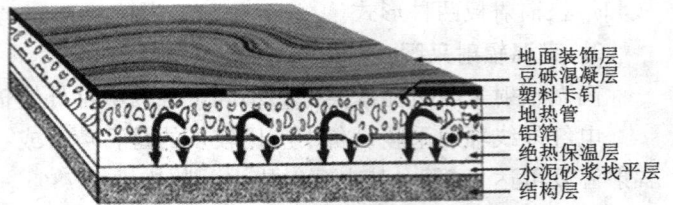

图 2－14　楼层地面构造示意图

地面构造由楼板或与土壤相邻的地面、绝热层、加热管、填充层、找平层和面层组成，并应符合下列规定：

（1）当工程允许地面按双向散热进行设计时，各楼层间的楼板上部可不设绝热层。

（2）对卫生间、洗衣间、浴室和游泳馆等潮湿房间，在填充层上部应设置隔离层。

（3）与土壤相邻的地面必须设绝热层，且绝热层下部必须设置防潮层，直接与塞外空气相邻的楼板，必须设绝热层。

地面辐射采暖系统绝热层采用聚苯乙烯 PS 泡沫塑料板时，其厚度不应小于有关的规定值；采用其他绝热材料时，可根据热阻相当的原则确定厚度。当工程条件允许时，宜在此基础上再增加 10 mm 左右。

2）有关技术措施和施工安装要求

（1）加热盘管及其覆盖层与外墙、楼板结构层间应设绝热层，当允许双向传热时可设绝热层。

（2）覆盖层厚度不宜小于 50 mm，并应设伸缩缝，立管穿过伸缩缝时宜设长度不小于 100 mm 的柔性套管。

（3）绝热层设在土壤上时应先做防潮层，在潮湿房间内加热管覆盖层上应做防水层。

（4）热水温度不应高于 60℃，民用建筑供水温度宜为 35～50℃，供、回水温差宜小于或等于 10℃。

人员经常停留区 24～26℃，最高限值 28℃。

人员短期停留区 28～30℃，最高限值 32℃。

无人停留区 35～40℃，最高限值 42℃。

浴室及游泳池 30～33℃，最高限值 33℃。

（5）系统工作压力不应大于 0.8 MPa，否则应采取相应的措施。当建筑物高度超过 50 m 时，宜竖向分区。

（6）加热盘管宜在环境温度高于 5℃条件下施工，并应防止油漆、沥青或其他化学溶剂接触管道。

（7）加热盘管伸出地面时，穿过地面构造层部分和裸露部分应设硬质套管；在混凝土填充层内的加热管上不得设可拆卸接头；盘管固定点间距：直管段小于或等于 1 m 时宜为 500～700 mm，弯曲管段小于 0.35 m 时宜为 200～300 mm。

（8）细石混凝土填充层强度不宜低于 C15，应掺入防龟裂添加剂；应有膨胀补偿措施：面积大于或等于 30 m²，每隔 5～6 m 应设 5～10 mm 宽的伸缩缝；与墙、柱等交接处应设 5～10 mm 宽的伸缩缝；缝内应填充弹性膨胀材料。浇捣混凝土时，盘管应保持大于或等于 0.4 MPa 的

126

静压,养护 48 h 后再卸压。

(9)隔热材料应符合下列要求:导热系数小于或等于 0.05 W/(m·K),抗压强度大于或等于 100 kPa,吸水率小于或等于 6%,氧指数大于或等于 32%。

(10)调试与试运行:初始加热时,热水温度应平缓。供水温度应控制在比环境温度高 10℃左右,但不应高于 32℃,并应连续运行 48 h,随后每隔 24 h 水温升高 3℃,直到设计水温,并对与分水器、集水器相连的盘管进行调节,直到符合设计要求。

2.6 供暖系统的散热器及管道附件

2.6.1 散热器

是将流经它的热媒所带的热量从其表面以对流和辐射方式不断地传给室内空气和物体,补充房间的热损失,使供暖房间维持需要的温度,从而达到供暖的目的。

对散热器的基本要求:

1)热工性能方面的要求

散热器的传热系数 K 值越高,说明其散热性能越好。提高散热器的散热量,增大散热器传热系数,可以采用增加外壁散热面积(在外壁上加肋片)、提高散热器周围空气流动速度和增加散热器向外辐射强度等途径。

2)经济方面的要求

散热器传给房间的单位热量所需金属耗量越少,成本越低,其经济性越好。散热器的金属热强度是衡量散热器经济性的一个标志。金属热强度是指散热器内热媒平均温度与室内空气温度差为 1℃时,每公斤质量散热器单位时间所做出的热量。

3)安装使用和工艺方面的要求

散热器应具有一定机械强度和承压能力;散热器的结构形式应便于组合成所需要的散热面积,结构尺寸要小,少占房间面积和空间,散热器的生产工艺应满足大批量生产的要求。

4)卫生和美观方面的要求

散热器外表光滑,不积灰,易于清扫,散热器的装设不应影响房间观感。

5)使用寿命的要求

散热器应不易于被腐蚀和破损,使用年限长。

1. 散热器的类型

按材质分为铸铁散热器、钢制散热器。

铸铁散热器结构简单,成本低;防腐蚀,使用寿命长;热稳定性好。但金属耗量大;生产过程污染环境;劳动强度大。

钢制散热器金属耗量小;耐压强度高;外形美观整洁。但结构较复杂,成本高;易腐蚀,使用寿命短;热稳定性差。

按结构形状分为翼型、柱型、管型、平板型。

1)铸铁散热器

(1)翼型散热器

①长翼型散热器。如图 2-15 所示,它的表面上有许多竖向肋片,外壳内为一扁盒状空

间。有高 600 mm、长 280 mm，竖向肋片 14 片和高 600 mm、长 200 mm、竖向肋片 10 片两种，习惯上称前者为大 60，后者为小 60。

长翼型散热器制造工艺简单，耐腐蚀，外形较美观，但承压能力较低。多用于民用建筑中。

②圆翼型散热器。如图 2 − 16 所示，是一根管子外面带有许多圆肋片的铸件。管子的内径规格有 D50 和 D75 两种，所带肋片分别为 27 片和 47 片，管长为 1 m，两端有法兰可以串联相接。

圆翼型散热器单节散热面积较大，承压能力较高，造价低，但外形不美观。常用于对美观要求不高的公共建筑和灰尘较少的工业厂房中。

（2）柱型散热器

柱型散热器是呈柱状的单片散热器。外表光滑，无肋片。常用的柱型散热器有五柱、四柱和二柱 M − 132 三种，如图 2 − 17 所示。

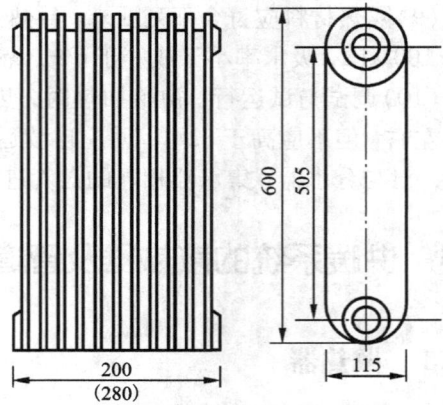

图 2 − 15 长翼型散热器

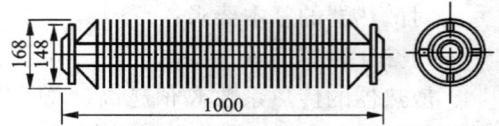

图 2 − 16 圆翼型散热器

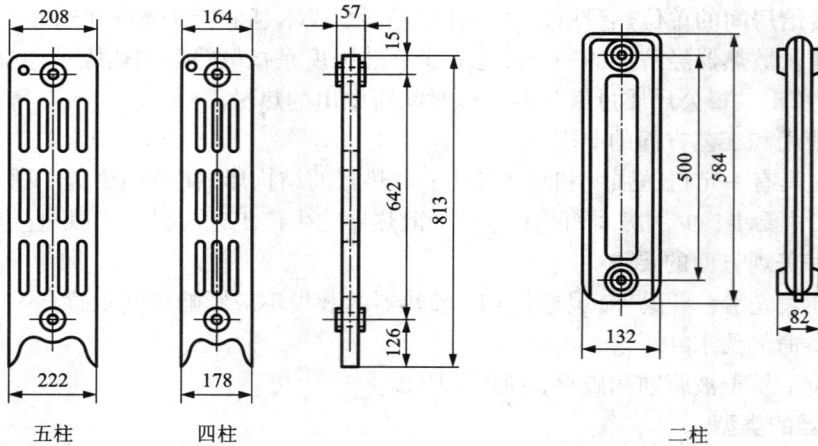

五柱　　　　四柱　　　　　　　　　　　二柱

图 2 − 17 柱型散热器

柱型散热器同翼型散热器相比，传热系数大，外形美观，表面光滑，易于清洗，但制造工艺复杂。用于住宅和公共建筑中。

2）钢制散热器

（1）闭式钢串片散热器

闭式钢串片散热器由钢管、肋片、联箱、放气阀和管接头组成，如图 2 − 18 所示。钢串片为 0.5 mm 厚的薄钢片，串在钢管上。串片两端折边 90℃，形成许多封闭的垂直空气通道，造成烟囱效应,增加对流放热能力。

闭式钢串片散热器体积小、重量轻、承压高、占地小,但是阻力大,不易清除灰尘,钢片易松动。

（2）钢制板式散热器

由面板、背板、对流片、水管接头及支架等部件组成,如图 2－19 所示。

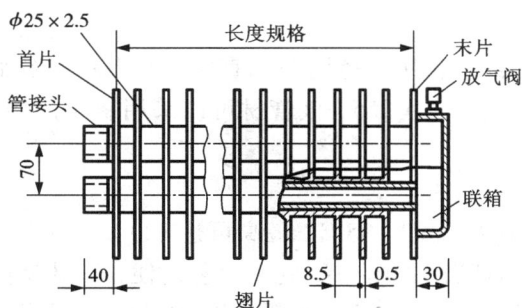

图 2－18　钢串片散热器

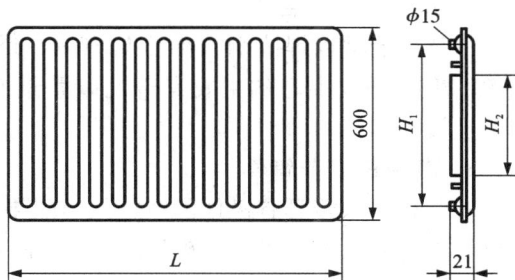

图 2－19　钢制板式散热器

板式散热器外形美观,散热效果好,节省材料,占地面积小,但承压较低。

除上面讲述的散热器外,还有钢制柱形散热器、钢制光面排管散热器,目前又有铝合金散热器面世,这里就不一一介绍。

2. 散热器的组装与连接

1）散热器的组装

每组散热器的片数或长度,应按下列规定进行组装:M－132、钢制柱型不超过 20 片,四柱、五柱型不超过 25 片,长翼型不超过 7 片,圆翼型不超过 4 m,钢串片折边及板式不超过 2.4 m。

2）散热器与支管的连接

散热器与支管的连接方式有同侧和异侧两种。常用散热器与支管的连接方式应符合下列规定:M－132、钢制柱型散热片大于或等于 15 片时,异侧连接片时,同侧连接;四柱、五柱型大于或等于 20 片时,异侧连接片时,同侧连接,板式长度超过 1 m 时,宜异侧连接。

对于圆翼型和光管式,当热水供暖时,上下各排应串联;当蒸汽供暖时,上下各排应并联。

3. 散热器的布置

（1）当房间有外窗时,最好每个窗下设置一组散热器。因为散热器表面散出的热气流容重小而自行上升,这样就能阻止或减弱从外窗下降的冷气流,使流经工作地带的空气比较暖和,使人有舒适感。

（2）当房间没有外窗(如浴室)时,散热器可布置在管道连接和使用方便的地方。

（3）对于多层建筑的楼梯间,散热器的布置是下多上少。这是因为底层的散热器所加热的空气能够自由地上升,从而补偿上部的热损失。

（4）为防止散热器冻裂,双层门的外室和门斗中不宜设置散热器。

（5）在一般情况下,散热器在房间内应明装。当建筑或工艺上有特殊要求时,可在散热器的外面加以围挡或设置在壁龛内。托儿所和幼儿园内的散热器应该暗装或加防护罩。此外，采用高压蒸汽供暖的浴室中，也应将散热器加以围挡，以防烫伤人体。

2.6.2 供暖系统管材

供暖系统常用管材有焊接钢管、无缝钢管、PP－R 管、PE－X 管、铝塑管等，要求具有良好的承压能力和耐热性。

1. 焊接钢管及管件

供暖系统常以焊接钢管为主要管材，俗称黑铁管，其直径用公称直径 DN 表示，例如 DN50。用于管材制造的主要是普通碳素钢 Q215、Q235、Q255，该管材可以采用螺纹连接、法兰连接和焊接。

2. PP－R 管及管件

PP－R 热水管具有极佳的节能保温效果，一般输水温度 95℃，最高可达 120℃，导热系数仅为钢管的二百分之一，寿命长，PP－R 管比钢管送水噪音小，施工工艺简便，管材及管件均采用同一材料进行热熔焊接，施工速度快，永久密封无渗漏。但是 PP－R 管较金属管硬度低、刚性差、线膨胀系数较大，长期受紫外线照射易老化分解。规格表示为：公称外径 (D_e)×壁厚(δ)。PN2.0 管材，主要用于地热采暖输送热水，冷热水管应该分别放置，以防施工中冷热水管混用。

3. 铝塑管

用于采暖工程的铝塑管是一种新型管材，其内外层为特种高密度聚乙烯，中间层为铝合金对接氩弧焊焊接而成，各层经特种胶粘合而成，它集金属管和塑料管的优点为一体，被称为跨世纪的绿色管材。

4. PE－X 管

PE－X 管的耐热性非常好，单根长度较长，适用于低温水地板辐射工程等室内埋地管道施工。

2.6.3 阀门

1. 闸阀

闸阀的闸板按结构特征分为平行闸板和楔式闸板。闸阀密封性好，流体阻力小，操作方便，开启缓慢，在采暖工程中主要用来切断介质的流通和调节流量，被广泛使用。

2. 止回阀

止回阀又称逆止阀或单向阀，利用阀体本身结构和阀前阀后介质的压力差来自动启闭。作用是使介质只作一个定方向的流动，而阻止其逆向流动。根据止回阀的结构不同，可分为升降式(跳心式)和旋启式(摇板式)两种。

3. 减压阀

减压阀的作用是降低设备和管道内的介质压力，满足生产需要压力值，并能依靠介质本身压力值，使出口压力自动保持稳定。常用的减压阀有活塞式、薄膜式和波纹管式。

减压阀组由减压阀、前后控制阀、压力表、安全阀、冲洗管及冲洗阀、旁通管、旁通阀等组成。组装形式有平装和立装两种形式，如图 2－20 所示。

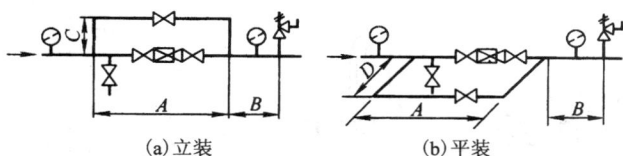

图 2 – 20　减压阀组

（a）立装　　　　　　　（b）平装

4. 安全阀

安全阀用于防止因介质超过规定压力而引起设备和管路破坏。当设备或管路中的工作压力超过规定数值时，安全阀便自动打开，自动排除超过的压力，防止事故的发生。当压力复原后又自动关闭。安全阀按其结构形式可分为杠杆式、弹簧式和脉冲式三类。

弹簧式安全阀按开启高度的不同，可分为微启式和全启式两种。微启式主要用于液体介质的场合，全启式主要用于蒸汽介质的场合。广泛使用的是弹簧式安全阀。

弹簧微启式安全阀的结构如图 2 – 21 所示，它是利用弹簧的压力来平衡内压的，根据工作压力的大小来调节弹簧的压力。

5. 疏水器

疏水阀能自动地、间歇地排除蒸汽管道、加热器、散热器等设备系统中的凝结水，防止蒸汽泄出，同时防止管道中水锤现象发生，故又称阻汽排水器或回水盒。根据疏水阀的动作原理，疏水阀主要有热力型、热膨胀型（恒温型）和机械型三种。

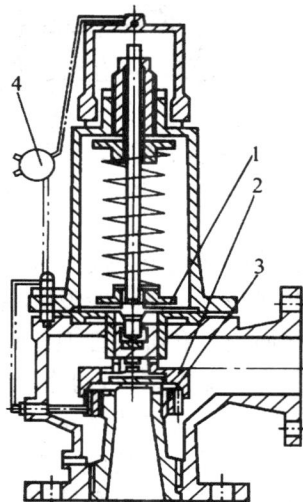

图 2 – 21　弹簧微启式安全阀
1—反冲盘；2—阀瓣式阀盘；
3—阀座；4—铅封

2.6.4　供暖系统辅助设备

1. 膨胀水箱

膨胀水箱是热水供暖系统的重要附属设备之一，用于收贮受热后的膨胀水量，并解决系统定压和补水问题。在有多个采暖建筑的同一供热系统中只能设一个膨胀水箱。膨胀水箱分为开式和闭式。开式膨胀水箱构造简单，管理方便，多用于低温水供暖系统。

1）开式高位膨胀水箱

开式高位膨胀水箱一般用钢板焊制而成，有方形和圆形两种。图 2 – 22 为圆形膨胀水箱。

开式膨胀水箱设置在系统的最高位置，通过水箱底部的膨胀管与系统连接，膨胀管上不得设阀门。上部设置的溢流管是为了控制水箱内的最高水位，溢流管上也不得设阀门，就近引至排水系统。泄水管设在水箱底部，清洗和检修排空时使用，上面装设阀门，通常与溢流管连接在一起。当水箱放在不供暖房间时，为了防止水箱冻结，须设置循环管，循环管也与系统相连，与膨胀管的连接点保持 1.5 ~ 3 m 的距离，以维持水箱中的水能缓缓流动。膨胀水

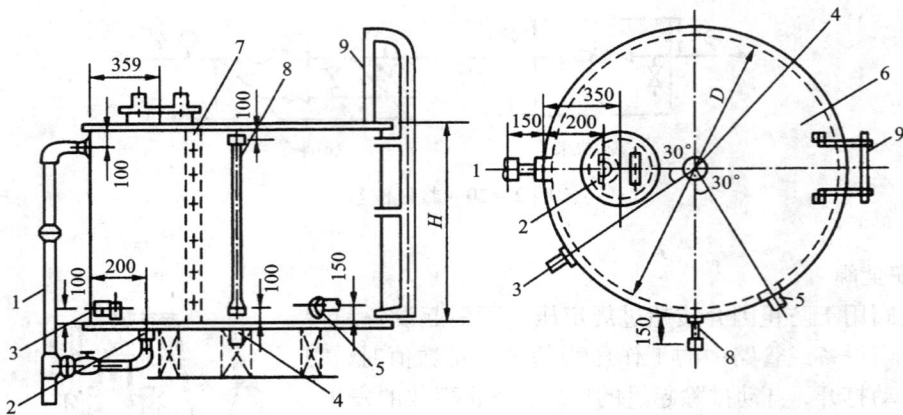

图 2 – 22 圆形膨胀水箱

1—溢流管；2—泄水管；3—循环管；4—膨胀管；5—信号管；6—箱体；7—内人梯；8—水位计；9—外人梯

箱的安装高度应至少高出系统最高点 0.5 m。

开式膨胀水箱一般设置在建筑物最高处的水箱间内，水箱间应保证良好的通风和采光。为了方便安装和维修管理，水箱与墙面应有一定的距离。水箱可用型钢或钢筋混凝土等材料支承。有可能冻结时，水箱与配管应保温。

2）闭式低位膨胀水箱

用气压罐代替高位膨胀水箱时，气压罐的选用应以系统补水量为主要参数选择，一般系统的补水量可按总容水量的 4% 计算，与锅炉的容量配套选用。其工作原理与建筑给水系统的自动给水装置类似。

2. 排气装置

自然循环热水供暖系统主要利用开式膨胀水箱排气，机械循环系统还需要在局部最高点设置排气装置。常用的排气装置有手动集气罐、自动排气罐、手动放气阀等。

1）手动集气罐

手动集气罐可用直径为 100～250 mm 的钢管焊制而成。根据安装形式分为立式和卧式两种。一般应设在系统的末端最高处。

集气罐安装在干管的最高点，水中的气泡随水流一同进入罐内。由于集气罐的直径比连接的管道直径大得多，流入罐内的热水流速降低，水中的气泡便可浮出水面，集聚在上部空间，定期打开阀门放气。采用集气罐排气应注意及时定期排出空气；否则，当罐体内空气过多时会被水流带走。

2）自动排气罐

自动排气罐是依靠水对物体的浮力，自动打开和关闭罐体的排气出口，达到排气和阻水的目的，如图 2 – 23 所示。当罐体内无空气时，系统中的水流入，将浮漂浮起，关闭出口，阻止水流出。当罐内空气量增多，并汇集在上部，使水位下降，浮漂下落，排气口打开排气。气体排出后，浮漂随水位上升，重新关闭排气口。

3）手动放气阀

手动放气阀又称手动跑风，在热水供暖系统中安装在散热器的上端，定期打开手轮，排

132

出散热器内的空气。

3. 除污器

除污器的作用是截留过滤，并定期清除系统中的杂质和污物，以保证水质清洁，减少阻力，防止管路系统和设备堵塞。有立式直通、卧式直通和角通除污器，按国标制作，根据现场情况选用。图 2－24 所示为立式直通除污器。

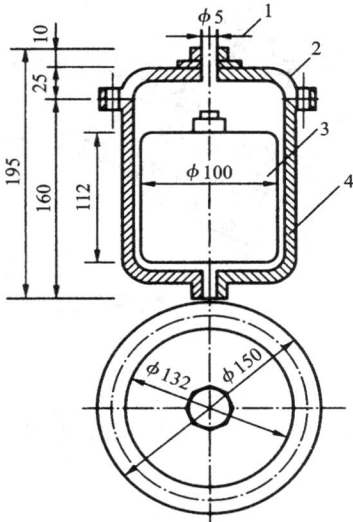

图 2－23　自动排气罐

1—排气孔；2—上盖；3—浮漂；4—外壳

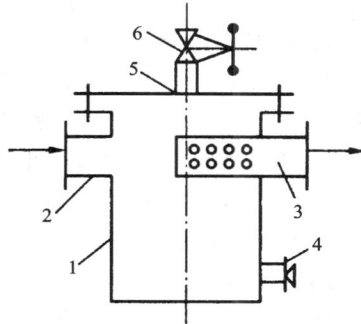

图 2－24　立式直通除污器

1—外壳；2—进水管；3—出水管；
4—排污管；5—放气管；6—截止阀

下列部位应安装除污器：①一般安装在采暖系统入口的供水管上；②循环水泵的吸水口处；③各种换热设备之前；④各种小口径调压装置，以及避免造成可能堵塞的某些装置前。

除污器后应装阀门，并设置旁通管，在排污或检修时临时使用。

4. 散热器温控阀

散热器温控阀是一种自动控制散热器散热量的设备，可根据室温与给定温度之差自动调节热媒流量的大小，安装在散热器入口管上。它主要应用于双管系统，在单管跨越式系统中也可应用。这种设备具有恒定室温、节约热能的特点，在欧洲国家中使用广泛，我国也已有定型产品。如图 2－25 所示。

5. 补偿器

各种热媒在管道中流动时，管道受热而膨胀，故在热力管网中应考虑对其进行补偿。采暖管道必须通过热膨胀计算确定管道的增长量。

图 2－25　散热器温控阀

补偿器有方形补偿器、套管补偿器和波纹管补偿器等。

当地方狭小，方形补偿器无法安装时，可采用套管式补偿器或波纹管补偿器。但套管补偿器易漏水漏汽，宜安装在地沟内，不宜安装在建筑物上部；波纹管补偿器材质为不锈钢，

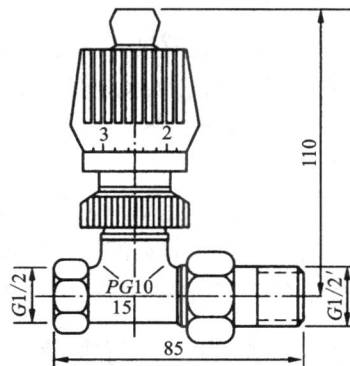

133

补偿能力大，耐腐蚀，但造价高。

6. 平衡阀

平衡阀可有效地保证管网静态水力及热力平衡，它安装于小区室外管网系统中，消除小区内个别住宅楼室温过低或过高的现象，同时，可达到节约煤和电的目的。

平衡阀的工作原理是通过改变阀芯与阀座的开度间隙来改变流体流经阀门的阻力，达到调节流量的目的，它相当于一个局部阻力可以调节的节流元件。图 2-26 所示为自动平衡阀。所有要求保证流量的管网系统中都应设置平衡阀，每个环路中只需要设一个平衡阀，安装在供水或回水管上，且不必再设其他起关闭作用的阀门。

平衡阀适用的场合：①锅炉或冷水机组水流量的平衡；②热力站的一、二次环路水流量的平衡；③小区供热管网中各幢楼之间水流量的平衡；④室内采暖或空调水力系统中水流量的平衡。

图 2-26　自动平衡阀

7. 分水器、集水器和分汽缸

当需要从总管接出两个以上分支环路时，考虑各环路之间的压力平衡和使用功能的要求，宜用分水器、分汽缸和集水器。

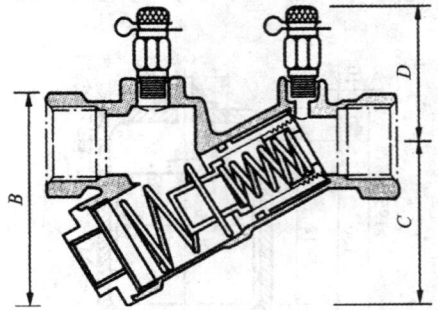

2.7　供暖系统的布置和施工

2.7.1　管网的布置原则

（1）在布置供暖管道之前，首先应根据建筑物的使用特点及要求，确定供暖系统的种类（是热水供暖还是蒸汽供暖）和形式（是上供下回式还是下供下回式，是单管式还是双管式等）。然后根据所选用的供暖系统的种类及锅炉房的位置进行室外供热管道的布置。布置室内管道时，先布置散热器，然后依次布置总立管、供水干管（蒸汽干管）、供水立管（蒸汽立管）、散热器支管、回水立管（凝水立管）、回水干管（凝水干管）。

（2）一般住宅、公共建筑和工业厂房采用明装。高级住宅、宾馆、展览馆及幼儿园等采用暗装。

（3）供暖管道沿墙、梁、柱、天棚、地板平行敷设，管路尽量短、简单，便于安装维修，热水供暖时便于排气，蒸汽供暖时便于排出（4）凝结水，并尽量照顾美观。

要求各并联环路的阻力损失易于平衡。

2.7.2　管网的布置与敷设

供暖系统的引入口宜设置在建筑物热负荷对称分配的位置，一般宜在建筑物中部。系统应合理地设若干支路，而且尽量使各支路的阻力易于平衡。

1. 供水（供汽）干管和回水（凝水）干管

（1）在上供下回式系统中，当建筑物的宽度 $b \leqslant 10$ m 时，供水干管布置在屋顶的中央；当

建筑物的宽度 $b > 10$ m，供水干管布置在屋顶的两侧。

（2）在上供下回式系统中，供水（蒸汽）干管可敷设在闷顶内或顶棚下边，平屋顶可敷设在管槽内。

（3）回水（凝水）干管可敷设在最下一层的地面上或管沟中，或吊在地下室的顶板下。经过门时设过门地沟，注意回水干管的坡度和在最低处设排水丝堵，如图 2 - 27 所示。凝水干管过门应设空气绕行管和放气阀，如图 2 - 28 所示。

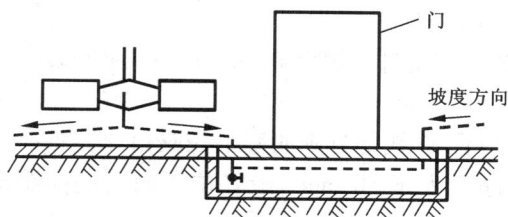

图 2 - 27　热水供暖系统回水干管过门

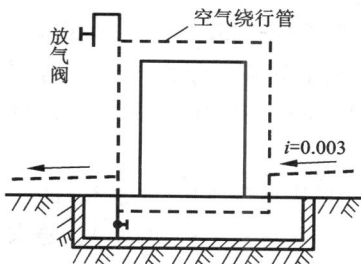

图 2 - 28　凝水干管过门

（4）管沟内蒸汽干管很长，而管沟高度又有限，为保持应有的坡度，可在某处升高，并设疏水器，以排出前一段管道中的沿途凝结水，如图 2 - 29。

2. 立管

（1）立管布置在窗间墙处、墙的转角处尤其是两面外墙的转角处，楼梯间的立管应单独设置。

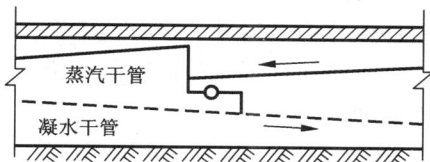

图 2 - 29　蒸汽干管升高处的处理方法

（2）立管与水平干管的连接方式：明装用乙字弯，暗装用弯头。立管过天棚、地板、墙时加套管。

（3）在垂直系统中，立管与散热器的连接，用乙字形管以螺纹连接。散热器支管应有1%的坡度流动方向。

（4）多层建筑中的管井或沟槽，应在每层加隔板将空气隔升。

上供下回系统中的膨胀水箱设置在闷顶内，或平屋顶上专设的小屋内；下供下回系统中的膨胀水箱可置于楼梯间上面的平台上。

在下供下回式热水供暖系统中，用空气管和集气罐或用装在散热器上的放气阀排出系统中的空气。空气管通常装在最高层房间的顶棚下面，沿外墙布置。集气罐宜放在储藏室、厕所、厨房或楼梯间等处。集气罐上的排气管应引至有下水道的地方。

管道上应设阀门处：①供暖引入口的供、回热管道上；②各分支干管的始端；③供、回水立管的上、下端；④双管式或单管跨越式系统中散热器的支管上。

2.7.3　供暖系统的安装施工

1. 安装一般要求

（1）在安装前，按设计要求检查规格、型号和质量。

（2）安装中断或安装完后，各敞口应该临时封闭，以免管道堵塞。

（3）供暖管道安装，管径大于 32 mm 宜采用焊接或法兰连接。

（4）管道穿过基础、墙壁和楼板，应配合土建施工预留孔洞。

（5）安装管道时，应有坡度。

（6）在其最高点或最低点应分别安装排气或泄水装置。

（7）管道过墙或楼板，应该设置铁皮套管或钢套管。

（8）水平管道纵、横方向弯曲，立管垂直度，成排管段和成排阀门安装允许偏差须符合规范规定。

（9）管径 DN≤32 mm 不保温采暖双立管道，两管中心距应为 80 mm，允许偏差为 5 mm。热水或蒸汽立管应置于面向的右侧，回水立管则置于左侧。

（10）在同一房间内，安装同类型的采暖设备及管道配件，除特殊要求者外，应安装在同一高度上。

（11）明装钢管成排安装时，直管部分应相互平行，曲线部分则曲率半径应相等。

（12）管道支架附近的焊口，要求焊口距支架净距大于 50 mm，最好位于两支座间距的 1/5 位置上，在这个位置上的焊口受力最小。

（13）采暖系统安装完后，在使用前，应该用水冲洗，直到冲洗干净为止。

2. 室内供暖管道安装

1）主立管的安装

检查各层楼板上预留管洞的位置和尺寸→主立管自下而上逐层安装→用管卡将主立管固定在支架上。

2）干管的安装

埋设支架→管道吊装就位→管道对口连接→检查、调整管道的坡向，并固定管道于支架上。

3）支立管的安装

确立支立管的位置→确立支间管下料长度→安装立管卡和支立管。

4）散热器横支管的安装

在横支管上设乙字弯，散热器支管应有坡度，安装可拆卸的连接件，过墙时应加设套管且支管接头不准在墙内；在支管上安装阀门时，在靠近散热器侧应与可拆卸件连接，以便于检修。

3. 散热器的安装

安装前散热器片的质量检查。

散热器片的除锈及刷油。

散热器的组对：

散热器的组对，常在特制的组对架或平台上进行。散热器组对用的工具，称为散热器钥匙。它是用 $\phi25$ mm 圆钢锻制而成的。两片散热器的连接件是对丝，其外螺纹制成一半是正丝（右螺纹）的，另一半是反丝（左螺纹）的，其规格为 DN32 mm。还需选配好以下材料，如散热器补芯（内外丝）、丝堵及垫片等，以备使用。

散热器试压：试压装置→试压过程。

散热器就位固定：散热器位置确定→栽埋散热器托钩→安装散热器。

4. 供暖系统清洗

室内供暖系统安装完毕后，在管路试压前，应进行供暖系统清洗，以去除杂物。

清洗前应将管路上的流量孔板、滤网、温度计、止回阀等部件拆下，清洗后再装上。

热水供暖系统用清水冲洗，如系统较大，管路较长，可分段冲洗。清洗到排水处水色透明为止。

蒸汽供暖系统可用蒸汽吹洗，从总气阀开始分段进行，一般设一个排气口，排气管接到室外安全处。吹洗过程中要打开疏水器前的冲洗管或旁通路阀门，不得使含污的凝结水通过疏水器排出。

5. 供暖系统试压

1）试压目的

检查管路的机械强度与严密性。室内供暖系统试压，可以分段试压，也可以整个系统试压。

2）试验压力

采暖系统的试验压力一般按设计要求进行，若设计无明确规定时，可按下列规定执行：

（1）系统工作压力≤0.07 MPa 的蒸汽采暖系统，应以系统顶点工件压力的 2 倍做水压试验，同时在系统低点不得小于 0.25 MPa。

（2）热水采暖系统或工作压力超过 0.07 MPa 的蒸汽采暖系统，应以系统顶点工作压力加 0.1 MPa 做水压试验，同时在系统顶点的试验压力不得小于 0.3 MPa。

（3）采暖系统做水压试验时，其系统低点若大于散热器所能承受的最大压力，则应分层作水压试验。

3）试压准备

试压前，在试压系统最高点设排气阀，在系统最低点装设手压泵或电泵。打开系统中全部阀门，但须关闭与室外系统相通的阀门。对热水采暖系统水压试验，应在隔断锅炉和膨胀水箱的条件下进行。

4）试压过程

（1）注水排气：试压时，先通过自来水管向试压系统由下向上注水，待系统最高点处的排气阀出水后，暂停不注水。过数分钟后，若排气阀处水位下降再行注水排气。反复数次，直至系统空气排尽。

（2）加压检漏：当加压到试验压力的一半时，暂停加压，对系统管道进行检查，无异常情况，再继续加压，并继续检查。当压力升至试验压力后，停止加压，保持 10 min，如管道系统正常，且 5 min 内压力降不大于 0.02 MPa，则系统强度试验合格。然后将压力降至工作压力，进行系统的严密性能试验，各接口无渗漏即可将水排放干净。检查过程中若有小的渗漏，可做好标记，待放水泄压后修好，再重新试压，直至合格。

2.7.4　地板辐射采暖的施工要求

地板辐射采暖施工对不供暖房间相邻的楼板上部和住宅楼板上部的地板加热管之下，以及辐射供暖地板沿外墙的周边，应铺设隔热层。隔热层采用聚苯乙烯泡沫塑料板时，厚度宜按下列要求：

保温层 20 mm，地热管以上填充层宜采用细石混凝土填充覆盖，加热管上的填充层应铺设 2 mm 直径的钢筋网，间距为 100～150 mm，此时填充层不应小于 30 mm。地面采暖的检验、调试与验收地面采暖辐射供暖系统，从加热管道敷设和热媒集配装置安装完毕进行试压起，至混凝土填充层养护期满保压施工。

(1) 水压试验之前，应对试压管道和构件采取安全有效地固定和保护措施。

(2) 试验压力应不小于系统静压加 0.3 MPa，但不得高于 0.6 MPa。

(3) 冬季进行水压实验时，应采取可靠的防冻措施。

水压试验应按下列步骤进行：

(1) 经分水器缓慢注水，同时将管道内空气排出。

(2) 充满水后，进行水密性检查。

(3) 采用手动泵缓慢升压。

(4) 升压至规定试验力后，停压，稳压 1 h，观察有无漏水现象。

(5) 稳压 1 h 后，补压至规定试验压力值，15 min 内的压力降不超过 0.05 MPa 无渗漏合格。地面采暖系统未经调试，严禁运行使用。调试工作由施工单位在工程使用单位配合下进行。调试时初次通暖应缓慢升温，先将水温控制在 25～30℃ 范围内运行 20 h 左右，以后 24 h 内可使水温达到正常范围。

地面采暖的竣工验收：

1) 竣工验收时，应具备下列条件：

(1) 施工图和设计变更文件。

(2) 中间调试记录和隐藏工程记录。

2) 竣工验收标准符合以下规定，方可通过验收：

(1) 竣工质量符合设计要求和本规程的有关规定。

(2) 管道和构件无渗漏。

(3) 阀门开启灵活、关闭严密。

3) 验收、调试和竣工验收，均应做好记录、签署文件立案归档。

1. 施工应具备条件

(1) 设计图纸以及其他技术文件齐全，地暖施工方和装潢公司的施工队已进行技术交流；

(2) 施工用水、电、材料储放场地临时设施；

(3) 墙面已抹灰，地面找平层已做；

(4) 按设计要求对管路、管件及配套材料进行检查，均符合要求

2. 施工程序及技术要求

以下为干式地板安装的施工程序：

(1) 安装锅炉，确定位置（客户指定/工程人员自行设计），得到客户认可；

(2) 安装分水器，固定在墙壁或专用箱内，将分水器安装在下，集水器在上；

(3) 连接分水器与燃气锅炉；

(4) 在找平层底面上铺设保温材料，铺设平整，搭接严密。除卡钉穿越外，不得有其他损坏；

(5) 铺设干式地板模块

(6) 敷设 PEX 加热管。地暖辐射管间距 20cm，整个铺设高度为 5cm，地板内没有接头；

(7) 地暖管与分水器连接，采用专用卡箍式连接加热管末端。设置套管，以防止局部损

伤,并增加美感;

(8)地暖管与分水器牢固连接后,对每一通路逐一进行检查,清除管内异物;

(9)铺设干式地板采暖专用盖板,用卡钉固定。

3. 地暖应铺设何种地面材料?

(1)地砖、大理石。传热效果好。

(2)复合地板和实木复合地板。传热效果较好,视觉效果也好。

(3)不宜铺设普通木地板和地毯,原因是传热效果差,而且普通木地板有受热变形的危险。

4. 地暖有何关键部件?

(1)热源:全自动低温热水采暖锅炉;

(2)分水器和连接管路;

(3)地面工程(包括管道和保温等);

(4)控制系统(包括房间温控器、热电控制阀和温控中心,以及流量调节装置等);

5. 在采用地板辐射采暖时,家具布置有何特殊要求?

(1)地暖时家具不宜紧贴地面布置,这样对辐射传热不利,可能会引起房间温度达不到设计值。家具底面应高出地板 5 cm 左右。

(2)地板承重不应过大,否则应在设计上采取适当措施。

6. 在验收地暖系统时应注意什么问题?

(1)所有设备、材料应为正规厂家生产,有合格证、质保书;

(2)设计、施工的专业性考察。设计师应为暖通专业人员,施工队应为专业的施工队;

(3)应有严格的施工安装步骤和质量控制措施;

(4)锅炉安装应牢固、可靠;

(5)绝热聚苯板应放置平稳,绝热发泡垫铺设应平整、无褶皱,管道布置应平直,间距合理;

(6)管道安装完毕后应进行压力试验(试验压力 $\geqslant 6 \times 10^5$ Pa);

(7)在施工结束后,服务商应提供完整的工程档案。

7. 如何选用地暖专用地板

低温地板采暖的工况比较复杂,每年的采暖期长达四个多月,作为地面材料的木地板的使用年限较长(大于 10 年),木地板要经过反复的受热、冷却,膨胀、干缩,这就要求地板必需具备较好的性能。

实木地板是使用原木经简单烘干加工制成。由于木材具有各向异性的特点,决定了木材是一种非常难以驯服、性能极不稳定的材料,随着自然环境的改变发生干缩、开裂、变胀等变形现象。在北京四季分明,温度、湿度变化明显,冬天干,夏天潮,自然气候变化明显的情况下,在非地暖情况实木地板也会出现一些开裂、收缝等意外的质量事故;在地暖工况出现问题的概率比非地暖的工况高得多,建议用户选择实木地板时三思而行。普通强化地板由速生材经粉碎成木屑加粘合剂高压压制的中密度板,吸水膨胀非常明显,夏天在商场、办公室、家等地方都能看到起拱或裂缝的强化地板。在地暖工况下,地板的最小含水率低于 4.5%,而夏天吸潮后含水率高于 20%,所以强化地板起拱或裂缝的现象比比皆是。

8. 如何选购地暖地板? 选购地暖地板要注意以下几方面。

首先选择专用地暖地板。在日本地暖地板和非地暖房地板有严格的界限范围,非地暖地板最好不要使用在地暖上。市场上凡是木地板都敢说可以用在地暖上,有许多工厂的技术人员连地暖是什么样都没见过,更别说地暖的工作原理都不清楚,就敢告诉顾客可以做地暖专用。诚然有许多非地暖地板在地暖上使用短期内也是出不了大问题的,可是我们买地板决不是仅用两、三年就不用了,一般顾客都希望十年以上,所以一定要选择地暖的专一性。

注意地板的厚度。地暖的工作原理是通过低温辐射传递热能,木材纤维孔有绝热的作用。地板不能太厚,当厚度超过 14 mm 的时候辐射热能就很难达到地板表层,热能利用率低,取暖效果就差,不经济。地板太薄储热效果太差,容易造成室内温差。

注意地板热阻系数适中的地板。热阻系数与蓄能成正比,与传热效果成反比。热阻系数越大地板传热效果越差。

注意使用地点的气候、环境湿度,选择变形系数小的地板作为地暖地板。

注意地板表层必须要抗开裂。地暖地板在长期的冷热涨缩中,如果不具备抗开裂的功能,地板很快就会出现龟裂等问题。

2.8 建筑供暖热负荷简介

2.8.1 热负荷

在设计供暖系统之前,必须确定供暖系统的热负荷,即供暖系统应当向建筑物供给的热量。在不考虑建筑得热量的情况下,这个热量等于寒冷季节内把室温维持在一定数值时,建筑物的耗热量。如考虑建筑的得热量,则热负荷就是建筑物耗热量与得热量之差值。

对于一般民用建筑和产生热量很少的车间,在计算供暖热负荷时,不考虑得热量而仅计算建筑物的耗热量。

建筑物的耗热量由两部分组成:一部分是通过围护结构即墙、顶棚、地面、门和窗,由室内传到室外的热量;另一部分是加热通过门窗缝隙和外门开启进入到室内的室外冷空气所需要的热量。房屋耗热的途径:

1. 通过围护结构传向室外的热量 Q_1

建筑围护结构是指门、窗、墙、地板、屋面这些建筑围挡物。有温差就有传热,冬季由于室内外温度不同,室内的热量通过对流、辐射、导热的方式,经围护结构传向室外。这部分传热量用 Q_1 来表示,其传热过程如图 2-30 所示。

2. 冷空气渗入耗热量 Q_2

冬季,在室外风力的作用下,冷空气会通过门窗缝隙渗入室内。将这部分渗入室内的冷空气加热到室内温度所消耗的热量叫作冷空气渗入耗热量,用 Q_2 来表示。

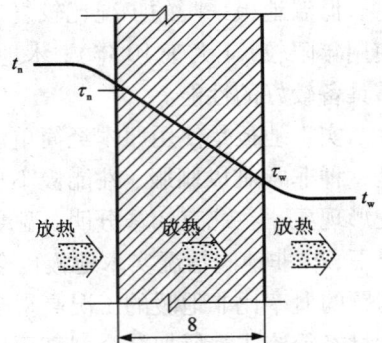

图 2-30 传热过程

3. 外门冷风侵入耗热量 Q_3

计算外门的传热量时是按照关闭状态进行的，而实际建筑外门是经常开启的。当外门开启时，在风力和热压的作用下，会有大量的冷空气拥入室内，将这部分冷空气加热到室内温度所消耗的热量称为冷风侵入耗热量，用 Q_3 来表示。

由以上分析得知，供暖系统热负荷就等于房间的总耗热量，即 $Q = Q_1 + Q_2 + Q_3$。

正确计算出建筑物的耗热量是设计供暖系统的第一步。但由于确定建筑物耗热量值的某些因素例如室外空气温度、日照时间和照射强度以及风向、风速等都是随时间而变的，就使经过建筑围护结构的传热过程成为复杂的不稳定传热过程。因为热流随时都在变化，因此要把建筑物的耗热量计算得十分准确是较为困难的。在工程计算上，常将各种不稳定因素加以简化，而用稳定传热过程的公式计算建筑物的耗热量。

2.8.2　围护结构的基本耗热量和附加耗热量

1. 围护结构的基本耗热量

当室内外存在温差时，围护结构将通过导热、对流和辐射三种传热方式将热量传至室外。在稳定传热条件下，通过围护结构的传热量为

$$Q = K \cdot F \cdot (t_n - t_w) \cdot a \qquad (2-4)$$

式中：Q 为建筑物各部分围护结构的基本耗热量，W；K 为建筑物各部分围护结构的传热系数，$W/(m^2 \cdot \text{℃})$；t_n 为冬季室内供暖计算温度，℃；t_w 为冬季室外供暖计算温度，℃；F 为围护结构传热面积，m^2；a 为围护结构的温差修正系数。

为了正确地计算围护结构的传热量，下面将公式中各项逐一介绍。

1）室内供暖计算温度 t_n

t_n 是供暖必须保证的室内温度，它是指房间距地面 1.5～2 m 之内人活动区的空气平均温度，在计算中如何确定，主要取决于建筑物的性质与用途。常用的民用及公共建筑以及工业辅助建筑的室内供暖计算温度见暖通设计规范。

2）室外供暖计算温度 t_w

由公式 $Q = K \cdot F \cdot (t_n - t_w) \cdot a$ 可以看出，通过围护结构的传热量是与室内外温度差成正比的，而室外温度又是时刻变化着的，计算供暖热负荷时，必须要取一个有代表性的温度，这一温度就称作室外供暖计算温度。目前，我国《采暖通风与空气调节设计规范》（GBJ—1987）规定采用历年平均每年不保证五天的日平均温度作为冬季室外供暖计算温度。

3）温差修正系数 a

在计算某一围护结构的耗热量时，如果它的外侧不是室外，而是一些不供暖的房间或空间，由于冷房间的温度难以确定，仍用 t_w 来代替，这时对温差 Δt 要乘以一个根据经验而决定的修正系数 $a(a < 1)$。供暖房间与相邻房间的温差大于5℃时，应计算相邻结构的传热量。

4）围护结构的传热系数 K 值

外墙、屋面以及门窗都属于多层或单层平壁，其传热在整个传热面上是均匀的，其传热系数的确定可利用传热系数公式计算或查有关的传热系数表。

地板的传热与以上结构不同，靠近室外的地面由于热流经过的路程短，热阻小，而距

外墙较远的地面，其热阻大，传热系数就小，所以地板的传热系数与其距外墙的距离有关。一般可将地面沿外墙平行向里划分地带，每两米宽为一地带，共划分四个地带。各地带传热系数为：第一地带 $K_1 = 0.47$ W/(m²·℃)；第二地带 $K_2 = 0.23$ W/(m²·℃)；第三地带 $K_3 = 0.12$ W/(m²·℃)；第四地带 $K_4 = 0.07$ W/(m²·℃)。上述为非保温地板的传热系数值。

地板分保温地板与非保温地板两种。当地板各层材料的总导热系数 $\lambda < 1.16$ W/(m²·℃) 时，即为保温地板，由于加了保温材料，保温地板的传热系数比非保温地板的要小。

5）围护结构的传热面积 F

围护结构的传热面积要根据建筑图纸所给尺寸进行计算，原则就是要计算完整。一般门窗以最小洞口尺寸计算，外墙、地板、屋面是以轴线或内外表面尺寸计算。

2. 附加耗热量

附加耗热量又叫修正耗热量，是对基本耗热量的修正。一般按基本耗热量乘以一个百分率进行计算。其中包括朝向附加、风力附加和高度附加。

1）朝向附加

围护结构朝向不同，所获得太阳辐射热不同，获得热量的结构由于外表面比较干燥，传热减小。实测知南向比北向结构多得太阳辐射热占总耗热量的 15%～30%。实际上朝向修正是对围护结构传热的修正，不同朝向的修正率规范中作如下规定：

　　　北、东北、西北　　　　　0%～10%

　　　东、西　　　　　　　　　-5%

　　　东南、西南　　　　　　　-10%～-15%

　　　南　　　　　　　　　　　-15%～-30%

朝向附加，要在垂直围护结构的基本耗热量上进行修正。

2）风力附加

考虑到冬季室外风速的变化对围护结构外表面放热系数 a_w 的影响，而导致传热系数 K 和传热量的变化，《采暖通风与空气调节设计规范》规定：建造在不避风的高地、河边、海岸、旷野上的建筑物，以及城镇、厂区特别高的建筑物，予以风力附加，其附加方法是在垂直外围护结构基本耗热量上附加 5%～10%。

3）高度附加

当房间高度较大时，由于对流作用使热空气上升而工作地点温度不能保证，所以高度附加实际是对 t_n 的修正。《采暖通风与空气调节设计规范》规定：当房间高度大于 4 m 时，每增高 1 m 附加 2%，但总的附加率不大于 15%。楼梯间不进行高度附加。高度附加应附加在外围护结构的基本耗热量和其他附加耗热量之上。

3. 围护结构的附加(修正)耗热量

围护结构的基本耗热量，是在稳定条件下，按公式(3-4)计算得出的。实际耗热量会受到气象条件以及建筑物情况等各种因素影响而有所增减。由于这些因素影响，需要对房间围护结构基本耗热量进行修正，这些修正耗热量称为围护结构附加(修正)耗热量。通常按基本耗热量的百分率进行修正。附加(修正)耗热量有朝向修正耗热量、风力附加耗热量和高度附加耗热量等。

1）朝向修正耗热量

朝向修正耗热量是考虑建筑物受太阳照射影响而对围护结构基本耗热量的修正。当太阳照射建筑物时，阳光直接透过玻璃窗，使室内得到热量。同时由于向阳面的围护结构较干燥，外表面和附近气温升高，围护结构向外传递热量减少。采用的修正方法是按围护结构的不同朝向，采用不同的修正率。需要修正的耗热量等于垂直的外围护结构（门、窗、外墙及屋顶的垂直部分）的基本耗热量乘以相应的朝向修正率。

《采暖通风与空气调节设计规范》规定：宜按下列规定的数值，选用不同的朝向修正率。

北、东北、西北朝向 0

东、西朝向 −5%

东南、西南朝向 −10% ~ −15%

南向 −15% ~ −25%

选用上面朝向修正率时，应考虑当地冬季日照率和建筑物被遮挡等情况。对于冬季日照率小于35%的地区，东南、西南和南向修正率宜采用−10% ~0%，其他朝向可不修正。

2）风力附加耗热量

风力附加耗热量是考虑室外风速变化而对围护结构基本耗热量的修正。在计算围护结构基本耗热量时，外表面换热系数 a 是对应风速约为 4 m/s 的计算值。我国大部分地区冬季平均风速为 2 ~3 m/s。因此，《采暖通风与空气调节设计规范》规定：在一般情况，不必考虑风力附加。只对建在不避风的高地、河边、海岸、旷野上的建筑物以及城镇、厂区内特别高的建筑物，才考虑垂直外围护结构附加5% ~10%。

3）高度附加耗热量

高度附加耗热量是考虑房屋高度对围护结构耗热量的影响而附加的耗热量。《采暖通风与空气调节设计规范》规定：民用建筑和工业辅助建筑（楼梯间除外）的高度附加率，当房间高度大于4 m时，每高出1 m应附加2%，但总的附加率不应大于15%。应注意：高度附加率，应附加在房间各围护结构基本耗热量和朝向修正耗热量、风力附加耗热量的总和之上。

2.8.3　冷风渗透耗热量及冷风侵入耗热量

1. 冷风渗透耗热量

在风压和热压造成的室内外压差作用下，室外的冷空气通过门窗等缝隙渗入室内，把这部分冷空气从室外温度加热到室内温度所消耗的热量，称为冷风渗透耗热量 Q_2。冷风渗透耗热量，在设计热负荷中有不小的份额。

影响冷风渗透耗热量的因素很多，如门窗构造、门窗朝向、室外风向和风速、室内外空气温差、建筑物高低以及建筑物内部通道状况等。总的来说，对于多层（六层及六层以下）的建筑物，由于房屋高度不高，在工程设计中，冷风渗透耗热量主要考虑风压的作用，可忽略热压的影响。对于高层建筑，则应考虑风压与热压的综合作用。

计算冷风渗透耗热量的常用方法有缝隙法、换气次数法和百分数法。

2. 冷风侵入耗热量

在冬季由于受风压和热压的作用，冷空气由开启的外门侵入室内。把这部分冷空气加热到室内温度所消耗的热量称为冷风侵入耗热量。

2.8.4 建筑热负荷的估算方法

供暖热负荷的计算是根据建筑施工图进行的，但在进行初步设计时往往还没有建筑施工图纸，为了估算出建筑物的供暖负荷，以便进行设备选型和订货，通常是用建筑热指标来进行估算。

通过对已经运行的同一类型建筑物的调查、研究和实测，可得到单位面积的耗热量，我们将其用 q_F 来表示，称为建筑面积热指标。

$$q_F = \frac{Q}{F} \tag{2-5}$$

式中：q_F 为面积热指标，W/m^2；Q 为所调查建筑的实际耗热量，W；F 为建筑物的建筑面积，m^2。

此时即可根据建筑面积热指标估算出同一类型新建建筑的供暖热负荷：

$$Q = q_F \cdot F \tag{2-6}$$

式中：Q 为新建建筑的供暖热负荷，W；q_F 为面积热指标，W/m^2；F 为新建建筑的建筑面积，m^2。

按建筑面积计算，常用面积热指标可参考表 2-1 中的数值。

表 2-1　不同类型建筑物的面积热指标推荐值

建筑物类型	面积热指标/($W \cdot m^{-2}$)		建筑物类型	面积热指标/($W \cdot m^{-2}$)	
	无节能措施	有节能措施		无节能措施	有节能措施
住宅	45～64	40～45	商店	65～80	55～70
居住区综合	60～70	45～55	食堂、餐厅	115～140	100～130
办公楼、学校	60～80	50～70	影剧院	95～115	80～105
医院、幼儿园	65～80	55～70	礼堂、体育馆	115～165	100～150
旅馆	60～70	50～60			

当总建筑面积大，外围护结构热工性能好，外窗面积小，冬季室外供暖计算温度较高时，采用较小的指标；反之，则采用较大的指标。

用热指标法估算建筑物的供暖热负荷，宜用于初步设计或规划设计，不宜用于施工设计。

复习思考题

1. 供暖系统是如何进行分类的？
2. 供暖系统由哪几部分组成？
3. 自然循环热水供暖系统的工作原理是什么？
4. 机械循环热水供暖系统的主要形式有哪些？各有何特点？

5. 低压蒸汽采暖系统有何特点？

7. 散热器有哪些种类？各有何特点？

7. 散热器布置与安装有何要求？

8. 膨胀水箱有几种？有何作用？

9. 排气装置有几种？有何作用？

10. 除污器有几种？有何作用？

11. 温控阀有何作用？

12. 低温热水地面辐射采暖有何特点？

模块三　建筑通风与空气调节工程

3.1　通风系统

3.1.1　通风系统的作用和任务

1. 通风系统的作用

通风是为改善生产和生活条件，采用自然或机械的方法，对某一空间进行换气，以形成安全、卫生等适宜空气环境的技术。换句话说，通风是利用室外空气(称新鲜空气或新风)来置换建筑物内的空气(称室内空气)以改善室内空气品质。通风的主要功能有：提供人呼吸所需要的氧气；稀释室内污染物或气味；排除室内生产过程产生的污染物；除去室内多余的热量(称余热)或湿量(称余湿)；提供室内燃烧设备燃烧所需要的空气。建筑中的通风系统，可能只能完成其中的一项或几项任务。其中利用通风除去室内余热与余湿的功能是有限的，它受室外空气状态的限制。

根据服务对象的不同，通风可以分为民用建筑通风和工业建筑通风。民用建筑通风是对民用建筑中人员活动所产生的污染物进行治理而进行的通风。工业建筑通风是对生产过程中的余热、余湿、粉尘和有害气体等进行控制和治理而进行的通风。

2. 室内外污染物的来源与危害

1)室外污染物

室外污染物主要是指工业生产中散发的悬浮微粒、有害蒸气和气体、余热和余湿。

悬浮微粒是指分散在大气中的固态或液态微粒，包括烟尘、灰尘、烟雾、雾等，其中最主要的是烟尘和粉尘。

烟尘是燃料和其他物质燃烧的产物，粒径范围约为 $0.01 \sim 1~\mu m$，通常由不完全燃烧所形成的煤黑、多环芳烃化合物和飞灰等组成，为凝聚性固态微粒，以及液态粒子和固态粒子因凝积作用而生成的微粒。所有固态分散性微粒称为灰尘，粒径为 $10 \sim 200~\mu m$ 的称"降尘"，粒径在 $10~\mu m$ 以下的称"飘尘"。

粉尘是指能在空气中悬浮的、粒径大小不等的固体微粒，是分散在气体中的固体微粒的通称。

粉尘和烟尘的来源主要有以下几个方面：①矿物燃料的燃烧，如锅炉燃料的燃烧。②机械工业中的铸造、磨削与焊接工序，如砂轮机的磨光照、抛光机的抛光过程等。③建材工业中原料的粉碎、筛分、运输，如水泥的生产和运输。④化工行业中的生产过程，如石油炼制、化肥的生产等。⑤物质加热时产生的蒸汽在空气中凝结或被氧化的过程，如铸铜时产生的氧化锌。

任何粉尘都要经过一定的扩散过程，才能以空气为媒介与人体接触。粉尘从静止状态变成悬浮于周围空气的过程，称"尘化"作用。常见的尘化作用主要有：①诱导空气造成的尘化作用,如图 3 - 1。②热气流上升造成的尘化作用。③剪切造成的尘化作用,如图 3 - 2。④综合性的尘化作用,如图 3 - 3。

通常把上述各种尘粒由静止状态进入空气中浮游的尘化作用称为一次尘化作用,引起一次尘化作用的气流称为一次尘化气流。造成粉尘进一步扩散,污染车间空气环境的主要原因是室内的二次气流,即由于通风或冷热气流所形成的室内气流,如图 3 - 4 所示。二次气流带着局部地点的含尘空气在整个车间内流动,使粉尘散布到整个车间,二次气流的速度越大,作用也越明显。由此可见,粉尘是依附于气流而运动的,只要控制室内气流的流动,就可以控制粉尘在室内的扩散,改善车间空气环境。

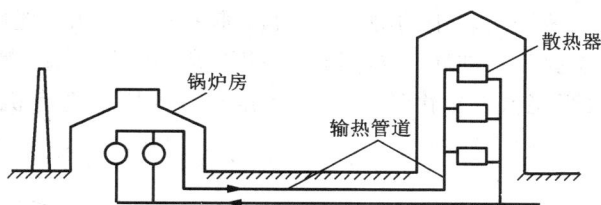

图 3 - 1　诱导空气造成的尘化作用(块、粒状物料运动时)

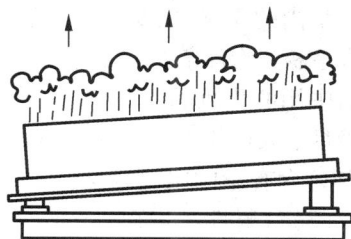

图 3 - 2　剪切压缩造成的尘化作用

图 3 - 3　综合性的尘化作用

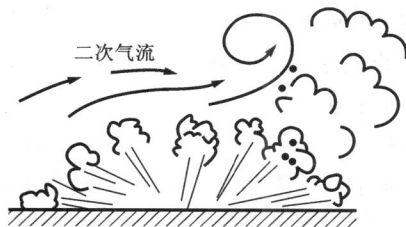

图 3 - 4　二次气流对粉尘扩散的影响

在工业生产过程是中有害气体和蒸气的来源主要有以下几方面:①有害物表面的蒸发,如电镀、酸洗、喷漆等;②化学反应过程,如化工生产、有机合成、燃料的燃烧;③设备及输送有害气体管道的渗漏;④物料的加工处理,如金属冶炼、浇铸、石油加工等。

工业生产中,各种工业炉和其他加热设备、热材料和热成品等散发的大量热量,浸泡、蒸煮设备等散发的大量水蒸气,是车间内余热和余湿的主要来源,如冶金工业的轧钢、冶炼,机械制造工业的铸造、锻造车间等。余热和余湿直接影响到空气的温度和相对湿度。

2)室内污染物

民用建筑室内空气污染物的来源是多方面的,少部分是来源于室外空气污染,而大部分是由室内装饰、装修材料释放的空气污染物所致。空气污染物主要包括甲醛、挥发性有机物、放射性污染物、病原微生物、悬浮颗粒物和无机化合物等。

(1)甲醛

室内环境中的甲醛按其来源大致可分为两大类:来自室外空气的污染和来自室内本身的

污染。

自室外空气的污染包括工业废气、汽车尾气、光化学烟雾，但是这部分含量很少。城市空气中甲醛的年平均质量浓度约为 0.005 ~ 0.01 mg/m³，一般不超过 0.03 mg/m³，这部分气体有时可进入室内，是构成室内甲醛污染的来源之一。

室内本身的污染主要以建筑材料、装修物品及生活用品等化工产品在室内的使用为主，同时也包括燃料及烟叶的不完全燃烧等一些次要因素。室内环境中甲醛的来源是很广泛的，一般新装修的房子其甲醛的质量浓度可达到 0.04 mg/m³，个别则有可能达到 1.50 mg/m³。

（2）挥发性有机物（VOC）

室内的 VOC 主要来源于建筑材料、室内装饰材料及生活和办公用品等。如建筑材料中的人造板、泡沫隔热材料、塑料板材；室内装饰材料中的油漆、涂料、胶粘剂、壁纸、地毯；生活中用的化妆品、洗涤剂等；办公用品主要是指油墨、复印机、打印机等；此外，家用燃料及吸烟、人体排泄物及室外工业废气、汽车尾气、光化学污染也是影响室内挥发性有机物（VOC）含有量的主要因素。

（3）放射性污染物

放射性主要来源于室内各种装饰装修材料，如瓷砖、陶瓷洁具、装饰石材等。其中各种放射性核素，包括钠、钍、镭等衰变的产物——氡气，是对人体危害最大的污染物之一，它在水泥、砂石、砖块中形成后，一部分跑到空气中，被人体吸入体内，在体内形成照射而致病。世界卫生组织已经证实氡是当前已知的 19 种主要的环境致癌物质之一，并推测每年每百万人中因室内氡暴露而患肺癌者占 5% ~ 15%，它已被认为是除吸烟以外引起肺癌的第二大因素。

（4）病原微生物

病原微生物主要包括细菌、霉菌、真菌、病菌、战虫等。其来源是多方面的，主要有以下几个方面：①由于室内通风不良、装修设计不合理、室内卫生条件较差等因素，造成微生物滋生繁殖，并且许多细菌和霉菌能够产生毒性很高的代谢物质，从而危害人体健康。②由于节能的需要，一般空调房间相对较为封闭，这样就会使细菌、病毒、霉菌等微生物大量繁衍。另外，空气过滤器和冷凝管壁的潮湿环境，导致病毒、军团菌的滋生、繁殖，最后弥漫于整个室内，从而导致病毒的大面积蔓延。③室内存在由灰尘引发的灰尘螨，这些灰尘螨大多寄生在软质家具中，如沙发、纺织品、地毯、被单、棉被、枕头和床垫等。当灰尘螨的过敏源浓度超过一定限度时，就会引发急性或严重的哮喘。④家庭饲养的猫、狗等宠物，也是室内空气过敏源的一个重要来源。

（5）悬浮颗粒物和无机化合物

悬浮颗粒物和无机化合物的种类很多，主要来源于以下三个方面：①吸烟产生的烟雾是室内颗粒物的重要来源之一，其中至少含有 3800 种成分，如尼古丁、醛类、氮氧化物、二氧化碳、一氧化碳等数百种有害物质。②在烹饪过程中各种燃料在灶具中燃烧产生了氮氧化物、二氧化碳、一氧化碳、粉尘、醛类等毒性很强的污染物，对人的呼吸系统有严重的损害作用。③从室外进入室内的悬浮颗粒物也是室内颗粒物来源的组成部分。由煤燃烧、工业排放、机动车、建筑工地和地面扬尘等所产生的室外颗粒物可通过门窗的缝隙、顶棚等进入室内，污染室内空气。

（6）其他污染源

室内各种电子产品的使用，如电视机、微波炉、电热毯、超声波诊断仪、复印机、传真机等，都会产生一定的电磁辐射、振动和噪声。家用电器的广泛使用带来电磁波污染、静电污染、噪声污染和紫外线辐射等；另外，铝制品、蚊香、一次性餐具、各种塑料制品等也是潜在的污染源。

3）室内外污染物的危害

（1）病态建筑物综合征和刺激作用

病态建筑物综合征也叫不良建筑物综合征，是近年来国外专家提出的一种环境疾病。某些建筑物内房间由于空气污染、空气交换率低，以至于建筑物内房间里生活、工作的人群产生一系列症状，而离开该建筑物后，症状即可消退。这种建筑物被称为"病态（或不良）"建筑物，产生的系列症状被称为"病态建筑物综合征"，其主要症状表现为眼、鼻、咽、喉部有刺激感，头痛，易疲劳，呼吸困难，皮肤刺激，嗜睡，哮喘等非特异症状。

目前认为病态建筑物综合征是多因素综合作用的结果。除了污染和不通风外，室内的温度、湿度、采光、声响等舒适因素的失调，包括精神、情绪等心理因素，协同作用结果产生了病态建筑物综合征。

（2）导致各种呼吸道、神经系统疾病

室内的刺激性气体会刺激呼吸道的神经末梢，引起支气管收缩，使呼吸道阻力增加。长期吸入室内受污染的空气，会导致呼吸道抵抗力降低，诱发各种炎症。刺激性物质（如 NH_3、SO_2、NO_2、$HCHO$、VOC）、可吸入颗粒物、病菌等均可引发各种呼吸道疾病，甚至导致肺气肿、肺癌等。

有机污染物对人体健康的影响不仅是对免疫系统及各器官的毒害作用，而且还毒害大脑及嗅觉、扁桃体、角膜、视神经等。有机污染物对各种器官的直接或间接影响会产生各种症状，如记忆迟钝、精力难以集中、便秘、腹泻、恐惧症、头晕头痛、呕吐、疲劳症等。

（3）急慢性中毒

长期接触有毒物质或者某些毒性物质，当其浓度突然大量超标时，均会使人中毒。比较典型的有 CO 中毒、氟中毒、酚中毒及由吸烟导致的慢性中毒。当血液中 CO 含量达到 0.02% 时，2~3 h 即可出现头晕脑涨、耳鸣、心悸等症状。血液中 CO 含量高达 0.08% 时，2 h 即可发生昏迷。

（4）致癌作用

室内致癌物主要是苯、多环芳烃及其衍生物、放射性废弃物等。在多环芳烃中，苯并（a）芘被认为是一种具有强致癌活性的物质，它可以通过呼吸进入人体，在不同部位沉积，引发癌症。

（5）其他不利影响

电磁辐射能对人体神经、生殖、心血管、免疫功能以及眼睛等产生不利影响。实验发现，长期低强度射频电磁辐射有致热效应，对动物神经、内分泌、膜通透性、离子水平都有影响，认为可能引起 DNA 损伤、染色体畸变等；同时，流行病学调查表明，微波电磁辐射能够引起人体神经、生殖、心血管、免疫功能以及眼睛等方面的改变，会影响中枢神经系统和免疫功能，导致头痛、疲劳、注意力不集中、记忆力下降等症状，还可能使过敏者产生接触性皮炎或光敏性皮炎。

3.1.2　通风的分类及组成

按通风系统动力的不同，系统通风方式可分为自然通风与机械通风两类；按通风系统作用范围的不同，通风方式可分为全面通风与局部通风；按通风系统特征的不同，通风方式可分为送风与排风。

1. 自然通风

自然通风是依靠室外风力造成的风压和室内外空气温度差所造成的热压来实现换气的通风方式。

（1）热压作用下的自然通风。图 3-5 所示为利用热压进行自然通风的示意图。由于房间内有热源，因此房间内空气温度高、密度小，产生了一种上升的力，空气上升后从上部窗孔排出，同时室外冷空气就会从下部门窗或缝隙进入室内，形成一种由于室内外温度差引起的自然通风，以改善房间内的空气环境。这种自然通风方式称为热压作用下的自然通风。

（2）风压作用下的自然通风。图 3-6 所示为利用风压进行自然通风的示意图。具有一定速度的风由建筑物迎风面的门窗进入房间内，同时把房间内原有的空气从背风面的门窗压送出去，形成一种由于室外风力引起的自然通风，以改善房间内的空气环境。这种自然通风方式被称为风压作用下的自然通风。

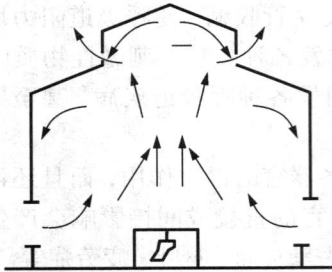

图 3-5　热压作用下的自然通风

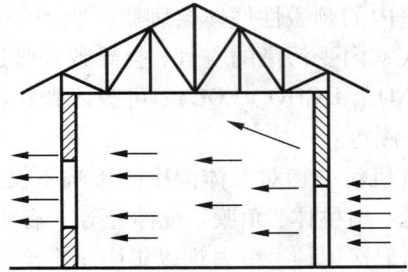

图 3-6　风压作用下的自然通风

（3）热压和风压同时作用下的自然通风。在大多数工程实际中，建筑物是在热压和风压的同时作用下进行自然通风换气的。一般来说，在这种自然通风中，热压作用的变化较小，而风压作用的变化较大。图 3-7 所示为热压和风压同时作用下形成的自然通风示意图。

自然通风可分为有组织自然通风和无组织自然通风。有组织自然通风是利用侧窗和天窗控制，有组织地调节室内的进风和排风；无组织自然通风是靠门窗及缝隙进行通风换气。

自然通风利用风压和热压进行换气，不需要任何机械设施，是一种简单、经济、节能的通风方式。但自然通风量的大小受许多因素的影响，如室内外温度差，室外风速和风向，门窗的面积、形式和位置等，因此其通风量并不恒定，会随气象条件发生变化，通风效果不太稳定。如采用自然通风应充分考虑到这一点，以采取相应的调节措施。

2. 机械通风

机械通风是依靠通风机产生的动力来实现换气的通风方式。机械通风是进行有组织通风的主要技术手段。图 3-8 所示为某房间的机械送风系统示意图。机械通风由于作用压力的大小可以根据需要选择不同的风机来确定，不受自然条件的限制，因此可以通过管道把空气按要求的送风速度送至指定的任意地点，也可以从任意地点按要求的吸风速度排出被污染的空气。机械通风能适当地组织室内气流的方向，并能根据需要对进风和排风进行各种处理，也便于调节通风量和稳定通风效果。但是，机械通风需要消耗电能，风机和风道等设备还会

150

占用空间，工程设备费和维护费较大，安装管理较为复杂。

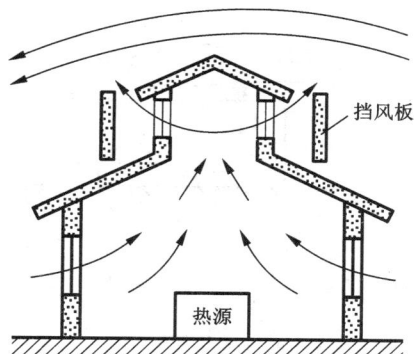

图 3－7　热压和风压同时
作用下的自然通风

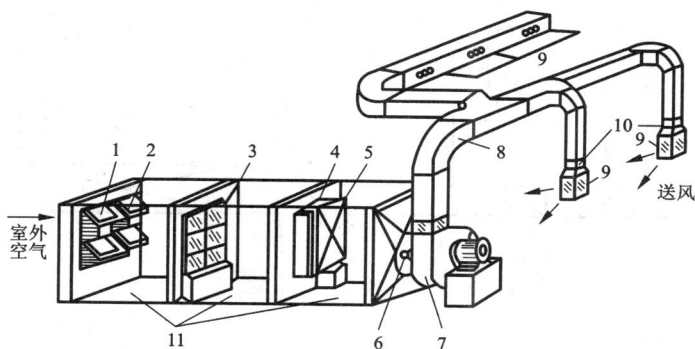

图 3－8　机械送风系统示意图

1—百叶窗；2—保温阀；3—过滤器；4—旁通阀；5—空气加热器；
6—起动阀；7—通风机；8—通风管；9—出风口；10—调节阀；11—送风室

机械通风根据有害物质分布的情况分为局部通风和全面通风。局部通风包括局部排风、局部送风、局部送排风系统；全面通风包括全面排风、全面送风、全面送排风系统。

1）局部通风

（1）局部排风

局部排风是在室内局部地点安装的排除某一生产范围内污浊空气的通风系统。如在工业厂房或车间、实验室的某一固定位置（工作台、操作区），在生产或实验过程中产生有害物质，为了不使其扩散到其他部位，造成更多的污染，多采用局部排风系统。图 4－9 为局部机械排风示意图，图中设备产生的有害物质通过排风罩（避免扩散）、风道、风机排入大气中。

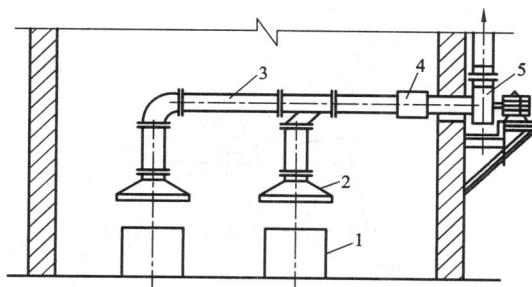

图 3－9　局部机械排风示意图

1—设备；2—排风罩；3—风道；
4—排气处理设备；5—离心式风机

局部排风是依靠排风罩来实现的。排风罩的形式多种多样，它的性能对局部排风系统的技术经济效果有着直接的影响。局部排风罩按其作用原理有密闭式、柜式（通风柜）、外部吸气式、吹吸式、接受式等，如图 3－10 所示。

（2）局部送风

局部送风是将符合卫生要求的空气送到人的有限活动范围，在局部地区形成一个保护性的空气环境，气流应从人体前侧方倾斜地吹到头、颈、胸部。局部送风通常用来改善高温操作人员的工作环境，如图 3－11 所示。

（3）局部送排风系统

局部送排风系统就是对同一局部集中位置产生有害物质的情况，采用对该部位送入新鲜空气，改善工作环境，同时设置排风系统的方法将有害物质排出。

图 3－12 为食堂操作间局部送风系统。当操作人员在此工作间工作时，通过送风系统送

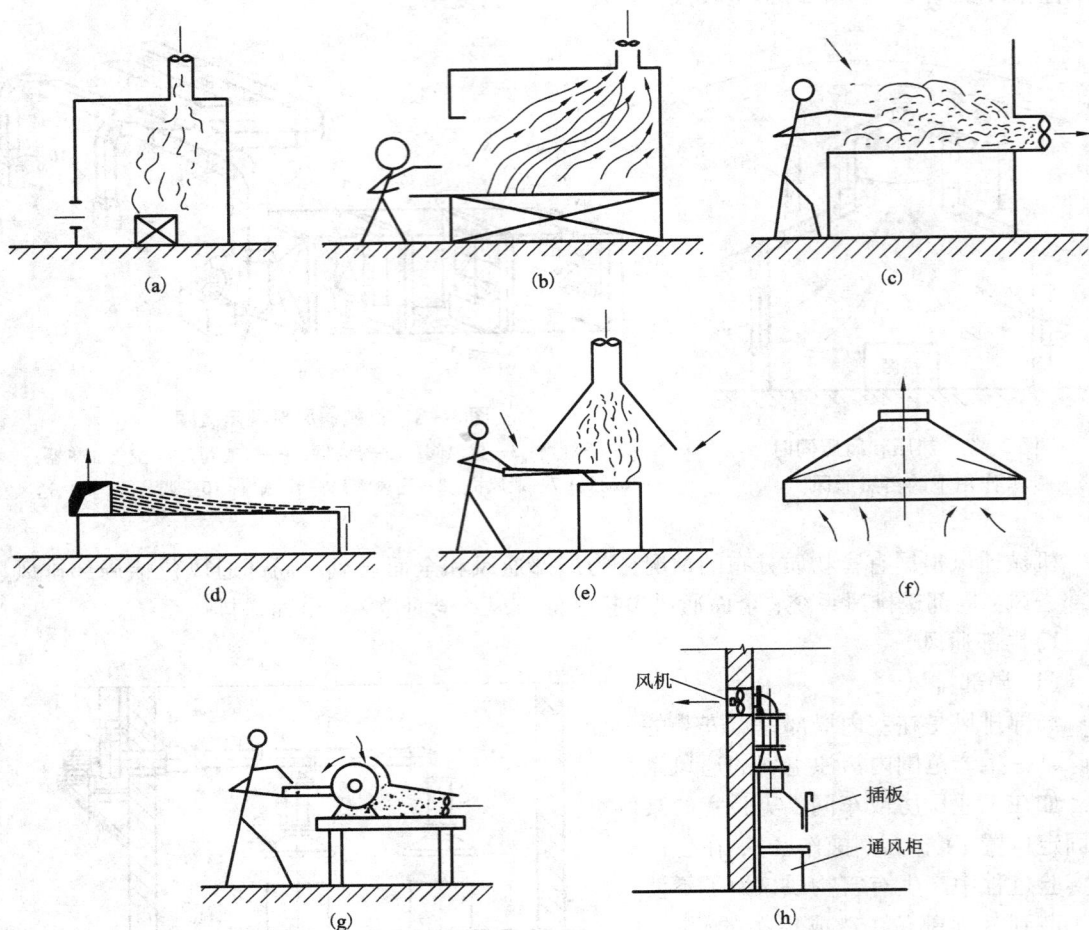

图 3 – 10　局部排风罩

（a）密闭式排风罩；（b）柜式排风罩；（c）外部吸气排风罩；（d）：工业槽上吹吸式排风罩；
（e）高温热源的接受罩；（f）伞形排风罩；（g）砂轮磨削的接受罩；（h）通风柜图式

入一定量的新鲜空气，既可减轻高温气体的危害，又可稀释有害物质的浓度。油烟热气可通过排气罩排风口排出室外。热气罩还可以收集油脂，控制油烟、热气的扩散，并定期清洗，可有效改善操作区的环境。

2）全面通风

全面通风是在房间内全面进行通风换气的一种通风方式。它一方面用清洁空气稀释室内空气中的有害物浓度，同时不断把污染空气排至室外，使室内空气中有害

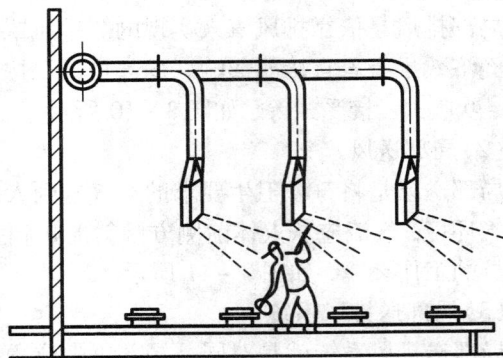

图 3 – 11　局部机械送风系统

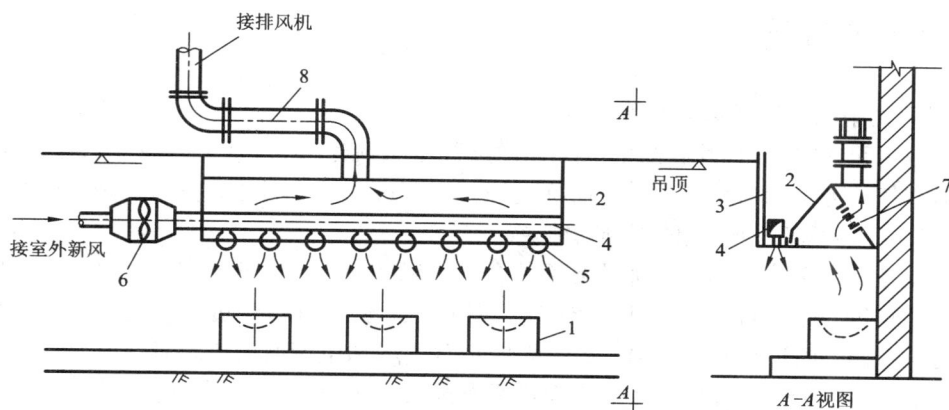

图3－12　食堂操作间局部送排风系统

1—炉灶；2—排烟罩；3—饰板；4—送风管道；5—球形送风扣；6—斜流式送风机；7—油烟过滤器；8—排风管道

物浓度不超过卫生标准规定的最高允许浓度。在有条件限制、污染源分散或不确定、室内人员较多且较分散、房间面积较大，采用局部通风方式难以保证卫生标准时，应采用全面通风。

全面通风可以利用机械通风来实现，也可以利用自然通风来实现。按系统特征不同，全面通风可分为全面送风、全面排风和全面送（排）风三类。按作用机理不同，全面通风可分为稀释通风和置换通风两类。

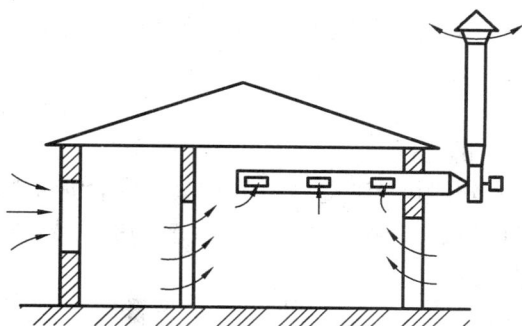

图3－13　全面机械排风系统

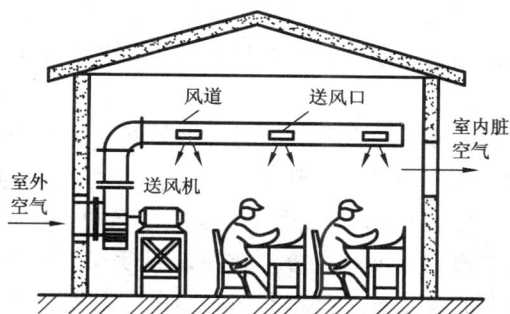

图3－14　全面机械送风系统

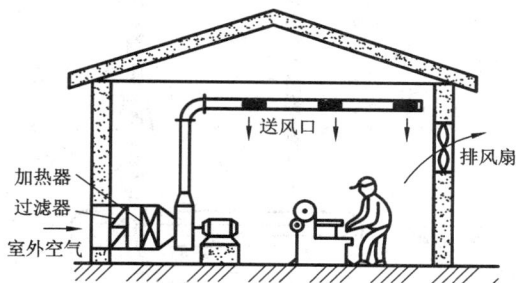

图3－15　全面送、排风系统

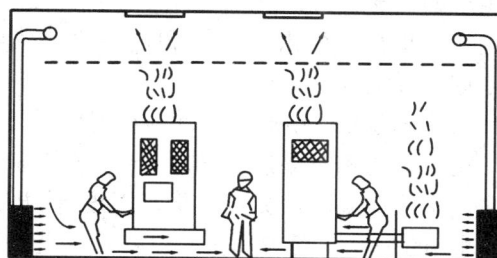

图3－16　落地式置换通风系统

3.2 空气调节系统

1. 空气调节与通风的区别和联系

对某一房间或空间内的温度、湿度、洁净度和空气流速等进行调节和控制，并提供足够量的新鲜空气的方法叫做空气调节，简称空调。空调可以实现对建筑热湿环境、空气品质全面控制，它包含了采暖和通风的部分功能。

通风就是把整个建筑物或局部地方不符合卫生标准的污浊空气排出，把生产工艺中生产的有害物质收集起来进行净化处理排出室外，然后把新鲜空气或经过净化处理符合卫生标准的空气送入室内，以稀释有害物质，提供人们正常生活和生产所需的新鲜空气。通风不对空气本身的性质进行处理，只是对有害物起稀释及排放的作用。

2. 空气调节的基本知识

1）湿空气的组成和物理性质

完全不含水蒸气的空气称为干空气。干空气的组元和成分通常是一定的，可以当做一种"单一气体"。我们所说的湿空气，就是干空气和水蒸气的混合物。

自然界中江河湖海里的水要蒸发汽化，因此大气中总是含有一些水蒸气。一般情况下，大气中水蒸气的含量及变化都较小，通常的环境大气中水蒸气的分压力只有 0.003 ~ 0.004 MPa。但随着季节、气候、湿源等各种条件的变化，会引起湿空气干湿程度的变化，进而对人体舒适度、产品质量等产生直接影响。

2）未饱和空气与饱和空气

根据理想气体的分压力定律，湿空气总压力等于干空气分压力 p_a 和水蒸气分压力 p_v 之和。如果湿空气来自环境大气，其压力即为大气压力 p_b，这时

$$p_b = p_a + p_v \qquad\qquad (3-1)$$

因而，湿空气中水蒸气的含量高低就表现为其分压力的高低。

在不同的温度和压力下水蒸气有过热与饱和之分，由于湿空气中的水蒸气的含量不同（表现为分压力的高低）以及温度不同，或者处于过热状态，或者处于饱和状态，因而湿空气有未饱和与饱和之分。在一定温度和压力下，当湿空气中的水蒸气达到饱和时，即在该温度和压力下湿空气已经不能再容纳过多的水蒸气，称此时的湿空气为饱和湿空气。饱和湿空气就是由干空气和饱和水蒸气组成的，该状态下若再向其加入水蒸气，将凝结为水滴从中析出。而由干空气和过热水蒸气组成的就是未饱和湿空气。

3）干球温度、湿球温度和露点温度

湿空气的相对湿度 P 和含湿量 d 的简便测量通常采用干湿球温度计测定。干球温度计（即普通温度计）测出的是湿空气的真实温度；另一支温度计的感温球上包裹有浸在水中的湿纱布，称为湿球温度计，见图 3-17。

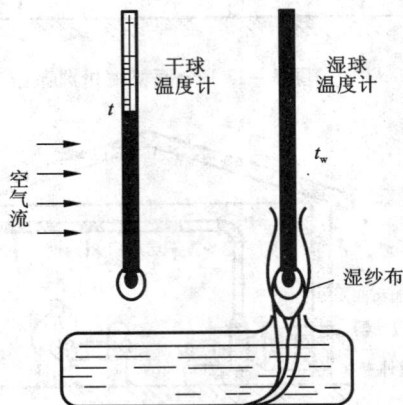

图 3-17 干、湿球温度计

当大量的未饱和空气流吹过暴露在空气中的湿纱布表面时，开始时湿纱布中水分温度与主体湿空气温度相同。由于湿空气未饱和，湿纱布中水分汽化，通过汽膜向空气流扩散。汽化需要的热量来自于水分本身，使水分温度下降。但水分温度低于湿空气流温度时，热量将由空气传给湿纱布中的水分，传热速率随着两者温差增大而提高，直到空气向湿纱布单位时间传递的热量等于单位时间内湿纱布表面水分汽化所需热量时，湿纱布中的水温保持恒定不变，达到平衡，湿球温度计指示的正是平衡时湿纱布中水分的温度。由于这一温度取决于周围湿空气的温度 t 和含湿量 d，故称为湿空气的湿球温度，以 t_w 表示。湿空气的 d 越小，湿纱布中的水分汽化越快，汽化所需热量越大，湿球温度越低。相反，若湿空气已经达到饱和，则湿球温度与干球温度相等。

未饱和湿空气还可以继续容纳水蒸气，因而可以持续向其加入水蒸气，直至饱和。未饱和湿空气也可通过另一途径达到饱和，如果湿空气内水蒸气的含量保持一定，即分压力 p_v 不变而温度逐渐降低，也可达到饱和状态，继续冷却就会结露。此点的温度称为露点，用 t_d 表示。

由此可见，露点温度是在一定的分压力 p_v 下（指不与水和湿物料接触的情况）未饱和空气冷却达到饱和湿空气，即将结出露珠时的温度，可用湿度计或露点仪测量。达到露点后继续冷却，部分水蒸气就会凝结成水滴析出，在湿空气中的水蒸气状态将沿着饱和蒸汽线变化。这时湿空气温度降低，水蒸气的含量（分压力）也随之降低，即为析湿过程。

4）相对湿度和含湿量

在某一温度下，湿空气中水蒸气分压力的大小固然反映了水蒸气含量的多少，但为方便湿气热力过程的分析计算，有必要引入两个反映湿空气成分的参数：相对湿度和含湿量。

（1）相对湿度 φ

湿空气中水蒸气的分压力与同一温度、同样总压力的饱和湿空气中水蒸气分压力（p_s）的比值称为相对湿度，以 φ 表示。

φ 值介于 0 和 1 之间。p 愈小表示湿空气离饱和湿空气愈远，即湿空气愈干燥，吸取水蒸气的能力愈强，当 $\varphi=0$ 时即为干空气；反之，φ 愈大空气愈潮湿，吸取水蒸气的能力也愈差，当 $\varphi=1$ 时即为饱和湿空气。所以，不论温度如何 φ 的大小直接反映了湿空气的吸湿能力。同时，它也反映出湿空气中水蒸气的含量接近饱和的程度，故 p 又称饱和度。

（2）含湿量（d）

以湿空气为工作介质的某些过程，如干燥、吸湿等过程中，干空气作为载热体或载湿体，它的质量或质量流量是恒定的，发生变化的只是湿空气中水蒸气的质量。因此，湿空气的一些状态参数，如湿空气的含湿量、焓、气体常数、比体积、比热容等，都是以单位质量干空气为基准的，这样可方便计算。定义 1 kg 干空气所带有的水蒸气的质量为含湿量，以 d 表示。

3. 建筑空气调节系统的分类

1）按承担室内热负荷、冷负荷和湿负荷的介质分类

（1）全空气系统。以空气为介质，向室内提供冷量或热量，由空气全部承担房间的热负荷或冷负荷，如图 3－18（a）所示。不难理解，在炎热的夏天，室内空调负荷 Q 与湿负荷 W 都为正值时，需要向空调房间送冷空气，用以吸收室内多余的热量 Q 和多余的湿量 W 后排出空调房间。而在寒冷的冬天，室内的空调负荷 Q 为负值（室内空气的热量通过空调房间的围护结构传给室外的空气）时，则需要向空调房间送热空气，送入空调房间的热空气要在空调房间内放出热量，同时又要吸收空调房间内多余的湿量（空调房间的湿负荷与夏季是相同的），

才能保证空调房间内的设计温度与设计相对湿度。

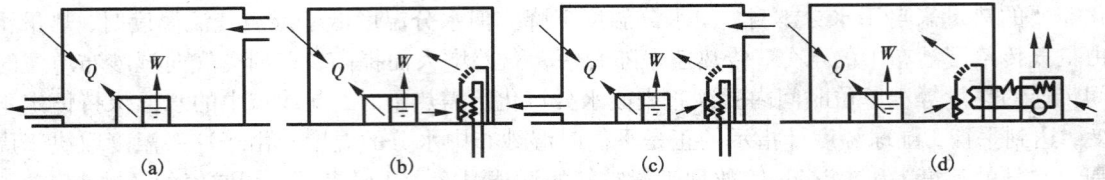

图 3 – 18　按承担室内负荷的介质分类的空调系统
(a)全空气系统；(b)全水系统；(c)空气－水系统；(d)制冷剂系统

(2)全水系统。全部用水承担室内的热负荷和冷负荷。当为热水时，向室内提供热量，承担室内的热负荷；当为冷水(常称冷冻水)时，向室内提供制冷量，承担室内冷负荷和湿负荷，如图 3 – 18(b)所示。由于水携带能量(冷量或热量)的能力要比空气大很多，所以无论是夏天还是冬天，在空调房间空调负荷相同的条件下，只需要较小的水量就能满足空调系统的要求，从而减少了风道占据建筑空间的缺点，因为这种系统是用管径较小的水管输送冷(热)水管道代替了用较大断面尺寸输送空气的风道。

(3)空气－水系统。以空气和水为介质，共同承担室内的负荷。空气－水系统是全空气系统与全水系统的综合应用，它既解决了全空气系统因风量大导致风管断面尺寸大而占据较多有效建筑空间的矛盾，也解决了全水系统空调房间的新鲜空气供应问题，因此这种空调系统特别适合大型建筑和高层建筑。如图 3 – 18(c)所示。以水为介质的风机盘管向室内提供冷量或热量，承担室内部分冷负荷或热负荷，同时有一新风系统向室内提供部分冷量或热量，而又满足室内对室外新鲜空气的需要。

(4)制冷剂系统。以制冷剂为介质，直接用于对室内空气进行冷却、去湿或加热。实际上，这种系统是用带制冷机的空调器(空调机)来处理室内的负荷，所以这种系统又称机组式系统。如现在的家用分体式空调器，它分为室内机和室外机两部分。其中室内机实际就是制冷系统中的蒸发器，并且在其内设置了噪声极小的贯流风机，迫使室内空气以一定的流速通过蒸发器的换热表面，从而使室内空气的温度降低；室外机就是制冷系统中的压缩机和冷凝器，室内设有一般的轴流风机，迫使室外的空气以一定的流速流过冷凝器的换热表面，让室外空气带走高温高压制冷剂在冷凝器中冷却成高压制冷剂液体放出的热量，如图 3 – 18(d)所示。

2)按空气处理设备的集中程度分类

(1)集中式系统。空气集中于机房内进行处理(冷却、去湿、加热、加湿等)，而房间内只有空气分配装置。目前常用的全空气系统中大部分是属于集中式系统；机组式系统中，如果采用大型带制冷机的空调机，在机房内集中对空气进行冷却、去湿或加热，也属于集中式系统，集中式系统需要在建筑物内占用一定机房面积，控制、管理比较方便。

(2)半集中式系统。对室内空气处理(加热或冷却、去湿)的设备分设在各个被调节和控制的房间内，而又集中部分处理设备，如冷冻水或热水集中制备或新风进行集中处理等，全水系统、空气－水系统、水环热泵系统、变制冷剂流量系统都属这类系统。半集中式系统在建筑中占用的机房少，容易满足各个房间各自的温湿度控制要求，但房间内设置空气处理设备后，管理维修不方便，设备中有风机还会给室内带来噪声。

156

（3）分散式系统。对室内进行热湿处理的设备全部分散于各房间内，如家庭中常用的房间空调器、电取暖器等都属于此类系统。这种系统在建筑内不需要机房，不需要进行空气分配的风道，但维修管理不便，分散的小机组能量效率一般比较低，其中制冷压缩机、风机会给室内带来噪声。

3）根据集中式系统处理空气来源分类

（1）封闭式系统。封闭式空调系统处理的空气全部取自空调房间本身，没有室外新鲜空气补充到系统中来，全部是室内的空气在系统中周而复始地循环。因此，空调房间与空气处理设备由风管连成了一个封闭的循环环路，如图 3-19（a）所示。这种系统无论是夏季还是冬季冷热消耗量较省，但空调房间内的卫生条件差，人在其中生活、学习和工作易患空调病。因此，封闭式空调系统多用于战争时期的地下庇护所或指挥部等战备工程，以及很少有人进出的仓库等。

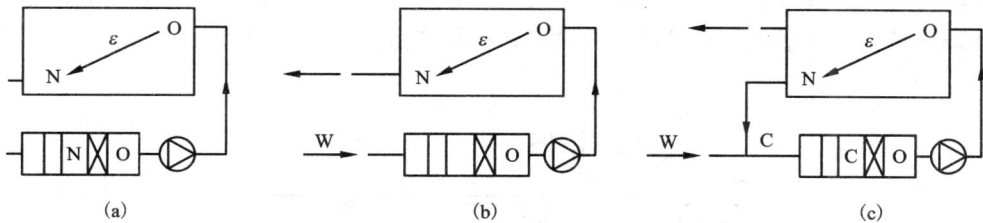

图 3-19 全空气空调系统的分类
（a）封闭式；（b）直流式；（c）混合式
N—室内空气；W—室外空气；C—混合空气；O—达到送风状态点空气

（2）直流式系统。直流式系统处理的空气全部取自室外，即室外的空气经过处理达到送风状态点后送入各空调房间，送入的空气在空调房间内吸热吸湿后全部排出室外，如图 3-19（b）所示。与封闭式系统相比，这种系统消耗的冷（热）量最大，但空调房间内的卫生条件完全能够满足要求，因此这种系统用于不允许采用室内回风的场合，如放射性实验室和散发大量有害物质的车间等。

（3）混合式系统。因为封闭式系统没有新风，不能满足空调房间的卫生要求，而直流式系统消耗的能量又大，不经济，所以封闭式系统和直流式系统只能在特定的情况下才能使用。对大多数有一定卫生要求的场合，往往采用混合式系统。混合式系统综合了封闭式系统和直流式系统的优点，既能满足空调房间的卫生要求，又比较经济合理，故在工程实际中被广泛应用。图 3-19（c）即为混合式系统。

4）按空气调节系统用途或服务对象不同分类

（1）舒适性空调系统。简称舒适空调，指为室内人员创造舒适健康环境的空调系统，舒适健康的环境令人精神愉快，精力充沛，工作、学习效率提高，有益于身心健康。办公楼、旅馆、商店、影剧院、图书馆、餐厅、体育馆、娱乐场所、候机或候车大厅等建筑中所用的空洞都属于舒适空调。由于人的舒适感在一定的空气参数范围内，所以这类空调对温度和湿度波动的控制要求并不严格。

（2）工艺性空调系统。又称工业空调，指为生产工艺过程或设备运行创造必要环境条件的空调系统。工作人员的舒适要求有条件时可兼顾。由于工业生产类型不同，各种高精度设备的运行条件也不同，因此工艺性空调的功能、系统形式等差别很大。例如，半导体元器件生产对空气中含尘浓度极为敏感，要求有很高的空气净化程度；棉纺织布车间对相对湿度要求很严格，一般控制在70%~75%；计量室要求全年基准温度为20℃，被动±1℃，高等级的长度计量室要求20±0.2℃，Ⅰ级坐标镗床要求环境温度为20±1℃；抗菌素生产要求无菌条件，等等。

4. 空气调节系统的组成

图3-20是一个集中式空调系统示意图，从图上可以看出一个完整的集中式空调系统由以下几部分组成。

1）空气处理部分

集中式空调系统的空气处理部分是一个包括各种空气处理设备在内的空气处理室。如图3-20所示，其中主要有过滤器、一次加热器、喷水室、二次加热器等。用这些空气处理设备对空气进行净化过滤和热湿处理，可将送入空调房间的空气处理到所需的送风状态点。各种空气处理设备都有现成的定型产品，这种定型产品称为空调机（或空调器）。

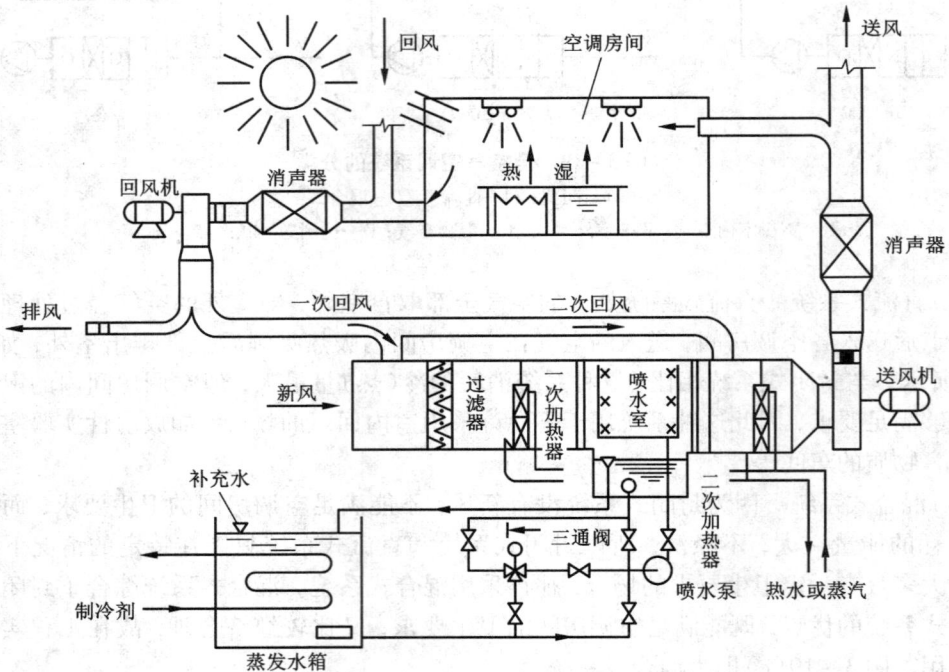

图3-20　二次回风集中式空调系统

2）空气输送部分

空气输送部分主要包括送风机、回风机（系统较小时不用设置）、风管系统和必要的风量调节装置。送风系统的作用是不断将空气处理设备处理好的空气有效地输送到各空调房间；排风系统的作用是不断地排出室内回风，实现室内的通风换气，保证室内空气品质。

3）空气分配部分

空气分配部分主要包括设置在不同位置的送风口和回风口，其作用是合理地组织空调房间的空气流动，保证空调房间内工作区〔一般是2m以下的空间）的空气温度和相对湿度均匀一致，空气流速不致过大，以免对室内的工作人员和生产产生不良的影响。

4）辅助系统部分

我们知道，集中式空调系统是在空调机房集中进行空气处理然后再送往各空调房间。空调机房里对空气进行制冷（热）的设备（空调用冷水机组或热蒸汽）和湿度控制设备等就是辅助设备。对于一个完整的空调系统，尤其是集中式空调系统，系统是比较复杂的。空调系统是否能达到顶期效果，空调能否满足房间的热湿控制要求，关键在于空气的处理。

3.3 空气处理方式

3.3.1 空气的加热与空气冷却处理

1. 空气的加热

在空调工程中，经常需要对送风进行加热处理。目前广泛使用的加热设备有表面式空气加热器和电加热器两种类型，前者用于集中式空调系统的空气处理室和半集中式空调系统的末端装置中，后者主要用在各空调房间的送风支管上作为精密设备以及用于空调机组中。

1）表面式空气加热器

又称为表面式换热器，是以热水或蒸汽作为热媒通过金属表面传热的一种换热设备。图 3 – 21 是用于集中加热空气的一种表面式空气加热器的外形图。不同型号的加热器，其肋管（管道及肋片）的材料和构造形式多种多样。为了增强传热效果，表面式换热器通常采用肋片管制作。用表面式换热器处理空气时，对空气进行热湿交换的工作介质不直接与被处理的空气接触，而是通过换热器的金属表面与空气进行热湿交换。在表面式加热器中通入热水或蒸汽，可以实现空气

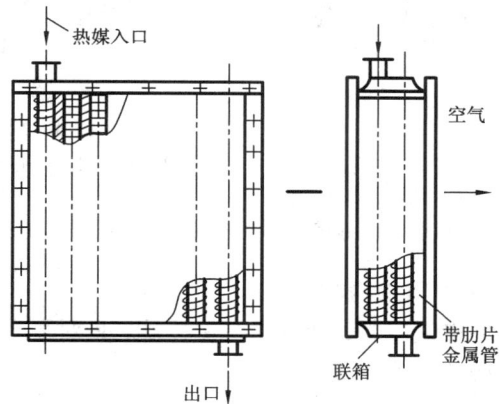

图 3 – 21　表面式空气加热器

的等湿加热过程；通入冷水或制冷剂，可以实现空气的等湿和减湿冷却过程。

表面式换热器具有构造简单、占地面积少、水质要求不高、水系统阻力小等优点，因而，在机房面积较小的场合，特别是高层建筑的舒适性空调中得到了广泛的应用。

用于半集中式空调系统末端装置中的加热器，通常称为"二次盘管"，有的专为加热空气用，也有的属于冷、热两用型，即冬季作为加热器，夏季作为冷却器。其构造原理与上述大型的加热器相同，只是容量小、体积小，并使用有色金属来制作（如铜管铝肋片）。表面式换热器通常垂直安装，也可以水平或倾斜安装。但是，以蒸汽做热媒的空气加热器不宜水平安装，以免集聚凝结水而影响传热效果。此外，垂直安装的表面式冷却器必须使肋片处于垂直位置，以免肋片上部积水而增加空气阻力。

2）电加热器

电加热器是让电流通过电阻丝发热来加热空气的设备。它具有结构紧凑、加热均匀、热量稳定、控制方便等优点，但由于电费较贵，通常只在加热量较小的空调机组等场合采用。

在恒温精度较高的空调系统里，常安装在空调房间的送风支管上，作为控制房间温度的调节加热器。

电加热器有裸线式和管式两种结构。裸线式电加热器的构造如图 3 – 22 所示，图中只画出一排电阻丝，根据需要可以多排组合。它具有结构简单、热惯性小、加热迅速等优点。但由于电阻丝容易烧断，安全性差，使用时必须有可靠的接地装置。为方便检修，常做成抽屉式的。管式电加热器是由若干根管状电热元件组成的，管状电热元件是将螺旋形的电阻丝装在细钢管里，并在空隙部分用导热而不导电的结晶氧化镁绝缘，外形做成各种不同的形状和尺寸。这种电加热器的优点是加热均匀、热量稳定、经久耐用、使用安全性好，但它的热惯性大，构造也比较复杂。

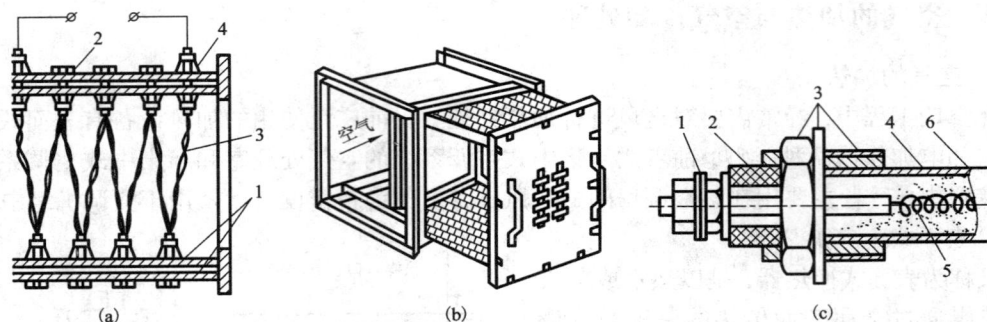

图 3 – 22　电加热器

(a)裸线式电加热器：1—钢板；2—隔热层；3—电阻丝；4—瓷绝缘子

(b)抽屉式电加热器

(c)管式电加热器：1—接线端子；2—瓷绝缘子；3—紧固装置；4—瓷绝材料；5—电阻丝；6—金属套管

2. 空气的冷却

使空气冷却，特别是减湿冷却，是对夏季空调送风的基本处理过程。常用的方法如下：

1）用喷水室处理空气

喷水室用于空调系统中夏季对空气冷却除湿、冬季对空气加湿的设备，它是通过水直接与被处理的空气接触来进行热、湿交换。在喷水室中喷入不同温度的水，可以实现空气的加热、冷却、加湿和减湿等过程。用喷水室处理空气能够实现多种空气处理过程，冬夏季工况可以共用一套空气处理设备，具有一定的净化空气的能力，金属耗量小，容易加工制作。缺点是对水质条件要求高，占地面积大，水系统复杂，耗电较多。在空调房间的温、湿度要求较高的场合，如纺织厂等工艺性空调系统中得到了广泛的应用。

喷水室由喷嘴、喷水管路、挡水板、集水池和外壳等组成，集水池内又有回水、温水、补水和泄水等四种管路和附属部件。图 3 – 23(a)、(b)分别是应用较多的低速、单级卧式和立式喷水室的结构示意图。

利用喷水室进行空气冷却就是在喷水室中直接向流过的空气喷淋大量低温水滴，将具有一定温度的水通过水泵、喷水管再经喷嘴喷出雾状水滴，通过水滴与空气接触过程中的热、湿交换而使空气冷却或者减湿冷却。

立式喷水室占地面积小，空气是从下而上流动，水则是从上向下喷淋。因此，空气与水的热湿交换效果比卧式喷水室好，一般用于要处理的空气量不大或空调机房的层高较高的场合。

160

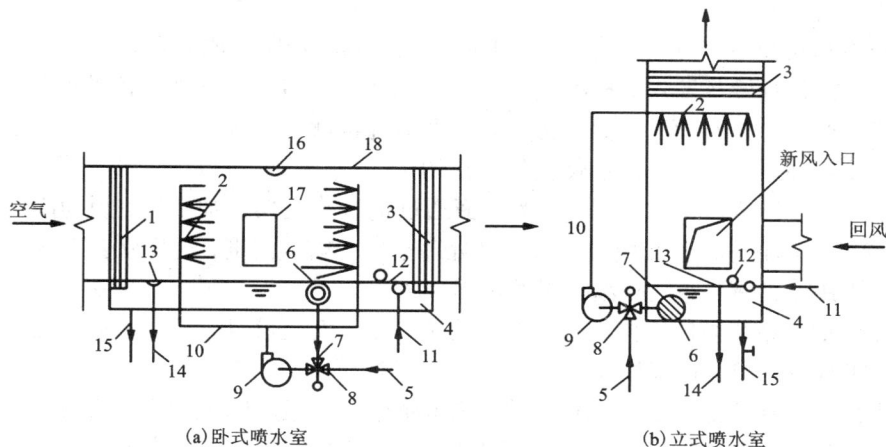

(a)卧式喷水室　　　　　　(b)立式喷水室

图 3 - 23　喷水室的构造

1—前挡水板；2—喷嘴与排管；3—后挡水板；4—底池；5—冷水管；6—滤水器；
7—循环水管；8—三通混合阀；9—水泵；10—供水管；11—补水管；12—浮球阀；
13—溢水器；14—溢水管；15—泄水管；16—防水灯；17—检查门；19—外壳

喷淋段通常设有 1 ~ 3 排喷嘴，喷水方向根据与被处理空气的流动情况分为顺喷、逆喷和对喷。喷出的水滴与空气进行热湿交换后落入池底中。喷嘴的排数和喷水方向应根据计算来确定，可能是一排逆喷(即喷水方向与空气流向相反)，也可能是两排对喷(第一排顺喷，第二排逆喷)或三排对喷(第一排顺喷，后两排逆喷)。通常多采用两排对喷，只是在喷水量较大时才增为三排。

喷水室的横截面积应根据通过的风量和常用流速 $v = 2 ~ 3$ m/s 的条件来确定。喷水室的长度取决于喷嘴排数和喷水方向。

喷水室可以用砖砌或用混凝土浇制及预制，也可以用钢板加工制作成定型的形式，喷水室的侧墙、室顶需做隔热层，水池施工时应做防水层，要求密闭、不漏风、不渗水。为使空气处理后不带水滴，应设挡水板。挡水板一般采用镀锌钢板或塑料压制成波折状，分为前挡水板和后挡水板，通常都是用镀锌薄钢板加工成波折的形状。前挡水板为 150 ~ 250 mm，后挡水板为 350 ~ 500 mm。前挡水板又称分风板，其作用是挡住可能飞溅出来的水滴，并使进入喷水室的空气能均匀地流过整个断面宽度；后挡水板的作用是把夹在空气中的水滴分离出来，减少空气带走的水量。在喷水室中，被处理的空气先经过前挡水板，与喷嘴喷出的水滴接触进行热湿交换，处理后的空气经过后挡水板流出。

集水池的容积一般按能容纳 2 ~ 3 min 的喷水量考虑，深度为 0.5 ~ 0.6 m。

此外，根据空气热湿处理的要求，还有带旁通风道的喷水室和加填料层的喷水室。前者使一部分空气不经喷水室处理，直接与经过喷水室处理的空气混合，达到要求的空气终参数；后者可进一步提高空气的净化和热湿交换效果。

喷水处理法可用于任何空调系统，特别是在有条件利用地下水或山洞水等天然冷源的场合，宜采用这种方法。此外，当空调房间的生产工艺要求严格控制空气的相对湿度(如化纤厂)或要求空气具有较高的相对湿度(如纺织厂)时，用喷水室处理空气的优点尤为突出。但是这种方法也有缺点，主要是耗水量大、机房占地面积较大以及水系统比较复杂。

2）表面式冷却器

表面式冷却器简称表冷器，是由铜管上缠绕的金属肋片所组成排管状或盘管状的冷却设备，分为水冷式和直接蒸发式两种类型。水冷式表面冷却器与空气加热器的原理相同，只是将热媒换成冷媒——冷水而已。直接蒸发式表面冷却器就是制冷系统中的蒸发器，这种冷却方式是靠制冷剂在其中蒸发吸热而使空气冷却的。

表冷器的管内通入冷冻水，空气从管表面通过进行热交换冷却空气，因为冷冻水的温度一般在 7~9℃，夏季有时管表面温度低于被处理空气的露点温度，这样就会在管子表面产生凝结水滴，使其完成一个空气降温去湿的过程。

表冷器在空调系统被广泛使用，其结构简单，运行安全可靠，操作方便，但必须提供冷冻水源，不能对空气进行加湿处理。

使用表面式冷却器能对空气进行干式冷却（使空气的温度降低但含湿量不变）或减湿冷却两种处理过程，这决定于冷却器表面的温度是高于还是低于空气的露点温度。

与喷水室相比较，用表面式冷却器处理空气具有设备结构紧凑、机房占地面积小、水系统简单以及操作管理方便等优点，因此应用也很广泛。但它只能对空气实现上述两种处理过程，而不像喷水室那样能对空气进行加湿等处理，此外也不便于严格控制调节空气的相对湿度。

3.3.2 空气的加湿与空气减湿处理

1. 空气的加湿

当冬季空气中含湿量降低时（一般指内陆气候干燥地区），应对湿度有要求的建筑物内加湿，对生产工艺需满足湿度要求的车间或房间也需采用加湿设备。

空气加湿有两种方式，一种是在空气处理室或空调机组中进行，称为集中加湿；另一种是在房间内直接加湿空气，称为局部补充加湿。具体的空气加湿方法有喷水室喷水加湿、喷蒸汽加湿和电加湿方法等。

1）喷水室喷水加湿

用喷水室加湿空气是一种常用的集中加湿法。对于全年运行的空调系统，如果夏季是用喷水室对空气进行减湿冷却处理的，在其他季节需要对空气进行加湿处理时，可仍使用该喷水室，只是相应地改变喷水温度或喷淋循环水，而不必变更喷水室的结构。

当水通过喷头喷出水滴或水雾时，空气与水雾进行湿热流交换，这种交换取决于喷水的温度。当喷水的平均水温高于被处理的空气露点温度时，喷嘴喷出的水会迅速蒸发，使空气达到水温下的饱和状态，从而达到加湿的目的。而空气需要去湿处理时喷水温度要低于空气的露点温度，此时，空气中的水蒸气会部分凝结成水，使空气得以去湿。所以调节水温可以在喷水室完成加湿和去湿的过程，水温可以靠调节装置来控制。

喷水室在加湿和去湿的过程中还可起到空气净化的作用。

2）喷蒸汽加湿

喷蒸汽加湿是常用的集中加湿法。喷蒸汽加湿是用普通喷管（多孔管）或专用的蒸汽加湿器，将来自锅炉房的水蒸气直接喷射入风管和流动空气中去，例如夏季使用表面式冷却器处理空气的集中式空调系统，冬季就可以采用这种加湿的方式。这种加湿方法简单而经济，对工业空调可采用这种方法加湿。因在加湿过程中会产生异味或凝结水滴，对风道有锈蚀作用，不适于一般舒适性空调系统。

3）水蒸发加湿

水蒸发加湿是用电加湿器加热水以产生蒸汽，使其在常压下蒸发到空气中去，这种方式主要用于空调机组中。电加湿器是使用电能生产蒸汽来加湿空气。根据工作原理不同，有电热式和电极式两种，如图 3 - 24 所示。

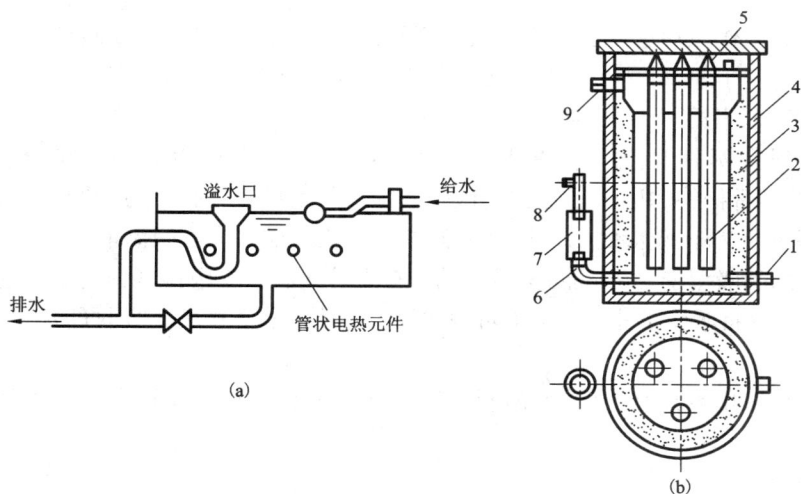

图 3 - 24 电加湿器

（a）电热式加湿器；（b）电极式加湿器

1—进水管；2—电极；3—保温层；4—外壳；5—接线柱；6—溢水管；7—橡皮短管；8—溢水嘴；9—蒸汽出口

电热式加湿器是在水槽中放入管状电热元件，元件通电后将水加热产生蒸汽。补水靠浮球阀自动控制，以免发生断水空烧现象。

电极式加湿器是利用三根铜棒或不锈钢棒插入盛水的容器中作电极，当电极与三相电源接通后，电流从水中流过，水的电阻转化的热量把水加热产生蒸汽。

电极式加湿器结构紧凑，加湿量易于控制。但耗电量较大，电极上容易产生水垢和腐蚀。因此，适用于小型空调系统。

2. 空气减湿

在气候潮湿的地区、地下建筑以及某些生产工艺和产品贮存需要空气干燥的场合要对空气进行减湿处理。空气减湿的方法很多，下面介绍常用的三种方法：

1）制冷减湿

制冷减湿是靠制冷除湿机来降低空气的含湿量。除湿机是一种对空气进行减湿处理的设备，常用于对湿度要求低的生产工艺、产品贮存以及产湿量大的地下建筑等场所的除湿。

除湿机实际上是一个小型的制冷系统，由制冷系统和风机等组成，其工作原理如图 3 - 25

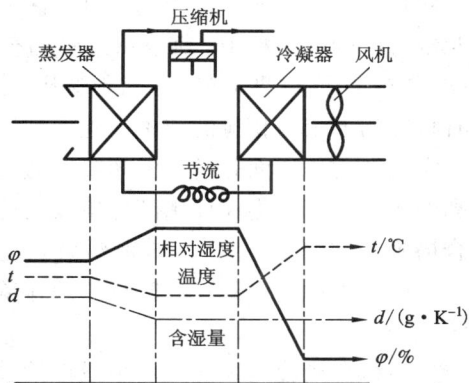

图 3 - 25 制冷除湿机流程

所示。当待处理的潮湿空气流过蒸发器时，由于蒸发器表面的温度低于空气的露点温度，于是使空气温度降低，将空气在蒸发器外表面温度下所能容纳的饱和含湿量以上的那部分水分凝结出来，达到除湿目的。已经减湿降温后的空气随后再流过冷凝器，又被加热升温，吸收高温气态制冷剂凝结放出的热量，使空气的温度升高、相对湿度减小，从而降低了空气的相对湿度，然后进入室内。

从除湿机的工作原理可知，它的送风温度较高，因此，适用于既要减湿又需要加热的场所。当相对湿度低于50%或空气的露点温度低于4℃时不宜使用。

2）利用吸湿剂吸湿

固体吸湿剂有两种类型：一种是具有吸附性能的多孔性材料，如硅胶（SiO_2）、铝胶（Al_2O_5）等，吸湿后材料的固体形态并不改变；另一种是具有吸收能力的固体材料，如氯化钙（$CaCl_2$）等，这种材料在吸湿之后由固态逐渐变为液态，最后失去吸湿能力。

固体吸湿剂的吸湿能力不是固定不变的，一段时间后失去吸湿能力时，需进行"再生"处理，即用高温蒸汽将吸附的水分带走（如对硅胶）或用加热蒸煮法使吸收的水分蒸发掉（如对氯化钙）。

液体吸湿剂采用氯化钙等溶液喷淋到空气中，使空气中的水分凝结出来而达到去湿的目的。

3）膜法除湿

近年来随着膜技术的发展，利用膜的选择透过性进行除湿的方法有了很大进步。膜法除湿是依靠膜两侧的温度差和压力差而造成一定的浓度差，以膜两边的水蒸气分压力差作为驱动力，使水蒸气透过膜而散发到环境中去。图3-26所示为典型的原料加压膜法空气除湿系统。该系统中，外界的新鲜空气经压缩机加压后进入膜组件，由于进气侧总压提高，其中水蒸气的分压力也相应提高，水蒸气在膜进出侧压力差的作用下优先透过膜而被除去，干燥的空气进入房间。

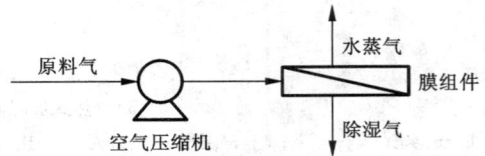

图3-26 原料加压膜法空气除湿系统

3.3.3 空气的洁净处理

净化空调是空调工程中的一种，它不仅对室内空气的温度、湿度、风速有一定要求，而且对空气中的含尘粒子、细菌浓度等均有较高的要求，因此它不仅对通风工程的设计施工有特殊要求，而且对建筑布局、材料选用、施工工序、建筑方法、水暖电及工艺本身的设计施工均有特殊的要求与相应的技术措施。

空气净化一方面是送入洁净空气对室内污染空气进行稀释，另一方面是加速排出室内浓度高的污染空气。为保证生产环境或其他用途的洁净室所要求的空气洁净度，需要多方面的综合措施。这些措施包括：控制污染源，减少污染发生量；有效阻止室外的污染进入室内或防止室内污染逸至室外；迅速有效地排除室内已经发生的污染；流速控制；系统的气密性；建筑上的措施等。

这些综合措施实现的技术手段包括过滤技术（三级过滤）、气流技术（送风量与流型）、压力控制技术（正负压）。过滤技术保证了送入室内的是清洁的空气，气流技术确保尽快稀释或排走室内污染，压力控制技术控制室外污染入侵。

净化空调系统可分为集中式净化空调系统、半集中式净化空调系统和分散式净化空调系统三种类型。

集中式净化空调系统是指所有的空气净化处理设备都集中设置在空调机房内,被处理空气通过送回风管道输配到各洁净房间,并形成循环。它是净化空调系统中最基本的方式,也是我国目前洁净厂房应用最为广泛和典型的系统。

集中式净化空调系统主要靠大量的、经过处理的洁净空气送入各个洁净室,以不同的换气次数和气流形式来实现各洁净室不同的洁净级别。

由于集中式净化空调系统处理设备集中于空调机房内,对噪声和振动处理相对容易;同时该系统的处理设备控制多个洁净房间,故要求各洁净室的同时使用系数高;因此它适用于生产工艺连续、洁净室面积较大、位置相对集中、对噪声和振动控制要求严格的洁净厂房。

半集中式净化空调系统主要由集中送风处理室和室内局部处理设备(又称末端装置)所组成。根据室内局部处理装置的不同,一般将它分为三大类型:具有热湿处理能力的末端装置系统、单纯具有净化作用的末端装置系统、风机过滤器单元送风系统。

分散式净化空调系统是指把热湿处理设备和各级过滤器集中组合在一个箱体内,并将其分散设置在洁净室内或相邻的房间、走廊等处所。该系统具有造价低、布置改造灵活等特点,经常在改造项目中被采用。

3.3.4 消声处理

空调设备如风机、冷水机组、水泵、冷却塔等,由于机械运动而产生的振动和噪声,会使人们烦躁不安和注意力不集中而影响办公、休息的质量和效率。因此,应采用减振、隔振的措施,对机房也尽量采取消声墙、消声门等处理,以降低噪声的传递。在空调送风风道上还需安装消声器,避免设备产生的噪声传至空调房间。

根据不同的结构和不同的消声原理,用于空调工程的消声器种类很多,常用的有阻性消声器、共振消声器、抗件消声器、阻抗复合式消声器、阻抗式消声器等。

1. 阻性消声器

阻性消声器是把吸声材料固定在气流流动的管道内壁,或按一定的方式在管道内排列起来,利用吸声材料消耗声能降低噪声。其主要特点是对中、高频噪声的消声效果好,对低频噪声消声效果差。

阻性消声器有许多类型,常用的有管式、片式、格式和折板式消声器,构造如图 3-27 所示。

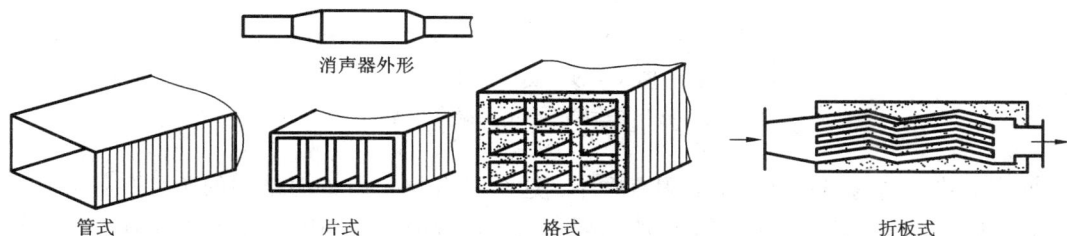

图 3-27 管式、片式、格式及折板式消声器构造示意图

管式消声器是在风管的内壁面贴一层吸声材料，吸收声能降低噪声。其特点是结构简单、制作方便、阻力小。但只宜用于截面直径在 400 mm 以下的管道。风管断面增大时，消声效果下降。

片式和格式消声器实际上是一组管式消声器的组合，主要是为了解决管式消声器不能用于大断面风道的问题。片式和格式消声器结构也简单，阻力也小，对中、高频噪声的吸声效果好，但是应注意这类消声器中的空气流速不能太高，以免气流产生的紊流噪声使消声器失效。片式消声器的片间距一般在 100~200 mm 的范围内，片间距增大时，消声量会相应地下降。格式消声器中每格的尺寸宜控制在 200 mm × 200 mm 左右。

2. 抗性消声器

抗性消声器又称为膨胀式消声器，它是由一些小室和风管组成，如图 3-28 所示。其消声原理是利用管道内截面的突然变化，使沿风管传播的声波向声源方向反射，起到消声作用。这种消声方法对于中、低频噪声有较好的消声效果，但消声频率的范

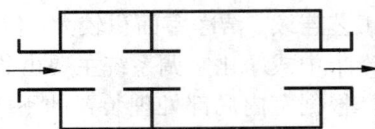

图 3-28 抗性消声器构造示意图

围较窄，要求风道截面的变化在 4 倍以上才较为有效。因此，在机房的建筑空间较小的场合，应用会受到限制。

3. 共振消声器

吸声材料通常对低频噪声的吸收能力很低，要增加对低频噪声的吸声量，就需要大大地增加吸声材料的厚度，这显然是不经济的。为了改善对低频噪声的吸声效果，通常采用共振消声器。

共振消声器的构造如图 3-29 所示。图中金属板上开有一些小孔，金属板后是共振腔。当声波传到共振结构时，小孔孔径中的气体在声波压力作用下，像活塞一样往复运动，通过孔径壁面的摩擦和阻尼作用，使一部分声能转化为热能消耗掉。

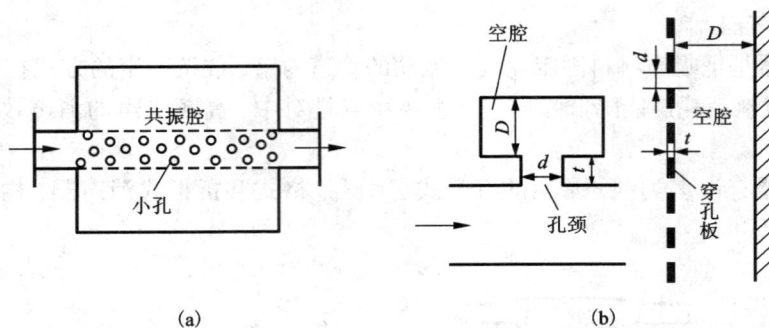

(a)   (b)

图 3-29 共振消声器
(a)消声器示意图；(b)共振吸声结构

每一个共振结构都具有一定的固有频率，这个固有频率由共振结构的小孔孔径 d、板厚度 t 和空腔深度 D 所决定。当外来声波的频率与共振吸声结构的固有频率相同时，就会产生共振现象，这时振幅达到最大，孔径中空气柱往复运动的速度最大，摩擦损失最大，吸收的声能也达到最大值。

共振消声器对低频噪声具有较好的消声效果，但从其消声原理可知，它的消声性能对噪声频率的选择性较强，消声频率的范围狭窄，当噪声频率离开共振结构的固有频率较远时，消声量急剧下降。

4. 复合消声器

复合消声器又称为宽频带消声器，是利用阻性消声器对中高频噪声的消声效果好、抗性消声器和共振消声器对低频噪声消声效果好的特点，综合设计成低频到高频噪声范围内都具有较好的消声效果的消声器。

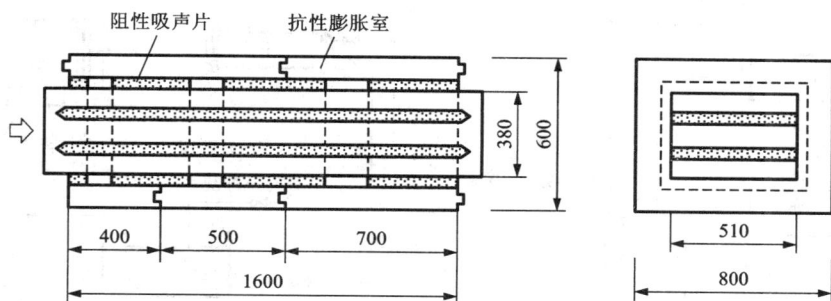

图 3 – 30　阻抗复合消声器

3.4　空气调节管路系统

3.4.1　风管系统

风管系统是通风和空调系统的重要组成部分，通风管道是通风系统的重要组成部分，图 3 – 31 所示是某空调系统的风管系统图。通风管道的设计合理与否直接影响到通风空调系统的使用效果和技术经济性能。空调风系统风道设计计算的目的是，在保证要求的风量分配前提下，合理确定风管布置和截面尺寸，并计算系统的阻力，使系统的初投资和运行费用综合最优。

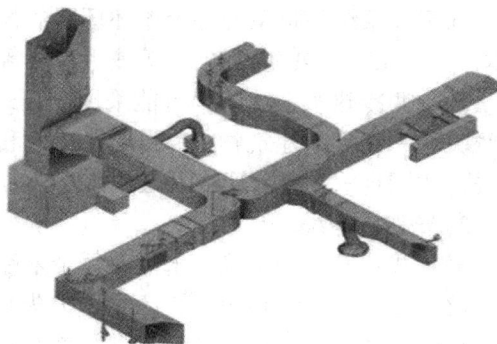

图 3 – 31　空调风管系统

3.4.2　空调冷冻水循环系统

空调系统中，冷冻水系统也叫冷水系统，主要有下面几种形式。

1. 按水压特性不同，可分为开式系统和闭式系统

1）开式系统

开式系统在管路之间设有储水箱(或水池)通大气，回水靠重力作用流入回水池，如图 3 – 32 所示。开式系统的优点是结构简单，不设置回水泵，且可以利用回水池，调节方便，工作稳定。缺点是水泵扬程要增加冷冻水送至用冷冻设备高度的位能，水泵耗电量大；又由于开式系统管道与大气相通，所以水质易受污染、管道较脏易堵塞、易腐蚀。由于以上缺点，开式系统应用较少。

2）闭式系统

闭式系统的管路不与大气相接触，仅在系统最高点设置膨胀水箱并有排气和泄水装置，如图3-33所示。闭式系统只有膨胀箱通大气，所以系统管路和设备不易产生污垢和腐蚀；系统简单，冷损失较小，且不受地形限制；由于在系统的最高点设置膨胀水箱，整个系统充满了水，冷冻水泵的扬程仅需克服系统的流动摩擦阻力，所以设备耗电较小。

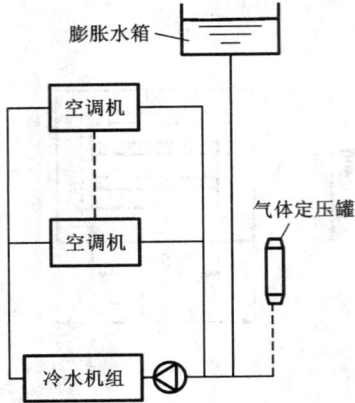

图3-32　开式系统

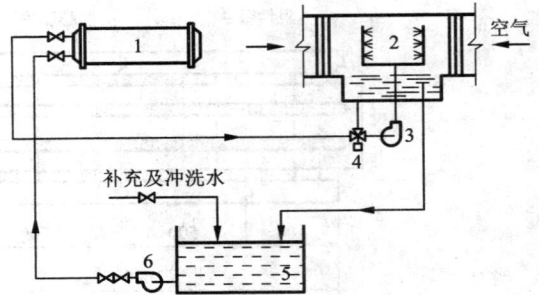

图3-33　闭式系统
1—壳管式蒸发；2—自调淋水室；3—淋水泵；
4—三通阀；5—回水池；6—冷冻水泵

2. 按末端设备的水流程不同，分为同程式系统和异程式系统

1）同程式系统

同程式系统是指系统每个循环环路的长度相同，如图3-34所示。其特点是各环路的水流阻力、冷量（或热量）损失相等或近似相等，这样有利于水力平衡，可以减少系统调试的工作量。空调冷热水系统应尽可能采用同程式系统，包括立管同程和干管同程，都有利于克服系统失调。在大型建筑物中，为了保持水利工况的稳定性和减少初次调整的工作量，水系统应设计成同程式，但当管路阻力和盘管阻力之比在1:3左右时可用异程式水系统。

2）异程式系统

异程式系统是指系统中水流经每个末端设备的流程都不同，如图3-35所示。其特点是各环路的水流阻力不相等，易产生水力失调；但管路系统简单，投资较小。当系统较小时，可采用异程式系统，但必须在末端空调机组或风机盘管连接管上设流量调节阀以平衡阻力。

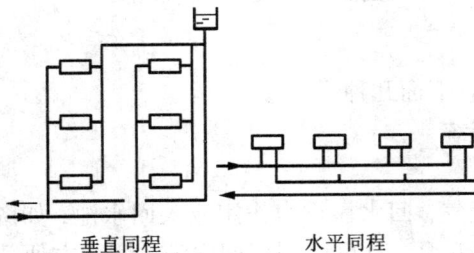

垂直同程　　　　水平同程

图3-34　同程式系统

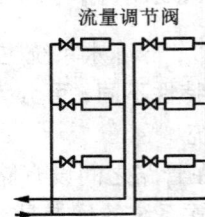

流量调节阀

图3-35　异程式系统

168

3. 按冷水管道的设置方式不同, 可分为双管制、三管制和四管制系统

1) 双管制系统

双管制系统是指冷、热源利用一组供回水管为末端装置的盘管提供冷水或热水的系统, 如图3-36所示。双管制系统中冷源是各自独立的。夏季, 关闭热水总管阀门, 系统供应冷冻水; 冬季的操作正好相反。因此, 这种系统不能同时既供冷又供热, 在春秋过渡季节, 不能满足空调房间的不同冷暖要求, 舒适性不高。但由于该系统简单实用, 投资少, 在我国高层建筑中得到了广泛的应用。

2) 三管制系统

三管制系统是指冷、热源分别通过各自的供、回水管路, 为末端装置的冷盘管和热盘管提供冷水和热水, 而回水共用一根回水管路的系统, 如图3-37所示。该系统的优点是克服了双管制系统中各末端装置无法解决自由选择冷、热的问题。但是该系统末端控制较为复杂, 末端设备处冷、热两个电动阀的切换较为频繁, 回水分流至冷冻机和热交换器的控制也相当复杂。且在过渡季节使用时, 冷热回水同时进入一根管道, 混合损失较大, 增加了制冷和加热的负荷, 运行效益低。由于上述缺点, 三管制系统目前应用很少。

3) 四管制系统

四管制系统是指冷、热源分别通过各自的供、回水管路, 为末端装置的冷盘管与热盘管提供冷水和热水的系统, 如图3-38所示。这种系统初投资较高, 管道占用空间大, 但运行很经济, 对室温的调节具有较好的效果, 所以多用于对舒适性要求很高的场所。

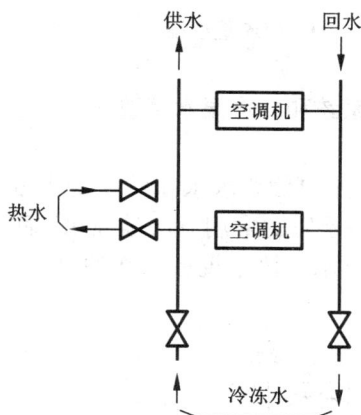

图3-36 双管制系统   图3-37 三管制系统   图3-38 四管制系统

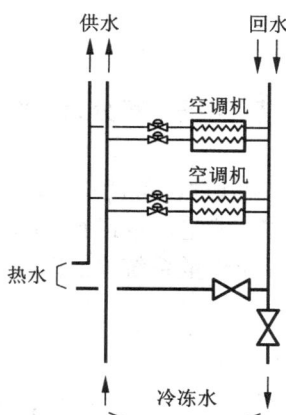

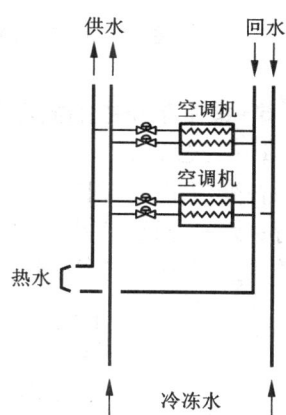

4. 按水量特性不同, 可分为定流量系统和变流量系统

1) 定流量系统

定流量系统是指空调水系统输配管路的流量保持恒定。定流量系统是通过改变供回水温差来满足负荷变化的, 如图3-39所示。在定流量系统中, 表冷器、风机盘管采用三通阀进行调节。当负荷减小时, 一部分冷冻水与负荷成比例地流经表冷器或风机盘管, 另一部分从三通阀旁通, 以保证供冷量与负荷相适应。定流量系统比较简单, 系统的水量变化基本上由水泵的运行台数所决定。但由于水泵的流量是按最大负荷选定的固定流量, 并且不能调节, 在部分负荷时, 既浪费了水泵运行的电能, 又增加了管路上的热损失, 运行费用较高。由于空调冷冻水系统在部分负荷状态下运行的时间较长，所以定流量系统在经济上是不合理的。

2）变流量系统

变流量系统是指空调水系统中输配管路的流量是随着末端装置流量的调节而改变的，如图3－40所示。变流量水系统常采用多台冷（热）设备和多台水泵（即一台设备配一台水泵）的方式，各台水泵水流量不变，只需对设备和相应的水泵进行台数的控制就可以调节系统供水的流量。另外，也可以采用变速水泵来调节系统供水的流量，或者在风机盘管处设置二通调节阀，依据空调房间的温度信号控制二通调节阀的开度，以达到变流量的目的。变流量水系统的耗电量比定流量系统小得多，特别适用于大型空调水系统。

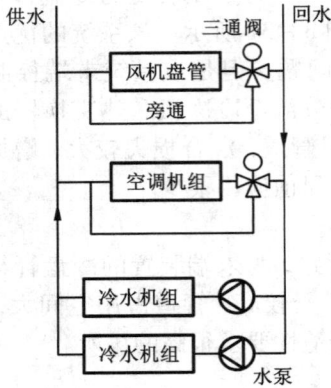

图3－39　定流量系统

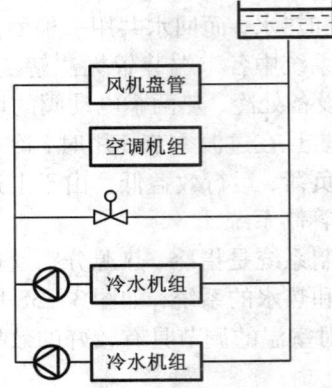

图3－40　变流量系统

5. 按水系统中的循环水泵设置情况不同，可分为一次泵水系统和二次泵水系统

1）一次泵系统

在变流量系统中，一方面，从末端处理设备使用要求来看，用户侧要求水系统作变水量运行；另一方面，冷冻机组的特性又要求定水量运行，解决这一矛盾的常用方法是在供、回水总管上设置压差旁通阀，即一次泵变流量系统，如图3－41所示。该系统的工作原理是：

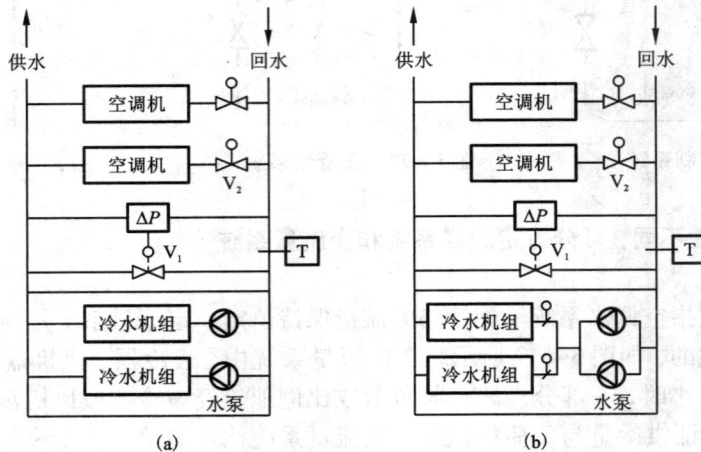

(a)　　　　　　　　　　　　(b)

图3－41　一次泵变流量系统

（a）一次泵变流量系统（先串后并方式）；（b）一次泵变流量系统（先并后串方式）

170

当系统处于设计工况下，所有设备都满负荷运行，压差旁通阀开度为零，即没有旁通水流过，此时压差控制器两端接口处的压力差就是控制器的设定压差值。当末端负荷变小后，末端的二通阀关小，旁通阀两侧的供、回水压差增大而超过设定值，在压差控制器的作用下，旁通阀会自动打开，旁通阀的开度加大将使供、回水压差减小直至达到设定压差值才停止继续开大，部分水从旁通阀流过而直接进入回水管，与用户侧回水混合后进入水泵及冷冻机。在此过程中，基本保持了冷冻水泵及冷冻机的水量不变。一次泵系统是目前我国高层民用建筑中应用最广泛的冷冻水系统。

2）二次泵系统

二次泵系统中，每一台冷冻机和锅炉侧都配有一台水泵，称为一次泵。而在用户侧根据实际需要，另行配置若干台二次泵。一次泵用于克服冷（热）源（包括管路、阀门及冷热设备）的阻力。二次泵用于克服用户侧（包括管路、阀门及空调机组或风机盘管等）的阻力。根据用户侧供回水的压差控制二次泵开启台数，而一次泵的开启可同冷冻机或锅炉设备连锁，如图 3－42 所示。当二次泵总供水量与一次泵总供水量有差异时，相差的部分就从平衡管 AB 中流过（可以从 A 流向 B，也可以从 B 流向 A），这样就可以解决冷热源机组与用户侧水量控制不同步的问题。由于用户侧供水量的调节通过二次泵的运行台数及压差旁通阀 V₁ 来控制，压差旁通阀控制方式与一次

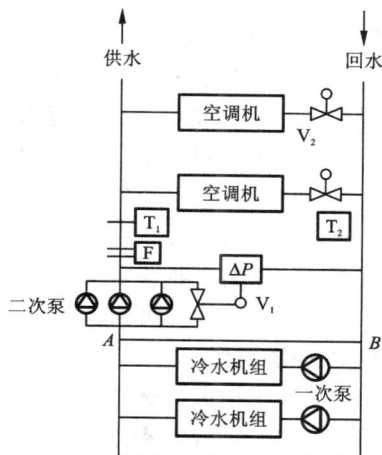

图 3－42 二次泵变流量系统

泵空调冷冻水系统相同，所以，压差旁通阀 V_1 的最大旁通量为一台二次泵的流量。二次泵变流量空调水系统是目前一些大型高层民用建筑或多功能建筑群中正逐步采用的一种空调冷冻水系统形式。

3.4.3 冷却水循环系统

空调冷却水系统是专为水冷式冷水机组或水冷直接蒸发式空调机组而设置的。其主要作用是将冷水机组中冷凝器的散热带走，以保证冷水机组的正常运行。

1. 冷却水系统的分类

冷却水系统按供水方式可分为直流供水系统和循环冷却水系统两种。

1）直流供水系统

直流供水系统的冷却水经过冷凝器等用水设备后，直接排入原水体（不得造成污染），一般适用于水源水量充足（如有丰富的江、河、湖泊等地面水源或地下水源）的地方。

2）循环冷却水系统

循环冷却水系统是将通过冷凝器后的温度较高的冷却水，经过降温处理后，再送入冷凝器循环使用的冷却系统。冷却水循环使用，只需要补充少量补给水。冷却水系统按通风方式可分为：

（1）自然通风冷却循环系统。自然通风冷却循环系统是用冷却塔或冷却喷水池等构筑物使冷却水降温后再送入冷凝器的循环冷却系统。该系统适用于当地气候条件适宜的小型冷冻机组。

（2）机械通风冷却循环系统。机械通风冷却循环系统是采用机械通风冷却塔或喷射式冷却塔使冷却水降温后再送入冷凝器的循环冷却系统。该系统适用于气温高、湿度大，采用自然通风冷却方式不能达到冷却效果的情况。

2. 冷却水系统的组成

目前的民用建筑特别是高层民用建筑，大量采用循环水冷却方式，以节省水资源。利用循环水冷却的系统组成如图 3 – 43 所示。

来自冷却塔的较低温度的冷却水（通常为 32℃），经冷却水泵加压后进入冷水机组，带走冷凝器的散热量。高温的冷却回水（通常为 37℃）重新送至冷却塔上部喷淋。由于冷却塔风扇的运转，冷却水在喷淋下落过程中，不断与塔下部进入的室外空气进行热湿交换，冷却后的水落入冷却塔集水盘中，由水泵重新送入冷水机组循环使用。

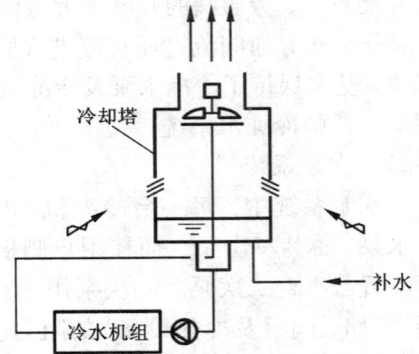

图 3 – 43 冷却水系统组成

每循环一次都要损失部分冷却水量，主要原因是蒸发和漏损，损失的水量一般占冷却水量的 0.3% ~ 1% 。损失的水量，可通过自来水来补充。

3. 冷却塔类型

冷却塔是冷却水系统中的一个重要设备，冷却塔的性能对整个空调系统的正常运行都有影响。根据水与空气相对运动的方式不同，冷却塔可分为逆流式冷却塔和横流式冷却塔两种。

1）逆流式冷却塔

逆流式冷却塔的构造如图 3 – 44 所示。它是由外壳、管、出水管、集水盘和进风百叶等主要部分组成。

在风机的作用下，空气从塔下部进入，顶部排出。空气与水在竖直方向逆向而行，热交换效率高。冷却塔的布水设施对气流有阻力，布水系统维修不方便，当冷却塔采用螺旋式布水器时，由于布水器靠出水的反作用力推动运转，要求进水压力为 0.1 MPa 左右，对喷射式冷却塔喷嘴要求进水压力为 0.1 ~ 0.2 MPa。

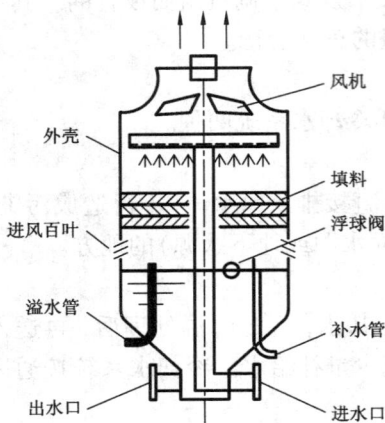

图 3 – 44 逆流式冷却塔

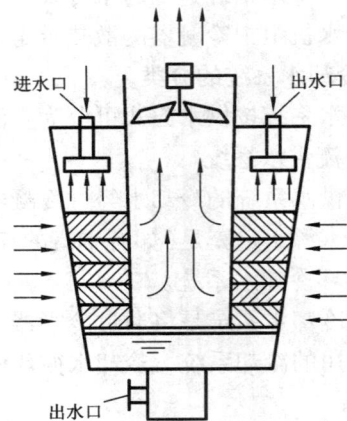

图 3 – 45 横流式冷却塔

172

2）横流式冷却塔

横流式冷却塔的构造如图 3-45 所示，其工作原理与逆流式冷却塔基本相同。空气从水平方向横向穿过填料层，然后从冷却塔顶部排出，水从上至下穿过填料层，空气与水的流向垂直，热交换效率不如逆流式。横流塔气流阻力较小，布水设施维修方便，冷却水阻力不大于 0.05 MPa。一般大型的冷却塔都采用横流式冷却塔。

3.5　建筑防火排烟

3.5.1　防排烟系统的重要性

建筑物火灾是多发的，对人民的生命财产是一种严重的威胁。火灾不仅导致巨大的经济损失和大量的人员伤亡，甚至对政治、文化造成巨大影响，产生无法弥补的损失。

我国颁布的设计防火规范主要有《建筑设计防火规范》GBJ 16—1987(1997 版)和 1995 年修订的《高层民用建筑设计防火规范》GB 50045—1995(2006 版)，另外还有一些适用范围较小的规范，如 1997 年颁布的《汽车库、修车库、停车场设计防火规范》等。关于普通民用建筑，其防排烟设计没有明文规定，一般只在发生火灾时，打开门窗自然排烟即可，特殊重要的场所可按《高层民用建筑设计防火规范》来设置，防火排烟的重点是高层建筑。

3.5.2　防火分区与防烟分区

在建筑设计中进行防火分区的目的是防止火灾的扩大，可根据房间用途和性质的不同对建筑物进行防火分区，分区内应该设置防火墙、防火门、防火卷帘等设备。在建筑设计中，通常规定楼梯间、通风竖井、风道空间、电梯、自动扶梯升降通路等形成竖井的部分要作为防火分区。而防烟分区则是对防火分区的细分化，防烟分区内不能防止火灾的扩大。它仅能有效地控制火灾产生的烟气流动，首先要在有发生火灾危险的房间和用作疏散通路的走廊间加设防烟隔断，在楼梯间设置前室，并设自动关闭门，作为防火、防烟的分界。此外还应注意竖井分区，如百货公司的中央自动扶梯处是一个大开口，应设置用烟感器控制的隔烟防火卷帘。图 3-46 所示为某百货大楼在设计时的防火、防烟分区实例，送风的空调系统和防烟分区是结合在一起来考虑的。

实践证明，应尽可能按不同用途在竖向作楼层分区，它比单纯依靠防火、防烟阀等手段所形成的防火分区更为可靠。

图 3-47 所示就是楼层防火分区的实例，无论是旅馆和办公大楼，把低层的公共部分和标准层之间作为主要的防火划分区是十分必要的。至于空调通风管道、电气配管、给水排水管道等，由于使用上的需要而穿越防火防烟分区时，都应采取专门的措施。

3.5.3　防烟系统设置

1. 加压送风防烟

加压送风防烟就是用风机把一定量的室外空气送入房间或通道内，使室内保持一定压力或在门洞处造成一定流速，以避免烟气侵入。加压送风向防烟区送入室外空气，造成一定的正压，在楼梯间、前室或合用前室和走道中形成一个压力阶差，防止烟气侵入疏散通道，使

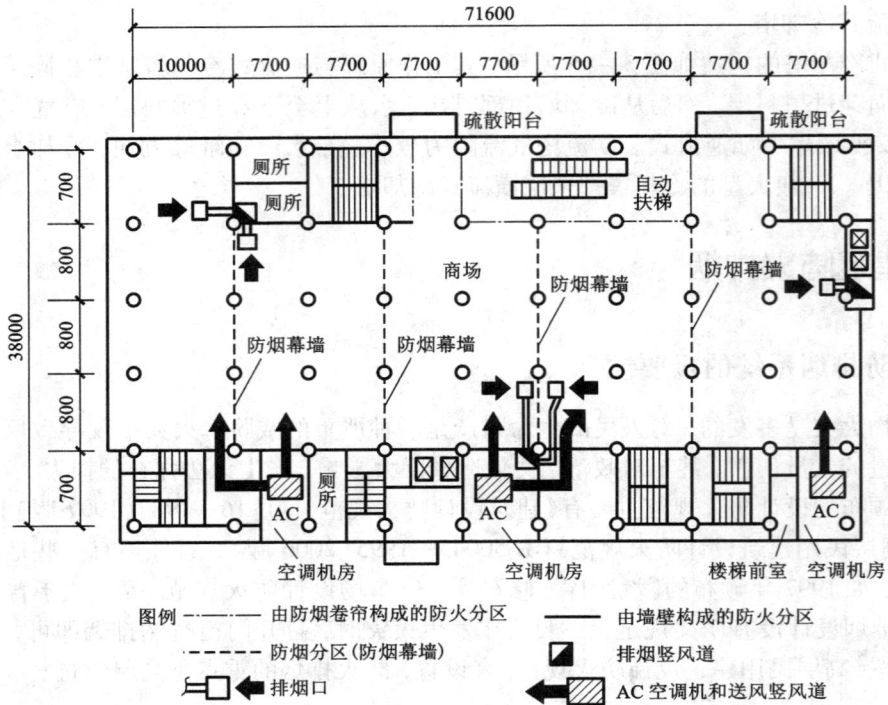

图 3 - 46　防火、防烟分区

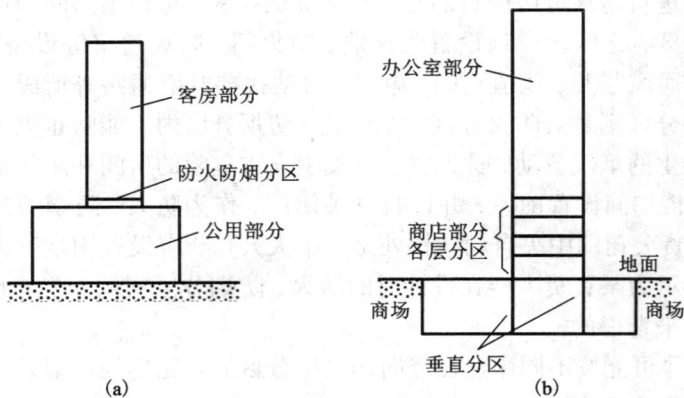

图 3 - 47　楼层防火分区实例

（a）旅馆；（b）办公大楼

空气流动方向是从楼梯间流向前室，由前室流向走道，再由走道流向室外或先流入房间再流向室外。气流流向与人流疏散方向相反，增加了疏散、援救与扑救的机会。

加压送风防烟主要用于不符合自然排烟条件的防烟楼梯间及其前室、消防电梯前室及合用前室的防烟。另外在高层建筑的避难层也需设置机械加压送风，以防烟气侵入。

2. 疏导排烟

利用自然或机械作为动力，将烟气排至室外，称之为排烟。排烟的目的是排除着火区的烟气和热量，不使烟气流向非着火区，以利于人员疏散和进行扑救。

174

1）自然排烟

自然排烟利用烟气产生的浮力和热压进行排烟，通常利用可开启的窗户来实现。简单经济，但排烟效果不稳定，受着火点位置、烟气温度、开启窗口的大小、风力、风向等诸多因素的影响。

自然排烟投资少，易操作，不占用空间，只要满足规范的要求应尽量采用。排烟囱可由烟感器控制，电信号开启，也可由缆绳手动开启。

（1）走道与房间的自然排烟。除建筑高度超过 50 m 的一类公共建筑和建筑高度超过 100 m 的居住建筑外的高层建筑中，长度超过 20 m 且小于 60 m 的内走道和面积超过 100 m^2 且经常有人停留或可燃物较多的房间，有可开启窗或窗井时，可采用自然排烟。走道或房间采用自然排烟时，可开启外窗的面积不应小于走道或房间面积的 2%。

（2）中庭自然排烟。中庭的防排烟比较困难，烟气流动的变化较多。当中庭高度小于 32 m 时，可以用自然排烟，规定可开启的天窗或侧窗的面积不应小于该中庭面积的 5%。

（3）防烟楼梯间及其前室、消防电梯前室和合用前室的自然排烟。

除建筑高度超过 50 m 的一类公共建筑和建筑高度超过 100 m 的居住建筑外，靠外墙的防烟楼梯间及其前室和合用前室，宜采用自然排烟方式，如图 3－48 所示。如不满足自然排烟条件，应设加压送风防烟。

当采用自然排烟时，靠外墙的防烟楼梯间每五层可开启外窗总面积之和不应小于 2 m^2；防烟楼梯间前室、消防电梯前室每层可开启外窗面积不应小于 2 m^2，合用前室不应小于每层 3 m^2。

当前室或合用前室采用凹廊、阳台或前室

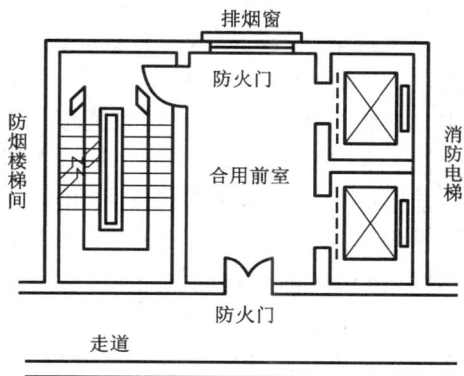

图 3－48　合用前室采用自然排烟

内有两面外围时，楼梯间如无自然排烟条件，也可不设防烟措施，如图 3－49、图 3－50所示。

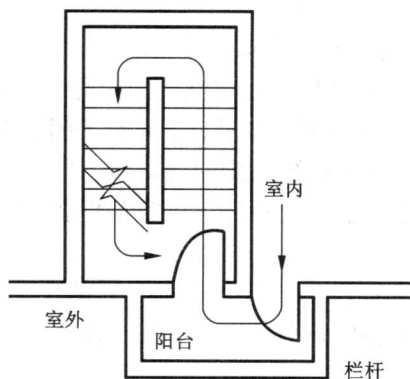

图 3－49　利用阳台排烟

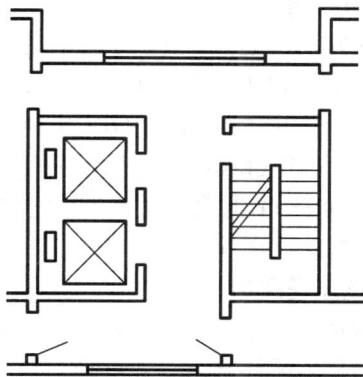

图 3－50　两面外窗的前室

2）机械排烟

机械排烟利用风机的负压排出烟气，排烟效果好，稳定可靠。需设置专用的排烟口、排烟管道和排烟风机，且需专用电源，投资较大。

机械排烟系统工作可靠、排烟效果好，当需要排烟的部位不满足自然排烟条件时，则应设机械排烟。

（1）设置机械排烟设施的部位。根据《高层民用建筑设计防火规范》（GBJ 50045—2006）的规定：一类高层建筑，高度超过 32 m 的二类高层建筑的下列部位应设置机械排烟设施：①无直接自然通风，且长度超过 20 m 的内走道或虽有直接自然通风，但长度超过 60 m 的内走道。②面积超过 100 m²，且经常有人停留或可燃物较多的地上无窗房间或设固定窗的房间。③不具备自然排烟条件或净空高度超过 12 m 的中庭。④除利用窗井等开窗进行自然排烟的房间外，各房间总面积超过 200 m² 或一个房间面积超过 50 m²，且经常有人停留或可燃物较多的地下室。

（2）机械排烟系统划分与布置

机械排烟系统的划分与布置应遵守可靠性和经济性的原则，考虑最佳排烟效果的要求。系统过大，则排烟口多、管路长、漏风量大、远端排烟效果差，管路布置可能出现困难，但设备少，总投资可能少一些；如系统小，则排烟口少、排烟效果好、可靠性强、但设备多、分散、投资高、维护管理不便。因此，应仔细考虑论证后确定排烟系统的方案。

前室或合用前室通常在各层的同一位置，所以常采用竖向布置，排烟口设在各层前室邻近走道的顶部，排烟风机设于屋顶或顶层。排烟口为常闭状态，火警时用电信号开启，当排烟温度达到 280℃时自动关闭。

内走道通常也在各层的同一位置，因此也常采用竖向布置，但如走道太长而每个排烟口的作用距离不超过 30 m，需设 2 个以上排烟口时，可以用水平支管连接，如走道内无法安装水平支管，则采用两个垂直系统。在风机入口设排烟防火阀（常闭状态）以防平时室外空气侵入系统。

3.5.4　防火排烟装置

1. 防火阀

防火阀用在通风、空调系统的送、回风管路上，平时呈开启状态，当火灾一旦发生，管道内气体温度达到 70℃时即自行关闭，并在一定时间内能满足耐火稳定性和耐火完整性要求，起隔烟阻火作用。排烟阀用在排烟系统管道上或排烟风机的吸入口处，平时呈关闭状态，当火灾发生时，通过火灾报警信号手动或自动开启阀门，根据系统功能配合排烟，当管道内烟气温度达到 280℃时自动关闭，并能在一定时间内满足耐火稳定性和耐火完整性要求，起隔烟阻火作用。

2. 正压送风口

前室和合用前室的正压送风口一般由常闭型电磁式多叶调节阀组成，每层设置。楼梯间的送风口一般采用自垂式百叶风口。

3. 排烟阀

排烟阀是与烟感器连锁的阀门，即通过能够探知火灾初期发生的烟气的烟感器来开启阀门，是由电动机或电磁机构驱动的自动阀门。排烟阀一般用于排烟系统的风管上，平时常闭，发生火灾时烟感探头发出火警信号，消防控制中心通过 DC24V 电压将阀门打开排烟，也可手动使阀门打开，手动复位。阀门开启后可发出电讯号至消防控制中心。根据要求，还可与其他设备连锁。排烟阀与普通百叶风口或板式风口组合，可构成排烟风口。常用的防火排烟装置见表 3 - 1。

表 3 - 1　常用的防火排烟装置

类别	名称	性质和用途
防火类	防火调节阀 FVD	70℃温度熔断器自动关闭（防火），可输出联动信号，用于通风空调系统风管内防止火焰沿风管蔓延
	防火阀 FD	
	防烟防火阀 SFD	靠烟感器控制动作，用电信号通过电磁铁关闭（防烟）；还可用 70℃温度熔断器自动关闭（防火），用于通风空调系统风管内，防止火焰沿风管蔓延
防烟类	加压送风口	靠烟感器控制动作，电信号开启，也可手动（或远距离缆绳）开启；可设 280℃温度熔断器重新关闭装置，输出动作电信号；联动送风机开启。用于加压送风系统的风口，起赶烟、防烟作用
	余压阀	防止防烟超压，起卸压作用
排烟类	排烟阀	电信号开启或手动开启；输出开启电信号，联动排烟机开启。用于排烟系统风管上
	排烟防火阀	电信号开启或手动开启。280℃温度熔断器重新关闭；输出动作电信号，用于排烟风机吸入口处管道上
	排烟口	电信号开启，也可手动（或远距离缆绳）开启；输出电信号联动排烟机，用于排烟房间的顶棚和墙壁上，可设 280℃温度熔断器重新关闭装置
	排烟窗	靠烟感器控制动作，电信号开启，也可缆绳手动开启，用于自然排烟处的外墙上
分隔类	防火卷帘	划分防火分区，用于不能设置防火墙处，水幕保护
	挡烟垂臂	划分防烟区域，手动或自动控制

复习思考题

1. 简述通风系统与空调系统的区别。
2. 机械送风系统有哪些组成部分？
3. 机械通风系统为什么要设置柔性短管？应设置在何处？
4. 空调系统有哪些类型？
5. 空调系统的组成部分有哪些？
6. 空调水系统包括哪些？
7. 防排烟系统有哪些类型？

模块四 建筑燃气系统

4.1 燃气分类

可作为燃料的气体称为燃气。气体燃料与固体燃料、液体燃料相比，有许多优点，如使用方便，燃烧完全，热效率高，燃烧温度高，易调节、控制；燃烧时没有灰渣，清洁卫生；可以利用管道和瓶装供应，使用方便。在人们日常生活中采用燃气作为燃料，对改善生活条件，减少空气污染和保护环境，都具有重大的意义。但燃气与空气混合到一定比例，易引起燃烧式爆炸，火灾危险性大。人工煤气具有强烈的毒性，容易引起中毒事故。所以，对于燃气设备及管道的设计、加工和敷设，都有严格的要求；同时在日常的使用中，必须加强维护和管理，防止漏气。

城镇燃气的迅速发展，为工业生产、人民生活提供了优质能源，不仅极大地提高了工业生产水平、方便了群众生活，而且还大大降低了环境污染，改善了城市环境质量。但与此同时，由于燃气具有的易燃、易爆且有一定毒性的特点，一旦发生事故将会造成人员伤亡、财产损失；城镇燃气设施的迅猛增加，使城镇燃气安全问题越来越突出。

1. 天然气

天然气一般可分四种：从气井开采出来的纯天然气(或称气田气)；溶解于石油中，随石油一起开采出来后从石油中分离出来的石油伴生气；含石油轻质馏分的凝析气田气；从井下煤层抽出的矿井气(又称矿井瓦斯)。

天然气热值高，容易燃烧且燃烧效率高，是优质、清洁的气体燃料，是理想的城市气源。

天然气从地下开采出来时压力很高，有利于远距离输送。但需经降压、分离、净化(脱硫、脱水)，才能作为城市燃气的气源。天然气可作为民用燃料或作为汽车清洁燃料使用。天然气经过深度制冷，在 -160℃ 的情况下就变成液体成为液化天然气，液态天然气的体积为气态时的 1/600，有利于储存和运输，特别是远距离越洋输送。

天然气主要成分是甲烷，它比空气轻，无毒无味，但是极易与空气混合形成爆炸混合物。空气含有 5% ~15% 的天然气泄漏量时，遇明火就会发生爆炸，供气部门在天然气中加入少量加臭剂(如四氢噻吩、乙硫醇等)，泄漏量只要达到 1%，用户就会闻到臭味，以避免发生中毒或爆炸等事故。

2. 人工煤气

人工煤气是将煤、重油等矿物燃料通过热加工而得到的。通常使用的有干馏煤气(如焦炉煤气)和重油裂解气。

(1)固体燃料干馏煤气。将煤放在专用的工业炉中，隔绝空气，从外部加热，分解出来的气体经过处理后，可分别得到煤焦油、氨、粗萘、粗苯和干馏煤气。剩余的固体残渣即为焦炭。用于干馏煤气的工业炉有炼焦炉、连续式直立炭化炉和立箱炉等，一般都采用炼焦炉,其干馏煤气称为焦炉煤气,它的主要成分是甲烷和氢气。

(2)固体燃料气化煤气。将煤或焦炭放入煤气发生炉,通入空气、水蒸气或两者的混合物,使其吹过赤热的煤(焦)层,在空气供应不足的情况下进行氧化和还原作用,生成以一氧化碳和氢为主的可燃气体,称为发生炉煤气。由于它的热值低,一氧化碳含量高,因此不适合作为民用煤气,多供工业用。

(3)油制气。将重油在压力、温度和催化剂的作用下,使分子裂变而形成可燃气体,这种气体经过处理后可分别得到煤气、粗苯和残渣油。重油裂解气也叫油煤气或油制气。

(4)高炉煤气。它是冶金炼铁时的副产气,其主要成分是一氧化碳和氮气。

人工煤气具有强烈的气味及毒性,含有硫化氢、萘、苯、氨、焦油等杂质,容易腐蚀及堵塞管道,因此,人工煤气需加以净化后才能使用,并用贮气罐气态贮存或管道输送。

供应城市的人工煤气要求发热值(标)在 14654 kJ/m³ 以上。一般焦炉煤气的发热值(标)为 17585 ~ 18422 kJ/m³,重油裂解气的发热值(标)为 16747 ~ 20515 kJ/m³。

3. 液化石油气

液化石油气是在对石油进行加工处理过程中(例如常减压蒸馏、催化裂化、铂重整等)作为副产品而获得的一部分碳氢化合物。

液化石油气是多种气体的混合物,其中主要是丙烷、丙烯、丁烷和丁烯,它们在常温常压下呈气态,当压力升高或温度降低时很容易转变为液态,便于贮存和运输。液化气的发热值(标)通常为 83736 ~ 113044 kJ/m³。

4. 沼气

生物气是利用生物质能源转化得到的气体燃料。它是由各种有机物质在隔绝空气的条件下,保持一定的温度、湿度和酸碱度,经过微生物发酵分解作用而产生的一种燃气。这种燃气最早是在沼泽地区发现的,所以也称为沼气。

生物气可分为天然生物气和人工生物气。前者存在于自然界中腐烂有机质积累较多的地方,如沼泽、池塘、粪坑、污水沟等处。人工生物气是用作物秸秆、树叶杂草、人畜粪便、污水污泥和一些工厂的有机废水残渣(如酒厂内酒糟、酒精厂的废液)等有机物质为原料,在适当的工艺条件下进行发酵分解而生成。

4.2 燃气管道

4.2.1 燃气管道分类

1. 按敷设方式分类

(1)埋地管道。输气管道埋设于土壤中,当管段需要穿越铁路、公路时,有时需加设套管或管沟。因此有直接埋设及间接埋设两种。

(2)架空管道。工厂厂区内或管道跨越障碍物时,常采用架空敷设。

2. 按管网形状分类

为了便于工程设计中进行管网水力计算,通常将管网分为:

(1)环状管网。管道联成封闭的环状,它是城市输配管网的基本形式。

(2)枝状管网。以干管为主管,呈放射状由主管引出分配管而不成环状。在城市管网中一般不单独使用。

（3）环枝状管网。环状与枝状混合使用的一种管网形式，是工程设计中常用的管网形式。

3. 按管道在系统中的用途分类

（1）输配干管：①中压输配干管。将燃气自接受站（门站）或储配站送至城市各用气区域的管道。②低压输配干管。将燃气自调压室送至燃气供应地区，并沿途分配给各类用户的支管。

（2）配气支管：①中压支管。将燃气自中压输配干管引至调压室的管道。②低压支管。将燃气从低压输配干管引至各类用户的室外管道。③室内管道。建筑物内部的管道，如住宅楼室内燃气管道通过引入管与低压支管相接。

4. 按输气压力分类

我国城市燃气管道根据输气压力一般可分为：①低压燃气管道：$P \leqslant 0.01$ MPa；②中压 B 燃气管道：0.01 MPa $< P \leqslant 0.2$ MPa；③中压 A 燃气管道：0.2 MPa $< P \leqslant 0.4$ MPa；④次高压 B 燃气管道：0.4 MPa $< P \leqslant 0.8$ MPa；⑤次高压 A 燃气管道：0.8 MPa $< P \leqslant 1.6$ MPa；⑥高压 B 燃气管道：1.6 MPa $< P \leqslant 2.5$ MPa；⑦高压 A 燃气管道：2.5 MPa $< P \leqslant 4$ MPa。

居民和小型公共建筑用户一般直接由低压管道供气，中压 B 和中压 A 管道必须通过区域调压站或用户专用调压站才能给城市分配管网中的低压管道、中压管道、工业企业、大型建筑用户或锅炉房供气。

5. 按管网的压力级制分类

（1）一级系统。仅用于低压管道来输送、分配和供应燃气的系统，一般只适用于小城镇。

（2）二级系统。由低压和中压或低压和次高压两级管网组成的系统（如图 4-1 所示）。

（3）三级管网。由低压、中压（或次高压）和高压三级管网组成的系统。

（4）多级系统。由低压、中压、次高压和高压管网组成的系统。

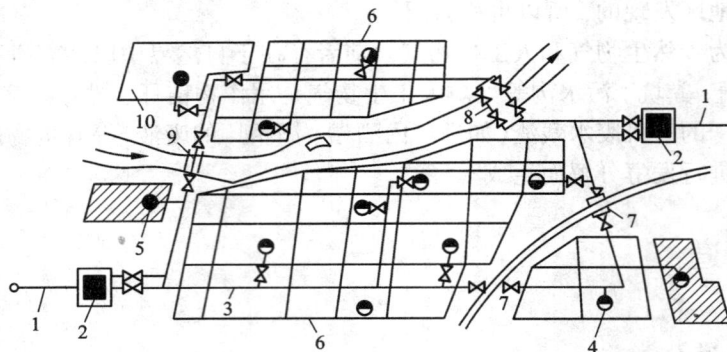

图 4-1　城市燃气二级系统组成示意

1—长输管线；2—城市燃气分配站；3—次高压管网；4—区域调压室；5—工业企业专用调压室；6—低压管网；
7—穿过铁路的套管敷设；8—穿过河底的过河管；9—沿桥敷设的过河管；10—工业企业低压 - 次高压两级管网系统

4.2.2　燃气管道布置

1. 管道平面布置原则

（1）高中压管道应连接成环网状以保证供气安全可靠。

（2）高压管道宜布置在城市边缘或有足够安全距离的地带，高中压管道应避免在车辆来往频繁或闹市区的主要干线敷设，否则对施工和管理、维修造成困难。

（3）高中压管道应尽量靠近各调压室，以缩短连接支管长度。

（4）高中压管道应尽量避免穿越铁路或河流等大型障碍物，以减少工程量和投资。

（5）考虑用户数量随城市发展而逐步增加，低压管道以环状布置为主体外，也允许存在枝状管道。

（6）考虑经济性与安全性低压管网的成环边长一般控制在 $300 \sim 600$ m 之间。

（7）低压管道尽可能布置在街坊内兼作庭院管道，以节省投资。

（8）低压管道可以沿街一侧敷设，在遇到某些特殊情况可双侧敷设。

（9）地下燃气管道不得从大型建筑物下面穿过，不得在堆积易燃、易爆材料和具有腐蚀性液体的场地下面穿越；并不能与其他管线或电缆同沟敷设，当需要同沟敷设时，必须采取防护措施。

（10）为了便于管道管理、维修或接新管时切断气源，高中压管道在下列地点需设阀门：①气源厂的出口；②储配站、调压室的进出口；③分支管的起点；④重要的河流、铁路两侧（单支线在气流来向的一侧）。

2. 管道立面布置原则

1）管道的埋深

地下燃气管道埋深主要考虑地面动负荷，特别是车辆重负荷的影响以及冰冻层对管内输送气体中可凝性气体的影响。因此管道埋设的最小覆土厚度（路面至管顶）应遵守下列规定：①埋设在车行道下时，不得小于 0.8 m；②埋设在非车行道下时，不得小于 0.6 m；③埋设在庭院内时，不得小于 0.3 m；④埋设在水田下时，不得小于 0.8 m；⑤输送湿燃气的管道，应埋设在土壤冻土线以下。

2）管道的坡度及凝水缸的设置

在输送湿燃气的管道中，不可避免有冷凝水、轻质油或渗入的地下水，为了排出出现的液体，需在管道低处设置凝水缸，各凝水缸之间距，一般不大于 500 m。管道应有不小于 0.003 的坡度，且坡向凝水缸。

4.3　室内燃气供应

城市燃气的供应目前有两种方式：一种是瓶装供应，它用于液化石油气，且距气源地不远，运输方便的城市；另一种是管道输送，它可以输送液化石油气，也可以输送人工煤气和天然气。这里主要介绍民用建筑室内燃气的管道系统。

4.3.1　管道输送燃气

街道燃气管网一般都布置成环状，以保证供气的可靠性，但投资较大；只有边远地区才布置成枝状，它投资省，但可靠性差。庭院燃气管网常采用枝状。庭院燃气管网是指从燃气总阀门井开始至各建筑物前的用户外管路。

燃气在输送过程中要不断排出凝结水，因而管道应有不小于 0.003 的坡度坡向凝水器。

凝水器内的水应定期用手摇泵排出。凝水器设在庭院燃气管道的入口处。

燃气管网一般为埋地敷设，也可以架空敷设。一般情况不设管沟，更不准与其他管道同沟敷设，以防燃气泄漏时积聚在管沟内引起火灾、爆炸或中毒事故。埋地燃气管道不得穿过其他管沟，如因特殊需要必须穿越时，燃气管道必须装在套管内。穿越城市道路、铁路等障碍物时，燃气管应设在套管或管沟内，但套管或管沟要用砂填实。埋地燃气管道要做加强防腐处理，在穿越铁路等杂散电流较强的地方必须做特加强防腐，以抗御电化锈蚀。

当由城市中压管网直接引入庭院管网，或直接接入大型公共建筑物内时，需设置专用调压室。调压室内设有调压器、过滤器、安全水封及阀门等。调压室宜为地上独立的建筑物，其净高不小于 3 m，屋顶应有泄压措施。调压室与一般房屋的水平净距不小于 6 m，距重要的公共建筑物不应小于 25 m。

4.3.2　室内燃气管道

室内燃气管道系统由用户引入管、干管、立管、用户支管、燃气计量表、用具连接管和燃气用具组成，如图 4 – 2 所示。

1. 引入管

用户引入管与城市或庭院低压分配管道连接，在分支管处设阀门。输送湿燃气的引入管一般由地下引入室内，当采取防冻措施时也可由地上引入。输送湿燃气的引入管应有不小于 0.01 的坡度，坡向室外管道。在非采暖地区输送干燃气，且管径不大于 75 mm 时，可由地上引入室内。

引入管应直接引入用气房间（如厨房）内，不得敷设在卧室、浴室、厕所、易燃与易爆物仓库、有腐蚀性介质的房间、变配电间、电缆沟及烟（风）道内。

住宅燃气引入管宜设在厨房、外走廊、与厨房相连的阳台内等便于检修的非居住房间内，当确有困难时，可从楼梯间引入，但高层建筑除外，并应采用金属管道且引入管上阀门宜设在室外。

图 4 – 2　室内燃气管道系统

当引入管穿越房屋基础或管沟时，应预留孔洞，并加套管，间隙用油麻、沥青或环氧树脂填塞。管顶间隙应不小于建筑物最大沉降量，具体做法见图。当引入管沿外墙翻身引入时，其室外部分应采取适当的防腐、保温和保护措施，具体做法见图 4 – 3、图 4 – 4。

燃气引入管最小直径：人工煤气或矿井气不得小于 25 mm；天然气不得小于 20 mm；气态液化石油气不得小于 15 mm。

建筑物设计沉降量大于 50 mm 时，对引入管可采取补偿措施：加大穿墙处的预留孔洞尺寸；穿墙前水平或垂直弯曲 2 次以上或设置金属柔性管或波纹补偿器。

2. 水平干管

引入管连接多根立管时，应设水平干管。水平干管可沿楼梯间或辅助间的墙壁敷设，不宜穿过建筑物的沉降缝，不得暗设于地下土层或地面混凝土层内。管道经过的楼梯和房间应有良好的通风。

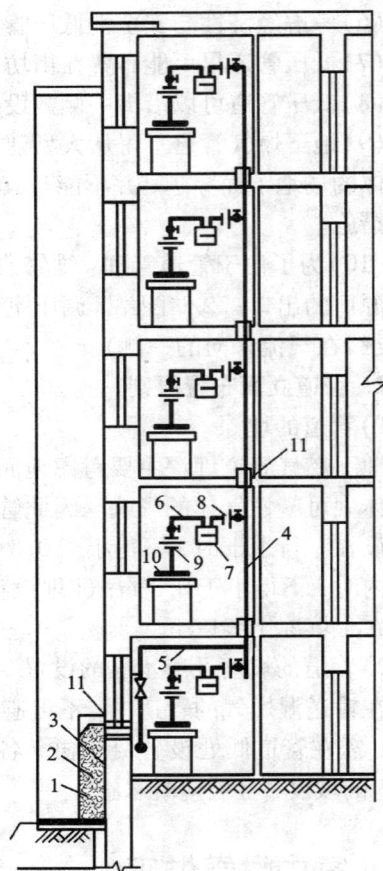

182

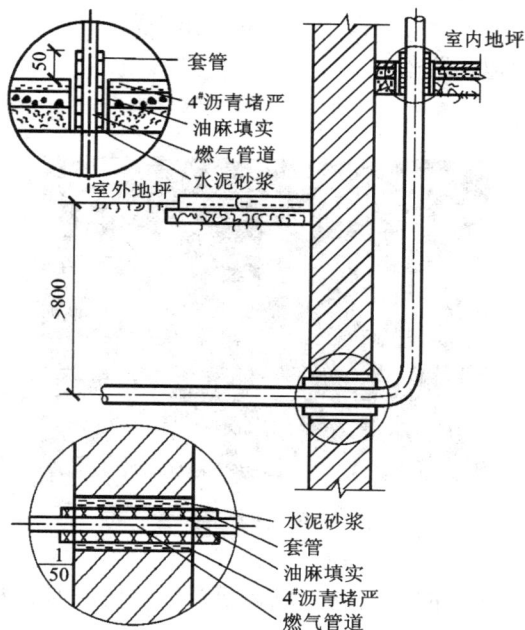

图4-3　引入管穿越基础或外墙

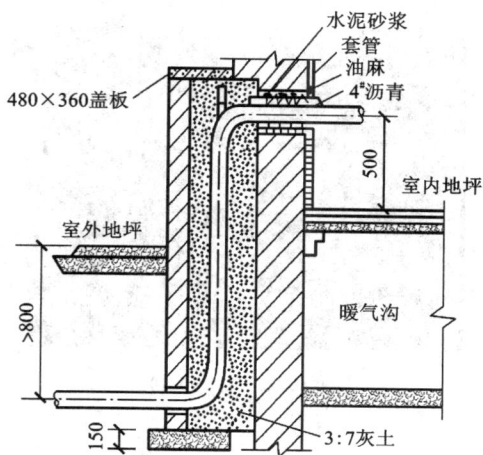

图4-4　引入管沿外墙翻身引入

3. 立管

立管是将燃气由水平干管（或引入管）分送到各层的管道。立管宜明装。

立管一般敷设在厨房、走廊或楼梯间内。每一立管的顶端和底端设丝堵三通，作清洗用，其直径不小于25 mm。当由地下室引入时，立管在第一层应设阀门，阀门应设于室内。对重要用户，应在室外另设阀门。

4. 套管

立管通过各层楼板处应设套管。套管高出地面至少50 mm，套管与立管之间的间隙用油麻填堵，沥青封口。

立管在一幢建筑中一般不改变管径，直通上面各层。

5. 用户支管

由立管引向各单独用户计量表及燃气用具的管道为用户支管。支管穿墙时也应有套管保护。

用户支管在厨房内的高度不低于1.7 m，敷设坡度应不小于0.002，并由燃气计量表分别坡向立管和燃气用具。

室内燃气管道一般宜明装。当建筑物或工艺有特殊要求时，也可以采用暗装，但必须敷设在有入孔的闷顶或有活盖的墙槽内，以便安装和检修，暗装部分不宜有接头。

室内燃气管与电气设备、相邻管道的间距不得小于有关规定。

6. 用具连接管

连接支管和燃气用具的垂直管段称为用具连接管，用具连接管可采用钢管连接，也可采用软管（见图5-6）连接，采用软管时应符合下列要求：

（1）软管的长度不得超过2 m，且中间不得有接口。

（2）软管宜采用耐油加强橡胶管或塑料管，其耐压能力应大于4倍的工作压力。

（3）软管两端连接处应采用压紧帽或管卡夹紧以防脱落。

（4）软管不得穿墙、门和窗。

图4－5　用户支管

图4－6　用具连接管

（5）室内燃气管道不应敷设在潮湿或有腐蚀性介质的房间内。当必须穿过该房间时，则应采取防腐措施。

（6）当室内燃气管道需要穿过卧室、浴室或地下室时，必须设置在套管中。

（7）室内燃气管道敷设在可能冻结的地方时，应采取防冻措施。

（8）用气设备与燃气管道可采用硬管连接或软管连接。当采用软管时，其长度不应超过2 m；当使用液化石油气时，应选用耐油软管。

（9）室内燃气管道力求设在厨房内，穿过过道、厅（闭合间）的管段不宜设置阀门和活接头。

（10）进入建筑物内的燃气管道可采用镀锌钢管或普通焊接钢管。连接方式可以用法兰，也可以焊接或用螺纹连接，一般直径小于或等于50 mm的管道均用螺纹连接。如果室内管道采用普通焊接钢管，安装前应先除锈，刷一道防腐漆，并在安装后再刷两道银粉或灰色防锈漆。

7. 阀门设置

下列部位应设置阀门：燃气表前、用气设备或燃烧器前、点火器和测压点前、放散管前、燃气引入管上。

4.3.3　燃气用具

居民生活用气应符合下列规定：①各类用气设备应使用低压燃气。②用气设备严禁安装在卧室内。③对于新建住宅，房间内每立方米容积允许安装的无烟道燃气用具的热负荷可取2.1 MJ/（$m^3 \cdot h$）。

1. 燃气表

燃气表是计量燃气用量的仪表。为了适应燃气本身的性质和城市用气量波动的特点，燃气表应具有耐腐蚀、不易受燃气中杂质影响、量程宽和精度高等特点。当使用人工煤气和天然气时，安装隔膜表的工作环境应高于0℃；当使用液化石油气时，应高于其露点5℃以上。

燃气表种类繁多。在居住与公共建筑内，最常用的是一种膜式燃气表，其工作原理如图4－7所示，可计量人工煤气、天然气和液化石油气。为便于收费和管理，配有智能卡的燃气表已得到广泛应用。

这种燃气表有一个方形的金属外壳，上部两侧有短管，左接进气管，右接出气管。外壳内有皮革制的小室，中间以薄膜隔开，分为左右两部分，燃气进入表内，可使小室左右两部分交替充气与排气。当薄膜运动时，借助传动机构惯性作用使滑阀盖反向运动。计量室 1、3 与入口相通，计量室 2、4 与出口相通，上部度盘上的指针即可指示出煤气用量的累计值。

计量范围：小型流量为 $1.5 \sim 3$ m³/h，使用压力为 $0.5 \sim 3$ kPa；中型流量为 $6 \sim 84$ m³/h；大型流量可达 100 m³/h，使用压力为 $1 \sim 2$ kPa。低压燃气表的单台流量小于或等于 100 m³/h 时，宜选用隔膜表；大于 100 m³/h 时，宜选用回转表。

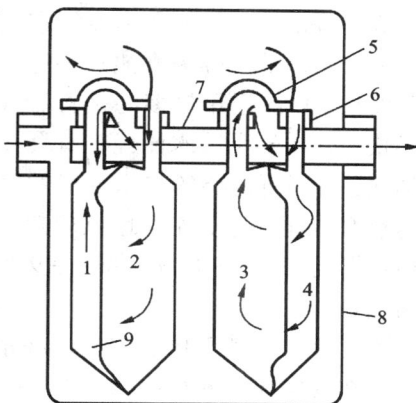

图 4 - 7　膜式燃气表工作原理图

使用管道燃气的用户均应设置燃气表。居住建筑应一户一表，使用小型燃气表，一般把表和用气设备一起布置在厨房内。

燃气表适宜安装在下列位置：

（1）非燃烧结构的室内通风良好的地方。

（2）公共建筑和工业企业生产用气的计量装置宜设置在单独的房间内。

（3）燃气表的安装应满足抄表、检修、保养和安全使用的要求，当燃气表安装在燃气灶具的上方时，燃气表与燃气灶的水平净距不应小于 0.3 m。

燃气表严禁安装在下列场所：①卧室、浴室、卫生间及更衣室内。②有电源、电器开关及其他电气设备的管道井内，或有可能滞留泄漏燃气的隐蔽场所。③环境温度高于 45℃ 的地方。④经常潮湿的地方。⑤堆放易燃、易腐蚀或有放射性物质等危险的地方。⑥有变（配）电等电气设备的地方。⑦有明显振动影响的地方。⑧高层建筑中避难层及安全疏散楼梯间内。

2. 燃气灶

厨房燃气灶的形式很多，有单眼、双眼、多眼灶等。最常见的是双眼灶，它由炉体、工作面和燃烧器三个部分组成，如图 4 - 8 所示。其灶面采用不锈钢材料，燃烧器为铸铁件。

为了提高燃气灶的安全性，避免发生中毒、火灾或爆炸事故，目前有些家用灶增设了熄火保护装置，它的作用是一旦燃气灶的火焰熄灭，立即发出信号，自动将煤气通路切断，使燃气不能逸漏。

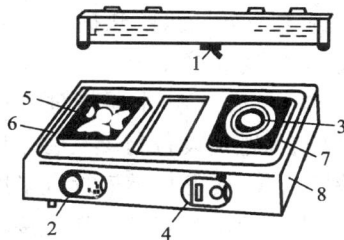

图 4 - 8　双眼燃气灶

燃气灶具在安装时，其侧面及背面应离可燃物（墙壁面等）20 cm 以上，达不到时，应做防火隔热防护；与墙面净距不得小于 10 cm；若上方有悬挂物时，炉面与悬挂物之间的距离应保持在 100 cm 以上。

放置燃气灶的灶台应采用不燃烧材料，当采用难燃材料时，应加防火隔热板。

3. 燃气热水器

为了洗浴方便，越来越多的家庭配置了燃气热水器。燃气热水器可分为直流式快速热水器和容积式热水器两种，目前采用最多的是直流式快速热水器。直流式快速热水器是冷水流经带有翼片的蛇形管被热烟气加热，得到所需要的热水温度的水加热器。直流式快速热水器能快速、连续地供应热水，热效率比容积式热水器要高 $5\% \sim 10\%$。图 4－9 为国产的燃气热水器简图。

绝对禁止把燃气热水器安装在浴室内使用，可将其安装在厨房或其他房间内，该房间应具有良好的通风，房间容积不得小于 $12\ m^3$，房高不低于 $2.6\ m$，安装时热水器应距地面有 $1.2 \sim 1.5\ m$ 的高度。

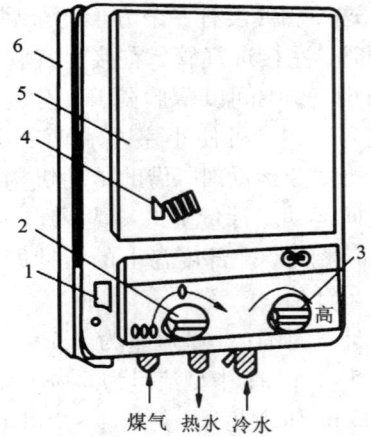

图 4－9 燃气热水器
1—气源名称；2—燃气开关；3—水温调节阀；
4—燃气开关；5—上盖；6—底壳

除以上介绍的几种常用燃气设备外，还有供应开水和温开水的燃气开水炉、不需要电的吸收式制冷设备——燃气冰箱以及燃气空调机等，这里不再一一介绍。

需要指出的是，燃气用具的热负荷越大，所需要的空气量越多，为了保证人体健康，维持室内空气的清洁度，同时也为了提高燃气的燃烧效率，必须对使用燃气用具的房间采取一定的通风措施，使各种有害成分的含量能控制在容许浓度以下，使燃气燃烧得更加充分。

目前，常用的通风排气方式有机械通风和自然通风两种。机械通风方式是在使用燃气用具的房间安装诸如抽油烟机、排风扇等设备来通风换气；自然排气方式指各式各样的排气筒。

1）家用燃气热水器设置

家用燃气热水器设置应符合下列要求：①安装在通风良好的非居住房间、过道或阳台内；②有外墙的卫生间内可安装密闭式热水器，但不得安装其他类型的热水器；③安装半密闭式热水器的房间门或墙的下部应设有效面积大于或等于 $0.02\ m^2$ 的格栅，或在门与地面间留有不小于 $30\ mm$ 的间隙；④房间净高宜大于 $2.4\ m$；⑤可燃或难燃墙壁或地板上安装热水器时，应有有效防火隔热措施；⑥直接排气式热水器严禁安装在浴室内；⑦烟道排气式热水器的燃烧烟气直接排至室外，可安装在有效排烟的浴室内，浴室容积应大于 $7.5\ m^3$，以满足燃烧所需空气；⑦热水器与对面墙间应有不小于 $1.0\ m$ 的通道。

2）燃气燃烧设备与燃气管采用软管连接的要求

燃气燃烧设备与燃气管宜采用硬管连接，当采用软管连接时，应符合下列要求：①家用燃气灶或实验用燃烧器，其连接软管长度不应超过 $2\ m$，且不应有接口；②工业生产用的需要移动的燃烧设备，其连接软管长度不应超过 $30\ m$，接口不应超过 2 个；③燃气软管应采用耐油橡胶管；④软管与燃气管、接头管、燃烧设备的连接处应采用压紧螺帽或管卡固定；⑤软管不得穿过窗、墙、门。

3）燃气燃烧烟气的排出

（1）生活用气设备的通风排气要求

包括：①公共建筑用厨房的燃具上方应设排气扇或吸气罩；②安装生活用的直接排气式燃气用具的厨房，不能满足厨房允许的容积热负荷指标时，应有机械排烟设施；③浴室用燃气热水器的给排气口应直接通向室外，并应有防止烟气泄漏的措施；④住宅厨房内宜设有排气扇和可燃气体报警器，安装直接式热水器时应设排气扇。

（2）排烟设施

用气设备的排烟设施应符合下列规定：①不得与使用固体燃料的设备共用一套排烟设施。②每台用气设备宜采用单独烟道；当多台用气设施合用总烟道时，应保证排烟时互不影响。③在容易聚集烟气的地方应设防爆装置。④应有防止倒灌风的装置。⑤楼房的换气风道上严禁安装燃具排气筒。

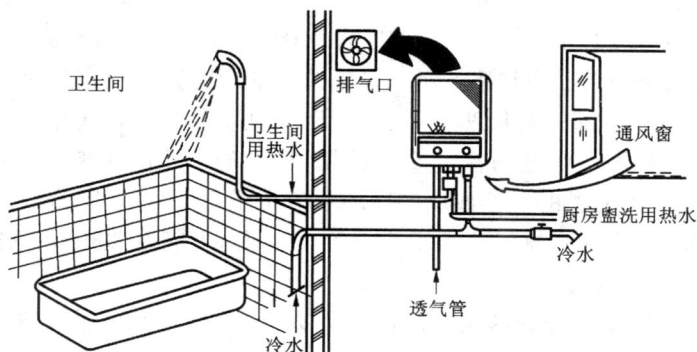

图 4 - 10　燃气热水器安装示意图

（3）单独排气筒

单独排气筒由风帽、排气筒、排气罩和换气口四部分组成，如图 4 - 11 所示。排气筒的末端装置风帽，可以防止倒灌风，同时避免雨水漏入气筒内。单独排气筒的断面面积应不小于 140 mm × 140 mm。单独排气筒在布置时，尽可能减少转弯，最好不超过 3 个以上的弯头，应尽量缩短水平管道长度。为了排出凝结水，水平管道应有不小于 0.01 的坡度坡向燃气用具。

当排气筒从屋檐处向上引出时，排气筒出口距屋顶高度大于 600 mm；对于平屋顶，排气筒要高出其 3 ~ 6 m 范围内的建筑物最高部分 0.3 ~ 1.0 m。

（4）共用（联合）排气筒

在同一水平面上，若有两个以上的燃气用具时，烟气可借一个共用排气筒排放到室外，如图 4 - 12 所示。

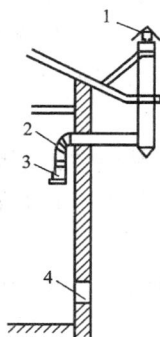

图 4 - 11　单独排气筒

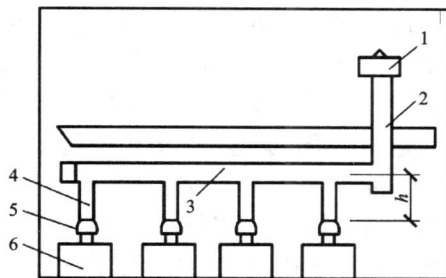

图 4 - 12　单层共用排气筒

对于多层和高层建筑，若每层设置独立的排气筒，在建筑构造上往往很难处理，可设置一根总烟道，即共用排气筒连通各层燃气用具。

共用排气筒需用耐热材料砌筑，贯通建筑物的排气筒要完全封闭，下端不能堵死，要安装严密的封盖，以便检查和排出冷凝水。

（5）烟道

烟道应符合下列要求：①高层建筑的共用烟道不得互相影响。②热负荷在 30 kW 以下的居民用气设备，烟道抽力不应小于 3 Pa；热负荷在 30 kW 以上的居民用气设备，烟道抽力不应小于 10 Pa。③水平烟道应有 0.01 的坡度坡向用气设备；居民用气设备的水平烟道长度不宜超过 3 m；公共建筑用气设备的水平烟道长度不宜超过 6 m。④烟道排气式热水器的安全排气罩上部应有长度不小于 0.25 m 的垂直上升烟气导管，其直径不得小于热水器排烟口直径，并不得设置闸板。⑤居民用气设备的烟道距难燃或非燃顶棚或墙的净距不应小于 50 mm，距易燃的顶棚或墙的净距不应小于 250 mm。⑥有安全排气罩的用气设备，不得设烟道闸板；无安全排气罩的用气设备，在烟道上应设置闸板，闸板上应有直径大于 15 mm 的孔。

（6）烟囱

伸出室外的烟囱应符合下列要求：①当烟囱离屋脊的水平距离小于 1.5 m 时，应高出屋脊 0.5 m。②当烟囱离屋脊的水平距离为 1.5～3.0 m 时，可与屋脊等高。③当烟囱离屋脊的水平距离大于 3.0 m 时，烟囱应在屋脊水平线下 10°的直线上。④在任何情况下，烟囱应高出屋面 0.5 m。⑤在烟囱的位置临近高层建筑时，烟囱应高出沿高层建筑物 45°的阴影线。⑥烟囱出口应有防雨雪进入的保护罩。⑦烟囱出口应设置风帽或其他防倒灌风装置。⑧烟囱出口的排烟温度应高于烟气露点 15℃以上。

4.4　室内燃气管道安装施工

4.4.1　引入管安装

室内燃气管道的安装顺序一般是先安装引入管，后安装立管、水平管、支管等。当水平管道遇障碍物，直管不能通过时，可采取煨弯或使用管件绕过障碍物。当两层楼的墙面不在同一平面上时，应采用"来回弯"形式敷设。

燃气引入管不得敷设在卧室、浴室、地下室；严禁敷设在易燃或易爆品的仓库、有腐蚀介质的房间、配电间、变电室、电缆沟、烟道和进风道等部位。引入管应设在厨房或走廊等便于维修的非居住房间内，当确有困难可从楼梯间引入，此时引入管阀门宜设在室外。进入密闭室时，密闭室必须进行改造。

燃气引入管穿过建筑物基础、墙或管沟时，均应加设套管，并应考虑沉降的影响，必要时采取补偿措施，套管穿墙孔洞应与建筑物沉降量相适应，套管与管子间的缝隙用沥青油麻堵严，热沥青封口。

燃气引入管应采用壁厚大于 3.5 mm 的无缝钢管，最小公称直径不得小于 40 mm，引入管坡度不得小于 0.2%，坡向干管。

4.4.2　干管安装

建筑物内部的燃气管道应明设，燃气管道敷设高度（以地面到管道底部）应符合下列要求：①在有人行走的地方，敷设高度不应小于 2.2 m。②在有车通行的地方，敷设高度不应小于 4.5 m，可暗设，但必须便于安装和检修。

当室内燃气管道穿过楼板、楼梯平台、墙壁和隔墙时，必须加设套管，套管内不得有接头，穿墙套管的长度与墙的两侧平齐，穿楼板套管上部应高出楼板 30 ~ 50 mm，下部与楼板平齐。

室内燃气管道不得穿过易燃易爆品仓库、配电间、变电室、电缆沟、烟道、进风道等地方。

室内燃气管道不应敷设在潮湿或有腐蚀性介质的房间内。当必须敷设时，必须采取防腐蚀措施。

燃气管道严禁引入卧室。当燃气水平管道穿过卧室、浴室或地下室时，必须采用焊接的连接方式，并必须设置在套管中。燃气管道立管不得敷设在卧室、浴室或厕所中。

燃气管道必须考虑在工作环境温度下的极限变形，当自然补偿不能满足要求时，应设补偿器，但不宜采用填料式补偿器。

室内燃气管道和电气设备、相邻管道之间的净距不应小于有关规定。

地下室、半地下室、设备层敷设燃气管道时应符合下列条件：①净高不应小于 2.2 m。②应有良好的通风设施，地下室和地下设备层内有机械通风和事故排风设施。③应设有固定的照明设备。④当燃气管道与其他管道一起敷设时，应敷设在其他管道的外侧。⑤燃气管道应采用焊接或法兰连接。⑥应用非燃烧体的实体墙与电话间、变电室、修理间和储藏室隔开。⑦地下室内燃气管道末端应设放散管，并应引出地上。放散管的出口位置应保证吹扫放散时的安全和卫生要求。

25 层以上建筑宜设燃气泄露集中监视装置和压力控制装置，并适宜设有检修值班室。

4.4.3　立管安装

核对各层预留孔洞位置是否垂直，吊线、剔眼、载卡子。将预制好的管道按编号顺序运到安装地点。

安装前，先卸下阀门盖，有钢套管的先穿到管上，按编号从第一节开始安装。涂铅油缠麻将立管对准接口转动入扣，拧到松紧适度，对准调直标记要求，丝扣外露 2 ~ 3 扣，预留口平整为止，并清净麻头。

检查立管的每个预留口标高、方向等是否准确、平整。将事先载好的管卡子松开，把管放入卡内拧紧螺栓，用吊杆、线坠从第一节开始找好垂直度，扶正钢套管，最后配合土建填堵好孔洞，预留口必须加好临时丝堵。立管阀门安装的朝向应便于操作和修理。

燃气立管一般敷设在厨房内或楼梯间。当室内立管管径不大于 50 mm 时，一般每隔一层楼装设一个活接头，位置距地面不小于 1.2 m。遇有阀门时，必须装设活接头，活接头的位置应设在阀门后边。管径大于 50 mm 的管道上可不设活接头。

当建筑物位于防雷区外时，放散管的引线应接地，接地电阻应小于 10 Ω。

高层建筑的燃气立管应有承重支撑和消除燃气附加压力的措施。

4.4.4　支管安装

检查燃气表安装位置及立管预留口是否准确。量出支管尺寸和灯叉弯的大小，管道与墙面的净距为 30 ~ 50 mm，水平管应保持 0.1% ~ 0.3% 的坡度，坡向燃具。

安装支管，按量出支管的尺寸，断管、套丝、煨灯叉弯和调直。将灯叉弯或短管两头缠聚四氟乙烯胶带，装好活结，接燃气表。横向燃气管与给水管道上、下平行敷设时，燃气管必须在给水管上面。

用钢尺、水平尺、线坠校对支管坡度和平行距离尺寸，并复查立管及燃气表有无移动，合格后用支管替换下燃气表。按设计或规范规定压力进行系统试压及吹洗，吹洗合格后在交工前拆下连接管，安装燃气表。合格后办理验收手续。

暗装燃气管道：

（1）可设在墙上的管槽或管道井中，暗设的燃气水平管，可设在吊顶内和管沟中；

（2）管槽应设活动门和通风孔，暗设燃气管道的管沟应设活动盖板，并填充干沙；

（3）工业和实验室用的燃气管道可敷设在混凝土地面中，其燃气管道的引用和引出处应设套管，套管应高出地面 50~100 mm，套管两端采用柔性的防水材料密封，管道应有防腐绝缘层；

（4）可与空气、惰性气体、上水、热力管道等一起敷设在管道井、管沟或设备层中，此时燃气管道应采用焊接连接；

（5）当敷设燃气管道的管沟与其他管沟相交时，管沟之间应密封，燃气管道应敷设在钢套管中；

（6）敷设燃气管道的设备层和管道井应通风良好，每层的管道井应设在楼板耐火极限相同的防火隔断层，并应有进出方便的检修门；

（7）燃气管道应涂以黄色的防腐识别漆。

4.4.5 室内燃气管道强度严密性试验与吹扫

1. 强度严密性试验

耐压试验范围为进气管总阀至每个接灶管转心门之间的管段。试验介质宜采用压缩空气或氮气。燃气表不做强度试验，装表处应用短管将管道暂时连通。严密性试验，在上述范围内增加燃气表及所有灶具设备。

1）住宅内燃气管道

（1）强度试验压力为 0.1 MPa，用肥皂液涂抹所有接头，不漏气为合格。

（2）严密性试验：未接燃气表前用 7 kPa 压力进行观察，10 min 压降不超过 0.2 kPa 为合格；接通燃气表后用 3 kPa 压力进行观察，5 min 压降不超过 0.2 kPa 为合格。

2）公共建筑内燃气管道

（1）强度试验压力：低压燃气管道压力为 0.1 MPa，中压燃气管道压力为 0.15 MPa，用肥皂液涂抹所有接头，不漏气为合格。

（2）严密性试验：低压燃气管道试验压力为 7 kPa，观察 10 min 压降不超过 0.2 kPa 为合格；中压燃气管道试验压力为 0.1 MPa，稳压 3 h，观察 1 h，压降不超过 1.5% 为合格。接通燃气表后用 3 kPa 压力，观察 5 min 压降不超过 0.2 kPa 为合格。

2. 管道吹扫

严密性试验完毕后，应对室内燃气管道系统进行吹扫。宜采用压缩空气或氮气吹扫，吹扫时可将系统末端用户燃烧器的喷嘴作为放散口，反复数次，直到吹净为止，并办理验收手续。

4.4.6 燃气使用安全常识

燃气燃烧后所排出的废气成分中含有浓度不同的一氧化碳，空气中的一氧化碳容积浓度超过 0.16％时，人呼吸 20 min 会在 2 h 内死亡。因此设有燃气用具的房间，都应有良好的通风设施。

为保证人身和财产安全，使用燃气时应注意以下几点：

（1）管道燃气用户应在室内安装燃气泄漏报警切断装置。

（2）使用燃气应有人看管。

（3）如果发现燃气泄漏，应进行如下处理：①切断气源；②杜绝火种：严禁在室内开启各种电器设备，如开灯、打电话等；③通风换气：应该及时打开门窗，切忌开启排气扇，以免引燃室内混合气体，造成爆炸；④不能迅速脱下化纤服装，以免由于静电产生火花引起爆炸；⑤如果发现邻居家有燃气泄漏，不允许按门铃，应敲门告知；⑥到室外拨打当地燃气抢修报警电话或 119。

（4）用户在临睡、外出前和使用后，一定要认真检查，保证灶前阀和炉具开关关闭完好，以防燃气泄漏，造成伤亡事故。

（5）不准在燃气灶附近堆放易燃易爆物品。

（6）燃气灶前软管的安装和使用应注意：①灶前软管的安装长度不能大于 2 m；②灶前软管不能穿墙使用；③对于天然气和液化石油气一定要使用耐油的橡胶软管；④要经常检查软管是否已经老化，连接接头是否紧密；⑤要定期更换该灶前软管。

（7）燃气设施的标志性颜色是黄色。城市中的黄色管道和设施一般都是城市燃气设施。

（8）户内燃气管不能做接地线使用。这是因为燃气具有易燃、易爆的特性。凡是存在有一定浓度燃气的场所，遇到由静电产生的火花，能使燃气点燃，引起火灾或爆炸的可能。由于户内燃气管对地电阻较大，若把户内燃气管作为家用电器的接地线使用时，一旦家电漏电或感应电传到燃气管上，使户内的燃气管对地产生一定的电位差，可能引起对临近金属放电，产生火花，点燃或引爆燃气，造成安全事故，因而户内燃气管道不能做接地线用。

（9）使用瓶装液化石油气时还应注意以下几点：①钢瓶应严格按照规程进行定期检验和修理，钢瓶按出厂日期计起，20 年内每五年检验一次，超过 20 年每两年检验一次；②不得将钢瓶横卧或倒置使用；③严禁用火、热水或其他热源直接对钢瓶加热使用；④减压阀如出现故障，不得自己拆修或调整，应由供气单位的专业人员维修或更换；⑤严禁乱倒残液。

复习思考题

1. 城市燃气是如何进行分类的？
2. 燃气管道按压力不同是如何分类的？
3. 燃气管上哪些部位应设置阀门？
4. 室内燃气管道是如何组成的？对各组成部分有何要求？
5. 家用燃气热水器设置应满足哪些要求？
6. 生活用气设备的通风排气有哪些要求？

模块五　建筑电气与智能建筑

5.1　建筑电气系统概述

5.1.1　建筑电气系统的分类与组成

建筑电气，是以电能、电气设备和电气技术为手段，创造、维持与改善室内空间的电、光、热、声环境的一门科学。随着建筑技术的迅速发展和现代化建筑的出现，建筑电气所涉及的范围已由原来单一的供配电、照明、防雷和接地，发展成为以近代物理学、电磁学、无线电电子学、机械电子学、光学、声学等理论为基础的应用于建筑工程领域内的一门新兴学科，而且还在逐步应用新的数学和物理知识，并结合电子计算机技术向综合应用的方向发展。这不仅使建筑物的供配电系统、照明系统实现自动化，而且对建筑物内的给排水系统等实行最佳控制和最佳管理。随着智能建筑的兴起，现代建筑向着自动化、节能化、信息化和智能化的方向发展，已成为不可阻挡的必然趋势。

目前，工程界按系统作用范围将电气分为两部分：一是动力与照明系统，以传输电能为主，主要包括建筑供配电、电气照明、动力及控制、防雷、接地等；二是通信与控制系统，以传输信号为主，主要包括建筑广播音响、建筑电话通讯、有线电视、建筑设备控制、火灾自动报警与联动控制、保安监控、建筑物智能化综合布线等。

建筑电气设备的优劣、布置的合理与否将直接影响建筑功能的实现。应将它与结构、供暖、通风空调、给排水等系统综合考虑，才能更好地发挥建筑的功能。

1. 供配电系统

供配电系统是建筑电气的最基本系统，它对电能起着接受、变换和分配的作用，向各种用电设备提供电能。

为了满足电能的生产、输送和分配的需要，发电厂和变电站中安装有各种电气设备，用于实现起动、转换、监视、测量、调整、保护、切换和停止等操作。

按电压等级可分为高压电器和低压电器。

按所起的作用不同，电气设备可分为一次设备和二次设备两大类。一次设备指直接参加生产、转换和输配电能的设备；二次设备指对一次设备进行监察、测量、控制、保护、调节的辅助设备。

一次设备主要包括：生产和转换电能的设备(发电机，变压器，电动机)、开关电器(断路器、熔断器、负荷开关、隔离开关)、限流器、载流导体、补偿设备、互感器、绝缘子、接地装置等。

二次设备主要包括：各种测量仪表、绝缘监察装置、信号及控制电缆、继电保护及自动装置、直流电源设备、塞流装置(高频阻波器)等根据各种电气设备的作用和要求，按一定的方式用导体连接起来形成的电路。其中，把发电机、变压器、断路器等按预期生产流程连成的电路，称为电气主接线，也称为一次接线或一次回路。由二次设备连成的电路，称为二次接线或二次回路。

2. 动力及控制系统

动力及控制系统，是指应用可以将电能转换为机械能的电动机来拖动水泵、风机等机械设备运转，为整个建筑提供舒适、方便的生产、生活条件而设置的各种系统。如供暖、通风、供水、排水、热水供应、运输系统等。维持这些系统工作的机械设备，如鼓风机、引风机、除渣机、上煤机、给水泵、排水泵、电梯等，都是靠电动机拖动的。因此，动力及控制系统，实质上就是给电动机配电以及对电动机进行控制的系统。

1）动力设备的配电

建筑物内动力设备的种类繁多，既有划入非工业电力电价的一般电力，又有划入照明电价的空调电力，总的负荷容量大，其中空调负荷的容量占总负荷容量的一半左右。动力设备的容量大小也参差不齐，空调机组可达到 500 kW 以上，而有些动力设备只有几百瓦至几千瓦的功率。不同动力设备的供电可靠性要求也不一样。

2）动力设备的控制

对电动机的控制应用最广泛的是采用各种继电器和接触器组成的继电——接触控制系统。在系统中通过各设备之间动作的联锁关系（如自锁、顺序联锁和互斥联锁等），达到不同的控制目的。

3. 电气照明系统

应用可以将电能转换为光能的电光源进行采光，保证人们在建筑物内正常从事生产和生活活动，满足其他特殊需要的照明设施。电气照明系统由电气和照明两个部分组成。

4. 火灾报警与联动控制系统

随着科技的发展和社会的进步，现代建筑功能越来越复杂，建筑设备越来越多，建筑物的防火要求越来越高，作为早期预报火灾并扑灭火灾的火灾报警与联动控制系统的作用，已越来越不可忽视。

火灾报警与消防联动控制系统，如图 5 - 1 所示。该系统由火灾探测器、火灾报警控制器和消防联动设备等三大部分组成。

5. 建筑通讯系统

建筑通讯系统，是指以电话站为中心，借助于电话通讯网络的电话系统，包括电传、电话传真和无线传呼。此外，还包括广播音响系统。

建筑通讯系统由电话站、传输系统、话机等组成。电话站包括电话交换机、配线架、电源等设备。传输系统由配线电缆、交接箱、配线箱、壁龛、分线盒、出线盒等组成，如图 5 - 2 所示。

6. 建筑音响系统

建筑音响系统包括公众广播、背景音乐、客房音乐、舞台音乐、多功能厅的扩声系统，讲堂的扩声和收音系统，以及会议厅的扩声和同声传译系统等。高级旅馆、饭店等高层建筑的广播音响系统，包括一般广播、紧急广播和音乐广播等部分。公众广播的对象为公共场所，在走廊、电梯门厅、电梯轿厢、入口大厅、商场、餐厅酒巴间、宴会厅、天台花园等处，装设组合式声柱或分散式扬声器箱。平时播放背景音乐（可自动回带循环播放），发生火灾时，则

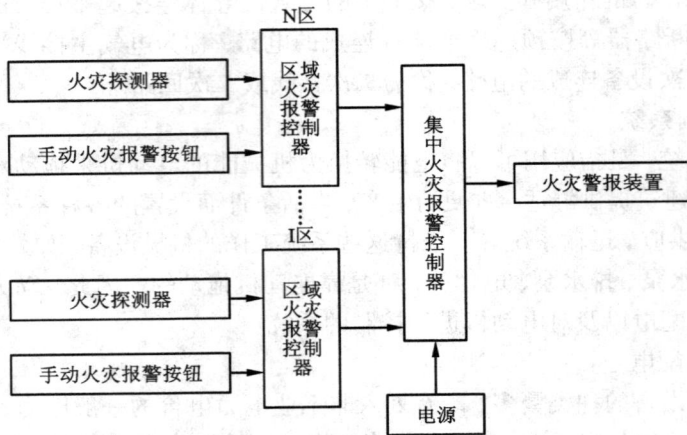

图 5-1　火灾报警与消防联动控制系统

图 5-2　电话通信系统示意图

兼作事故广播，用以指挥疏散。因此，公众广播音响的设计，应与消防报警系统互相配合，实行分区控制。分区的划分，与消防的分区划分相同。广播系统一般由播音室（广播站房）、线路和放音设备三部分组成。某宾馆广播音响系统，如图 5-3 所示。

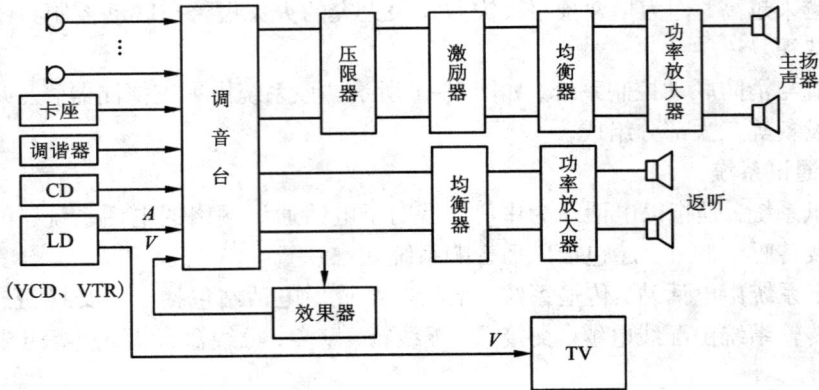

图 5-3　广播音响系统示意图

7. 有线电视系统

有线电视从最初的共用天线电视接收系统（MATV），到有小前端的共用天线电视系统（CATV），由于它以有线闭路形式传送电视信号，不向外界辐射电磁波，所以也被人们称之为闭路电视（CCTV）。经过不断发展，有线电视功能不断增加，节目由几套增加到几十套、甚至几百套。目前，电缆电视（CableTV，也称 CATV）我国也一律称为"有线电视"。其传输手段也不局限于同轴电缆，现已采用光缆、微波以及多路微波分配系统（MMDS）。为了区别于无线电视，人们仍称上述诸传输分配系统为"有线电视"。

有线电视几乎汇集了当代电子技术许多领域的成就，包括电视、广播、传输、微波、光纤、数字通信、自动控制、遥控遥测和电子计算机等技术。人们已经不满足于娱乐性、爱好性节目的传送，而要求信息交换业务的发展。即不仅可以下传常规节目，而且可以上传用户信息，如视频点播即 VOD，为家庭服务。此外，还有某些节目予以加扰处理，然后在用户端解扰，并收取一定费用的"付费电视"。

8. 安保监视系统

安保监视系统是一种民用闭路监视电视系统。其特点是以电缆或光缆方式，在特定范围内传输图象信号，达到远距离监视的目的。安保监视系统的组成，如图 5-4 所示。该系统包括摄像、传输、显示及控制四个部分。当需要记录监视目标的图象时，应设置磁带录像装置。在监视目标的同时，若需要监听声音时，可配置声音传输、监听和记录系统。

9. 建筑物智能化系统

所谓智能化建筑，就是在智能建筑环境内，由系统集成中心（SIC）通过综合布线系统（GCS）来控制 3A（BA：建筑设备自动化；CA：通信自动化；OA：办公自动化）系统，实现高度信息化、自动化及舒适化的现代建筑物，如图 5-5 所示。

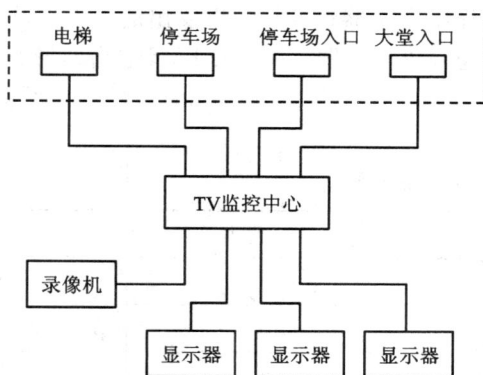

图 5-4 安保监视系统

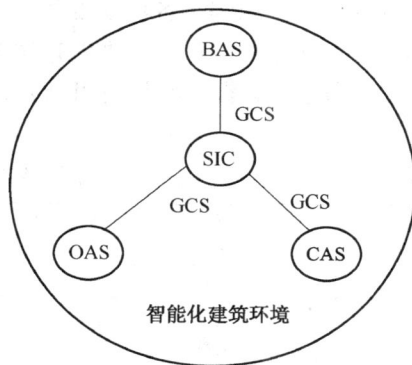

图 5-5 智能建筑组成示意图

5.1.2 常见建筑电气设备

1. 种类

建筑电气设备按其不同性质与功能来分，种类繁多，这里不一一举例。下面仅从建筑电气设备在建筑中所起的作用和专业属性来分类。

1）根据在建筑中所起的作用不同，可将建筑电气中的设备分为如下四类：

（1）创造环境的设备。为人们创造良好的光、温湿度、空气和声音环境的设备，如照明设备、空调设备、通风换气设备、广播设备等。

（2）追求方便的设备。为人们提供生活工作的方便以及缩短信息传递时间的设备，如电梯、通讯设备等。

(3)增强安全性的设备。主要包括保护人身与财产安全和提高设备与系统本身可靠性的设备，如报警、防火、防盗和保安设备等。

(4)提高控制性及经济性的设备。主要包括延长建筑物使用寿命、增强控制性能的设备，以及降低建筑物维修、管理等费用的管理性能的设备，如自动控制设备和电脑管理。

2)根据建筑电气设备的专业属性，可将建筑电气中的设备分为如下八类：

(1)供配电设备。如变电系统的变压器、高压配电系统的开关柜、低压配电系统的配电屏与配电箱，二次回路设备、发电设备等。

(2)照明设备。如各种光源等。

(3)动力设备。各种靠电动机拖动的机械设备，如吊车、搅拌机、水泵、风机、电梯等。

(4)弱电设备。如电话、通讯设备、电视及 CATV、音响、计算机与网络、报警设备等。

(5)空调与通风设备。如制冷机泵、防排烟设备、温湿度自动控制装置等。

(6)洗衣设备。如湿洗及脱水机、干洗机等。

(7)厨房设备。如冷冻冷藏柜、加热器、自动洗刷机、消毒机、排油烟机等。

(8)运输设备。如电梯、运输机、文件及票单自动传输设备等。

2. 变电设备

1)电力变压器

电力变压器是一种静止的电气设备，它的作用是交换交流电的电压。将电网的高压电经变压器降为低压电以满足各用电设备需要的，称为降压变压器；将发电机发出的较低电压经变压器升压后送至电网以减少电能输送损耗的，称为升压变压器。电力变压器结构型形有各种不同分类方法，分类及型号说明见表 5-1。

表 5-1　电力变压器的分类和表示方法

序号	分类	类别	代表符号	
			新型号	旧型号
1	相数	单相	D	D
		三相	S	S
2	绕阻外绝缘介质	变压器油		
		空气	G	K
		成形固体	C	C
3	冷却方式	油浸自冷式	不表示	J
		空气自冷式	不表示	不表示
		风冷式	F	F
		水冷式	W	S
4	油循环方式	自然循环	不表示	不表示
		强迫式导向循环	D	不表示
		强迫油循环	P	P

序号	分类	类别	代表符号	
			新型号	旧型号
5	绕组数	双绕组	不表示	不表示
		三绕组	S	S
6	调压方式	无励磁调压	不表示	不表示
		有载调压	Z	Z
7	绕组导线材料	铜	不表示	不表示
		铝	不表示	L
8	绕组耦合方式	自耦	O	O
		分裂		

变压器型号下脚数字为设计序号,型号后面分子数为额定容量(kVA),分母数为高压线圈电压等级(kV)。

例 SL1-500/10 表示三相油浸自冷式铝线绕组电力变压器,额定容量为 500 kVA,高压线圈电压为 10 kV,第一次系列设计。

常用典型变压器有:

(1)SL1 系列。为三相油浸自冷式铝线低损耗电力变压器,可供 6 kV、10 kV 级输、配电系统中连续使用。是目前节能效果比较好的新产品。

(2)S6 系列。为三相油浸自冷式铜线低损耗电力变压器,可供 6 kV、10kV 级输、配电系统中连续使用。

(3)S2、S3、S5、S7 系列。为防雷变压器。

(4)SLZ7 系列。为三相油浸自冷式铝线低损耗有载调压电力变压器。适用于电网电压波动大而用户对电压质量要求高的场合。

(5)SZ、SLZ 系列。为三相油浸自冷式有载调压电力变压器,有铜线和铝线两种。适用场合同 SLZ7。

(6)BSL 系列。为三相油浸自冷式全密闭铝线电力变压器,其特点是防尘、防腐蚀。

(7)BCL 系列。为环氧浇注三相铝线干式变压器。

(8)SGZ 系列。为三相铜线有载调压干式变压器。

(9)SG 系列。为三相铜线干式变压器,是空气自冷式。一般用在安全防火要求较高的工厂、矿山、发电厂、机构、高层建筑、地下铁道等场所,可供照明、动力用。

2)互感器

互感器是电力系统中进行电流、电压、电能测量和设置继电保护的必要设备。互感器按功能可分为电压互感器和电流互感器两大类。其作用为:一是向测量、保护和控制装置传递信息;二是使测量、保护和控制装置与高电压隔离;三是有利于仪器、仪表和保护、控制装置小型化、标准化。

3. 高压开关设备

主要用于关合及开断 3 kV 及以上正常电力线路，以输送及倒换电力负荷，从电力系统中退出故障设备及故障线路，以保证电力系统的安全、正常运行；将两段电力线路以至电力系统的两部分隔开；将已退出运行的设备或线路进行可靠接地，以保证电力线路、设备和运行维护人员的安全。故高压开关设备是非常重要的输配电设备。

高压开关设备按功能可分为断路器、重合器、分段器、负荷开关、接触器、熔断器、隔离开关和接地开关以及上述产品与其他电器产品的组合产品，它们在结构上相互依托，有机地构成一体。如隔离负荷开关、熔断式开关、敞开式组合电器及成套的配电柜等。

1）断路器

断路器又称高压自动开关，它用来接通和断开高压电路中的电流。当电路中出现过载或短路时，它能自动断开电路。

高压断路器主要按灭弧和绝缘介质情况分为充油、充气、磁吹、真空等类型。按其充油量多少，可分为少油式和多油式两类。

2）隔离开关

隔离开关中设有专门的灭弧装置，在分闸位置时具有明显的断口的开关电器。在配电装置中它的容量通常是熔断器的 2~4 倍。

（1）隔离开关的主要用途：①为设备和线路检修与分段进行电气隔离。②在断口两端接近等电位条件下，倒换母线改变接线方式。③分、合一定容量的空载变压器和电压互感器。④分、合一定长度母线或电缆、绝缘套管和断路器的并联，均压电容器中通过的小容量电流。

（2）隔离开关的分类：①按安装的地点可分为户内式和户外式两种。②按用途不同可分为一般输电用、发电机引出线用、变压器中性点接地用和快分用四种。③按断口两端是否安装接地刀情况可分为单接地（一侧有接地刀）、双接地（两侧有接地刀）、和不接地（无接地刀）三种。④按触头的运动方式不同可分为水平回转式、垂直回转式、伸缩式（折架式）和直线动移式（插拔式）四种。

3）高压熔断器

它是根据元件本身发热熔断，借助灭弧介质的作用使电路断开，达到保护电力线路和电器设备的目的。当电流超过给定值一定时间时，通过熔化一个或几个特殊设计和配置的组件来切断电流。

高压熔断器由熔丝管、接触导电系统、支持绝缘子、底板（或安装板）四部分组成。它可分为限流式熔断器和跌落式熔断器两类。按安装场所不同可分为户内式和户外式两大类。

4）负荷开关

专门用于关合、开断及承载运行线路的正常电流（包括规定的过载电流），并能关合和承载规定的异常电流（如短路电流）。它具有简单的灭火装置，只有借助与它串联的高压熔断器，才可以切除故障的短路电流。

高压负荷开关分户内型和户外型。户内型有 FN2、FN3、FN4 等型号，其中 FN4 型为真空式负荷开关，是性能较好的新型产品。户外型有 FW5 型产气式负荷开关。

5）高压开关柜

高压开关柜是金属封闭开关设备。它是由封闭并接地的金属外壳内的主开关（如断路器）、隔离开关、互感器、避雷器、母线等一次元件及控制、测量、保护装置的二次元件按一

198

定的接线方案组成的成套电器。主要用于电力系统中接受和分配电能。一般一个柜构成一个单元电路,使用时按设计的主电路方案选用开关柜,见表 5 - 2。

表 5 - 2　金属封闭开关设备的分类及主要特点

分类方式	基本类型	主要特点
接主开关柜体的配合方式	固定式	主开关与其他元件固定安装,可靠性高,成本低
	移开式(手车式)	主开关可移至柜外,便于主开关的更换、维修,结构紧凑
按开关柜隔室的结构形式	铠装型	主开关及两端相连的元件均具有单独的隔室,隔室由接地的金属隔板构成,可靠性高
	间隔型	隔室的设置与铠装型一样,但隔室可用非金属隔板构成,结构紧凑
	箱型	隔室的数目少于铠装型和间隔型隔室的隔板,不满足规定的防护等级,结构简单
按主母线系统	单母线	开关柜的基本形式,检修主开关和主母线时需对负载停电
	单母线带旁路	可由单母线柜派生,检修主开关时可由旁路开关经旁母线供电
	双母线	一路母线退出时,可由另一路母线供电
按柜内绝缘介质	主要以大气绝缘	结构比较简单,成本低,使用场所受环境条件限制
	气体绝缘(如 SF6)	可用于高温、严重污染、高海拔等严酷条件场所,体积小,成本高
按使用场所	户内	用于户内
	户外	具有防雨、防晒、隔热等措施,用于户外

4. 低压电器

低压电器是指在 500 V 以下的供配电系统中对电能的生产、输送、分配与应用起转换、控制、保护与调节等作用的电器。

低压电器通常分为配电电器、控制电器。

1)配电电器

配电电器指断路器、熔断器、刀开关、转换开关,其用途见表 5 - 3。

表 5 - 3　低压配电电器的分类与用途

分　类	主要品种	用　　途
断路器	万能式空气断路器	用于交流、直流线路的过载、短路或欠压保护,也可甩干不频繁操作的电器
	塑料外壳式断路器	
	限流式断路器	
	直流式断路器	
	漏电保护断路器	

分 类	主要品种	用 途
熔断器	有填料式熔断器	用于交流、直流线路和设备的过载或短路保护
	保护半导体器件熔断器	
	无填料密封管式熔断器	
	自复熔断器	
刀开关	熔断器式刀开关	用于电路断离，也能分断与接通电路的额定电流
	大电流刀开关	
	负荷刀开关	
转换开关	组合开关	主要作为两相以上电源或负载的转换和通断电路用
	换向开关	

2）控制电器

控制电器指接触器、控制继电器、启动器、控制器、主令电器、电阻器、变阻器和电磁铁等。低压控制电器的分类与用途见表 5 – 4。

表 5 – 4　低压控制电器的分类与用途

分 类	主要品种	用 途
接触器	交流接触器	用作远距离频繁地起动或控制交、直流电动机以及接通、分断正常的主电路和控制电路
	直流接触器	
	真空接触器	
控制继电器	电流继电器	在控制系统中，作控制其他电器或主电路的保护之用
	电压继电器	
	时间继电器	
	中间继电器	
	热过载继电器	
	温度继电器	
起动器	电磁起动器	用于交流电动机的起动或正反向控制
	手动起动器	
	农用起动器	
	Y – △起动器	
控制器	凸轮控制器	用于电器控制设备中转换主回路或励磁回路的接法，以实现电动机的起动、转向和调速
	平面控制器	

分　类	主要品种	用　途
主电器	按钮	用作接通、分断控制电路,以发布命令或用作程序控制交流电动机的起动或正反向控制
	限位开关	
	微动开关	
	万能转换开关	
电阻器	铁基合金电阻器	用作改变电路参数,变电能为热能

3)低压成套开关设备

低压成套开关设备简称成套设备,主要用于断开和闭合额定电压值交流 1140 V 及以下、直流 1500 V 及以下的电气设备。在电力系统中主要起开关、控制、监视、保护、隔离的作用。它由一个或多个低压开关电器和相关的控制、测量、信号、保护、调节单元等构成,由制造厂完成所有内部电气和机械连接,用结构部件完整地组装在一起的一种组合体。

(1)低压配电屏。适用于额定电压为 500 V 及其以下,额定电流为 1500 A 及其以下供电系统中作动力和照明配电用。低压配电屏装有刀开关、熔断器、自动开关、电流接触器、电压互感器等。配电屏基本结构由薄钢板及角钢焊接而成,屏面分为三至四段:仪表面板和上、下操作面板及门等。

(2)电容器柜。在厂矿企业中,由于大量使用交流异步电动机、变压器和电焊机等电气设备,使供电系统除供给有功功率外,还要供给无功功率以产生必要的交流变磁场。一般其平均功率因数为 0.45 ~ 0.85。由于无功功率的存在,增加了线路的损耗,降低了设备的利用率,影响了经济效益,为此,需要采用提高功率因数的措施。采用并联电容器提高功率因数是进行无功补偿的方法之一。并联电容器就是通常说的移相电容器。

(3)照明配电箱、插座箱、计量箱。简称为三箱。主要用于建筑物的照明配电、移动用电设备、线路转换及电能的计量。

(4)户内、户外成套变电站。户内、户外成套变电站是将高压受电、变压器及低压配电三部分集中在箱内的成套开关设备。高压进线有负荷开关、环网开关、避雷器。成套变电站适用于末端供电和环网供电系统。常用于小区供电、户外供电和建筑工地临时供电。

(5)母线干线系统。简称母线槽。母线槽是一种将母线用绝缘材料支撑,用空气或其他介质(密集绝缘母线槽)隔开,装在封闭壳体内的一种装置。主要用于额定电压 660 V 及以下的配电系统。

复习思考题

1. 建筑电气设备有哪些基本系统?它们在建筑中的作用是什么?

2. 常用电器设备如何分类?有些什么?

3. 常用低压电器有哪些分类?

5.2 供配电系统

5.2.1 电力系统概述

除自备发电机外，一般建筑均由电力系统供电。因电能的生产、输送、消耗全过程几乎在同一时间内完成，因此需将它们有机地联成一体，这就构成了电力系统。

电力系统是由发电设备、电力网、用电设备组成的完整体系，也称供电系统。如图5-6所示。

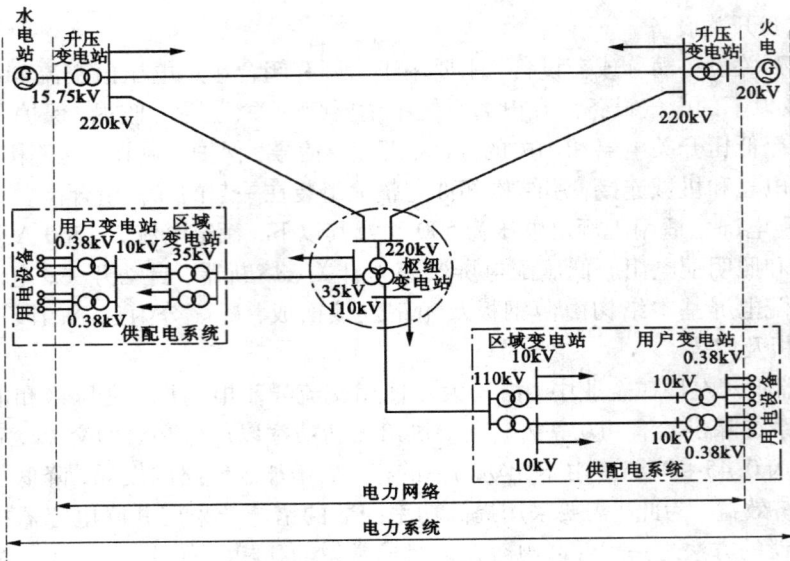

图5-6 电力系统和电力网示意图

由图可知：发电机是将其他形式的能量转换为电能的设备；用电设备是将电能转换为其他形式能量的设备统称，也称电力负荷或电力用户；电力网则是连接这两者之间的中间环节。

1. 电力网分类

电力网是由变配电设备及不同电压等级的电力线路组成的，其作用是变换、输送、分配电能。

按功能通常分为输电与配电两种电网。

（1）输电网。由35 kV以上的输电线路及相应变配电设备组成。任务是将电能输送到各地区或大型用户处。

（2）配电网。由10 kV以下的配电线路及相应变配电设备组成。任务是将电能分配给不同用户。其中1 kV以上为高压配电网，1 kV以下为低压配电网。

2. 电力网的电压等级

单从输电看，电压高则输送功率大、输送距离远、线路损耗小。如0.38 kV架空线，其输送功率＜100 kW，输送距离＜0.25 km；而10 kV架空线，其输送功率＜3000 kW，输送距离＜15 km。但电压高相对绝缘要求也高，成本增大。因此，应依线路用途合理地选择电压等级，目前有0.22～550 kV共10种电压等级。

在工程实际中，常将电压分为三类：100 V以下的安全电压，主要用于安全照明；1 kV以下的低电压，主要用于一般动力和照明；10 kV以上的高电压主要用于送配电能。

5.2.2　负荷等级分类与供电要求

1. 负荷等级分类

电力网上用电设备所消耗的功率，称为用户的"用电负荷"或"电力负荷"。用户供电的可靠性程度，是由用电负荷的性质来决定的。划分负荷等级，需要看建筑物的类别和用电负荷的性质。按《民用建筑电气设计规范》规定，对用电负荷等级划分为三类：

（1）一级负荷。中断供电将造成人员伤亡、重大政治影响或重大经济损失、公共秩序发生严重混乱者。要求采用两个独立电源供电，特别重要的场所，如中断供电将发生中毒、爆炸和火灾等情况及不允中断供电的负荷，应设自备应急电源以便应急，并严禁将其他负荷接入应急供电系统中。

（2）二级负荷。若中断供电将造成较大政治影响或经济损失、公共场所秩序混乱者。对其应依当地条件采取双回路供电，并保证彼此互为备用，若有困难，则采用及6kV以上专用架空线路。

（3）三级负荷。凡不属一级和二级负荷者。无特殊供电要求，但应尽量提高供电可靠性和连续性。

各级负荷的供电方案如图5-7所示。

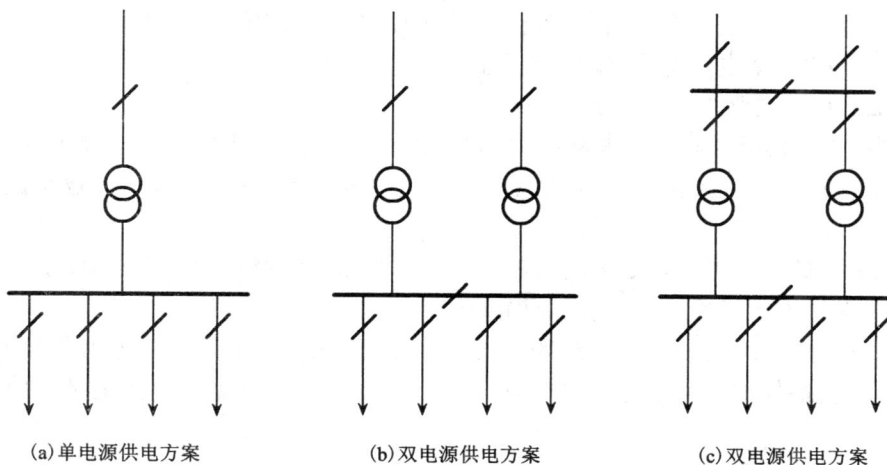

（a）单电源供电方案　　　（b）双电源供电方案　　　（c）双电源供电方案

图5-7　供电系统方案示意图

2. 供电电源与质量指标

一般高层建筑中一级负荷不多，可采用市电和自各发电机实现双电源供电；多功能超高层建筑采用双市电和自备电源供电；一般建筑采用单市电供电。目前中小型企业和建筑工地输线路采用 10 kV 供电，一般建筑中用电设备采用 380/220 V 电源。

通常从安全、可靠、优质、经济四方面反映供电质量，其中电压和频率是衡量供电是否优质的两个基本参数。电压指标包括电压偏差和电压波动两部分，其值过大会造成设备损坏或不能正常工作；频率指标是系统运行稳定性指标，其值过大会造成系统的瓦解，此外，还应考虑由大量整流负荷引起的电压波形变化，其值过大会造成计量仪表度量的不准确。

5.2.3 建筑工地负荷的计算

建筑施工现场电力供应实质是解决施工现场的用电问题。随着现代建筑施工技术的发展，施工机械更加趋于自动化、电气化，使得工地供电的可靠性、安全性、经济性更加凸现出来。

施工技术人员在进行施工组织设计时，必须认真考虑施工现场用电的特殊性，合理安排用电，一般以达到节约用电、降低工程造价、保证工程质量、工程进度和安全生产为目的。

1. 施工现场供电特点

《建筑工程施工现场供用电安全规范》总则明确指出："现场供电设施一般较简陋，且随施工进展供用电设施和用电负荷也不断地变化。随施工进展，供用电设施需要经常拆装移位，因此施工用电必须做到安全、可靠、确保质量、经济合理。"

（1）建筑施工现场用电的用电设备，主要是动力设备和照明设备，所采用的电压为 380/220 V。施工现场主要用电设备有：拖动各种生产机械的电动机、焊接用电焊机、施工照明设备等。可见，现场用电是以动力负荷为主、照明负荷为辅，且设备的使用是随施工进程而不断地变化的。如初期以打桩机、搅拌机为主，后期则以安装设备、装修机械居多。施工现场的工作环境比较差，用电设备的流动性大，临时性强，用电量变化大。

（2）施工现场供电范围较大、用电设备数量多且分散、供电线路长、周围环境复杂、交叉作业人员密集、配电设备本身风吹雨淋、引线不牢、安全条件不好。

（3）施工供电与建筑物本身供电相比性质不同，是临时措施，工程验收后供电设施立即拆除，故安装设备、架设供电线路均应考虑到要利于拆除。

2. 施工现场供电要求

施工现场供电的最基本的要求是：供电可靠性高、保证供电质量、安全经济运行。

考虑现场特点及投资经济性，变配电设备安装与运行条件均应符合《工业与民用 10 kV 以下变电所设计规范》的要求。

考虑现场人员活动频繁、大型机具集中使用、供电线路的导线与架设不固定，电气装置应符合《电气装置安装工程施工及验收规范》的要求。

施工现场供电方式应考虑电源的供电方式，并且要满足《工业与民用电力装置接地规范》的要求。其他设备如配电箱、开关箱等均应满足《电气装置安装工程施工及验收规范》的要求。

3. 工地用电负荷估算

为了实现施工现场临时用电安全，必须加强临时用电的技术管理工作。按照 JGJ59—99《建筑施工安全检查标准》，JGJ46—88《施工现场临时用电的技术规范》的规定："临时用电设备在 5 台及 5 台以上或设备总容量在 50 kW 及 50 kW 以上者，应编制临时用电施工组织设计。"编制临时用电施工组织设计是施工现场临时用电管理应当遵循的第一项技术性原则，在施工现场临时用电的施工组织设计中，首先遇到的计算问题是全场需要用多少电，即现场中的计算负荷是多少？这是我们选择变压器(发电机)、导线、开关电器时的基础。

所谓负荷是指电器设备(发电机、变压器、电动机等)和线路中通过的电流或功率。所谓满负荷是指负荷达到了电器设备铭牌所规定的数值，一般指电器设备的额定负荷。

在实际工作中，必须要考虑以下三个问题：①所有的设备不可能同时运行；②所有的设备不可能同时满载运行；③性质不同的设备，其运行特征各不相同。

计算确定整个工地用电负荷，选择电力变压器，计算电流、选择导线和有关控制保护设备。计算量大且较繁琐，通常采用工地估算法，先将设备进行归类，取一个需要系数；然后再进行简单折算，此法具有一定实用性。

4. 配电导线的选择

导线选择主要是进行导线的型号及导线截面的选择。正确合理地选择导线是保证建施工顺利、安全进行的必要条件。

1)导线型号选择

配电导线型号应根据导线的使用环境、敷设方法以及导线的耐压等级进行选择。附录1为各种常用电线、电缆的型号及主要用途。

导线型号的选择还要从以下几方面考虑：①电缆的额定电压应等于或大于所有回路中的额定电压；当电缆截面积相同而电压等级高时，允许载流量因绝缘层增厚而下降。②在有剧烈震动的场所使用的电线、电缆应为铜芯线，经常移动的导线应为橡胶铜芯软电缆或塑料绝缘铜芯软导线等。③导线型号选择还应考虑到施工现场的特点，如在施工现场，架空线不允许采用裸导线。④当电线和电缆敷设的场所有腐蚀物、腐蚀气体或较强外力冲击时，应增加对导线的保护措施。

2)导线截面选择

导线截面的大小确定了导线允许流过电流的大小。导线截面越小，允许流过的电流就越小。当小截面的导线流过大电流时，导线会因发热破坏绝缘层或熔断，甚至引发火灾。导线截面小，机械强度也小。导线越长，电阻越大，在导线上的压降就越大，用电设备所得到的电压就越小，这样就无法保证用电设备的正常运行。所以，为保证施工现场供电系统安全、可靠地运行，就必须选择合适的导线截面。从上述分析可知，导线截面必须满足三个方面的要求，即导线的发热条件、允许的电压损失和机械强度。

(1)按发热条件确定导线截面：主要是指按导线允许载流量来确定。这是因为导线流过电流后会引发热效应。所以，要求一定大小截面的导线在通过正常最大负荷电流时，产生的温升是绝缘层允许承受的额定温升，这个温度值不会破坏绝缘材料的绝缘性能。由这个条件来确定的导线截面称"按发热条件"或"按允许载流量"选择导线截面。

所以，要求导线的允许载流量大于或等于该导线所在线路的计算电流，即：

$$I_N \geq I_{js}$$

式中：I_N为不同型号规格的导线，在不同温度及不同敷设条件下的允许载流量，A；I_{js}为该线路的计算电流，A。

(2)按允许电压损失选择导线截面：电流通过导体时，由于线路上有电阻和电抗存在，除产生电能损耗外，还产生电压损失。当电压损失超过一定的数值后，将使用电设备端子上的电压不足，严重地影响用电设备的正常运行。为了保证电气设备的正常运行，必须根据线路的允许电压损失来选择导线的截面。当达不到其允许电压损失条件时，应适当放大电缆或电线的截面。

(3)按导线的机械强度选择截面：配电导线在敷设过程中和在敷设后的正常运行中都将受其自重及其他不同的外力作用，例如机械的震动、风、雨、雪、冰等。为了保证在整个安装过程中和在正常运行中，不至于发生折断导线、损伤绝缘层等现象而给正常的供配电系统带来危害或为今后埋下隐患，国家有关部门强制规定了在不同敷设条件下，导线按机械强度要求允许的最小截面，见表 5-5。

表 5-5　低压配电线路按机械强度要求允许的导线最小截面　/mm²

序号	导线敷设条件、方式及用途			导线允许的最小截面		
				铜线	软铜线	铝线
1	架空线			10		16
2	接户线	自电杆上引下	档距≤10 m	4		6
			档距 10~25 m	6		10
		沿墙敷设　档距≤6 m		4		6
3	敷设在绝缘支持件上的导线	支持点间距 1~2 m	室内	1.0		2.5
			室外	1.5		2.5
		支持点间距	2~6 m	2.5		4
			6~15 m	4		6
			15~25 m	6		10
4	穿管敷设的绝缘导线或塑料护套线的明敷设			1.0	1.0	2.5
5	板孔穿线敷设的导线			—	1.5	2.5
6	照明灯头线		室内	0.4	1.0	2.5
			室外	1.0	1.0	2.5
7	移动式用电设备		生活用	0.75	—	—
			生产用	1.0		

导线、电缆的截面采用上述不同的选择计算方法，可能会得出不同的计算结果，但导线截面要求必须同时满足三个条件，所以应采用上述计算最大截面的计算结果。

对于低压动力线路，其负荷电流较大，工般先按允许载流量选择导线截面，然后用允许电压损耗及机械强度允许的导线最小截面进行校验；对于照明线路来讲，一般先按允许电压损耗确定导线截面，再用允许载流量和机械强度进行校验。

导线截面选择还需注意：配电线路沿不同环境条件敷设时，导线的载流量应按最不利的环境条件确定；单相回路中的中性线应与相线截面相等；在三相四线制或二相三线制的配电线路中，用电负荷大部分为单相用电设备，其 N 线或 PEN 线的截面不宜小于相线截面。

在导线型号选择时还需注意：在高层或大型民用建筑的电缆沟、夹层、竖井、室内桥架和吊顶敷设的电缆、电线其绝缘或护套应具有非延燃性；沿建筑物外和敞露的天棚下等非延燃结构明敷电缆时，应采用具有防水、防老化外护层的电缆；直埋电缆应采用具有防腐外护层的铠装电缆。

5. 变压器的选择

计算出总负荷后，就可以根据总计算负荷选择变压器的容量、初次级绕组的额定电压及变压器的形式。选择变压器要遵循两个原则：

（1）变压器的容量应满足总计算负荷的要求。即

$$S_e \geqslant S\sum j_s$$

式中：S_e 为变压器的额定容量，kV·A。

（2）初、次级绕组的额定电压必须符合供电电源高压等级和负载的额定电压。目前我国城镇居住区供电电压一般为 10 kV，生产机械所用电动机的额定电压一般都是 380 V 或 220 V。所以施工现场所用变压器初级绕组电压应为 10 kV，次级绕组额定电压应为 380/220 V。

5.2.4　供配电线路

低压配电系统由配电装置（配电盘、屏）及配电线路（干线及分支线）组成。

1. 低压配电系统的基本配电方式

建筑物供电接线方式目前常采用的有放射、树干、环形、链式、混合等多种方式。低压配线常采用以下三种方式。

（1）放射式接线。如图 5 - 8（a）所示，其特点是线路间互不影响，每一独立负荷或集中负荷均由一单独配电线路供电，操作维护方便。但所用设备与导线多，成本高，考虑到保护动作时限，仅限于两级内供电。适用于一级负荷或对供电可靠性要求较高的公共场所和大型设备等。有单、双回路和公共各用线等三种形式。

（2）树干式接线。如图 5 - 8（b）所示，其特点是系统灵活、设备少、耗材少、成本低、敷设简单。但供电可靠性差，适用于容量小且分布较均匀的用电设备。有直接连接、链串式连接等型式。

（3）混合式接线。如图 5 - 8（c）所示，其实质是低压母线放射式配电的树干式接线。对于一般容量小的设备采用树干式供电；容量大的设备（如电热器、空调机组等）采用放射式供电。一般高层建筑或有少量重要负荷的建筑物常采用这种接线方式。

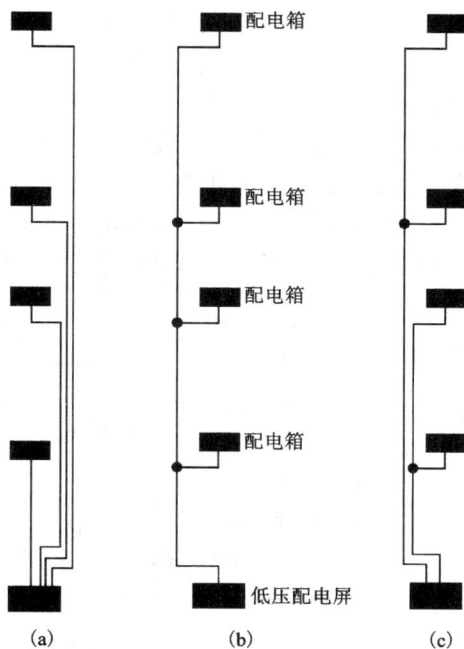

图 5 - 8　低压配电系统的基本配电方式
(a)放射式；(b)树干式；(c)混合式

2. 低压配电设备与选择

建筑供电主要是指对建筑物进行低压配电网络的设计和施工，包括选择导线、设备及配线工程等。

1）低压配电设备选择的基本原则

低压电气通常指工作于 1 kV 以下电路中的电气设备，主要任务是对线路或设备进行控

制和保护。依作用分为配电与控制两大类，属于前者的有断路器、熔断器、各种开关设备等；属于后者的有接触器、继电器、控制器等。

依工程实际，低压电气应符合现行国家有关标准，按照有关规范的规定力争做到供电安全可靠，技术先进，经济合理。虽然设备各不相同，但基本原则是相同的。

（1）按正常工作条件选择额定电压和电流。电器设备额定电压应符合所在线路的额定电压，并大于或等于正常工作时的最大工作电压；额定电流大于或等于正常工作时的最大电流。

（2）按短路情况校验所选设备动、热稳定性。电气设备的极限电流要大于或等于线路三相短路冲击电流，满足短路时动稳定与热稳定条件。

（3）按工作环境、地点、使用条件选择设备。

2）开关设备

主要起通断电源、保护和隔离作用。

（1）刀开关。是一种简单手动操作电器，用于非频繁通断容量不大的配电线路上。种类多且分法不同，如：按灭弧装置可分为有或无灭弧罩两种，前者可拉断少量负荷电流，如负荷开关；后者只起隔离电源作用但不能带负荷开断电路，如开启刀闸。

表示刀开关的性能参数有以下几个：

额定电压：指开关在长期工作中能承受的最大电压，一般 $U_N < 500$ V。

额定电流：指开关在合闸位置时允许长期通过的最大工作电流。小容量的有 10 ~ 60 A 共五级，大容量有 100 ~ 1500 A 共六级。

分断能力：指开关在额定电压下能可靠断开的最大电流。

操作次数：指开关不带电所达到的操作次数即机械寿命。小容量 1 万次，大容量 5 千次。

动稳定性：指开关承受故障电流引起电动力破坏作用而不产生变形的现象。

热稳定性：指开关承受故障电流引起热效应破坏作用而不产生熔焊的现象。

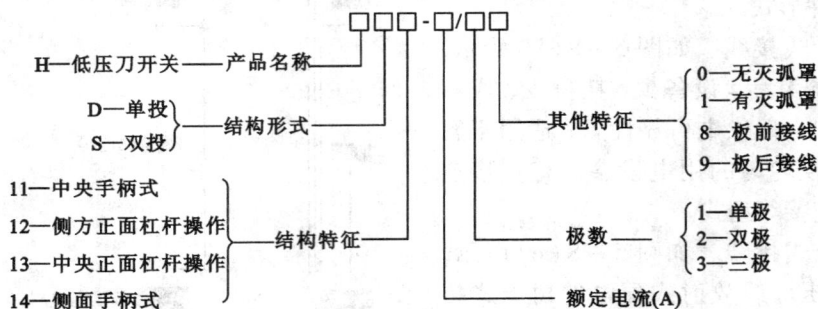

图 5-9　刀开关型号含义

这些数据可通过查阅产品样本或有关手册得到。标注型式为开启式开关也称隔离开关，因无防护而只能用在配电柜或配电箱内，当前推荐使用的有 HD13、HD14、HS11、HS13 等系列，主要起隔离电源的作用。开启式负荷开关也称胶木刀开关，有一定灭弧能力，用于小电流系统，当前推荐使用的有 HK2 系列产品。

封闭式负荷开关又称铁壳开关，灭弧能力强于 HK 系列且有短路保护作用，适于各种配电设备及不需频繁通断负荷的配电线路上，推荐使用的有 HH10、HH11 等系列。在使用时注意将金属外壳可靠接地，并检查机械联锁、弹簧是否正常。

熔断式开关也称刀熔开关,是熔断器和刀开关组合的电器,具有一定的短路分断能力,可替代分开的开关和熔断器,推荐使用的有 HR5 系列,主要用于不频繁通断的 440 V、600 A 以下配电系统中。

(2)组合开关(转换开关)。常用于 380 V 以下电路中,控制小容量异步机或照明控制电路。推荐使用的有 Hz10 系列,但不能用来切断故障电流。

(3)低压断路器(也称自动开关、空气自动开关)。这是一种具有失压、短路、过载保护作用并自动切换电路的控制电器。正常状态下起着合断闸的作用;当电路中出现短路或过载时能自动切断电路;动作值可调整以适用于频繁操作的电路中。其种类多应用广,分类方式也很多,但基本型式可分为万能与装置两大类。型号表示含义为:

DW 系列也称框架式断路器,此种断路器没有外壳,体积大,容量为 100~6000 A,灭弧能力较强,极限短路分断能力高,特别适用于低压配电系统的保护。目前推荐使用的有 DW15、DW16、DW17 等系列产品。

DZ 系列也称塑料壳式断路器,它塑料外壳体积小,容量小于 600 A,适用于 380 V 的线路。其保护动作由不同脱扣器实现,如失压、断路、过载分别由失压、电磁热脱扣器实现。拉、合闸所有触头都是同时动作,避免了用熔断器作断路保护时因一相容断而造成的电动机缺相运行,这种电动机损坏是建筑工地上最常见的。推荐使用的有 DZ10、DZ12、DZ15 等系列产品。

近年来,新产品向体积小、工作可靠、寿命长等方向发展,如 C、S、MZ、AH 等系列产品。

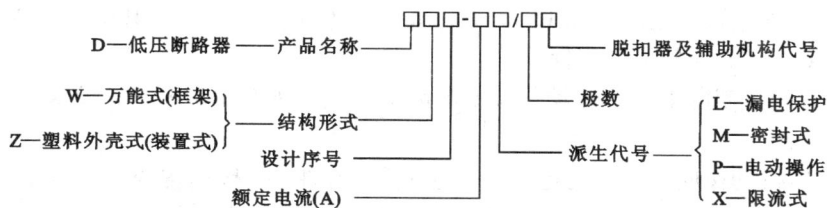

图 5-10　国产低压断路器全型号含义

(4)低压熔断器(俗称保险器)。主要由熔体和绝缘器两部分组成,串接于线路中,当电路电流超过熔体额定电流时,熔体因长期过分发热而烧断,从而防止线路长期过载运行或短路,起到保护作用。

熔体材料有两种,一是低熔点材料(如锡铅合金),因其分断能力小适于小电流下使用,如一般民宅,二是高熔点材料(如银、铜等),适于大电流下使用,如配电系统。主要参数有额定电压、电流及分断能力。

额定电压:熔断器长期工作所承受的电压。熔断体额定电流:熔体长期工作承受电流。熔断器额定电流:熔断器长期工作所承受的电流。分断能力:正常状态下能断开最大短路的电流。上述参数可查手册或产品样本获得。型号含义:

选择熔断器主要标准是熔体、熔断器额定电流,对于一般照明负荷,冲击电流很小的负载,熔体额定电流稍大于实际负载工作电流即可。

(5)低压配电箱。这是小容量供电系统的配电中心,一般将开关电器和保护电器装为一体。种类很多,在建筑供电中使用广泛的是照明和动力两种配电箱,目前推荐尽量使用标准化的配电箱，主要有 XM－4、XM（R）－7、XL（F）－14、XL（F）－20 等系列配电箱。

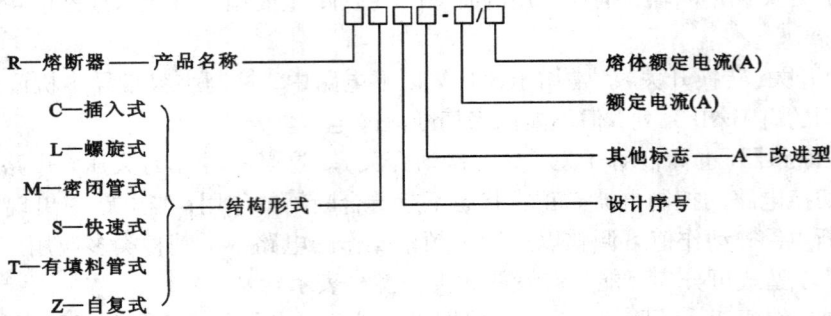

图 5－11　低压熔断器型号含义

3）漏电保护器

漏电保护器是将漏电保护装置与自动空气开关组合在一起的自动电器，又称漏电保护开关、触电保安器。当线路或设备出现漏电或接地故障时，它能迅速自动切断电源，保护人身与设备的安全，避免事故进一步的扩大，同时还能提供线路的过载与短路保护。因而要求民用建筑和施工现场必须使用，成为国家强制认证产品，表示其性能的主要参数有：

（1）额定电流。漏电保护器在正常工作下所承受的电流，如 16 A、25 A、40 A 等。

（2）额定漏电电流。使漏电保护器动作切断电路的电流。电力线路或电气设备对地的漏电所产生的电流称为漏电电流。如 15 mA、30 mA、500 mA、1 A 等。其中 30 mA 以下的为高灵敏漏保，1 A 以上的为低灵敏漏保。

（3）动作时间。使漏电保护器动作切断电路的时间。如 0.1 s、0.2 s、2 s 等。其中 0.1 s 为快速型。

漏电保护器按动作原理可分为电压型、电流型、脉冲型；按结构分为电磁式、电子式，各有用途。如脉冲型具有区别是电流突变的触电事故，还是缓慢变化的漏电事故的能力，而电压型、电流型不具备这种能力；电磁式具有抗干扰能力强，不受电源电压波动、环境温度变化、缺相的影响，故可靠性高、寿命长、适用面更广些。

为缩小停电范围，通常采用分级保护，常选用电压型的漏电保护器作为变压器二次侧中性点不直接接地的低压电网漏电总保护。电流型漏电保护器分有单相与三相，常选用三相漏电保护器作为变压器二次侧中性点直接接地的低压电网漏电总保护；选用单相漏电保护器作为单相线路的总保护、末端保护、单机保护等。

漏电保护器种类多、型号多，如 DZ 系列。也有引入国外先进技术生产的具有结构紧凑、体积小、性能稳定可靠、安装方便的新型漏电保护器，如 FIN、FNP 等型号。

复习思考题

1. 电力网如何分类？输电网和配电网有何不同？
2. 电力负荷等级是怎样分类的？它们的供电要求如何？
3. 施工现场用电如何计算？
4. 常用电压配电设备有哪些？

210

5.3　照明与动力系统

5.3.1　电气照明的基本概念

人类利用眼睛将外界的光,经视神经转换成讯号传送至大脑,因此照明便成为人类日常生活中不可或缺的重要一环,人类在拥有一双健全的眼睛的同时,也必须要有适当的灯光照明配合才能发挥其功能,因此适当的照明是非常重要的。

在灯光照明不足的黑暗环境中,眼睛无法清楚地辨识物体,但在过分照明明亮刺眼的光线中也无法看清事物,所以在不良的照明环境中长期持续工作,不仅易导致眼睛疲劳造成近视,同时也会降低工作效率。随着社会的进步,生活水准的提高,人类对照明的要求也相对地提高,除了适当的亮度之外,更要求舒适愉快的气氛,因此在考虑良好的照明时必先了解色温度、演色性与经济效率。

5.3.2　照明种类与照明方式

1. 照明的种类

1)正常照明

正常照明,是指在正常工作时使用的照明。它一般可单独使用,也可与事故照明、值班照明同时使用,但控制线路必须分开。

2)应急照明

应急照明包括备用照明、疏散照明和安全照明。

(1)备用照明,是指正常照明失效时,为继续工作或暂时继续工作而设置的照明。

(2)疏散照明,是指为了使人员在火灾情况下,能从室内安全撤离至室外或某一安全地区而设置的照明。

(3)安全照明,是指正常照明突然中断时,为确保处于潜在危险的人员安全而设置的照明。

3)值班照明

照明场所在无人工作时所保留的一都分照明,称为"值班照明"。可以利用正常照明中能单独控制的一部分,或利用事故照明的一部分或全部,作为值班照明。值班照明应该有独立的控制开关。

4)警卫照明

警卫照明,是指用于警卫地区附近的照明。是否设置警卫照明,应根据被照场所的重要性和当地治安部门的要求来决定。警卫照明一般沿警卫线装设。

5)景观照明

景观照明,是指利用灯光突出景观特征,并与背景相协调,用来渲染气氛、美化城市、标志人类文明的一种宣传性照明。

2. 照明的方式

1)一般照明

一般照明的特点是光线分布比较均匀,能使空间显得明亮宽敞。一般照明适用于观众厅、会议厅、办公厅等场所。

2）分区一般照明

分区一般照明仅用于需要提高房间内某些特定工作区的照度时。

3）局部照明

局部照明，是指局限于特定工作部位的固定或移动照明。其特点是能为特定的工作面提供更为集中的光线，并能形成有特点的气氛和意境。客厅、书房、卧室、餐厅、展览厅和舞台等使用的壁灯、台灯、投光灯等，都属于局部照明。

局部照明的应用场合有：用于局部需要有较高的照度；由于遮挡而使一般照明照射不到的某些范围；视觉功能降低的人需要有较高的照度；需要减少工作区的反射眩光；为加强某一方向光照以增强质感时。

4）混合照明

一般照明与局部照明共同组成的照明，称为"混合照明"。混合照明实质上是在一般照明的基础上，在需要另外提供光线的地方布置特殊的照明灯具。这种照明方式在装饰与艺术照明中应用很普遍。商店、办公楼、展览厅等，大都采用这种比较理想的照明方式。

5.3.3 光源及其选择

建筑施工现场经常需要夜间工作，因此必须具有良好的照明条件。在建筑施工过程中，土建施工与电气照明线路安装的配合非常密切，因此，土建施工人员应了解电气照明线路安装的要求。电气照明的光源叫做电光源。电光源有两大类：一类是热辐射光源，如白炽灯和碘钨灯；另一类是气体放电电光源，如荧光灯、荧光高压水银灯、高压钠灯等。

1. 照明技术的常用参数

1）光通量（F）

光通量（F），是指光源在单位时间内，向周围空间辐射出的使人眼产生光感的辐射能。其单位是 lm（流明）。

2）发光强度（I）

发光强度（I），是指光源向周围空间某一方向单位立体角内辐射的光通量，如图 5-12 所示。

$$I = \frac{F}{\omega} \qquad (5-1)$$

式中：I 为发光强度，cd（坎德拉）；ω 为光源发光范围的立体角，sr（球面度）；F 为光源在 ω 立体角内所辐射出的光通量，lm。

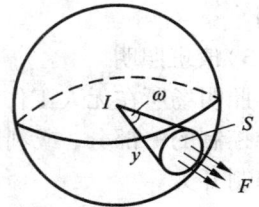

图 5-12 发光强度定义

3）照度（E）

受照物体单位面积上接受的光通量，称为"照度"（E）。

$$E = \frac{F}{S} \qquad (5-2)$$

式中：E 为照度，lx（勒克斯）；S 为受照面积，m^2；F 为投射到物体表面的光通量，lm。

4）亮度（L）

发光体在视线方向单位投影面上的发光强度，称为"亮度"（L），如图 5-13 所示。

$$L = \frac{I_\alpha}{S_\alpha} = \frac{I_{\cos\alpha}}{S_{\cos\alpha}} = \frac{I}{S} \qquad (5-3)$$

式中：L 为亮度，cd/m^2（尼特）；I 为光强度，cd；S 为面积，m^2。

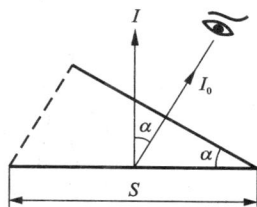

图 5-13　亮度的定义

5）光源的显色性能

同一颜色的物体在具有不同光谱的光源照射下，呈现不同的颜色。光源对被照物体的显色性能，称为"显色性"。显色性用显色指数 R_a 表示，日光的显示指数定为 100。

2. 照明光源

常用的照明光源有钨丝白炽灯、卤钨灯、荧光高压汞灯、高压钠灯和金属卤化物灯等，按发光原理可以分为热辐射电光源和气体放电光源两大类。从光源的发展史来看，照明光源经历了三代。

第一代电光源，从发光原理来说，属于热辐射光源，即普通的白炽灯。它是通过钨丝白炽体高温辐射来发光的。其构造简单，使用方便，显色性好，能瞬时点燃，无频闪现象，可调光，可在任意位置点燃，价格便宜，但是热辐射的绝大部分是红外线，可见光部分约仅占 2%～3%。因此，白炽灯的光视效能很低，仅为 10～18 lm/W，寿命比较短，约为 1000 h。

卤钨灯的原理是：在灯管内充入碘代溴物质，利用卤钨的再生循环作用——被蒸发的钨与卤素结合成卤化钨，因灯管内壁具有很高的温度而不能将卤化钨附着其上，通过扩散或对流到高温的灯丝附近，又被分解为卤素和钨，其中钨吸附在灯丝表面，卤素又和蒸发出来的钨反应——防止管壁发黑。卤钨灯具有体积小、功率大、能够瞬时点燃、可调光、无频闪效应、显色性好和光通维持性好等特点。

第二代电光源，是气体放电光源。利用蒸汽的弧光放电或非金属电离激发而发出可见光，如荧光灯、氙灯等。其特点是光效高，寿命长。荧光灯的光视效能为 25～67 lm/W，平均寿命为 2000～3000 h；高压汞灯的光视效能为 30～50 lm/W，寿命为 2500～5000 h；氙灯的光视效能为 20～37 lm/W，寿命稍短，为 500～1000 h。目前，照明中常用的荧光灯为预热式低压汞蒸汽放电灯。荧光灯有不同的光色，如日光色、白色、暖白色等。

第三代电光源，仍属气体放电光源，但为高效的气体放电。它的光视效能达 100 lm/W，寿命较长，达 2000～3000 h。金属卤化物和高压钠灯、低压钠灯，均属第三代电光源。其中，低压钠灯的光视效能高达 150 lm/W。第三代电光源是电光源的发展方向，对节约能源有重大意义。

1）白炽灯

白炽灯主要由灯头、灯丝、玻璃泡组成，如图 5-14(a)所示。灯丝用高熔点的钨丝材料绕制而成，并封入玻璃泡内，玻璃泡抽成真空，再充入惰性气体氩或氮，以提高灯泡的使用寿命。它是靠钨丝通过电流加热到白炽状态从而引起热辐射发光。它的结构简单，价格低廉，使用方便，启动迅速，而且显色性好，因此得到广泛使用。但它的发光效率低，使用寿命也较短，且不耐震。

2）卤钨灯

白炽灯的主要缺点是发光效率低、寿命短，其主要原因是白炽灯泡工作时的高温使钨丝不断蒸发，钨丝截面越来越细，久而久之，便使钨丝熔断，同时钨蒸气还会使玻璃泡内壁变黑，使灯泡透明度变坏，光效降低。卤钨灯就是在白炽灯基础上改进而成的。卤钨灯由灯丝

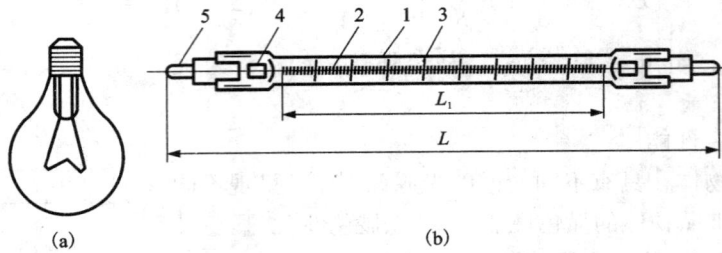

图 5 – 14 白炽灯和卤钨灯的结构简图

(a)白炽灯；(b)卤钨灯

1—石英玻璃管；2—螺旋状钨丝；3—钨丝支架；4—钼箔；5—电极；L—全长(177 ~ 310 mm)

（钨丝）和耐高温的石英灯管组成，在管内充有适量卤素（碘或溴）和惰性气体。被蒸发的钨和卤素在管壁附近化合成卤化物，卤化物由管壁向灯丝扩散迁移，在钨丝周围形成一层钨蒸气，一部分钨又重新回到钨丝上，这样即使钨不致沉积在管壁上，既防止了灯管发黑，又有效抑制了钨的蒸发，提高了光源的使用寿命。卤钨灯结构如图 5 – 17(b)所示。

卤钨灯具有体积小、寿命长、发光效率高等优点，但使用了石英玻璃管，故价格较贵。卤钨灯功率一般较大，主要用于大面积照明场所或投光灯。在使用时应水平安装，最大倾斜角不大于 4°，否则将会破坏卤钨循环，严重影响使用寿命；卤钨灯耐震性也较差，不得装在易震场所。工作时的管温在 600℃ 左右，故不得与易燃物接近，且不允许用人工冷却措施（如电扇吹、水淋等），以保证正常的卤钨循环。

3）荧光灯

荧光灯俗称日光灯，是目前广泛使用的一种电光源。荧光灯电路由灯管、镇流器、启辉器三个主要部件组成，其接线如图 5 – 15 所示。

灯管的结构是在玻璃灯管的两端各装有钨丝电极，电极与两根引入线焊接，并固定在玻璃柱上，引入线与灯头的两个灯脚连接。灯管内壁均匀地涂一层荧光粉，管内抽成真空，并充入少量汞和惰性气体氩。

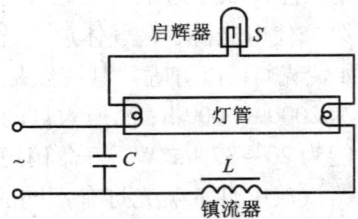

图 5 – 15 荧光灯的接线

它是利用汞蒸汽在外加电压作用下产生弧光放电，发出少许可见光和大量紫外线，紫外线又激励灯管内壁涂覆的荧光粉，使之发出大量的可见光，由此可见，荧光灯的发光效率比白炽灯高得多。在使用寿命方面，荧光灯也优于白炽灯。但是荧光灯的显色性稍差（其中日光色荧光灯的显色性较好），特别是它的频闪效应，容易使人眼产生错觉，将一些旋转的物体误为不动的物体，因此它在有旋转机械的车间很少采用，如要采用，则一定要消除频闪效应。

照明用荧光灯有几种光色：日光、冷白光、暖白光。目前应用最广泛的是日光色荧光灯。

荧光灯使用注意事项：①荧光灯工作的最适宜环境温度为 18 ~ 25℃；温度过高或过低都会造成启辉困难或光效降低；②荧光灯不宜频繁启动，电源电压波动也不宜超过 ±5%，否则将影响光效和灯管使用寿命；③启辉器开闭瞬间易对无线电波产生干扰，通常启辉器内都并联有 0.06 μF 的电容；④灯管必须与相应规格的镇流器、启辉器配套使用；⑤破损灯管要妥善处理以防汞害。

4)荧光高压汞灯

荧光高压汞灯又叫高压水银灯,它是靠高压汞蒸汽放电而发光的。这里所指的"高压"是指工作状态下灯管内气体压力为 1 ~ 5 atm,以区别于一般低压荧光灯(普通荧光灯只有 6 ~ 10 mmHg 的压力,1 atm = 76 mmHg)。

荧光高压汞灯的结构和使用时的线路如图 5 – 16 所示。其结构由灯头、玻璃外壳、石英放电管三部分组成。放电管内装有主电极 E_1、E_2 和辅助电极 E_3,并在石英放电管内充有适量的汞和氩气。在玻璃外壳内装有与辅助电极相串联的附加电阻和电极引线,玻璃外壳与放电管之间抽成真空并充入少量惰性气体。

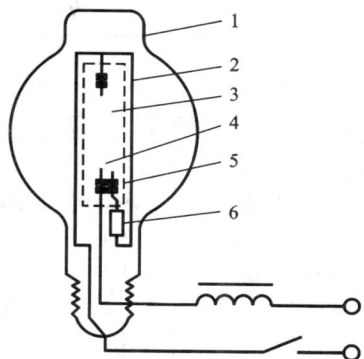

图 5 – 16 荧光高压汞灯的结构原理图
1—玻璃管壳;2—放电管;3—主电极 E_2;
4—主电极 E_1;5—辅助电极 E_2;6—附加电阻

荧光高压汞灯的启动过程与荧光灯不同,它既不需要启辉器,也不需要预热。当电路接通电源后,主电极 E_1 和邻近的辅助电极首先被击穿,发生辉光放电,产生大量的电子和离子,在两个主电极电场的作用下很快过渡到两主电极之间的弧光放电。辅助电极上因串有较大的附加电阻,起到限流作用,当主电极放电后,E_1 和 E_3 之间就停止放电。利用主电极之间的放电,使放电管内的汞逐渐汽化,直到压力达约 0.1 ~ 0.3 MPa。高压汞放电产生的紫外线激发涂在玻璃外壳内壁上的荧光粉而发出荧光,所以称为荧光高压汞灯。

整个启动过程须经 4 ~ 8 min 才进入高压汞蒸汽放电的稳定工作状态。在工作过程中镇流器起限流作用。

照明用荧光高压汞灯有三种类型:普通型(GGY)、反射型(GYF)、自镇流型(GYZ)。反射型荧光高压汞灯的玻璃外壳内壁上部镀有铝反射层,然后涂荧光粉,故有定向反射性能,使用时可不用灯罩。自镇流型荧光高压汞灯不用外接镇流器,它在外玻璃壳内装有与白炽灯丝相似的钨丝代替外接镇流器。工作时该钨丝也发光(主要是红光)。自镇流型的缺点是寿命较短。

荧光高压汞灯的主要特点是:①光效高,寿命长;光色发亮接近日光,但显色性较差。②电源电压突然降低 5% 时,可能使灯泡自行熄灭。③灯泡熄灭后,由于放电管仍保持较高的蒸汽压力,不能立即重新点燃,必须经过 5 ~ 10 min 的冷却时间,使管内的汞蒸汽凝结后才能再次点燃,故不宜用于频繁启动的场所。④外玻璃壳温度较高,配用灯具必须考虑散热条件;外玻璃壳破碎后灯虽仍能点燃,但大量紫外线辐射易灼伤眼睛和皮肤。⑤灯管破损后要妥善处理,防止汞害。

此外,还有:①金属卤化物灯,适用于较繁华的街道及要求照度高、显色性好的大面积照明场所;②高压钠灯,易用于室外需要高照度的场所(如道路、桥梁、体育场馆、大型车间);③管形氙灯(长弧氙灯),显色性好,功率大,光效高,俗称"人造小太阳",适用于广场、机场、海港等照明。

表 5 – 6 表明常用电光源的主要特性比较,供参考。

表 5-6 常用电光源的主要特性比较表

参数	光源名称					
	白炽灯	荧光灯	高压汞灯	卤钨灯	高压钠灯	管形氙灯
额定功率范围/W	10~1000	6~125	50~1000	500~2000	250~400	1500~10^5
发光效率/(lm·W^{-1})	6.5~19	25~67	30~50	19.5~33	90~100	20~37
平均寿命/h	1000	2000~3000	2500~5000	1500	3000	500~1000
启动稳定时间	瞬时	1~3 s	4~8 min	瞬时	4~8 min	1~2 s
再启动时间	瞬时	瞬时	5~15 min	瞬时	10~20 min	瞬时
功率因数 $\cos\varphi$	1	0.33~0.7	0.44~0.67	1	0.44	0.4~0.9
频闪效应	不明显	明显	明显	不明显	明显	明显
表面亮度	大	小	较大	大	较大	大
电压变化对光通的影响	大	较大	较大	大	大	较大
环境温度对光通的影响	小	大	较小	小	较小	小
耐震性能	较差	较好	好	差	较好	好
所需附件	无	镇流器启辉器	镇流器	无	镇流器	镇流器触发器
一般显色指数 Ra	95~99	70~80	30~40	95~99	20~25	90~94

5.3.4 照明灯具

按照国际照明学会(CIE)的配光分类,一般照明用的灯具可以划分为以下五类:直接照明灯具、半直接照明灯具、全漫射式照明灯具或直接-间接型灯具、半间接照明灯具和间接照明灯具。这种分类方法,是以灯具上半球和下半球发出光通量的百分比来区分的,详见表5-7。

表 5-7 灯具按光通量上、下比例分类表

类型	直接型	半直接型	漫射型	半间接型	间接型
上半球光通量/%	0~10	10~40	40~60	60~90	90~100
下半球光通量/%	100~90	90~60	60~40	40~10	10~0
配光曲线代表形状					
特点	①光线集中在下半部,工作面上可得到高照度。②光线利用率高,适用于高大厂房的一般照明	①下半部光线仍占优势,空间也得到适当照度。②眩光比直接型小	①空间各方向光强基本一致,可达到无眩光。②适用于需要创造环境气氛的场所	①向下光线只有一小部分,增加了反射光的作用,可使光线柔和。②光线利用率较低,一般不太采用	①光线向上射,顶棚变成二次发光体,光线柔合均匀。②光线利用率低,故很少采用

216

1. 直射型灯具

直射型灯具由反光性能好的不透明材料制成，如搪瓷、铝和镀银镜面等。这类灯具又可按配光曲线的形状不同，分为广照型、均匀配光型、配照型、深照型和特深照型等五种。直射型灯具效率高，但灯的上部几乎没有光线，顶棚很暗，与明亮灯光容易形成对比眩光；它的光线集中，方向性强，产生的阴影也较重。

2. 半直射型灯具

半直射型灯具能将较多的光线照射到工作面上，又可使空间环境得到适当的亮度，改善了房间内的亮度比。这种灯具常用半透明材料制成下面开口式样，如玻璃菱形罩、玻璃碗形罩等。

3. 漫射型灯具

典型的乳白玻璃球形灯属于漫射型灯具的一种。它是采用漫射透光材料制成密封式的灯罩，造型美观，光线均匀柔和，但是光的损失较多，光效较低。

4. 半间接型灯具

半间接型灯具上半部用透明材料、下半部用漫射透光材料制成。由于上半球光通量的增加，增强了室内反射光的照明效果，使光线更加均匀柔和。在使用过程中，上部很容易积灰尘，会影响灯具的效率。

5. 间接型灯具

间接型灯具全部光线都由上半球发射出去，经顶棚反射到室内，因此能最大限度地减弱阴影和眩光，光线均匀柔和，但由于光损失较大而不甚经济。这种灯具适用于剧场、美术馆和医院的一般照明，通常还和其他形式的灯具配合使用。

5.3.5 照明设计

1. 照明质量

良好的视觉不是单纯地依靠充足的光通量，还需要有一定的照明质量的要求。照明质量，主要是指照度的均匀性、视野内的亮度分布和照度的稳定性等几个方面，且与灯具的布置有关。因此，只有合理地布置灯具，才能获得良好的照明质量。

1）合适的照度

照度是决定物体明亮度的间接指标。在一定范围内照度增加，可使视觉功能提高。合适的照度，有利于保护视力，提高工作和学习效率。选用的照度值应符合有关标准的规定。

2）照明的均匀度

在工作环境中，人们希望被照场所的照度均匀或比较均匀。如果有彼此照度极不相同的表面，将会导致视觉疲劳。因此，工作面与周围的照度应力求均匀。

照度的均匀度，一般是以被照场所的最低照度（E_{min}）和最高照度（E_{max}）之比，或最低照度（E_{min}）和平均照度（E_{av}）的比值来衡量的。前者称为"最低均匀度"，后者称为"平均均匀度"。对于一般室内照明的最低均匀度不得低于0.3，平均均匀度应在0.7以上。

为了获得较满意的照明均匀度，灯具布置间距宜不大于所选灯具的最大允许距高比（灯具水平距离与灯具到被照工作面的高度即为距高比）。当要求照明的均匀度很高时，可采用间接型、半间接型照明灯具或荧光灯发光带等照明方式。

3）合适的亮度分布

照明环境不但应使人能清楚地观看事物，而且要给人们以舒适感，所以在整个视野内

217

（如房间的各个表面）要有合适的亮度分布。

当视野内存在不同亮度的表面时，眼睛要被迫适应它。如果这种亮度差别即亮度的对比度很大，就会使眼睛很快疲劳，因此要求视野内的亮度要均匀，不要有过大的差别。人们能察觉出不均匀的相邻表面亮度比为 1:1.4，但要达到这样的高标准很难。所以，在一些资料中推荐的教室、办公室、车间内各表面的亮度比，均低于此值。为了满足各表面亮度比的要求，必须使工作面上的照度比顶棚、墙面上的照度高许多倍，才有可能使顶棚、墙面和工作面亮度相协调。

在实际工作场所中，亮度比过大主要是由光源的高亮度造成的，可采用具有保护角*的合适灯具和降低灯具表面亮度等办法来解决。工作面的亮度，一般认为亮度差别控制在 1:3 左右较合适，这是对工作面反光系数大致相等的条件而言的。对一般照明，可采取控制灯具的距高比来解决。

4）限制眩光

当人们观察高亮度的物体时，眩光会使视力逐渐降低。为了限制眩光，可适当降低光源和照明器表面的亮度。如对有的光源，可用漫射玻璃或格栅等限制眩光，格栅保护角为 30°～45°。

5）光源的显色性

在需要正确辨色的场所，应采用显色指数高的光源，如白炽灯、日光色荧光灯和日光色镝灯等。

6）照度的稳定性

照度变化引起照明的忽明忽暗，不但会分散人们的注意力，给工作和学习带来不利，而且将导致视觉疲劳，尤其是 5～10 次/s 到 1 次/min 的周期性严重波动，对眼睛极为有害。因此，照度的稳定性应予保证。

照度的不稳定主要是由于光通量的变化所致，而光源光通量的变化则主要是由于电源电压的波动所致。因此，必须采取措施保证照明供电电压的质量，如将照明和动力电源分开，或用调压器等。另外，光源的摆动也会影响视觉，而且影响光源本身的寿命。所以，灯具应设置在没有气流冲击的地方或采取牢固的吊装方式。

7）频闪效应的消除

交流供电的气体放电光源，其光通量也会发生周期性的变化，最大光通量和最小光通量差别很大，使人眼产生明显的闪烁感觉，即频闪效应。当观察转动物体时，若物体转动频率是灯光闪烁频率的整数倍时，则转动的物体看上去好像没有转动一样，因而造成错觉，容易发生事故。

交流电供电的光源所发射的光通量是波动的，其波动程度以波动深度来衡量，即

$$\delta = \frac{F_{max} - F_{min}}{2F_{av}} \times 100\% \tag{5-4}$$

式中：δ 为光通量波动深度；F_{max} 为光通量最大值；F_{min} 为光通量最小值；F_{av} 为光通量平均值。

光通量的波动深度与灯具接入方式有关，见表 5-8。

---

* 光源下端与灯罩下面边缘连线与水平线之间的夹角称为保护角，即为灯罩遮挡光源的角度，它表征光源被灯罩遮盖的程度。在保护角 δ 范围内的观察者，不能直接看到光源，从而避免直射眩光。

表 5 - 8 光通量波动深度表

光源种类	接入线路方式	波动深度/%
日光色荧光灯	(1)灯接入单相线路	55
	(2)灯分别接入二相线路	23
	(3)灯分别接入二相线路	5
荧光高压汞灯	(1)灯接入单相线路	65
	(2)灯分别接入二相线路	31
	(3)灯分别接入三相线路	5
白炽灯	40 W	13
	100 W	3

2. 灯具布置

1)灯具布置的基本要求

灯具布置应保证规定的照度，并使工作面照度均匀；光线的射向应适当，并无眩光、阴影等现象；安装容量应尽可能小，以减小投资和年耗电量；应使检修维护工作方便、安全；布置上整齐美观，并与建筑空间相协调。

2)灯具的水平布置

水平布置灯具可采用均匀布置和选择性布置两种方式。

(1)均匀布置。照明器有规律地按行、列距离设置，并使全室面积上具有基本均匀的照度。

(2)选择性布置。照明器对应于工作面设置，以达到使工作面上照度最强并消除阴影等效果。

在水平布置灯具时，一般室内照明灯具可布置成单一的几何形状，如直线成行、成列、方形、矩形或菱形格子、满天星全面布灯等。同时，也可按建筑吊顶的风格，采用成组、成团、周边式布灯、组成各种装饰性的图案。

为使照度均匀，灯具水平距高比不宜过大，距高比 L/h，不宜超过所选灯具的最大允许值。最边缘一列灯具距墙距离 L'，在靠墙有工作面时，$L' = (0.25 \sim 0.3)L$；靠墙为通道时，$L' = (0.4 \sim 0.5)L$。

3)灯具的高度布置

为了限制眩光，灯具的高度应满足最低悬挂高度的要求，见表 5 - 9。

表 5 - 9 照明器具最低悬挂高度

光源种类	灯具形式	保护角/(°)	灯泡功率/W	最低悬挂高度/m
白炽灯	搪瓷反射罩或镜面反射罩	10 ~ 30	≤100	2.5
			150 ~ 200	3.0
			300 ~ 500	3.5
高压水银荧光灯	搪瓷、镜面深照型	10 ~ 30	≤250	5.0
			≥400	6.0

光源种类	灯具形式	保护角/(°)	灯泡功率/W	最低悬挂高度/m
碘钨灯	搪瓷或铝抛光反射罩	≥30	500 1000 ~ 2000	6.0 7.0
白炽灯	乳白玻璃漫射罩	—	≤100 150 ~ 200 300 ~ 500	2.0 2.5 3.0
荧光灯	—	—	≤40	2.0

3. 灯光和灯具的色彩

照明光源和颜色取决于光源本身的表观颜色及其显色性能。光源颜色可分为三类，见表 5 - 10。

表 5 - 10　光源的颜色分类

光源的颜色分类	相关色温/K	颜色特性
I	< 3300	暖
II	3300 ~ 5300	中间
III	> 5300	冷

人们可以根据自己的性格爱好，以及生活和工作的特点，来选择灯具的色彩。但挑选时，必须首先考虑到要和室内以家具、墙面、地面为中心的色彩基调相配合。

就灯具的光色而言，尤其应和室内墙面的色彩相协调。如果是冷色调的绿色墙面，采用暖色调的白炽灯，就能起到协调的作用。相反，如果采用冷色调的荧光灯，就会产生更加疏冷的气氛。若是在炎热的夏季，或是在狭小的房间里，采用荧光灯则可以使人产生舒适宁静和明亮宽敞的感觉。

就灯具的表面色彩而言，要注意与室内的窗帘、家具等色彩求得和谐，使整个室内布置形成一个完美的艺术整体。假如把红色的灯具装配在绿色的墙面上，就会显得很刺眼。另外，室内几种灯具的色彩，也得要求和谐，如果有红有绿又有黄色，就只能给人以杂乱无章的感觉，此时可用浅黄、浅绿、浅玫瑰红做基调。

灯光对调节环境色彩具有明显的效果。如果灯具的光色与物体颜色相接近，则会使物体的色彩效果减弱；如果光色与物体颜色互补，则会使物体更显得暗淡。例如，红、黄等暖色在白炽灯照射下会光彩夺目，用荧光灯照明就把原来的色彩冲淡了。

在灯具色彩的选择上，除了必须与室内色彩基调相配合外，当然也要符合人的性格和爱好。如果喜欢幽静，可选用湖绿和乳白色的灯具；喜欢炽热气氛，可选用杏黄和橘黄色的灯具。灯具的颜色，主要体现在灯罩的颜色上。乳白色玻璃罩，不但本色纯洁，而且所反射出来的灯光也较柔和，有助于创造静谧的环境气氛；色彩浓郁的透明玻璃罩，不但本色华丽，而且反射出来的灯光也显得绚丽多彩，有助于创造豪华的气氛。

4. 室内装饰照明的常用方式

1）花吊灯作室内装饰重点

这种方式的特点是装饰效果较佳，在与建筑装饰相协调下营造比较富丽堂皇的气氛，能突出中心，色调温暖明亮；能得到光源的亮度，有豪华感，光色美观。

布灯时，应注意宜用同类型壁灯作辅助照明，使照度均匀，获得比较效果，要求房间的高度较高。对于家庭为节约用电，照明开关应易于控制。为避免用荧光灯管（环形）做的吊灯所产生的眩光，建议用能漫射光线的材料作灯罩。

这种方式适用于饭店、宾馆的大厅、大型建筑物的门厅。

2）用数量多、构造简洁的点光源吸顶或嵌入式直射光灯

这种方式能与房间吊顶共同组成各种花纹，成为一个完整的建筑艺术图案，产生特殊的格调气氛，较宁静而不喧闹，加深层次感。

注意照明开关的分组控制会破坏建筑要求的光图案的完整。为避免顶栅太暗的缺点，可将顶棚做成非同一个平面，以便形成层次，主顶棚较高、顶棚四周高度较低，增加两顶棚之间的辅助照明。

这种方式适用于装饰简洁的场所，如饭店餐厅等。

3）墙装式照明器壁灯

墙装式照明器壁灯作为室内的辅助照明，在墙上能得到美观的光线，重点突出，表现出室内的宽阔。

墙装式照明器壁灯布置在走廊、镜子上面用作象征性装饰时，一般应使用低功率灯泡，避免眩光，安装位置的四周要有相当大的空间。若灯离墙面很远，灯应突出于墙面；反之，则需贴着墙面。

4）光带

光带的线条清晰明朗，能表现现代化建筑的特征，能充分地强调长度感、宽度感、高度感、透视感等建筑效果。

光带一般均采用荧光灯，可沿房间横线排列和纵线排列。要注意在纵向式排列时易引起眩光，整个天棚的亮度也较低。

光带适用于百货商店、办公室、地下通路等公共建筑。

5）全发光天棚

全发光天棚能使顶棚的亮度高，光线柔和，照度均匀高，造成开朗的气氛，使人感到舒适轻松。

应注意灯具光源的间距及光源和透光面的距离，为装饰顶棚四周，可安装下直射光照明器衬托美观。若采用漫射材料作发光面时，存在亮度对比小、阴影淡、有压抑感的缺点，因此应改用棱镜材料。采用格栅顶棚时，应有适当的保护角。

全发光天棚由于大量使用了灯管（泡），发热量大，所以应注意散热处理。

6）光檐照明

这是一种常用的艺术照明方式，能充分表现建筑物的空间感、体积感，取得照明、装饰的双重效果，光线柔和，天棚明亮。

必须注意光檐离顶棚不能太近，否则顶棚和墙的亮度不易均匀。光檐的结构要能遮住灯的直射光和靠近光源的那部分墙面。为使墙上下部的照度增加，可在光檐底部使用能漫射光的材料做隔栅，这样可以充分利用光能。

这种方式适用于艺术场所的照明，如剧场观众厅、舞厅等。

7）空间枝形灯照明网及系统照明

这种照明方式，是将相当数量的光源与金属管道组合成各种形状的灯具群，空间以建筑的装饰出现，在建筑顶棚以图案展开照明，用各种颜色的灯光组成浮云式吊灯。它能活跃气氛，成为建筑物的重要装饰内容，体现建筑物的华丽。

大规模灯具适用于大型厅堂、商店、舞厅；小型枝型灯适用于建筑物的楼梯间和走廊。

5. 建筑物立面照明

建筑物立面照明的一般规定：建筑物立面照明是为了表现建筑物或构筑物的特征，显示建筑艺术立体感。一般可采用在建筑物自身或在相邻建筑物上设置灯具的布灯方式，或者将两种方式相结合。另外，也可将灯具设置在地面绿化带中。在建筑物自身上设置照明灯具时，应使窗形成均匀的光幕效果，整个建筑物或构筑物受照面的上半部的平均亮度宜为其下半部的 2 ~ 4 倍。

不同场合下建筑物立面照明的处理：

(1)没有凹凸部分或缺乏建筑物细部的平立面，不太适合用投光照明。为了避免平淡无奇，只有使投光灯光源非常接近立面，才能产生明暗效果。为此，应通过对投光灯布置的调整，使之照明不均匀，以增强效果。

(2)有垂直线条的立面，如有壁柱、承重柱、大玻璃窗或由大梁与过梁支撑楼板的建筑物立面等，可用中光束投光灯从立面的左右侧投光，以突出立面垂直线条，但是大多数情况会导致阴影过分强烈。若用宽光束投光灯并从对面投光时，阴影较弱并变得较为柔和。

(3)有水平线条的立面，如立面上装有装饰用横线条，或稍稍凸出的梁等，此时投光灯不宜太接近立面，否则会使凸出的梁上形成宽而深的阴影，给人造成建筑物被分成上下两部分而上部又浮在空中的感觉。为使阴影变窄，需将投光灯远离立面。

(4)建筑物有凸出部分，如阳台、女儿墙、栏杆、花格等，立面上具有突出特色的部分，可以丰富立面的效果时，为了避免产生过分的阴影，投光灯应离开立面一定的距离。如无条件这样做，也可以把小型光源安装在局部凸出部分内，作为补充照明。

(5)有凹进部分的立面。凹进立面的阳台或走廊等，如果投光灯距离很近，大部分空间将会有阴影，这时在阳台内可设置补充照明。如设置的光色不同时，还可获得更好的艺术效果，并有较大深度感。如远离投光时，可使阴影减少。

(6)立面材料的影响。用与材料颜色一致的光照射，会使该色彩更加鲜艳。使用极光滑或较光滑的表面作立面(接近镜面)，则绝大部分光线被反射到空间，导向人眼的部分很少。使用发毛的表面或粗糙表面，则反射光更富于漫射性质，导向人眼的部分较多。这两种表面要达到相同的亮度，所要求的照度不同。

(7)平屋顶有缩进的部分。单一的平屋顶无论白天或晚上都不可能被看到，因此只注意立面上的照明就够了。如果平屋顶上有缩进去的部分，当投光灯离建筑物较近时，阴影强烈；较远时缩进去的部分也被照亮，阴影减弱。另外，也可在缩进廊内增加补充照明，使阴影柔化。

6. 照明配电系统

1)照明配电系统的一股要求

照明供电电压一般采用单相 220 V。若负荷电流超过 30 A 时，应采用 220 V/380 V 电源。

事故照明应有独立供电电源，并与正常照明电源分开，或接在正常照明线路上，但应在发生故障时自动投入备用电源，也可以采用自带蓄电池的应急灯具。

在触电危险较大的场所，所采用的局部照明，应采用 36 V 及以下的安全电压。

正常照明的最远一只照明灯具的电压，一般不得低于额定电压的 97.5%。

照明系统的每一单相回路，线路长度不宜超过 30 m，电流不宜超过 16 A，灯具为单独回路时数量不宜超过 25 个。大型建筑组合灯具的每一单相回路不宜超过 25 A，光源数量不宜超过 60 个。建筑物轮廓灯每一单相回路不宜超过 100 个。当灯具和插座混为一回路时，其中插座数量不宜超过 5 个(组)；当插座为单独回路时，数量不宜超过 10 个(组)。插座宜由单独的回路配电，并且一个房间内的插座宜由同一回路配电。

为改善气体放电光源的频闪效应，可将同一或不同灯具的相邻灯管分别接在不同相别的线路上。

2)常用照明配电系统

常用的照明配电系统，有放射式、树干式、链式和混合式，如图 5-17 所示。

(1)放射式照明配电系统。放射式照明配电系统，如图 5-17(a)所示。其优点是各个分配电箱(或负荷)独立受电，因而故障范围一般仅限于本回路。线路发生故障需要检修时，也只切断本回路而不影响其他回路，故供电可靠性比较高。其缺点是所需开关和线路较多，因而所需投资较

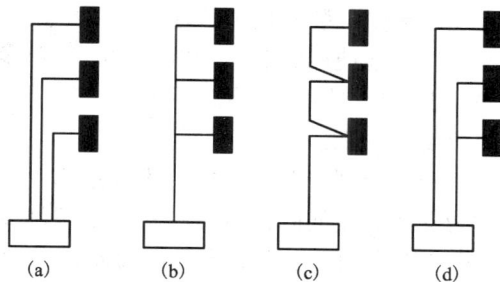

图 5-17　照明配电方式
(a)放射式；(b)树干式；(c)链式；(d)混合式

大。放射式照明配电系统一般多用于比较重要的负荷或大容量负荷的供电。

(2)树干式照明配电系统。树干式照明配电系统，如图 5-17(b)所示。其优点是所需的开关和线路较少，因而所需投资较小，但当干线发生故障时，则整个线路上所带的分配电箱或负荷均停电，故供电可靠性较低。树干式照明配电系统一般多用于供电可靠性要求不太高的场合。

(3)链式照明配电系统。链式照明配电系统，如图 5-17(c)所示。它是树干式的一种特殊形式，具有树干式同样的特点。此外，考虑到线路敷设的方便以及可靠性的要求，一般链接的分配电箱(或负荷)不超过 3~4 个，总的负荷容量也不宜超过 10 kW。

(4)混合式配电系统。混合式配电系统，如图 5-17(d)所示。它是将树干式和放射式混合使用，或总体树干式、分支放射式，或总体放射式、分支树干式。

3)配电箱和配电线路

照明配电箱多采用模数化终端组合电器箱，它具有尺寸模数化、安装轨道化、使用安全化、组合多样化等特点。配电箱一般采用嵌墙安装方式，箱底边距地 1.5 m。

照明配电线路，多采用 BV 型铜芯聚氯乙烯绝缘电线。一般照明灯具线路为 1.5 mm² 截面，插座回路为 2.5 mm² 截面。线路敷设多采用穿管暗敷或穿线槽在吊顶内敷设。配管可以是水煤气管、电线管(薄壁钢管)和无增塑阻燃刚性塑料管。

5.3.6　室内照明电路的布置与安装

对于一般建筑物的电气照明供电，通常都采用 380/220 V 三相四线制供电系统。即由变

压器的低压侧引出三根相线（L1、L2、L3）和一根零线（N）。

这样的供电方式，最大优点是可以同时提供两种不同的电源电压。对于动力负载可以使用 380 V 的线电压；对于照明负载可使用 220 V 的相电压。

照明供电系统一般由进户线、配电箱、干线、支线和用电器组成。

1. 进户线

从低压架空线上接到建筑物外墙上，并引入线支架上的一段引线称为架空接户线。由进户点引入到建筑物内的总配电箱一段线路称为进户线。

2. 配电箱

配电箱是接受和分配电能的装置。对于用电量小的建筑物，可以只安装一只配电箱；对于用电负荷大的建筑物，如多层建筑可以在某层设置总配电箱，而在其他楼层设置分配电箱。在配电箱中应装有用来接通和切断电路的开关以及防止短路故障的电器和计算耗电量的电度表等。目前使用的照明配电箱功能日趋多样化，常包含双电源装置、仪表、电气火灾报警模块、塑壳断路器等元器件。

3. 干线和支线

从总配电箱到分配电箱的一段线路称为干线。从分配电箱引至灯具及其他用电器的一段线路称为支线。支线的供电范围一般不超过 20 ~ 30 m，支线截面不宜过大，一般应在 1.5 ~ 4.0 mm² 范围之内。若单相支线电流超过 16 A 时，应改为三相或分成多条支线较为合理。大型建筑组合灯具每一单相回路电流不宜超过 25 A，光源数量不宜超过 60 个（当采用 LED 光源时除外）。

照明供电系统可以用图 5 - 18 所示示意图表示。

在图 5 - 18 中导线只用一根线条表示，线条 E 的斜短线数（或数字）表示导线的根数。如进户线上有四根斜短线，就是表示有四根导线（三根火线和一根零线）。由图中还可以请楚看出，进户线将电能引入总配电箱，从总配电箱分出几组干线，每组干线

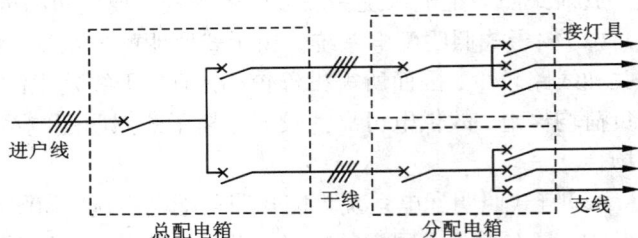

图 5 - 18　照明供电系统示意图

接至分配电箱，再由分配电箱引出若干组支线，电灯、插座及其他用电器就接在支线上。

4. 线路的布置

室内照明线路布置的原则，应力求线路短，以节约导线。但对于明敷导线要考虑整齐美观，必须沿墙面、顶棚作直线走向。对于同一走向的导线，即使长度要略为增加，仍应采取同一线路合并敷设。

进户线一般应尽量从建筑物的侧面和背面进户，进户点的数量不宜过多。

干线的布置通常采用混合式的布置方式。

支线布置时，应先将电灯、插座或其他用电设备进行分组，并尽可能地均匀分成几组，每一组由一条支线供电，每一条支线连接的光源数不宜超过 25 个。一些较大房间的照明，如阅览室、绘图室等应采用专用回路，走廊、楼梯的照明也宜用独立的支线供电。插座是线路中最容易发生故障的地方，插座不宜和照明灯由同一支路供电，以提高照明线路的供

电可靠性。

5．室内照明线路的敷设

室内照明线路的敷设方式通常分为两种：明线敷设与暗线敷设。

（1）明线敷设。就是把导线沿建筑物的墙面或天花板表面、桁架、屋柱等外表面敷设，导线裸露在外。这种敷设方式的优点是工程造价低、施工简便、维修容易；缺点是由于导线裸露在外，容易到有害气体的腐蚀，受到机械损伤而发生事故，同时也不够美观。明线敷设的方式一般有瓷夹板敷设、瓷柱敷设、槽板敷设、铝皮卡钉敷设、穿管明敷设等。

（2）暗线敷设。就是将管子(如焊接钢管、硬塑料管等)预先埋入墙内、楼板内或顶棚内，然后再将导线穿入管中。这种敷设的优点是不影响建筑物的美观，而且能防潮和防止导线受到有害气体的腐蚀和意外的机械损伤。但是它的安装费用较高，要耗费大量管材。由于导线穿入管内，而管子又是埋在墙内，在使用过程中检修比较困难，所以在安装过程中要求比较严格。敷设时应注意以下几点：①钢管弯曲半径不得小于该管径的6倍，钢管弯曲的角度不得小于90°。②管内所穿导线的息面积不得超过管内截面的40%，为了防止管内过热，在同一根管内，导线数目不应超过8根。见表5-11导线穿管选择表。③管内导线不允许有接头和扭拧现象，所有导线的接头和分支都应在接线盒内进行。④考虑到安全的因素，全部钢管应有可靠的接地，为此安装完毕后，必须用兆欧表检查绝缘电阻，合格后方能接通电源。

见表5-11　单芯导线穿管选择表。

表5-11　BV，BLV 塑料绝缘导线穿管管径选择表

导线截面/mm²	PVC管(外径/mm) 导线数/根							焊接钢管(外径/mm) 导线数/根							电线管(外径/mm) 导线数/根						
	2	3	4	5	6	7	8	2	3	4	5	6	7	8	2	3	4	5	6	7	8
1.5	16	16	16	16	16	20	20	15	15	15	15	15	20	20	16	16	16	19	19	25	25
2.5	16	16	16	16	20	20	20	15	15	15	15	20	20	20	16	16	19	19	25	25	25
4	16	16	16	20	20	20	20	15	15	20	20	20	20	20	16	19	25	25	25	25	25
6	16	20	20	20	25	25	25	15	20	20	20	20	25	25	19	19	19	25	25	25	32
10	20	20	25	25	32	32	32	20	20	25	25	25	32	32	25	25	25	32	32	32	38
16	25	25	32	32	40	40	40	25	25	32	32	32	40	40	25	32	38	38	38	51	51
25	32	32	32	40	40	40	50	25	32	32	40	40	40	50	32	38	51	51	51	51	51
35	32	32	40	40	50	50	50	32	32	32	40	40	50	50	38	51	51	51	51	51	51
50	40	40	50	50	50	60	60	32	40	50	50	50	65	65	51						
70	50	50	50	60	60	60	80	50	50	50	65	65	65	80	51						
95	50	50	60	60	80	80	80	50	50	65	65	65	80	80							
120	50	60	80	80	80	100	100	50	50	65	65	65	80	80							

注：管径为51的电线管一般不用，因为管壁太薄，弯曲后易变形。

摘自《建筑安装工程施工图集3、电气工程》。

6. 配电箱的安装

照明配电箱广泛用于各种住宅楼宇、广场、车站及工矿企业等场所，作为配电系统的终端电设备。安装方式有明装和暗装两种。明装配电箱又分挂墙式和落地式两种。

7. 灯具开关与插座的安装

灯具开关是控制电器设备，常用的开关有拉线开关、跷板开关和按键开关。拉线开关的特点是节约导线，安全可靠。它的缺点是，当停电时无法判断电路是否接通和断开。当导线采用暗敷设时，灯具开关可以采用暗装跷板开关或按键开关。室内的跷板开关和按键开关一般安装在房门旁边，开关边缘距门框边缘的距离为 0.15 ~ 0.20 m，安装高度为 1.3 ~ 1.4 m，拉线开关距地面高度一般为 2 ~ 3 m；老年人生活场所开关宜选用宽板按键开关，底边距地面高度宜为 0.9 ~ 1.1 m。切忌将灯具开关安装在房门后面的墙上，以免使用起来不方便。电器、灯具的控制开关均应接在火线上。

插座是移动式电气设备（如电脑、台灯、电视机、电风扇、洗衣机等）的供电点。插座也可以分为明装和暗装两种，插座的位置应根据用电设备的使用位置而定。当住宅、幼儿园及小学等儿童活动场所电源插座底边距地面高度低于 1.8 m 时，必须选用安全型插座；当设计无要求时插座底边距地面高度不宜小于 0.3 m；无障碍场所插座底边距地面高度宜为 0.4 m，其中厨房、卫生间插座底边距地面高度宜为 0.7 ~ 0.8 m；老年人专用的生活场所插座底边距地面高度宜为 0.7 ~ 0.8 m。

插座的接线应符合下列规定：

（1）单相两孔插座，面对插座，右孔或上孔应与相线连接，左孔或下孔应与中性线连接；单相三孔，面对插座，右孔应与相线连接，左孔应与中性线连接。

（2）单相三孔、三相四孔及三相五孔插座的保护接地线（PE）必须接在上孔。插座的保护接地端子不应与中性线端子连接。同一场所的三相插座，接线的相序应一致。

（3）保护接地线（PE）在插座间不得串联连接。

（4）相线与中性线不得利用插座本体的接线端子转接供电。

5.3.7 动力系统与电梯

1. 电动机

电动机是实现机械能与电能之间相互转换的旋转机械。把机械能转换为电能的称为发电机；把电能转换为机械能的称为电动机。三相异步电动机是现代生产过程中的主要动力机械。

1）电动机的类型

电动机根据使用的电源不同又可分为直流电动机和交流电动机两种；交流电动机又可分为三相电动机、单相电动机、异步电动机和同步电动机等。

在建筑设备中广泛采用的是三相交流异步电动机，如图 5 - 19 所示。对于三相鼠笼式异步电动机，凡中心高度为 80 ~ 355 mm，定子铁芯外径为 120 ~ 500 mm 的称小型电动机；凡中心高度为 355 ~ 630 mm，定子铁芯外径为 500 ~ 1000 mm 的称中型机；凡中心高度大于 630 mm，定子铁芯外径大于 1000 mm 的称大型电动机。

2）电动机的安装要求

（1）电动机安装前应仔细检查，符合要求方能安装。

（2）电动机安装前的工作内容主要包括设备的起重、运输、定子、转子、机轴和轴承座的

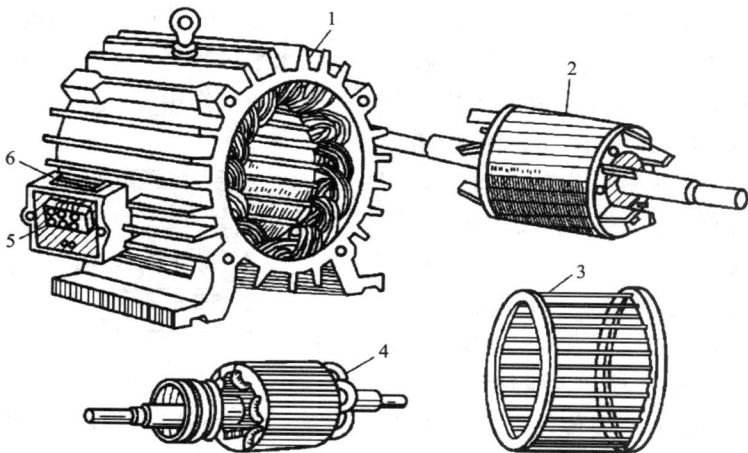

图 5 – 19 三相交流异步电动机的构造

1—定子；2—笼形转子；3—金属笼；4—绕线转子；5—接线盒；6—铭牌

安装与调整工作，电动机绕组的接线，电动机的干燥等工序。

3）电动机的安装程序

电动机的安装程序是：电动机的搬运→安装前的检查→基础施工→安装固定及校正→电动机的接线→电动机的试验。

（1）电动机的基础施工

电动机的基础一般用混凝土或砖砌筑，其基础形状如图 5 – 20 所示。电动机的基础尺寸应根据电动机的基座尺寸确定。

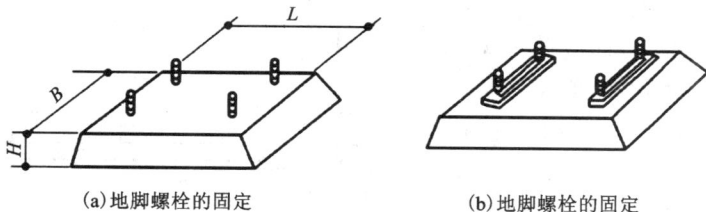

（a）地脚螺栓的固定 （b）地脚螺栓的固定

图 5 – 20 电动机的基础形状

采用水泥基础时，如无设计要求，基础重量一般不小于电动机重量的 3 倍。基础应高出地面 100 ~ 150 mm，长和宽各比电动机基座宽 100 mm。在浇筑混凝土基础前，应预埋地脚螺栓或预留孔洞。安装 10 kW 以下的电动机前，一般在基础上预埋地脚螺栓。

安装 10 kW 以上的电动机前，一般是根据安装孔尺寸在现浇混凝土上或砖砌基础上预留孔洞（100 mm × 100 mm），以便电动机底座安装完毕后进行第二次灌浆，而地脚螺栓的根部做成弯钩形或做成燕尾形。

15 天养护期满后，方可安装电动机。固定在基础上的电动机，一般应不小于 1.2 m 维护通道。

（2）电动机的安装及校正

电动机的安装：电动机的基础施工完毕后，便可以安装电动机。电动机用吊装工具吊装就位，使电动机基础口对准并穿入地脚螺栓，然后用水平仪找平。找平时可用钢垫片调整水平。用螺母固定电动机基座时，要加垫片和弹簧垫圈起防松作用。

有防振要求的电动机，在安装时用 10 mm 厚的橡皮垫在电动机基座与基础之间，起到防振作用。紧固地脚螺栓的螺母时，按对角交叉顺序拧紧，各个螺母拧紧程度应相同。用地脚螺栓固定电动机的方法如图 5 - 21 所示。

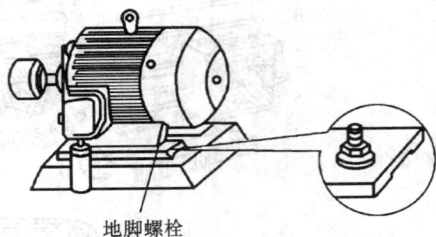

图 5 - 21　用地脚螺栓固定电动机

传动装置的安装与校正：电动机传动方式分为皮带传动、联轴器传动和齿轮传动。

皮带传动的校正。皮带传动时，为了使电动机和它所驱动的机器得到正常运行，就必须使电动机皮带轮的轴和被驱动机器的皮带轮的轴保持平行，同时还要使两个皮带轮宽度的中心在同一直线上。

联轴器的找正。当电动机与被驱动的机械采用联轴器连接时，必须使两轴的中心线保持在一条直线上，否则，电动机转动时将产生很大的振动，严重时会损坏联轴器，甚至扭弯、扭断电动机轴或被驱动机械的轴。

齿轮传动校正。齿轮传动必须使电动机的轴保持平行。大小齿轮啮合适当。如果两齿轮的齿间间隙均匀，则表明达到了平行。

电动机的配线施工是动力配线的一部分，是由动力配电箱至电动机的这部分配线，通常是采用管内穿线埋地敷设的方法，如图 5 - 22 所示。

当钢管与电动机间接连接时，对室内干燥场所，钢管端部宜增设电线保护软管或可挠金属电线保护管后引入电动机的接线盒内，且钢管管口应包扎紧密。

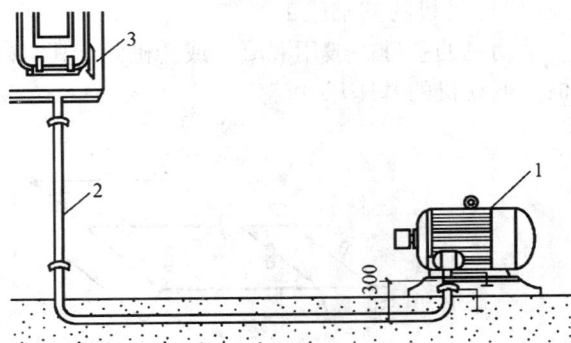

图 5 - 22　钢管埋入混凝土内安装方法
1—电动机；2—钢管；3—配电箱

对室外或室内潮湿场所，钢管端部应增设防水弯头，导线应加套保护软管，经弯成滴水弧状后再引入电动机的接线盒。与电动机连接的钢管管口与地面的距离宜大于 200 mm。电动机外壳须做接地连接。

（3）电动机的接线

电动机的接线在电动机安装中是一项非常重要的工作，如果接线不正确，不仅电动机不能正常运行，还可能造成事故。接线前应查对电动机铭牌上的说明或电动机接线板上接线端子的数量与符号，然后根据接线图接线。当电动机没有铭牌或端子标号不清楚时，应先用仪表或其他方法进行检查，判断出端子号后再确定接线方法。电动机接线如图 5 - 23 所示。在电动机接线盒内裸露的不同相导线间和导线对地间最小距离应不大于 8 mm，否则应采取绝缘防护措施。

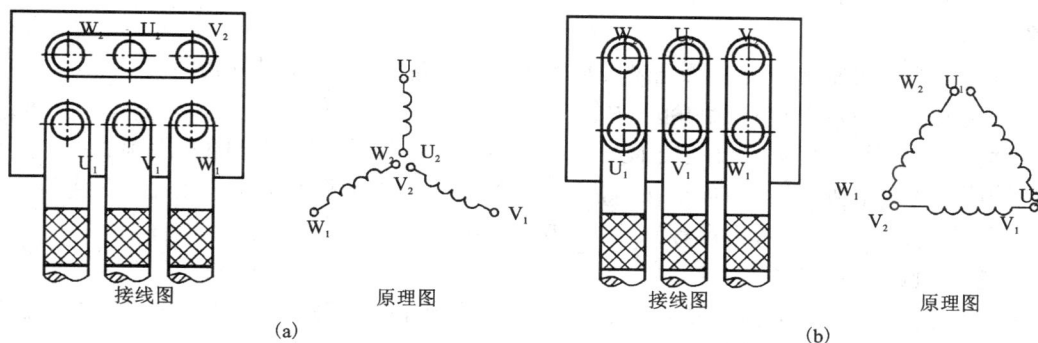

图 5 – 23　电动机接线

(a)星形联接；(b)三角形联接

（4）电动机的试验

电压 1000 V 以下，容量 100 kVA 以下的电动机试验项目包括：测量绕组的绝缘电阻；测量可变电阻器、启动电阻器和灭磁电阻器的绝缘电阻；检查定子绕组极性及连接的正确性；电动机空载运行应检测空载电流。

4）控制设备的安装

电动机的控制设备包括刀开关、低压断路器、熔断器、接触器和继电器等。

（1）磁力启动器的安装

为了便于对单台电极进行控制，将接触器、热继电器组合在一起安装在一个铁盒里面，配上按钮就组成了磁力启动器。磁力启动器可以实现电机的停、转控制以及失压、欠压和过载保护。

磁力启动器安装前，应根据被控制电动机的功率和工作状态选择合适的型号。其安装工序是：开箱→检查→安装→触头调整→注油→接线→接地。

（2）软启动器的安装

软启动器是一种新型的智能化启动装置，它利用单片机技术与电力半导体的结合，不仅实现了起动平滑、无冲击、无噪声的特性，还具有断相、短路及过载等保护功能。

安装软启动器之前，应仔细检查产品的型号、规格是否与电极的功率相匹配。安装时应根据控制线路图正确接线，根据软启动的容量选择相应规格的动力线。安装完毕可根据实际要求选择启动电流、启动时间等参数。

5）电动机的控制

电动机的控制电路是由各种低压电器，如接触器、继电器及按钮等按一定的要求连接而成，其作用是实现对电力拖动系统的自动控制。

6）电动机的调试

电动机调试的内容包括电动机、开关、保护装置和电缆等一、二次回路的调试。

（1）电动机调试的内容

电动机在试运行前的检查。

检查电动机绕组和控制线路的绝缘电阻是否符合要求，一般应不低于 0.5 MW。

扳动电动机转子时应转动灵活，无碰卡现象。

检查转动装置，皮带不能过松、过紧，皮带连接螺丝应紧固，皮带扣应完好，无断裂和损伤现象。

检查电动机所带动的机器是否已做好启动准备，准备好后，才能起动。

电动机的振动及温升应在允许范围内。

电动机试车完毕，交工验收提交下列技术资料文件：变更设计部分的实际施工图；变更设计的证明文件；制造厂提供的产品说明书、试验记录及安装图样等技术文件；安装验收记录（包括干燥记录、抽芯检查记录等）；调整实验记录及报告。

（2）电动机调试的方法

电动机在空载情况下做第一次启动，并指定专人操作。空载运行 2 h，并记录电动机空载电流。空载运行正常后，再进行带负荷运行。

交流电动机带负荷启动时，一般在冷态时，可连续启动 2 次，每次启动时间间隔要超过 5 min。在热态时，启动 1 次。电动机在运行中应无杂音，无过热现象，电动机振动幅值及轴承温升应在允许范围之内。

2. 电梯

电梯是一种在垂直方向上把人或货物从一个水平面提升到另一个水平面上的起重运输设备。

随着科学技术的进步、人们生活水平的提高，建筑业得以迅速发展，因此，为高层建筑物提供上下交通运输的电梯工业也飞速发展起来，品种越来越多。比如，有多层厂房和多层仓库使用的货梯、高层住宅使用的住宅梯、宾馆的客梯、商场的自动扶梯、医院的病床电梯等。可以说在现代社会，电梯已像汽车、轮船、飞机一样，成为人类不可缺少的交通运输工具。

1）电梯的组成

电梯是机电一体化的复杂产品，它由机械和电气两大系统组成，主要包括曳引系统、轿厢、门系统、导向系统、对重系统、电力拖动系统、操作控制系统和机械、电气安全系统。下面就各系统的组成及功能进行简要概述，如图 5-24 所示。

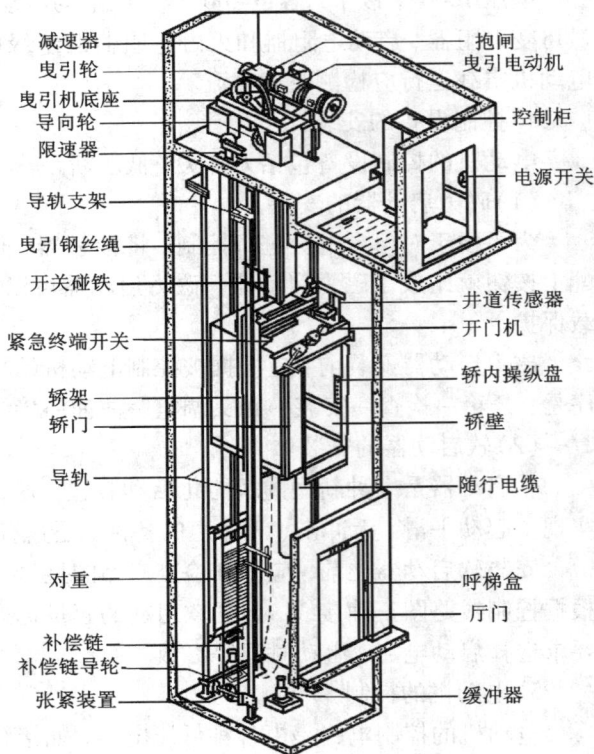

图 5-24　电梯组成示意图

（1）曳引系统。提供电梯运行动力，把曳引机的旋转运动转换为电梯的垂直运动。由曳引电动机、联轴器、制动器、减速箱、机座、曳引轮等组成。

（2）轿厢。是装载乘客和货物的电梯组件，它在曳引钢丝绳的牵引下沿电梯井道内的导轨作快速平稳的运行。轿厢必须有足够的机械强度，内部装设有完备的电气控制装置，如操作开关、信号灯、紧急开关、警铃、电话等，用于运行操作和救援联络。轿厢内一般还应装设空调通风、照明、防火及减震等设施。

（3）门系统。由厅门（层门）、轿厢门、自动开门机、门锁、层门联动机构及安全装置等组成。电梯门（轿厢门和厅门）有中分式、旁开式及闸门式等，其作用就是打开或关闭轿厢与层站厅门的出入口。

（4）导向系统。主要由导轨、导轨架及导靴等组成。导轨架将导轨支撑固定在井道壁上，导靴安装在轿厢、对重架的两侧。它的作用是限制轿厢和对重的活动自由度，使轿厢和对重只能沿着导轨作升降运动。

（5）对重系统。由对重及重量补偿装置组成，也称质量平衡系统。

对重：由对重架和对重块组成。

对重的作用：平衡轿厢自重和部分额定载重。

重量补偿装置：补偿高层电梯中轿厢与对重侧曳引钢丝绳长度变化对电梯平衡的影响。

（6）电力拖动系统。由曳引电机、供电系统、调速装置、速度反馈装置构成。

作用：对电梯实行速度控制。

（7）操作控制系统。由操纵装置、平层装置与选层器等构成，对电梯实施操纵、监控。

①操纵装置：指设在轿厢内的按钮操作箱、厅门口的呼梯按钮盒。

②平层装置：产生电梯平层信号的传感器。当轿厢在平层位置时产生平层信号，以使电梯准确停靠平层。

③选层器：用来选择楼层的电气装置，作用是指示轿厢的位置、决定运行方向、发出加减速信号。

（8）机械安全系统。电梯的机械安全保护系统有机械限速装置、缓冲器和端站保护装置。

机械限速装置由限速器和安全钳组成。限速器安装在电梯机房的楼板上，安全钳安装在轿厢架上的底梁两端，其作用是限制电梯运行的速度不超过预定值。

缓冲器是安装在井道底坑中的弹簧或液压装置，无论是轿厢还是对重如果因故障意外高速坠落时，可利用其缓冲作用减缓冲顶或撞底的冲击，以保护乘客和设备的安全。

端站保护装置是为了防止轿厢运行中失控后冲过限位开关位置而仍未停车时，在经过端站 300~400 mm 时，行程极限开关动作强迫第二次停车。

（9）电气安全系统。是指在电梯控制系统中用于实现安全保护作用的电路及电气元件，包括电源控制、基本电气保护、电源断相/错相保护、电梯超载保护、上/下行端站超越保护、电梯门连锁与安全触板保护等。

2）电梯的分类

电梯的分类复杂，可按用途、速度、驱动方式、控制方式等对电梯进行分类，这里介绍按用途分类的电梯。

（1）乘客电梯。主要供宾馆、饭店、商场办公大楼、商住楼等客流量大的场合使用。这种电梯专为运送乘客而设计，它的轿厢宽大而美观，运行速度快，自动化程度高，符合现代人需要。

（2）载货电梯。主要供两层楼以上的车间、商场及各类仓库使用。这种电梯专为运送货物而设计。它的轿厢宽大，自动化程度相对较低。

（3）病床电梯。为运送病人而设计的电梯。

（4）杂物电梯（服务电梯）。供图书馆、办公楼、饭店运送图书、文件及食品等使用。它的轿厢小，安全设施不齐全，不允许人员进入。

（5）住宅电梯。供住宅楼使用的电梯。

（6）特种电梯。为特殊环境要求而设计的电梯。

3）电梯的运行

电梯在作垂直运行的过程中，既有起点站也有终点站。起点站设于一楼，被称为基站，终点站设在顶楼。终点站与起点站叫两端站，两端站之间的停靠站称中间层站。

各站的厅外设有召唤箱，箱上设置供乘客使用的召唤电梯的按钮，该按钮分为上下功能，乘客根据运行中电梯显示楼层与自己所处楼层进行选择。另外，电梯基站的厅外召唤箱除设置召唤按钮外，还设置一只钥匙开关，以便下班后管理人员可以通过专用钥匙把电梯的厅轿门关闭妥当。

电梯的轿厢内设置有操纵箱，操纵箱上设置有开门键、关门键和与层站对应的按钮，供乘客控制电梯上下运行。

随着科技的进步，电梯的自动化程度越来越高，乘客可通过操纵箱对电梯下达一个或一个以上指令，电梯就能自动开门，定向起动加速，在预定的楼层停靠开门，依次将乘客送到指定楼层。

4）电梯的计算机管理

电梯的计算机管理涵盖的内容较多，这里仅以电梯的经济调度和防止困梯为例说明。

（1）防止困梯。发生困梯的情况往往是停电或电梯超载不能关门出发而造成。停电的原因主要有：①输电线故障或地震引起的广泛性停电；②大楼内自身线路或设备故障引起的局部停电；③火灾导致的局部停电；④计划检修引起的停电。

不管是停电还是超载造成的困梯，一般都由计算机监控系统视困梯原因而投入备用电源或开启避难电梯。电梯超载主要是因人们为避免火灾、地震等灾害，争先恐后抢乘电梯造成的。比如，当发生火灾时，会有很多人堵塞电梯间，电梯因拥挤过多的人而超载，导致关门困难而不会出发，或运行途中停下。为了不给乘客带来二次灾难，管理人员必须通过监控系统中心指挥避难用的电梯及时赶到，将乘客有序地救出，从而避免困梯慌乱造成的损失。

（2）经济调度。拥有多台电梯的大楼，除了并排设置在一起供任意选择之外，也需要有速度不同的电梯相配合。即使是载重相同的电梯组合，也可以根据是否使用高峰时段，调节某些楼层过而不停或者只提供短程搭乘。

复习思考题

1. 什么是光通量、光强度、照度和亮度？

2. 有哪些常用照明电光源，各有什么特点，分别适用于什么场合？

3. 在布置灯具时应注意考虑哪些方面的因素？

4. 建筑物立面照明有哪些处理方法？效果如何？

5. 简述电动机的安装程序？

6. 电动机的控制设备有哪些?

7. 电动机调试包括哪些内容?

8. 简述电梯的组成与分类。

5.4 电气安全与建筑防雷

5.4.1 安全用电

现实中,在电气设备的安装、使用、维修任一环节中,违反安全规程均有可能造成触电伤亡的事故,以及设备烧毁和故障引起停电的设备事故。事故主要原因是,缺乏安全用电知识、违反安全用电操作规程、安全工作制度混乱等。可见,安全用电实际上包含了供电系统、用电设备、人身安全等方面,特别是人身安全。

1. 触电形式

人体接触带电导体或漏电的金属外壳,使人体任两点间形成电流,这就是触电事故。此时流过人体的电流被定义为触电电流。

触电对人的伤害机理较复杂,但主要有两种伤害方式:一是电击,电流流过人体内部而影响呼吸、内脏、神经等系统,造成人体器官的损伤并导致残废或伤亡;二是电伤,由电流的热效应、化学效应侵入人体表面,造成皮肤的伤害,如电弧的烧伤等,严重时也能致人死亡。高压事故中两种都有,而低压事故中危害最大的是电击。常见电击的方式有三种。

1)单相触电

人体某一部位接触一条相线或漏电设备,另一部位直接或间接触及大地,使电流经人体到地形成一条电流通道,人体此时相当于一根相线,如图 5 – 25 所示。

由于图 5 – 25(b)所示的情况会形成为两相触电,因此更危险,但此系统仅局限于特定场合应用,故图 5 – 25(a)所示的单相触电是低压供电系统中最为常见的形式。

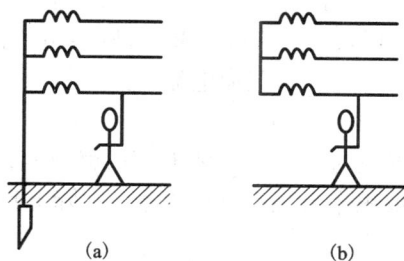

图 5 – 25 单相触电示意图
(a)中性点接地;(b)中性点不接地

2)两相触电

人体同时接触两相带电体,如图 5 – 26 所示。

相当于向人体施加 380 V 电压,在正常情况下只需通电 0.2 s 就可致人死亡,除非肌肉剧烈收缩弹离电源,但在高空作业时极易摔伤。

3)跨步电压触电

当电气设备或线路发生接地故障,接地电流从接地点向大地流散,在地面形成分布电位,若人体

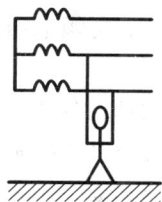

图 5 – 26 两项触电示意图

进入地面带电区域时,其两脚之间可存在电位差,即为跨步电压。由跨步电压引起的人体触电,称为跨步电压触电。跨步电压的大小受接地电流大小、鞋和地面特征、两脚的方位及离

接地点的距离等众多因素影响。一般离接地点 10 m 以外就没有危险了。

2. 触电对人体伤害的因素

电流会引起人的神经功能和肌肉功能紊乱，如心脏室颤引起死亡、肌肉收缩握紧电源造成死亡，这些恶果与很多因素有关。

1）触电电流

指流过人身的电流，是直接影响人身安全的重要因素。通过人体内部的电流越大，人的生理反应和病理反应越明显，引起心室颤动的时间越短，致命的危险性越大。按照人体呈现的状态，可将通过人体内部的电流分为三个级别。

（1）感知电流。使人体有感觉的最小电流称为感知电流。工频的平均感知电流，成年男性 1.1 mA，成年女性 0.7 mA；直流电均为 5 mA。感

图 5 - 27　跨步电压触电示意图

知电流对身体没有大的伤害，但由于突然的刺激，人在高空或在水边或其他危险环境中，可能造成坠落等间接事故。

（2）摆脱电流。人体在触电后能自行摆脱带电体的最大电流为摆脱电流。工频平均摆脱电流，成年男性 16 mA；成年女性 10 mA；直流电均为 50 mA，儿童更小些。这还与触电的形式有重要关系。

（3）致命电流（室颤电流）。人体发生触电后，在较短的时间内危及生命的最小电流称为致命电流（室颤电流）。一般情况下，通过人体的工频电流超过 50 mA 时，心脏就会停止跳动，出现致命的危险。实验证明：电流大于 30 mA 时，心脏就会发生心室颤动的危险，因此 30 mA 也是作为致命电流的又一极限。

2）触电时间

触电时间越长人体电阻值就越低，人身允许的电流值就越小。通常把触电电流与触电时间的乘积作为触电安全参数，国际上目前公认为 30 mA·s，即 30 mA 通过 1 s 即能伤害人体。

3）电流频率

频率对人的伤害程度很大，交流比直流大。$f = 50 \sim 60$ Hz 的交流电对人最危险，低于或高于 $50 \sim 60$ Hz 的电流对人伤害都小，如 2 kHz 的电流对心肌无大影响。但也要注意设备的安全使用及高频电磁场的作用，它容易造成附近人员乏力、记忆力减退等症状，特别是高频会引起皮肤灼伤，高频电压的冲击也能引发触电事故。

4）电流途径

电流通过头部会使人昏迷而死亡；通过脊髓会导致截瘫及严重损伤；通过中枢神经或有关部位，会引起中枢神经系统强烈失调而导致残废；通过心脏会造成心跳停止而死亡；通过呼吸系统会造成窒息。实践证明，从左手至脚是最危险的电流路径，从右手到脚、从手到手也是很危险的路径，从脚到脚是危险较小的路径。

5）其他因素（如人身电阻、状态、环境等）

人身电阻值小，由基本不变的体内电阻和随外界变化的皮肤电阻组成。在皮肤表面完好干燥且低压作用下，人体电阻可达 11 kΩ 以上；若表面损伤受潮，带有导电性粉尘等，人体

电阻会急剧下降,最低时仅有 0.5 kΩ 左右。身体健康及精神状态对触电也有影响,如本身患有心脏病等疾病承受电击力更差,醉酒、疲劳过度也增大了触电的概率和危险性。

工作环境潮湿,场地狭窄(能摆脱电源的空间小),周围金属材料多,都能增大触电的概率。

3. 安全电压

没有任何防护措施而接触带电体,对人体没有严重反应和危险的电压被定义为安全电压。国际电工委员会(IEC)规定 50 V 为交流安全电压。我国规定了 6 V、12 V、24 V、36 V、42 V 五个安全等级,因建筑行业的特殊性,规定了 12 V、24 V、36 V 三个安全电压等级。

5.4.2　电气装置接地

接地的主要目的是保障设备与人身的安全。电力系统和电气设备的接地,因工作需要和作用可归纳为功能性和保护性两类,均要符合《低压配电设计规范》的规定。

1. 接地种类

将电器设备任何部位与"地"做良好的电气连接称为接地,包括供电系统的工作接地、电器设备保护接地、重复接地。其中电器设备保护接地又包括保护接地、保护接零、静电接地、防雷接地等;供电系统工作接地又包括大电流接地、小电流接地。不同的工作接地有不同的功用,大电流接地能在运行中维持三相系统,相线对地电压不变;小电流接地能在单相接地时消除接地点的断续电弧。380/220 V 低压系统采用前一种接地方式。

2. 电气设备接地方式与作用

IEC 标准将低压配电系统规范为 IT、TT、TN 三大系统,其中 TN 又分为三类。

其符号含义 $\boxed{1}$—$\boxed{2}$—$\boxed{3}$—$\boxed{4}$,其中:

$\boxed{1}$ 表示低压系统电源对地关系,分为 I、T 两类。其中 I 表示低压侧中性点不接地或不直接接地,引线为中性线,用 N 表示。T 表示低压侧中性点直接接点(中性点也称零点),引出线也称零线,也用 N 表示。

$\boxed{2}$ 表示电气设备外露导电部分对地关系。T 表示外露部分经保护线 PE 直接接地(保护接地),N 表示外露部分经共用线 PEN 接地(保护接零)。

$\boxed{3}$—$\boxed{4}$ 表示 N 与 PE 的组合关系,分 S、C、C – S,S 表示整个系统中性线与保护线是分开的,C 表示整个系统中性线与保护线是共用的,C – S 表示整个系统 N 与 PE 是部分共用的。如图 5 – 28 所示。

IT 系统为小电流接地,设备须单独、成组或集中接地,传统称为保护接地。当发生单相接地故障时,其三相电压维持不变,且各 PE 间无电磁联系,适于数据处理、精密仪器。但不能作保护接零或重复接地,建筑供电中应用较少。

TT 系统为大电流接地,适用于有较大量单相用电设备,线路环境易造成零线断开而使零电位升高的系统,如农村居住小区、分散民用建筑等,此系统通常采用漏电电流动作保护。

TN 系统内电源有一点与地直接连接,电气设备外壳通过 PE 线与它相连,是目前建筑供电使用最多的接地系统,传统称为保护接零。有三相四(五)线制之分。

TN – C 系统 N 与 PE 是合一的,适用于三相负荷较平衡、单相负荷较小的工厂供电系统中,但不能装漏电开关,只能采取零序过流保护以切断单相碰壳故障。

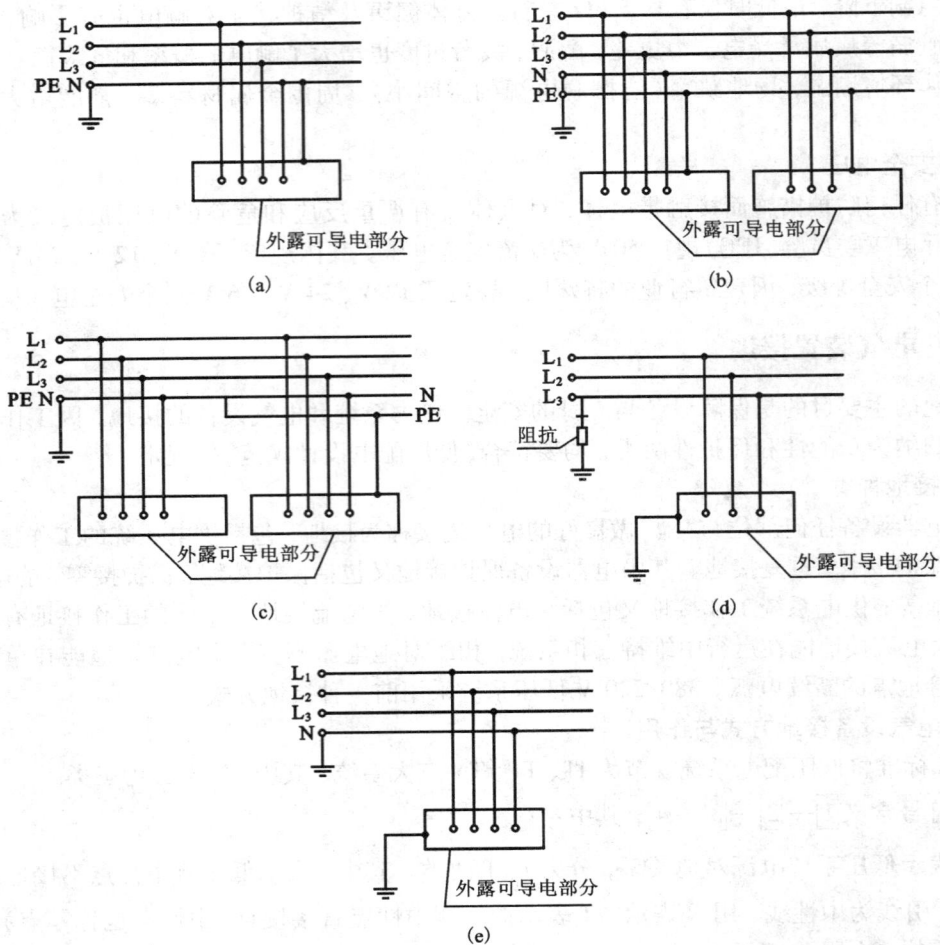

图 5 - 28　电气设备保护接地示意图
(a)TN - C 系统；(b)TN - S 系统；(c)TN - C - S 系统；(d)IT 系统；(e)TT 系统

　　TN - S 系统 N 与 PE 是分开的，适用于工业企业、高层建筑及大型民用建筑，正常状态下 PE 上无电流，各设备间无电磁干扰，可装漏电开关、可做重复接地。但耗材多、投资大。

　　TN - C - S 系统兼有 C、S 两系统的特点，常用于配电系统末端环境条件较差或有数据处理设备的场所。PEN 共用段不能装漏电开关。

　　综上所述，TN 系统就是把电气设备在正常情况下不带电的金属外壳与电网紧密连接，从而有效地保护人身和设备的安全。在 1 kV 以下的中性点直接接地系统中，设备宜采用接零保护。

3. 重复接地

　　由同一台变压器、同一段母线供电的低压系统中，不能同时采用接零与接地两种保护。这是因为当接地保护的设备发生单相碰壳后，短路电流经相线和中性线形成回路，如图 5 - 29 所示。此时设备的对地电压等于中性点对地电压和单相短路电流在中性线中产生电压降的相量和，远大于安全电压，形成整个电网接零设备外壳带电的危险。

另外，当中性线断开时，接在其后的设备都有外壳产生接近相电压的对地电压的可能，如图 5-30 所示。

所以，在接零系统中须做重复接地保护。室外的架空干线与分支线的终端、沿线每 1 km 处、每一建筑物入户线处、室内总配电箱、配电盘、控制屏等处均应做重复接地。TN-S 中 PE 线也应这样做。至于同一台设备可同时采取两种方法，此时设备接地形成了系统的重复接地，但不能完全替代系统的重复接地。

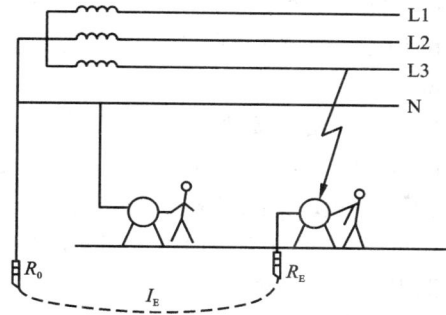

图 5-29　同时接零、接地危险原理示意图

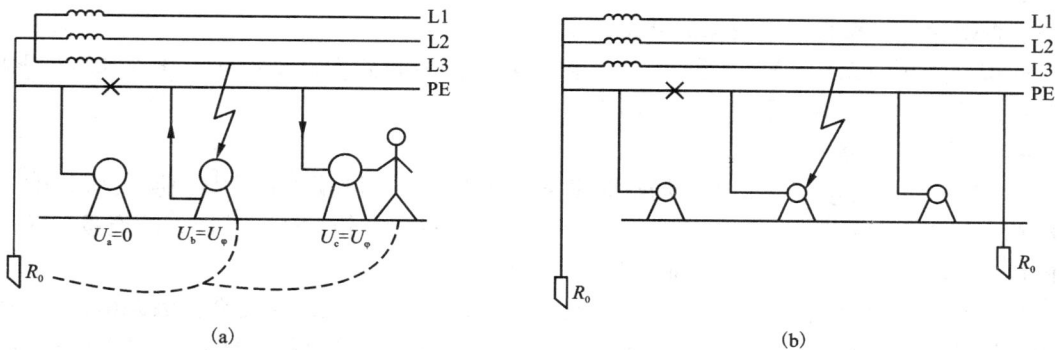

图 5-30　PEN 断开后的危险原理图
（a）无重复接地 PEN 断线情况；（b）有重复接地 PEN 断线情况

4. 施工安全用电

1）建立完善的安全施工制度

凡属电气安装与维护工作均应由专业电气技术人员进行，持证上岗。电气作业时须遵守行业标准和安全规程、规范的要求，依规范制定出相应完备的安全组织措施和技术措施。对电气设备及工具应定期检查和试验，发现不合格的立即停止使用。一切手持式或移动式电动工具均应采用国家的标准产品，并要安装漏电保护装置。所有机电设备应做接零和重复接地保护，并有定期检查的制度。

施工现场必须采取"三级供电、两级漏保"的安全措施。

2）高低压线路的安全距离与防护

施工现场不允许架设高压线路，特殊情况下也应按有关规范规定，保持线路与在建工程脚手架、大型机电设备间必要的安全距离。如 1~10 kV 架空线与在建工程外侧边缘间最小安全距离不小于 6 m，与机动车到最小垂直距离不小于 7 m，与其他配电线路间最小垂直距离不小于 2 m。

若受施工现场内位置限制无法保证安全距离时，也可采取设防护栏、悬挂警示牌等措施。线路至遮栏、栅栏等防护设施的安全距离也是有规范的，不能随意设制，可查阅有关手册设制。

237

现场低压电网禁用裸导线，须采用相应截面的橡皮绝缘导线或电缆。低压线路之间的距离、低压线与工程和道路之间的距离以及与机电设备之间的距离均应查阅有关手册确定，不可随意设置。

3）低压线路的接地系统

按《低压配电设计规范》规定，低压配电线路应装短路保护、过载保护、接地故障保护，主要用于切断供电电源或发出报警信号。但各接地系统也存在如下问题：

TT 系统要求设备接地电阻 $R = 1.7\Omega$，这在实际中很难实现，会耗损大量钢材造成浪费，在施工现场不宜采用这一系统。

TN－C 系统具有明显的缺陷：当三相负荷不平衡时，N 上零序电流通过时会产生对地电压，甚至会导致触电事故；通过漏电保护器的工作中性线不能作为设备的保护零线，一旦 N 断开会引起更严重的触电事故；重复接地装置的连接线禁止与通过漏电保护器的工作中性线相连，否则会发生没有漏电而保护器误动作的事故。

一般施工现场采用 TN－S 系统，为提高可靠性，PE 也要做重复接地。在较大施工现场，重复接地不应少于三处，重复接地电阻 $R < 10\ \Omega$。

4）现场常用设备的安全使用

（1）配电箱。配电箱是施工现场临时设备。动力负荷容量较小时可与照明负荷共用一个配电箱。当电焊机数量较多时，应单设一个电焊机专用配电箱，对容量较大的设备、特殊用途的设备（消防、警卫等）也可单独设置。

配电箱应有控制电器、保护电器及自动开关等，为安全起见，一定要安装漏电保护装置，箱内各回路应注明回路名称。现场配电箱应涂防腐油漆，箱体有明显标志，重要的应加锁并由专人负责，金属架、箱体及设备金属外壳均做接零保护。总配电箱或大型配电箱还要考虑做重复接地保护。

（2）照明设备。工地办公室、工棚等临时设施中，照明线路应分开并用绝缘子固定，过墙处要穿管保护。露天临时灯具应用防水型，线路距地高度≥2.5 m，线间距在 60 mm 以上并固定。

局部照明应使用带网罩的手提灯，采用安全电压，配线采用橡套软线。

（3）施工现场的机电设备及手持电动设备，应做到一机一漏保。若在使用中，漏保装置发生动作，应立即查明是否有过载、短路、漏电等原因，在排除故障前不得送电。

PE 与 N 应严格分开，PE 不得穿过漏保装置，而穿过漏保的 N 不得重复接地。

5）触电急救

万一发生触电事故，能否获救关键有两点：

（1）使触电者尽快脱离电源。要注意施救者的安全，还要注意触电者脱离电源后可能造成摔伤，特别是在高处应有具体防护措施。

（2）就地急救处理。依具体情况对症急救：若触电者伤害不严重没有丧失知觉，可就地静卧休息，严密细致观察病变，不能走动；若伤害较重且失去知觉但心跳、呼吸均有者，应安静平卧、解开衣服，保持周围空气流通，若天气寒冷要注意保暖，并速请医生；若呼吸、心跳均停止者，须立即进行人工呼吸和胸外心脏挤压，千万不要认为已死而停止抢救。

口对口吹气是最有效的人工呼吸。操作时应迅速解开受害者的衣扣，使胸腹部能自由扩张，成人吹气大约 16 次/min，儿童 24 次/min，但要观察受害者的胸部，不要使其过分膨胀，防止吹破肺泡。嘴掰开可向鼻孔里吹气。心脏挤压又称心脏按摩，挤压用力要均匀，成人挤压 60 次/min，儿童为 100 次/min。吹气与挤压为 1∶4，最好两个人共同进行。若现场只有一人抢救时，可交替操作，先挤压 4~8 次，再吹气 2~3 次，再挤压，循环连续动作。

抢救很费时，往往需 2 h，应连续进行不得间断，直到心跳呼吸恢复、瞳孔缩小、嘴唇红润方为抢救成功。

无论采用何种抢救方式，决不许打强心针。

5.4.3 建筑物防雷

由雷电造成建筑物被击毁、电气绝缘被破坏影响到电器系统正常运行、导致火灾的现象确有发生。

1. 雷电的产生的学说

大气中怎么产生了电荷？目前有多种学说，如水滴破裂效应、水滴冻裂效应、吸收电荷效应等。常见说法是地面潮湿空气不断上升，到高空气压较低处气体立即膨胀，温度下降凝结成水滴，随水滴的增多形成大块的浓积云团，由于大气层的放射使云层气体分子产生游离而形成离子，云团上层带正电荷、下层集负电荷。此时电荷分布均匀。当电荷密度一定时，如达到 30 kV/cm 时，空间绝缘被破坏发生放电现象，闪电就是放电产生的强大火花，雷声就是空气受热剧烈膨胀产生的爆炸声，合在一起就是雷电现象。

雷电的特点是：电流大，最大可达几百千安；电压高，最高可达几千千伏；时间短，一般小于 100 Ωμs；冲击力强并伴有极大的热量。

2. 雷电的危害形式与后果

雷电对地面放电产生的危害形式常见如下：

(1)直击雷。雷电直接击中建筑物或电气设备，强大的雷电流经该物体而入地，其强大的冲击力可摧毁该物体，瞬间产生的大量热量造成物体燃烧甚至引起爆炸。

(2)雷电感应。即雷电流产生的电磁效应和静电效应，又称为感应雷。当金属屋顶、输电线路上空有雷云时，其上立即感应出与雷云性质相反的大量电荷而成带电体，当雷云放电使云与地面电场消失后，带电体上聚集的异性电荷流散不及时，形成很高的对地电位，这就是静电效应。对建筑物可能引起火花放电造成火灾，对线路形成感应过电压波，最高可达 400 kV。

同时，由于在雷电流周围空间形成强大变化的磁场，处于此场中的所有导体均会感应出很高的电动势，在闭合回路中导体产生强大的感应电流。这样，在回路接触不良的地方或有间隙的地方产生局部过热或火花放电，引起存有易燃易爆物品的建筑失火。这就是电磁感应效果。

(3)雷电波侵入(侵入波、高电位引入)。当架空线路或金属管道受直击雷或感应雷后，雷电过电压沿导体快速流动而侵入设备、建筑物造成人身触电、损坏设备等，电力系统中的雷电事故 50% 是侵入波造成的。

(4)球状雷电(滚地雷、球雷)。这是一种偶然发生的带橙色或红色火焰的球状发光气团。一般 $d = 20$ cm，存在时间为 3~5 s，移动速度每秒数米。通常距地面 1 m 处移动或滚动，能通过烟囱、管道或开着的门窗进入建筑物，随能量的释放会造成人畜烧伤、火灾、爆炸等灾难。对它的成因与预防尚在研究之中，不过一般是在通风管道和烟囱等处，装上网眼直径 ≤4 cm²，导线长度 ≤2.5 mm 的接地铁丝网进行预防。

3. 建筑防雷等级划分

依建筑物重要性及用途、受雷影响程度及危害结果，考虑其防雷等级。有将民用和工业建筑各分三类的，也有统一分三类的。

（1）凡有下述之一的，即是一类防雷建筑：

①凡制造、使用、存储大量易燃易爆物质的，在正常状态下也能出现爆炸性气体混合物的，因电火花引起爆炸造成巨大破坏和人身伤亡的，以及高度超过100 m的建筑物。

②有特别重要用途的国家级大型建筑，如博物馆、国际航空港、国际通信枢纽、国家重点文物保护建筑、国家级计算机中心等。

（2）凡有下述之一的，即是二类防雷建筑：

①凡制造、使用、存储爆炸物质，正常状态下也会出现爆炸性气体混合物，但火花不易引起爆炸或不致造成巨大损坏的建筑。

②重要的或人员密集场所，如省部级办公楼、省级博物馆、通信枢纽、省级文物保护建筑等。

（3）凡有下述之一的，即是三类防雷建筑：

①不属于一、二类但需要防雷保护的建筑物。

②建筑群中高于其他建筑的，如10层以上的普通住宅、位于建筑群边缘地带高于20 m以上的建筑物。

③高度超过15 m的孤立建（构）筑物，高度在50 m以上的教学楼、办公楼、图书馆等建筑物。

在雷电活动较弱的地区，上述高度可增大些。依《建筑防雷设计规范》，不同等级的建筑物其防雷措施与要求也不同。一类和二类中含有爆炸危险的建筑，应有防三种雷电破坏形式的措施。三类和二类中无爆炸危险的，则有防直击雷、侵入波措施即可。

当一座建筑物兼有三种情况时，按规范应：

（1）当一类面积占整个建筑总面积30%以上，确定为一类建筑物；当二类面积占到30%以上时，按二类防雷建筑对待。

（2）当一、二类建筑面积均小于30%以上时，但两者之和占到30%以上的，确定为二类防雷建筑物。

（3）无论定为何种建筑，其中是几类防雷的就采取对应的几类防雷措施。

防雷的实质就是将雷电过电压通过适当手段引导下泄，确保被保护物的安全。

4. 防直击雷措施

1）防直击雷装置与作用

此系统是由接闪器、引下线、接地装置组成。

（1）接闪器也称受雷装置，高于被保护物一定距离，是接受直击雷的金属导体。通常采用镀锌防锈钢材制成，如圆管、圆钢、扁钢、镀锌管等，常见有避雷针、避雷线、避雷带、避雷网、避雷笼、避雷环等。

①避雷针。采用$d = 10 \sim 40$ mm，$L = 1 \sim 2$ m的圆钢或管。依安装地点不同，规格、形状也各不相同。若安装于腐蚀性较强的厂区，可适当增大避雷针的横截面或采用其他防腐措施。它适用保护细高建（构）筑物或露天设备，如水塔、烟囱、大型用电设备等。独立避雷针特别适于既有保护要求又希望防雷导线与建筑内各金属及管线隔离的场所。

屋顶上永久性金属物(旗杆、栏杆)也可兼做避雷针使用,但各部件间应能很好地连成电流通道,其壁厚≥4 mm,至少不小于2.5 mm。但不能将共用天线上的接闪器作为各个建筑物的防雷保护。

②避雷线。也称架空地线,采用$S≥35$ mm²的钢绞线,适用于长距离的高压供电线路的防雷保护。

③避雷带、避雷网。优先采用$d≥8$ mm的圆钢,或采用$S≥48$ mm²、t(厚)$≥4$ mm的扁钢,也有采用$S≥35$ mm²的钢绞线的。适用于不宜采用针类保护的建筑,如宽大高层或有美观要求的建筑物。一般安装于易受雷击的檐角、屋檐、女儿墙等处,并高出100~150 mm,支持卡间距为1~1.5 m。

④避雷笼。也称法拉第笼,特别适于高层、超高层建筑物。将避雷带、避雷网按一定间距焊为一整体,30 m以上每6 m沿外墙圈梁内用扁钢作带并与引下线焊好;30 m以下,每三层沿四周将围梁内的主筋焊接起来并与引下线焊好。

⑤避雷环。采用$d≥12$ mm的圆钢或$S≥100$ mm²、$t≥4$ mm的扁钢,适用于烟囱、水塔等孤高构筑物。

(2)引下线。也称引流器,可将巨大雷电流引向接地装置,分专门敷设和借用建筑内金属结构两种。

①专门敷设的引下线材料与规格同避雷带。沿外墙明敷时路径应短且直,每隔1.5 m做一固定,线与墙间距不小于150 mm,所有连接处应搭接或焊接。连接长度:2倍扁钢宽度或6倍圆钢直径,采用线夹螺栓接牢或焊牢。引下线应避开雨水管道及出入口和行人易接触的地方,以防触电。为便于测量接地电阻和检查系统连接,在距地面1.8 m离处设断接卡。在地上1.8 m地下0.2 m易受机械划伤处,可用绝缘材料包缠,但不许套钢管,以免接闪时产生感应涡流。超过40 m高的建(构)筑物,至少设两根引下线,且间距为30 m。

对于艺术性较高的建筑,也可采用暗敷设方式,但其截面应加大一倍,做法同于明敷,但应注意与其他金属构件及管道的安全距离,且应引出明显的测量接点以备检测。

当引下线的截面腐蚀达30%以上时,应立即更换以保安全。

②借用建筑金属结构为引下线,特别是在高层,这是常用的方法。《建筑防雷设计规范》要求:作为引下线的钢筋在最不利时$d≥11$ mm,而高层的柱中,$d≥20$ mm的钢筋很常见。故在指定柱或剪力墙某处的引下点,选用$d≥16$ mm的两根主筋为一个引下线。施工中均应表明记号,保证每层上下串焊正确,搭焊长度≥100 mm。

(3)接地装置。是指接地线(水平接地体)和接地体(竖直接地极)的总称,用来向大地泄雷电流的。接地线通常采用$S≥100$ mm²、$t≥4$ mm的扁钢或$d=12$ mm的圆钢焊接,埋入地下1 m为宜。接地体采用$d>20$ mm的圆钢、$d≥40$ mm的圆管、40 mm×40 mm×4 mm的角钢,其长度为2.5 m,两根间距为5 m,沿建(构)筑物四周埋入地下,再用扁钢连接。在腐蚀较强的土壤中,可采用镀锌防锈钢材或加大其横截面积。一般规定接地极的接地冲击电阻$R_{cj}≤10$ Ω,如图5-31所示。

接地尽量采用自然接地体,如基础主筋、金属管道、结构等,既省材R_{cj}又小,且在周围做接地时,还能减少土方施工量。

2)反击现象

雷电流经防雷装置时产生很高的电位,能与被保护物间发生放电现象,俗称反击。它能引起电气设备绝缘破坏、金属管道烧毁甚至引起火灾与爆炸,危害人身。《建筑防雷设计规

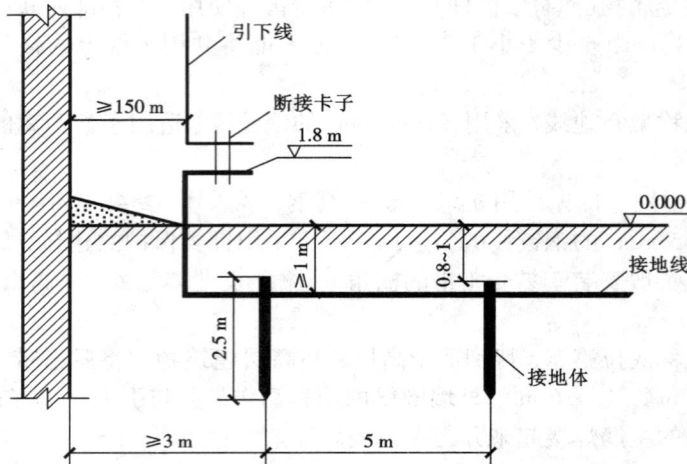

图 5-31 引下线、接地装置示意图

范》通过规定一定的安全距离来预防，如图 5-32 所示。

在接地点处形成电压降，造成了"跨步电压"，对于赤脚、穿湿鞋的人或牲畜特别危险。

5. 防雷电感应措施

为防止静电感应产生高电位和电火花，建筑物内金属物（设备、钢窗等）和突出屋面的金属物（通风管等）均应通过接地装置与大地做可靠的连接。金属屋面和混凝土屋面的钢筋应接成电气闭合回路，沿四周每隔 18 ~ 24 m 做一次引线接地。

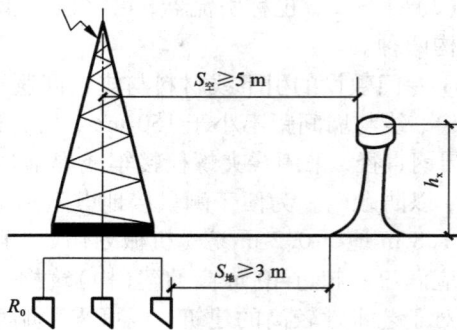

图 5-32 独立避雷针与被保护物间安全距离示意图

为防止电路感应产生高电位和电火花，平行敷设的金属管道、电缆等间距应不小于 100 mm，若达不到时，应每隔 20 ~ 30 mm 用金属线跨接。

金属管道及连接件应保持良好的接触，$R_d \leq 10\ \Omega$，一般建筑内接地干线与接地装置的连接不得少于两处。

6. 防雷电波侵入的措施

通常在架空线路上装设避雷线，在进入变压器高压一侧靠近变压器处安装避雷器、低压一侧安装避雷器或留有保护间隙。

建筑物电源进线尽量采用全电缆进线，确有困难时也可在架空线入户前 50 m 处换接电缆并装避雷器，同时电缆金属外皮、架空线绝缘子角铁均应接地，其 $R_{cj} \leq 10\ \Omega$。

无论是架空还是埋地的金属管道，在进入建筑物前应与防雷感应装置连接，如距建筑物 100 m 的架空金属管道，每隔 25 m 做一次接地，$R_{cj} < 20\ \Omega$ 即可。

7. 建筑工地防雷措施

主要是针对高层建筑工地而言，按规定通常做法有：①施工前做好防雷措施，首先做好接地。②随时将混凝土柱内的主筋与接地装置连接。③在脚手架上做数根避雷针，杉木的顶针至少高于杉木 30 cm，并直接接到接地装置上。④施工用起重机最上端务必装避雷针，并将其下部连接于接地装置上，移动式起重机须将两条滑行钢轨接到接地装置上。

其他方面可查阅有关规范。

复习思考题

1. 雷电有什么危害？其危害形式是什么？
2. 雷电有规律吗？建筑物受雷击有规律吗？
3. 建筑物防雷分多少级？防雷有什么措施？
4. 接地体有区分吗？怎样区分的？
5. 常见触电形式有哪几种？怎样预防？
6. 为什么同一系统中不能采用两种接地方式？

5.5　广播、电视、通讯系统

5.5.1　有线广播、扩声及同声传译系统

有线广播、扩声及同声传译系统应用相当广泛，不管是商场、宾馆、车站，还是工矿企业、学校、机关以及各种娱乐场所等都离不开这些系统。它不仅为人们提供安全、舒适的生活环境，提高工作效率，而且还是精神文明建设必不可少的条件。

1. 有线广播系统

1）有线广播的分类

有线广播服务区域大，传输距离远，广泛用于工矿企业、商场、酒店、广场等公共场所，按其播报内容及功能不同，分为业务性广播、服务性广播和防灾紧急广播。

（1）业务性广播。主要是广播政策、时事，进行业务宣传。如公告、通知、国家重大政策及时事新闻、调度广播等。

（2）服务性广播。主要播送背景音乐及插播公共寻呼。如：人们在宾馆、商场中听到的背景音乐，它能掩盖公共场所的噪声，使人们身心放松、减轻疲劳。在车站、码头播报的寻人、寻物启事等都属于服务性广播。

（3）防灾事故广播。主要是安全方面的紧急通知，其作用是快速、安全地引导人员疏散。如火灾、地震、防盗、广播等。防灾紧急广播必须要保证其优先广播权，具备选区广播强制切换功能等。优先广播权是指进行防灾紧急广播时系统可自动中断服务性及业务性广播，选区广播功能是指如一个房间发生火灾，在没有蔓延情况下，未必需要全楼住户和员工知晓，以免引起不必要的恐慌及秩序混乱。广播系统一般同时设置几条线路，以便选择对象广播。

2）有线广播系统的工作原理

以某宾馆服务性和防灾紧急广播为例来说明有线广播系统的工作原理。

如图 5 - 33 为宾馆功能广播系统原理框图。无线接收广播电视台的信号，经分配器 4 路，由 4 个调谐器选择广播电台，加上自办节目 CD 机、录音机发出的信号共 6 套节目。这 6 套节目经过前置放大器进行电压放大，再通过均衡器调校信号强度，送至扩音机进行功率放

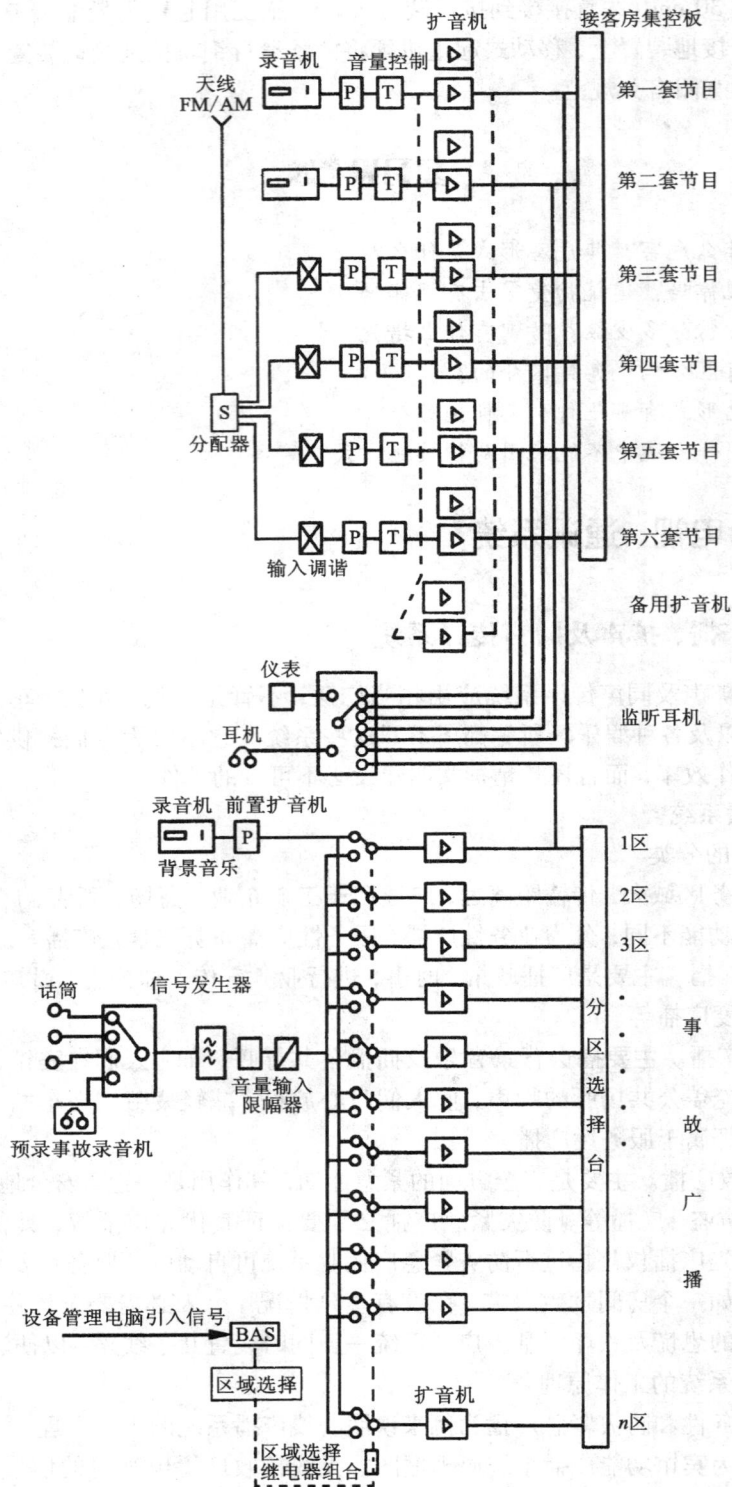

图 5-33　宾馆广播系统原理

大。经过一系列处理的 6 套信号集中在控制台上供听众选择收听。另外，在将信号送至控制台前，要对其进行监听，以保证播出节目的质量。

当有火灾事故时，火灾信号启动预录事故录音机，同时楼宇自动化系统 BAS 根据火灾蔓延情况控制开关板选择事故广播范围，其他未受火灾影响区域仍播放背景音乐，此外，当火灾发生时还可用话筒进行紧急广播。

2. 扩声系统

自然声源（如演讲、乐器演奏、唱歌等）发出的声音能量是有限的，其声压级随传播距离的增大而迅速衰减。扩声系统将声源的信号放大，提高听众区的声压级，以保证每位听众能清晰地听到声源发出的声音。

3. 同声传译系统

在需使用两种或两种以上的不同国家或不同民族语言的会场中需设置同声传译系统，即将发言者的语言译同时翻译成各种语言，它是会议系统的一个组成部分。同声传译系统可分为有线传输和无线传输两类。

1）有线传输同声传译系统

有线传输是通过有线传输网络将译好的不同语言传送到各代表固定座位处供其选择使用，如图 5 - 34 所示。

这种系统对译员精通语种要求多，水平要求高，通常译员难以胜任，因此，在系统中设置二次翻译系统即先由译员 1 将发言者的语言翻译为一种较通用的语种（如英语），再由译员 3、4 等将较通用语种翻译为所需的各种语种，如图 5 - 35 所示。

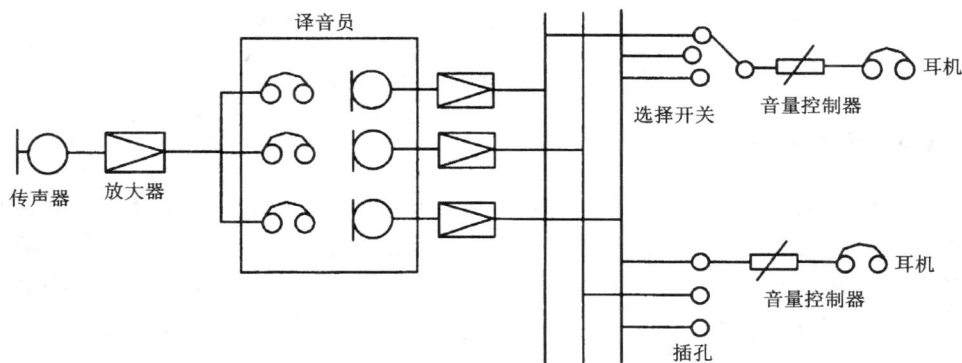

图 5 - 34　多种语言同声传译系统框图

2）无线传输同声传译系统

无线传输同声传译系统有三类：射频传输、音频电磁波无应传输和红外线传输。由于前两种传输缺点较多，因此采用红外线传输同声传译系统最普遍。

红外线同声传译系统是将各通道译出的语言信号放大后，由多通道红外发射机送到红外辐射器，计算红外辐射器数量并将它们按一定的高度和角度，安装在会场各处使辐射的红外线均匀布满会场。听众可在会场任何位置通过红外接收机和耳机，选择任一语种收听会议报告。

红外线同声传译系统音质清晰，接收稳定，安装维护方便，且听众可以自由活动，保密性强。它是目前同声传译系统中应用较为广泛的一种，如图 5 - 36 所示。

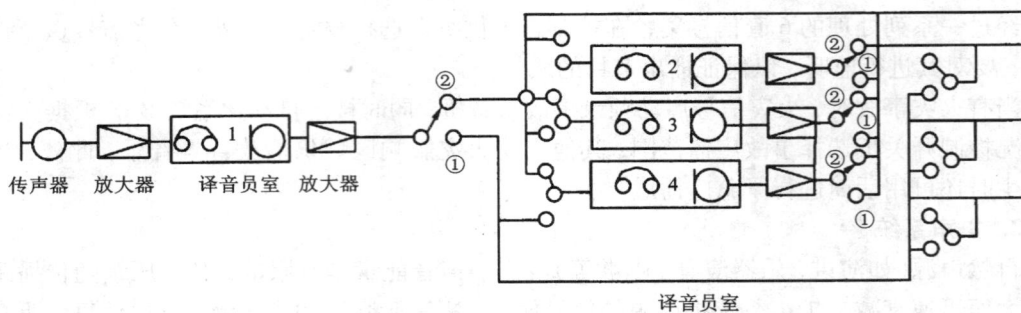

图 5 - 35 二次翻译的同声传译系统

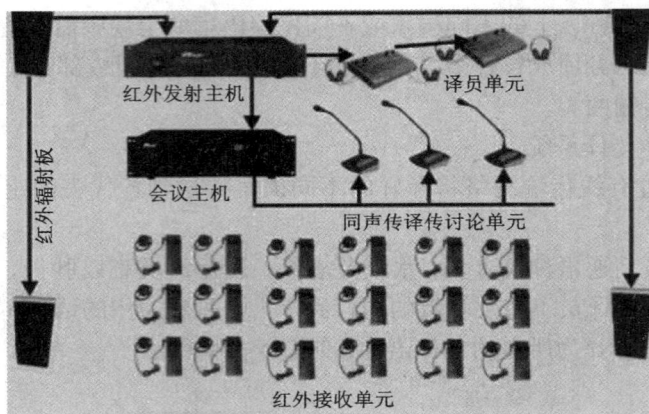

图 5 - 36 红外线同声传译系统

5.5.2 CATV 电视系统

当将一台电视机放在山谷中或高层建筑密集地收看时，往往收不到清晰的电视图像，这是因为电视信号受大气衰减及地面物体的阻挡、反射和城市电磁污染造成的。为了解决电视机接收信号的质量，在多个电视用户的某一区域架设一组接收天线，将接收下来的电视信号经处理后用同轴电缆输送到各户电视机中，这就是共用天线电视系统 CATV (community antenna television)。

CATV 系统不仅可以对接收天线接收的广播电视信号进行处理，而且还能将摄像机、录像机、VCD 机以及卫星接收装置输出的视频信号进行处理，这样用户除了收看到广播电视节目外，还能收看到摄像机、录像机、VCD 机提供的其他节目，丰富了节目源。

共用天线电视系统的信息双向化传输技术的日益成熟，使人们能在系统中进行信息交换，点播所需的电视节目。

由于共用天线电视系统传送信号的距离远，传送的电视节目多，图像质量好，可以很好地满足广大用户看好电视的需要，因此，我国的共用天线电视发展迅速，从 20 世纪 60 年代到 1997 年底，全国已有 7000 多万户 CATV 用户，每年以 500 万户增长，发展势头十分惊人。

共用天线电视系统主要由前端系统、干线系统、分配分支系统组成。其基本组成如图 5 - 37 所示。

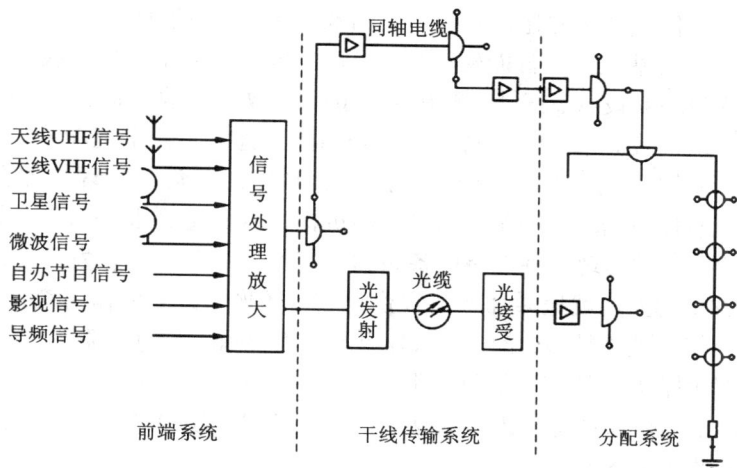

图 5 - 37　共用天线电视系统基本组成示意图

主要设备及其作用：

1）接收天线

接收天线的主要作用有：①磁电转换；②选择信号；③放大信号；④抑制干扰；⑤改善接收的方向性。

2）天线放大器

天线放大器主要用于放大微弱信号。采用天线放大器可提高接收天线的输出电平，以满足处于弱场强区电视传输系统主干线放大器输入电平的要求。

3）频率变换器

频率变换器是将接收的频道信号变换为另一频道信号的器件。

4）调制器

调制器的作用是将来自摄像机、录像机、激光、电视唱盘、卫星接收机、微波中继等设备输出的视频、音频信号调制成电视频道的射频信号后送入混合器。

5）混合器

混合器是将两路或多路不同频道的电视信号混合成一路。

6）分配器

主要作用：①分配作用；②隔离作用；③匹配作用。

7）分支器

分支器是从干线或支线上取出一部分信号馈送给用户电视机的部件。作用：①以较小的损耗从传输干线或分配线上分出部分信号经衰减后送至用户；②从干线上取出部分信号形成分支；③反向隔离与分支隔离。

8）用户接线盒

9）传输线

常用同轴电缆和光缆等。

5.5.3　电话、通讯系统

随着信息与知识经济时代的到来，计算机技术、自动控制技术、网络技术和通信技术的飞速发展为建筑物内信息系统的建设起了巨大的推动作用，而信息传输网络的发展也为建筑的智能化打下了必要的基础。在智能建筑中，通信系统采用数字程控交换机、数字数据接点机(DDN)、数字用户环路设备、宽带交换机接入接点、数字传输设备、铜芯电缆或光缆等设备将建筑物内各系统连接起来，并与城市通信公用网互连，使各系统功能有机地结合起来，实现语音、数据、图像等信息的相互传输、交换，使楼宇的营运与管理更加合理化。智能建筑对信息传输系统有以下需求：①允许用户交换机提供各种电话业务服务，如快速拨号，按时叫醒，多方通话等。②实现各种数字设备间的高速数据通信。③收发电子邮件，提供电视电话会议以便远方工作人员就地参加。④提供语音、图像、文字传输与交换的多媒体服务。⑤在大厦内设置计算机处理情报，例如，从外界数据库存取新信息和附加值通信网(UAN)的连线服务。⑥通过通信方式给用户提供咨询服务。

目前，大楼内的通信系统除考虑本大楼的内部通信外，还要考虑与外界网络连接。一般建筑的通信系统如图 5-38 所示。

综上所述，通信系统主要功能在于使建筑物内 OA 化，同时进行信息处理或与 BA 系统间相互存取信息。

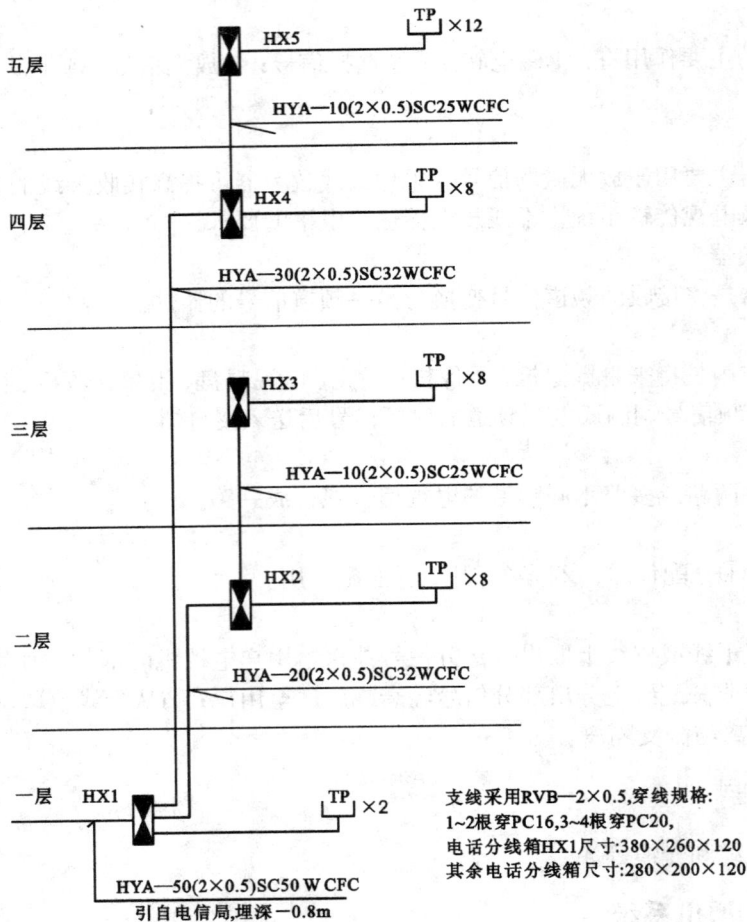

图 5-38　某建筑电话通讯系统示意图

248

复习思考题

1. CATV 系统由哪几部分组成？各系统有何作用？
2. 简述扩声系统的组成及各部分的功能。
3. 什么是同声传译系统？

5.6　火灾自动报警与消防联动系统

火的发现与使用促进了人类的进步，但由各种原因引起的火灾也带来巨大的损失，特别是建筑物的失火危害更甚。为保障人民生命与财产安全，在许多重要建筑和部门借助高科技手段进行防范。

1. 火灾自动报警系统的组成

消防系统由火灾自动报警、灭火联动控制等组成。一般由火灾探测报警、应急照明与疏散指示、防排烟控制、自动灭火控制等多个子系统组成（表 5 – 12）。

表 5 – 12　民用建筑防火设备与内容

设备名称	内　　　　容
报警设备	漏电火灾报警器，火灾自动报警设备（探测器，报警器），紧急报警设备（电铃、电笛、紧急电话、紧急广播）
自动灭火设备	洒水喷头，泡沫，粉末，卤化物灭火设备，二氧化碳
手动灭火没备	消火器（泡沫粉末），室内、外消防栓
防火排烟设备	探测器，控制盘，自动开闭装置，防火卷帘门，防火风门，排烟口，排烟机，空调设备（停）
通信设备	应急通信机，一般电话，对讲电话，无线步话机
避难设备	应急照明装置，引导灯，引导标志牌
与火灾有关的必要设施	洒水送水设备，应急插座设备，消防水池，应急电梯
避难设施	应急口，避难阳台，避难楼梯，特殊避难楼梯
其他有关设备	防范报警设备，航空障碍灯设备，地震探测设备，电气设备的监视，普通电梯运行监视等

整个系统工作原理是：由对各种信息反应灵敏的探测器监测建筑物内各处，把这些数据转换为电信号送到报警器与内存值比较，若超过已设定的正常值时，报警器发出两种指令：

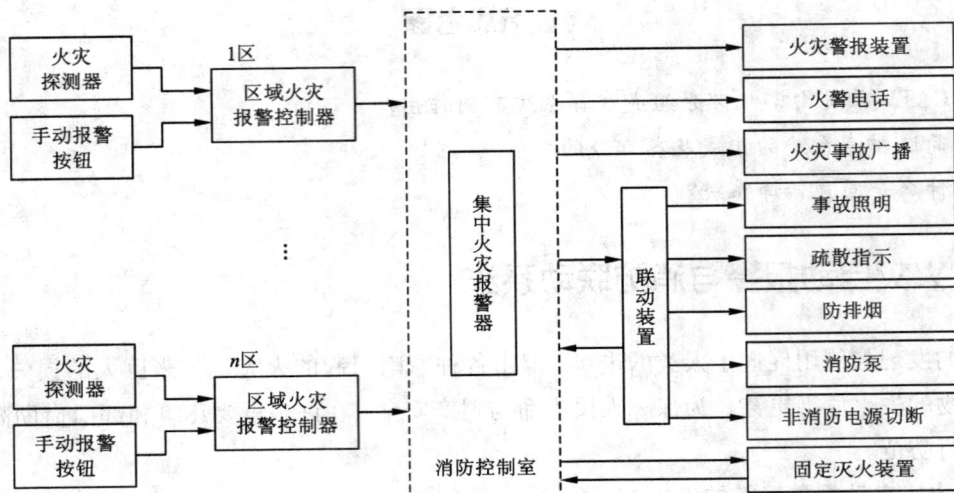

图 5-39　火灾报警与消防联动系统

一是报警指令，通过报警器发出声光报警信号并显示火灾地点、发生时间；二是动作指令，通过现场执行器的动作开启各种消防设备，如启动排烟机、关闭隔离门、切断正常电源、迫降电梯、打开消防水泵喷淋系统等。同时由值班人员打开应急广播，切换应急照明疏散指示灯。为防止线路故障延误救灾，通常还设有手动开关以报警和启动设备，同时所有动作、指令均应反馈到控制中心处。

2. 探测器类型、选择与布置

探测器也称探头，是整个系统的基础部件，检测元件是关键，其敏感参数的设定与火灾报警有直接关系。

1) 火灾过程的一般规律

阴燃阶段：又称火灾潜伏期，此时室内温度有所升高并产生大量的烟雾，尚未形成明火，对财产损失最小。

初期阶段：阴燃面积扩大，局部产生明火，室内温度明显增加，造成一定财产损失。

燃烧阶段：可燃物质猛烈燃烧，温度急剧上升，已构成威胁，财产损失很大。

衰减阶段：可燃物质全部燃尽，温度由最高值逐渐下降，建筑破坏，损失惨重。

不同性质的物质其燃烧过程也不同。天然或合成纤维阴燃阶段长，如木材、纸张、棉毛麻、化纤等；化学物品与轻金属粉末阴燃阶段短，温度变化大；可燃气体与化工产品则无阴燃阶段，瞬间爆炸，如天然气、甲烷、煤气等。若能在阴燃或初期阶段就能发现并扑灭火源，大多数财产都能得到保护。可见预防胜于救灾。

2) 探测器的选择

依探测物质不同分感烟、感温、感光、可燃气体等多种探测器，各有适用场合。如表 5-13 所示。

表 5－13　探测器类型与适用场所

类型		适宜选用的场所	不适宜选用的场所
感烟火灾探测器	离子式	1. 饭店、旅馆、商场、教学楼、办公楼的厅堂、卧室、办公室等 2. 计算机房、通信机房、电视或电影放映室等 3. 楼梯、走廊、电梯机房等 4. 书库、档案库等 5. 有电气火灾危险的场所	1. 相对湿度长期大于95% 2. 气流速度大于5 m/s 3. 有大量粉尘、水雾滞留 4. 可能产生腐蚀性气体 5. 在正常情况下有烟滞留 6. 产生醇类、醚类、酮类等有机物质
	光电式		1. 可能产生黑烟 2. 大量积聚粉尘 3. 可能产生蒸汽和油物 4. 在正常情况下有烟滞留 5. 存在高频电磁干扰
感温火灾探测器		1. 相对湿度经常高于95% 2. 可能发生无烟火灾 3. 在正常情况下有烟和蒸汽滞留 4. 有大量粉尘 5. 吸烟室、小会议室等 6. 其他不宜安装感烟探测器的厅堂和公共场所 7. 汽车库等 8. 厨房、锅炉房、发电机房、茶炉房、烘干车间	1. 房间进深大于8 m 2. 有可能产生阴燃火 3. 火灾危险性大，必须早期报警 4. 温度在0℃以下 5. 正常情况下温度变化较大
可燃气体探测器		散发可燃气体和可燃蒸汽的场所（如乙烯装置、裂解汽油装置、高压聚乙烯装置、合成甲醇装置等的泵房、阀组间法兰盘）	除适宜选用场所之外所有的场所
火焰探测器		1. 火灾时有强烈的火焰辐射 2. 无阴燃阶段的火灾 3. 需要对火焰作出快速反应	1. 可能发生无焰火灾 2. 在火焰出现前有浓烟扩散 3. 探测器的"视线"易被遮挡 4. 探测器易受阳光或其他光源直接或间接照射 5. 在正常情况下有明火作业及X射线弧光等影响

以散射型光电感烟探测器为例，利用烟雾离子对光线产生散射的原理，当室内烟雾达到一定浓度时，光束受烟粒子的散射而到达受光元件，产生的光敏电流经放大后，开关电路便动作发出报警信号，如图 5－40 所示。

选择探测器还要注意探测器的灵敏度，一般分为三级：一级用于禁烟场所，如仓库、机房等；二级用于一般地点，如办公室、客房等；三级用于非禁烟场所，如走廊、楼梯等。

3）探测器的布置

按照《民用建筑电子设计技术规程》要求，在高层、民用、公共建筑物指定地点安装布置

251

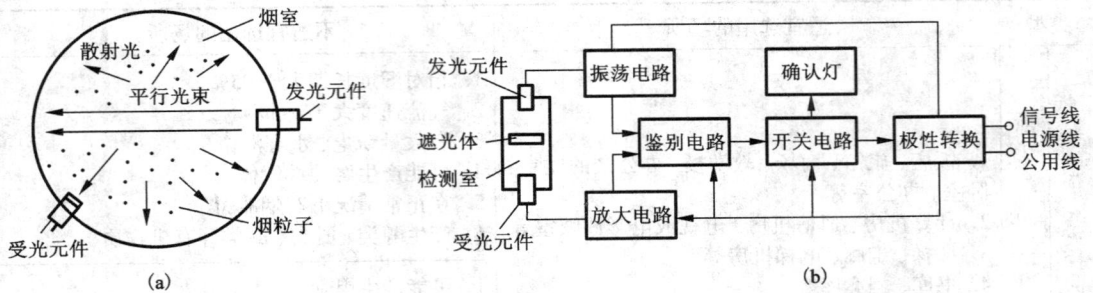

图 5 - 40　散射型光电感烟探测器

(a)结构示意图；(b)工作原理图

探测器和报警装置，如仓库、图书库、一类金融机房、大型商厦等。其保护半径按规范确定。在被测区域内至少每个房间安置一个，若面积较大应按保护半径要求适当增加探测器的个数。原则上应使被测区域都能被探测器所覆盖。

确定安装地点的因素很多，最主要的是便于准确收集数据、准确报告。如安置于室内顶棚处、管道竖井的顶部、走廊楼道顶部的中轴线上等，如图 5 - 41 所示。

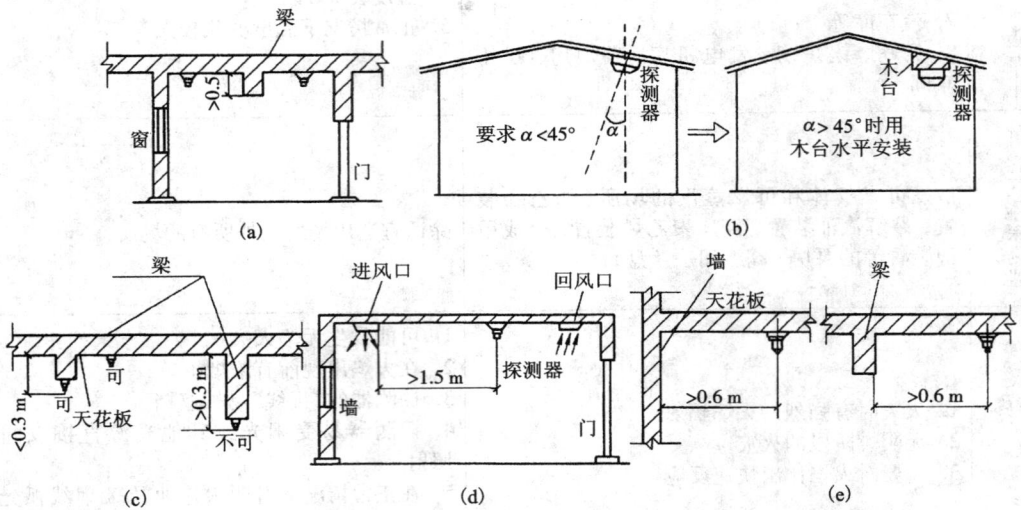

图 5 - 41　探测器安装示意图

(a)梁两侧安装探测器的处理；(b)探测器不宜倾斜安装；
(c)在梁上安装探测器；(d)探测器与进风口的距离；(e)探测器与墙、梁的距离

3. 常用消防系统

1)消火栓灭火系统

这是最基本的消防设施系统，由消防给水设备(给水管网、加压泵、阀门等)和电控设备组成。所谓控制就是消防系统中心对室内消防水泵的启停、泵的工作状态、工作地点的控制与显示。

252

2）自动喷淋灭火系统

目前应用较广的是湿式系统，如图 5－42 所示。

在屋顶处按设计距离装有喷头，喷头的玻璃球内装有受热汽化的液体。当发生火灾室内温度升高时，液体汽化膨胀把玻璃球胀碎，从而使水自动喷出达到灭火目的。该系统由于水压较低，必须采用加压水泵供水。

3）其他灭火系统

许多场所不能采用喷水救灾，如配电室、油料库等，一般采用其他灭火剂的系统灭火。常见有：扑灭油类火灾的泡沫灭火剂；扑救贵重仪器和设备着火的 CO_2 灭火剂；在通风良好地方扑灭石油、油漆、有机溶剂火灾的 CCL_4 灭火剂；适用于电气设备、精密仪器、内燃机等救灾的卤代烷灭火剂等。这些气体灭火系统的电气控制也是由控制中心控制实施的。

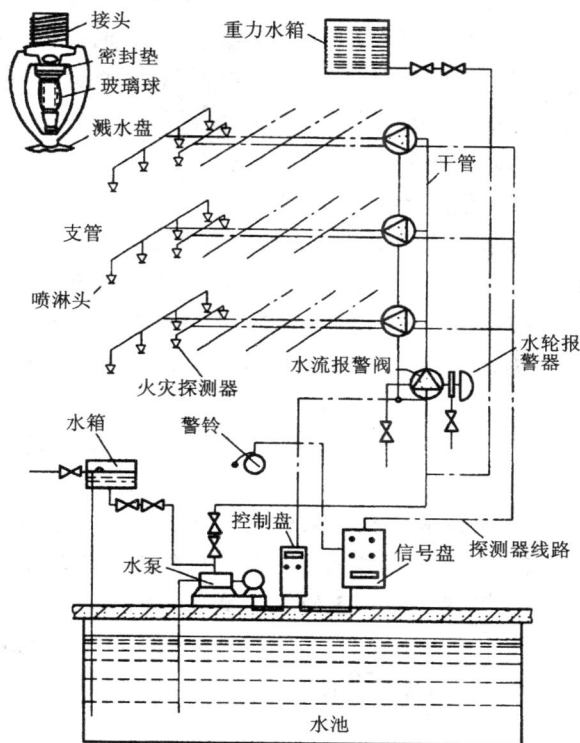

图 5－42　自动喷淋灭火系统示意图

4）通风排烟系统

据现实统计，在火灾中丧生的人约有 80% 是由烟雾窒息所致，这主要是由两方面原因造成：一是烟气对视线遮挡，使人难以识别逃生方向；二是烟气成分对人的危害作用。特别是高层、大型公共建筑由于自身高大作用，促使烟气迅速上升。凡是单质碳成分的可燃物如木、纸、棉等，燃烧不完全时会产生大量的 CO 气体，这会使人体因得不到充足氧气，且 CO_2 没有及时排除，从而窒息死亡。同时不同物质还会产生不同有毒气体，如木材、橡胶产生 SO_2，塑料、化纤产生 HCL，皮革、毛发产生 H_2S 等，这些均能致人死亡。

可见，防排烟是整个救灾系统中很重要的一部分。主要措施有防烟区的划分、隔阻烟手段、排烟方式与设备控制等，均由控制中心控制。为防失灵，通常设置手动环节与按钮。

5）防火隔离系统

通常，将建筑物分为若干防火区，其面积不大于 $1000\ m^2$。分区间墙壁，要求防火等级较高且密闭性好，俗称防火墙，这在结构施工中已完成。对于较大通道则采用电动防火卷帘门进行必要封闭，为保证耐火性，在其两侧装设喷水装置进行降温，防火门也是由控制中心控制，为增加可靠性应增手动开关。无论哪种控制，都应以利于人员逃生和隔烟为主要目的。采用此系统，主要作用是为了控制火灾的蔓延。

6）消防广播与疏散指示

当火灾被确定后，要向建筑内人员发出警报并引导人们迅速撤离，需用到广播、警铃、指示灯等设备，这些设备称为诱导疏散系统。

（1）消防广播系统

主要是通过语言广播，指挥人们迅速撤离现场，避免发生混乱引起更大的灾难。本系统可单独安装也可与正常广播系统合并，通过控制中心的控制模块进行切换，以省资金。扬声器附近不得有长时间的高温和潮湿，每个间距不能大于 25 m。如平时是正常广播而报警必须调节音量时，扬声器应采取三线式配线。

消防广播的启动可有自动和人工两种方法，配线须为耐热导线。

（2）疏散指示照明系统

通常将能在烟雾中可辨认方向而设置的灯称为疏散标志照明，如安全出口灯、疏散通道标志灯、室内出口标志等。消防规程对各种灯的位置、距离、发光亮度均有规定。此系统也是由控制中心控制，可通过报警器的继电器将它们点启，也可手动点启。

诱导疏散系统供电应与正常供电不同，应有独立供电线路，以保证其可靠性和安全性。

复习思考题

1. 火灾自动报警系统是由什么组成的？其作用是什么？
2. 火灾探测器分为多少种？各适用什么场合？
3. 简述消防设备的基本要求。

5.7 智能建筑简介

5.7.1 建筑智能化系统概述

智能建筑（IB）已成为现代建筑的重要标志之一。它不仅具有传统建筑的功能，而且具有传递、分析、处理信息的综合能力，是集多学科技术综合应用的载体。

智能建筑目前尚没有统一的定义，美国智能建筑学会的定义是：通过对建筑物结构、系统、服务、管理四个基本要素进行最优化组合，为用户提供一个高效且经济的环境。修订版的国家标准《智能建筑设计标准》GB/T 50314—2006）对智能建筑定义为"以建筑物为平台，兼备信息设施系统、信息化应用系统、建筑设备管理系统、公共安全系统等，集结构、系统、服务、管理及其优化组合为一体，向人们提供安全、高效、便捷、节能、环保、健康的建筑环境"。可见，它是高新技术在建筑上综合的体现。一般认为智能化是通过三大系统实现的。

1. 建筑智能化系统组成

建筑智能化系统是建筑设备自动化系统（BAS）、办公自动化系统（OAS）、通信网络系统（CAS）三者的有机结合，可体现不同方面的自动化。

1）建筑设备自动化

建筑设备自动化（BA）主要用于对建筑内部各机电设施进行自动控制与管理。包括供配电、照明、暖通、空调、给排水、消防、保安等子系统。通过信息通信网络组成的管控一体系统，对设备随时进行监视、检测、调节，使之处于最佳运行状态。

2）办公自动化

办公自动化（OA）主要用于具体办公业务的人机信息互交系统，包括服务于建筑物本身的物业管理等公共部分和服务于用户具体业务领域的文字处理等部门专用部分，为用户提供最佳办公条件。

　　3）通信自动化

　　通信自动化（CA）主要用于建筑物内外各种通信联系，并提供相应网络支持服务，包括各种语言、图像、文字、数据间通信等多个子系统。

　　有人将消防自动化（FA）、保安自动化（SA）从 BA 中分离，称 5A；或是将信息管理自动化（MA）从 OA 中分离，称为 6A，实质是不科学的。智能化的标志就是自动化集成的综合程度，A 越多说明分工过细，集成程度越低。

　　4）综合布线系统

　　建筑中的网络系统比较庞杂，若采用传统布线方式，各系统互不兼容而很难协调，故采用新的布线方式，即综合布线系统（GCS）。该系统也称为结构化布线（SCS），可提供开放式标准接口，实现建筑物间或内部间的信号传输，包括数据通信、信息交换、图像文本、设备自动控制等多种信息。

　　5）系统集成

　　系统集成（SI）是将各智能子系统通过网络、软硬接口构成逻辑和功能均统一协调的整体。它不是把各子系统简单叠加，而是综合运用各系统功能实现系统间信息要素的传输处理，以达到资源共享、高度自控的目的。

　　应注意的是，工程不是科研是应用，不宜采用正处于研究阶段的最新技术，而应采用较成熟的有实践的先进技术。目前 SI 在技术上还不十分成熟，当前主要有三种方式：①实现单向数据传送的接合集成方式。②利用数据库和其他技术以实现两个系统间的互换。③实现数据双向传输的互联操作集成方式。

　　SI 主要构想是利用开放的标准通信协议，通过开放的标准化理念进行运作，目前推荐第三种方式。

　　综上所述，建筑智能化是综合利用目前较先进、成熟的计算机技术、控制技术、通信技术、图形显示技术，将三大自动系统通过综合结构布线系统，实现了由计算机系统管理的集成系统。图 5 - 43 所示为智能化建筑系统构成示意图。

　　2. 建筑智能化的功能

　　建筑智能化主要由通信自动化系统（CAS）、办公自动化系统（OAS）和建筑设备自动化系统（BAS）组成，称为"3A"。建筑智能化系统是一个综合性的整体，由集成中心（SIC）通过综合布线系统（GCS）或者结构化综合布线系统（PDS）来控制 3A，实现高度信息化、自动化及舒适化的现代建筑。

　　1）建筑设备自动化系统（BAS）

　　BAS 用于对大厦内的各种机电设施进行自动控制，包括供热、通风、空气调节、给排水、供配电、照明、电梯、消防、保安等。

　　BAS 随时检测、显示其运行参数；监视、控制其运行状态；根据外界条件、环境因素、负载变化情况自动调节各种设备始终运行于最佳状态；自动实现对电力、供热、供水等能源的调节与管理；提供一个安全、舒适、高效而且节能的工作环境。

　　2）通信网络自动化系统（CAS）

　　CAS 用来保证大厦内外各种通信联系畅通无阻，并提供网络支持能力，实现对语音、数据、文本、图像、电视及控制信号的收集、传输、控制、处理与利用。通信网络包括以数字程

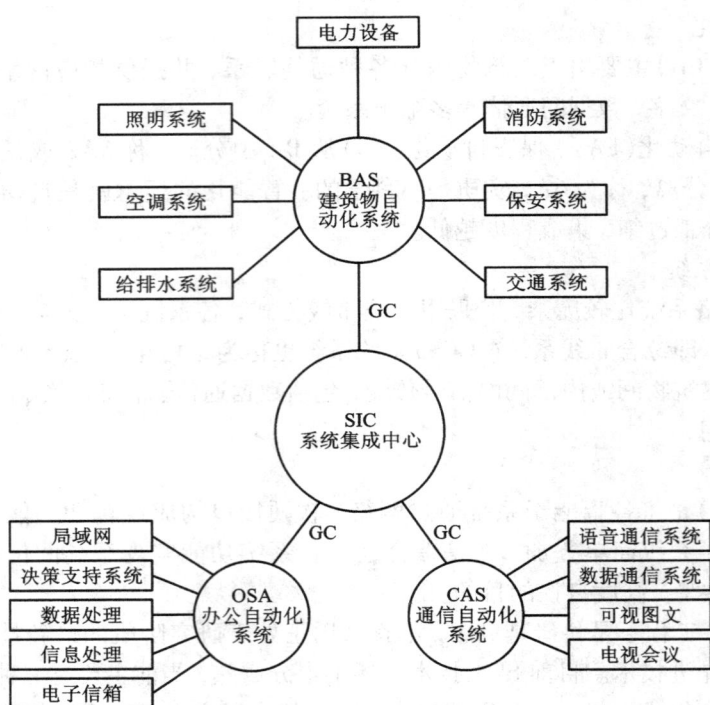

图 5 - 43　智能化建筑系统构成示意图

控交换机（PABX）为核心的、以语音为主兼有数据与传真通信的电话网、电缆电视网、联结各种高速数据处理设备的计算机局域网（LAN）、计算机广域网（WAN）、传真网、公用数据网、卫星通信网、无线电话网和综合业务数字网（ISDN）等。借助这些通信网络可以实现大厦内外、国内外的信息互通、资料查询和资源共享。

3）办公自动化系统（OAS）

OAS 是服务于具体办公业务的人机交互信息系统。OAS 系统由多功能电话机、高性能传真机、各类终端、PC 机、文字处理机、主计算机、声像存储装置等各种办公设备、信息传输与网络设备和相应配套的系统软件、工具软件、应用软件等组成。综合型智能大楼的 OA 系统，一般包括两大部分：一是服务于建筑物本身的 OA 系统，如物业管理、运营服务等公共管理和服务部分；二是用户业务领域的 OA 系统，如金融、外贸、政府部门等专用办公系统。

相对于传统建筑，智能建筑具有以下优势：①提供安全、舒适和高效便捷的环境；②节约能源；③节省设备运行维护费用；④满足用户对不同环境功能的需求；⑤高新技术的运用能大大提高工作效率；⑥系统的集成是实现智能目标的保证。

5.7.2　综合布线

1. 概述

1）综合布线的概念

早在 20 世纪 80 年代末，美国电话电报（AT&T）公司的贝尔实验室最先推出支持多种信号传输并能达到用户使用要求的网络，这是最早的结构化综合布线系统。

综合布线是在建筑物内或建筑群之间的一个模块化、灵活性和实用性极高的信息传输通道，是智能建筑的"信息高速公路"。以前各通信系统如电话通信系统、计算机通信系统、监控系统等，在进行布线时往往采用不同的传输电缆、不同型号的相关连接硬件（连接器、插头、插座、适配器）以及电气保护设备等。这种各通信系统设备不兼容的布线方式，使得通信系统在进行扩充及设备的搬迁时不易实施，即对原来的布线方式要进行重新设计，耗费大量资金。综合布线的出现，解决了各通信系统设备不兼容的问题，它既能使语言、数据、图像设备和交换设备与其他信息管理系统彼此相连，也能使这些设备与外部通信网相连。

由于综合布线对其服务设备具有一定独立性，又能互连许多不同应用系统的设备，支持语言、数据和视频等各种应用，因此被人们广泛采用。

综合布线的标准起源于美国，目前我国广泛采用的综合布线有美国朗讯和法国阿尔卡特综合布线，美国西蒙公司推出的 SCS，加拿大北方电讯公司的 IBDN 以及美国安普公司的开放式布线系统等。

2）综合布线的特点

综合布线的特点为实用性、灵活性、可靠性、扩充性和经济性，而且其设计、施工与维护方便。

（1）实用性。能满足语言通信、数据通信、图像通信及多媒体信息通信需要。

（2）灵活性。综合布线采用标准的传输线缆和连接硬件，模块化设计，因此，在任何一个信息插座上都能连接不同类型的终端设备，如电话机、个人计算机等。

（3）扩充性。布线系统可以扩充，以便将来技术更新和更大发展时，很容易将设备扩充进去。

（4）可靠性。综合布线采用高品质的材料组合压接方式构成一高标准信息传输通道，采用点到点端接系统布线，任何一条链路故障均不影响其他链路的运行，保证了系统运行可靠性。

（5）经济性。可降低设备搬迁、用户重新布局和系统维护费用。

2. 综合布线系统的构成

综合布线系统采用模块化设计，根据每个模块作用的不同可将系统划分为 6 个部分，即工作区子系统、水平子系统、干线子系统、设备间子系统、管理区子系统和建筑群干线子系统。每一个子系统都可以单独设计与施工，一旦更改其中一个子系统时，不会影响到其他子系统。综合布线系统的结构如图 5 - 44 所示。

1）工作区子系统

综合布线工作区子系统由终端设备及其连接到水平子系统信息插座的接插线（或软线）等组成。它是放置应用系统终端设备的地方。工作区的终端设备包括电话、微机、传感器和可视设备等。

工作区子系统的主要内容包括信息插座、信息连接线和适配器。

（1）信息插座是指在用户的工作区域内固定水平电缆和光缆的末端，并向用户提供模块化的信息插孔设备。

（2）信息连线实际是水平线缆的延伸，用来连接终端设备和信息输出端。

（3）适配器是不同通信规范之间的连接和转换设备。

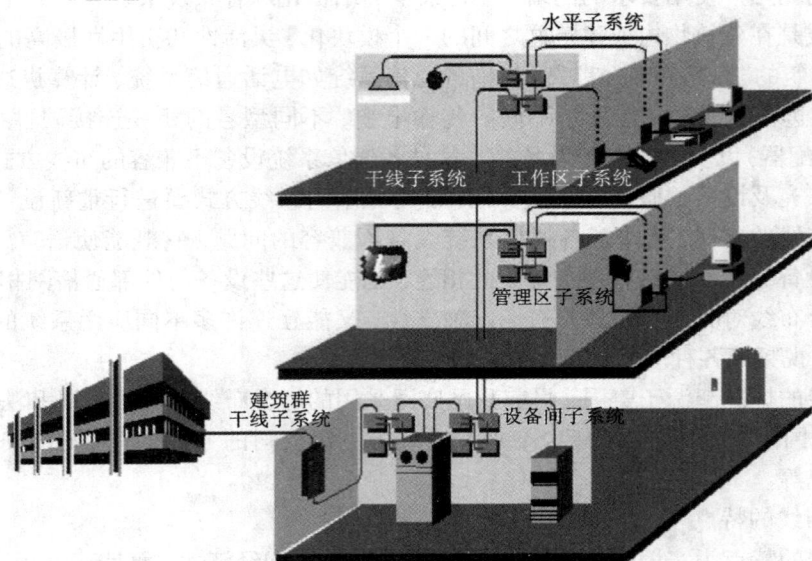

图 5-44 综合布线系统

工作区布线是用接插线把终端设备连到工作区的信息插座上，如电话机可用两端带连接插头的软线直接插到信息插座上，而工作区的有些终端设备需要选择适当的适配器才能连接到信息插座上。

2）水平子系统

水平子系统是综合布线结构的一部分，它由配线架至信息插座的电缆和工作区的信息插座等组成。

水平子系统线缆沿楼层的地板或吊顶布线，根据建筑物信息的类型、容量、带宽和传递速率来确定线缆类型。目前主要采用的线缆、类型和信息插座有：①四对 100 Ω 非屏蔽双绞线和标准插口（RJ45 插座）；②四对（或两对）100 Ω（或 200 Ω）平衡双绞线和信息插孔；③两对 150 Ω 双绞线和屏蔽信息插座；④8.3/125 μm 单模光缆及信息插孔；⑤62.5/125 μm 多模光缆及 ST 型光缆标准接口。

另外允许采用的线缆形式为：①150 Ω 双绞电缆；②10/125 μm 单模光纤；③50/125 μm 多模光纤。

3）干线子系统

干线子系统由设备间或管理区与水平子系统的引入口之间的连接线缆组成。干线是建筑物内综合布线的主馈线缆，是用于楼层之间垂直线缆的统称。

干线子系统的布线走向应选择干线线缆最短、最安全和最经济的路由，线缆一般采用多对数铜缆、多芯光缆和同轴电缆。

4）设备间子系统

设备间是每一座建筑物用于要装进出线设备，进行综合布线及其应用系统管理和维护的场所，设备间可放置综合布线的进出线连接硬件及语言、数据、图像、建筑物控制等应用系统的设备。

在高层建筑物内，设备间宜设置在二层或三层，高度为 3～18 m，为使这些设备正常工作，要求设备间干净且其温度、湿度、噪声、照明、电磁干扰达到规定要求。

5）管理区子系统

管理线缆和连接硬件的区域称为管理区。它由配线间的线缆、配线架及相关接插线等组成。管理区提供了与其他子系统连接的手段，使整个综合布线及其连接的应用系统设备、器件等构成一个有机的应用系统。

综合布线管理人员可管理配线连接硬件区域，利用各种连接线缆和可变化的跳线、开关调整交换方式，使得有可能安排或者重新安排线路路由，实现综合布线的灵活性、开放性和扩展性。

6）建筑群干线子系统

建筑楼群彼此间有关的语音、数据、图像和监控等系统之间是用传输介质和各种支持设备（硬件）连接在一起。其连接各建筑物之间的传输介质和各种相关支持设备（硬件）组成综合布线建筑群干线子系统。

该系统通常在楼与楼之间采用敷设电缆的方式，将所需各个建筑物通信互相连起来，建筑群干线子系统的布线可采用架空电缆、直埋电缆或地下管道内电缆，或者是这三者的任意组合。

复习思考题

1. 智能建筑的主要特征是什么？
2. 建筑智能化系统由哪几部分组成？各部分有何功能？
3. 综合布线划分几个部分？
4. 综合布线的特点是什么？

模块六　建筑设备施工图识读

6.1　建筑设备施工图基本知识

　　房屋建筑为了满足生产、生活的需求，提供卫生舒适的生活和工作环境，要求在建筑物内设置给水、排水、供暖、通风、空调、电气照明、消防报警、电话通信、有线电视等设备系统，设备施工图就是表达这些设备系统的组成、安装等内容的图纸。本模块主要介绍设备施工图的内容和特点，并分别讲述给排水、暖通、电气等设备施工图的识读和绘制。

6.1.1　房屋建筑施工图的分类

1. 建筑施工图（简称建施）

建筑施工图主要表达建筑物的外部形状、内部布置、装饰构造、施工要求等。

这类基本图有首页图、建筑总平面图、平面图、立面图、剖面图以及墙身、楼梯、门、窗详图等。

2. 结构施工图（简称结施）

结构施工图主要表达承重结构的构件类型、布置情况以及构造做法等。

这类基本图有基础平面图、基础详图、楼层及屋盖结构平面图、楼梯结构图和各构件的结构详图等（梁、柱、板）。

3. 设备施工图（简称设施）

设备施工图主要表达房屋各专用管线和设备布置及构造等情况。

这类基本图有给水排水、采暖通风、电气照明等设备的平面布置图、系统图和施工详图。

6.1.2　房屋施工图的编排顺序

　　整套房屋施工图的编排顺序是：首页图（包括图纸目录、设计总说明、汇总表等）、建筑施工图、结构施工图、设备施工图。

　　各专业施工图的编排顺序是：基本图在前、详图在后；总体图在前、局部图在后；主要部分在前、次要部分在后；先施工的图在前、后施工的图在后等。

6.1.3　房屋施工图的特点

1. 按正投影原理绘制

房屋施工图一般按三面正投影图的形成原理绘制。

2. 绘制房屋施工图采用的比例

建筑施工图一般采用缩小的比例绘制，同一图纸上的图形最好采用相同的比例。

3. 房屋施工图图例、符号应严格按照国家标准绘制

4. 房屋施工图的有关规定

1）图线

绘图时，首先按所绘图样选用的比例选定基本线宽"b"，然后再确定其他线型的宽度。

2）定位轴线及编号

房屋施工图中的定位轴线是设计和施工中定位、放线的重要依据。

凡承重的墙、柱子、大梁、屋架等构件，都要画出定位轴线并对轴线进行编号，以确定其位置。

对于非承重的分隔墙、次要构件等，有时用附加轴线（分轴线）表示其位置，也可注明它们与附近轴线的相关尺寸以确定其位置。

（1）定位轴线的画法

定位轴线应用细单点长画线绘制，轴线末端画细实线圆圈，直径为 8～10 mm。

定位轴线圆的圆心，应在定位轴线的延长线或延长线的折线上，且圆内应注写轴线编号，如图 6－1 所示。

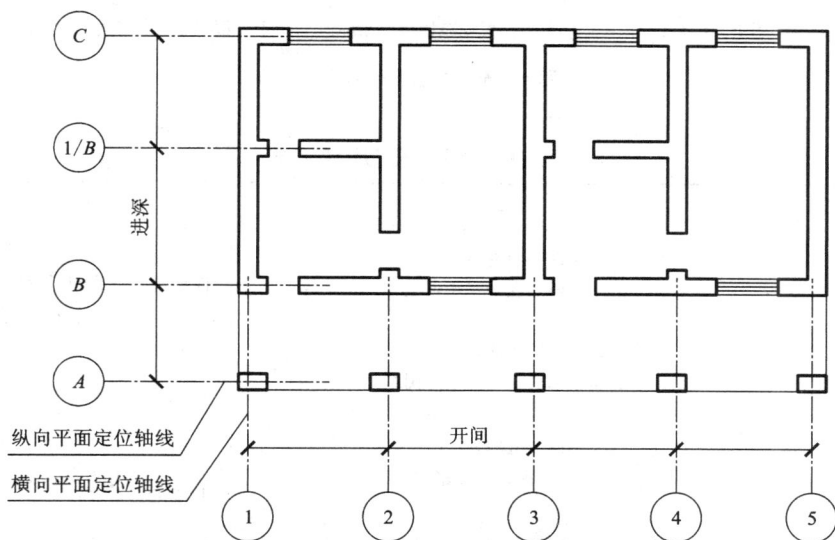

图 6－1　定位轴线及编号方法

（2）定位轴线的编号

平面图上定位轴线的编号，宜标注在图样的下方与左侧。如图 6－1 所示在两轴线之间，有的需要用附加轴线表示，附加轴线用分数编号，如图 6－2 所示。

对于详图上的轴线编号，若该详图同时适用多根定位轴线，则应同时注明各有关轴线的编号，如图 6－3 所示。

3）索引符号和详图符号

索引符号由直径为 10 mm 的圆和其水平直径组成，圆及其水平直径均应以细实线绘制。

引出线所在的一侧表示剖切后的投影方向，见表 6－1。

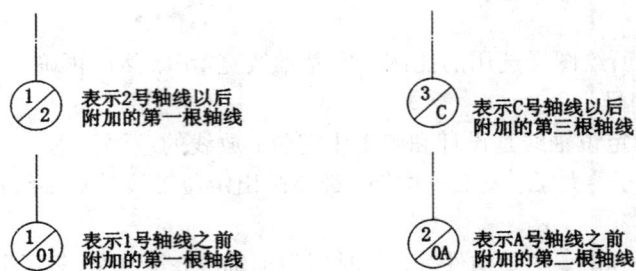

图 6-2　附加轴线的编号

用于两根轴线时　　用于三根或三根以上轴线时　用于三根以上连续编号的轴线时

图 6-3　详图的轴线编号

表 6-1　索引符号与详图符号

名称	符　号	说　明
详图的索引符号	——详图的编号　——详图在本张图纸上 ——局部剖面详图的编号　——剖面详图在本张图纸上	细实线单圆圈直径应为 10 mm 详图在本张图纸上剖开后从上往下投
	——详图的编号　——详图所在的图纸编号 ——局部剖面详图的编号　——剖面详图所在的图纸编号	详图不在本张图纸上剖开后从下往上投影
详图的索引符号	标准图册编号 J103　——标准详图编号　——详图所在的图纸编号	标准详图
详图的符号	5　——详图的编号	粗实线单圆圈直径应为 14 mm 被索引的在本张图纸上
	5 / 2　——详图的编号　——被索引的图纸编号	被索引的不在本张图纸上

262

4)标高

(1)标高符号按图6-4(a)、(b)所示形式用细实线画出。

短横线是需标注高度的界线,长横线之上或之下注出标高数字,如图6-4(c)、(d)所示。

总平面图上的标高符号,宜用涂黑的三角形表示,具体画法见图6-4(a)。

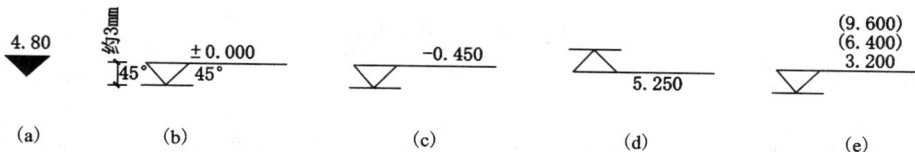

图6-4　符号及标高数字的注写

(a)总平面图标高;(b)零点标高;(c)负数标高;(d)正数标高;(e)一个标高符号标注多个标高数字

(2)标高数字应以米为单位,注写到小数点后第三位。在数字后面不注写单位,如图6-4所示。

零点标高应注写成±0.000,低于零点的负数标高前应加注"-"号,高于零点的正数标高前不注"+",如图6-4所示。

当图样的同一位置需表示几个不同的标高时,标高数字可按图6-4(e)的形式注写。

(3)标高的分类。

①相对标高:凡标高的基准面是根据工程需要,自行选定而引出的,称为相对标高。

②绝对标高:根据我国的规定,凡是以青岛的黄海平均海平面作为标高基准面而引出的标高,称为绝对标高。

建筑标高和结构标高的标注,如图6-5所示。

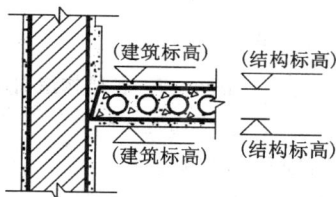

图6-5　建筑标高和结构标高

5)引出线

(1)引出线用细实线绘制,并宜用与水平方向成30°、45°、60°、90°的直线或经过上述角度再折为水平的折线。如图6-6所示。

(2)同时引出几个相同部分的引出线,宜相互平行,如图6-7(a)、(c),也可画成集中于一点的放射线,如图6-7(b)。

(3)为了对多层构造部位加以说明,可以用引出线表示,如图6-8所示。

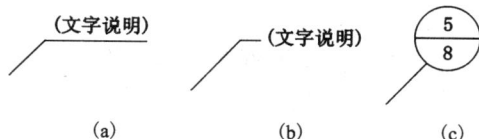

图6-6　引出线

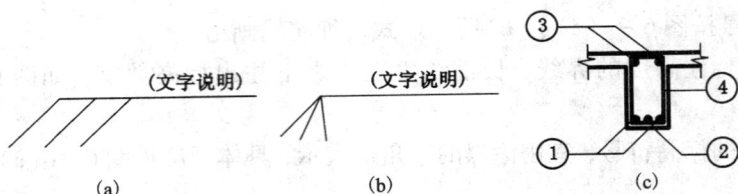

图 6-7 共用引出线

6）图形折断符号

（1）直线折断

当图形采用直线折断时，其折断符号为折断线，它经过被折断的图面。如图 6-9（a）所示。

（2）曲线折断

对圆形构件的图形折断，其折断符号为曲线。如图 6-9（b）所示。

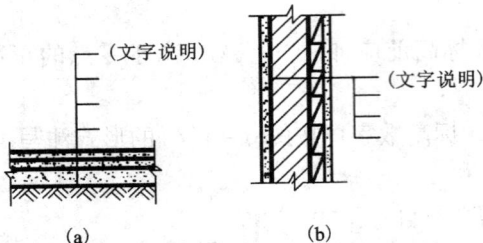

图 6-8　多层构造引出线

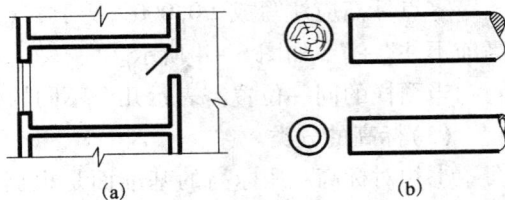

图 6-9　图形的折断

（a）垂线折断；（b）曲线折断

7）对称符号

当房屋施工图的图形完全对称时，可只画该图形的一半，并画出对称符号，以节省图纸篇幅。对称符号即是在对称中心线（细单点长画线）的两端画出两段平行线（细实线）。平行线长度为 6~10 mm，间距为 2~3 mm，且对称线两侧长度对应相等，如图 6-10 所示。

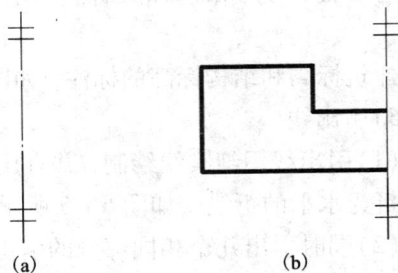

图 6-10　对称符号

8）坡度标注

在房屋施工图中，其倾斜部分通常加注坡度符号，一般用箭头表示。箭头应指向下坡方向，坡度的大小用数字注写在箭头上方，如图 6-11（a）、（b）。

对于坡度较大的坡屋面、屋架等，可用直角三角形的形式标注它的坡度，如图 6-11（c）。

9）连接符号

对于较长的构件，当其长度方向的形状相同或按一定规律变化时，可断开绘制，断开处应用连接符号表示。连接符号为折断线（细实线），并用大写拉丁字母表示连接编号，如图 6-12。

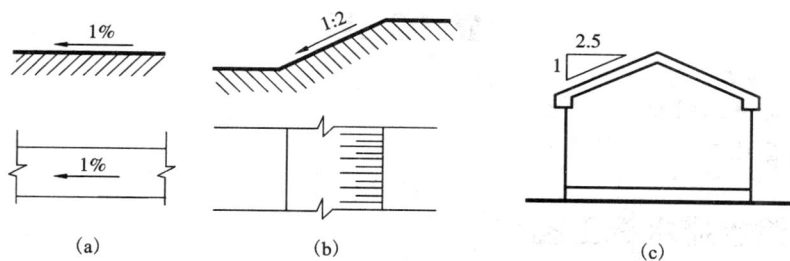

图 6 - 11　坡度标注方法

10）指北针

在总平面图及底层建筑平面图上，一般都画有指北针，以指明建筑物的朝向。指北针形状如图 6 - 13 所示。圆的直径宜为 24 mm，用细实线绘制。指针尾端的宽度 3 mm，需用较大直径绘制指北针时，指针尾部宽度宜为圆的直径的 1/8，指针涂成黑色，针尖指向北方，并注"北"或"N"字。

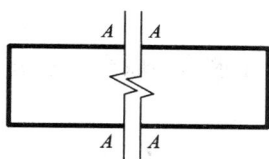

图 6 - 12　连接符号

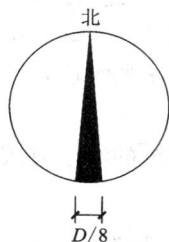

图 6 - 13　指北针

6.1.4　设备施工图的内容及特点

根据建筑物功能的要求，按照建筑设备工程的基本原则和相关标准规范进行设计，然后根据设计结果绘制成图样，以反映设备系统布置形式、材料选用、连接方式、细部构造及其他技术参数，并指导设备系统安装施工，这种图样称为设备施工图。

1. 设备施工图的内容

（1）设计说明；

（2）设备平面图；

（3）设备系统图；

（4）详图。

2. 设备施工图的特点

设备施工图与建筑施工图、结构施工图一起组成一套完整的房屋施工图，三者之间关系紧密。

设备施工图采用规定的图形符号和文字符号表示各种设备、器件、管网、线路等。

设备施工图中用系统图等图样表示设备系统的全貌和工作原理。

设备施工图往往直接采用通用的标准图集上的内容，表达某些通常的构造和做法。

复习思考题

1. 建筑设备施工图如何分类?
2. 建筑设备施工图有何特点?

6.2 建筑给水排水施工图

6.2.1 建筑给排水施工图概述

给水排水工程是指给水工程和排水工程。

给水工程包括水源取水、水质净化处理、净水的管网输送和建筑给水工程。

排水工程包括建筑排水、室外排水管网、污水处理及排放工程。

给水排水工程与房屋建筑、水力机械、水工结构等工程有着密切的联系。

1. 建筑给水系统的组成

室内给排水系统实际上由室内给水系统和室内排水系统两部分组成。

室内给水系统的组成:引入管、水表节点、管道、给水附件、升压和储水设备、室内消防设备。

室内给水系统的给水方式:简单的给水方式、设置水泵和水箱的联合给水方式、分区供水的给水方式。

室内给水系统的管线布置:下行上给式、上行下给式。

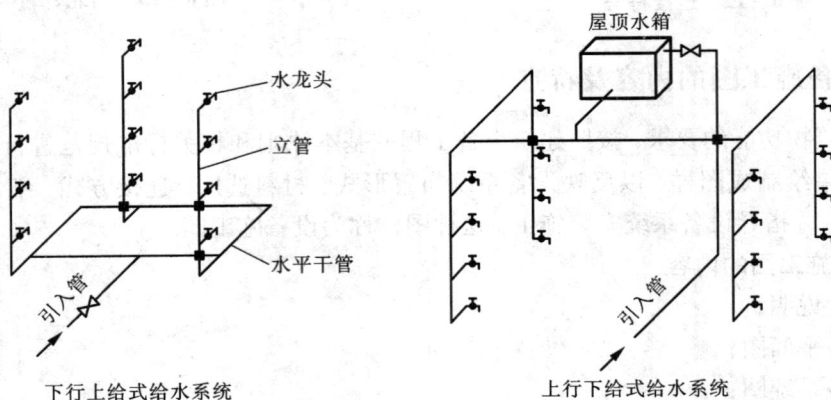

图 6 – 14 给水管线布置方式

2. 建筑排水系统的组成

室内排水系统的组成:卫生器具或生产设备受水器、排水管系统、通气管系统、清通设备、特殊设备以及其他设备。

3. 室内给水排水施工图的组成

室内给水排水施工图的组成:管道平面图、管道系统图和安装详图。

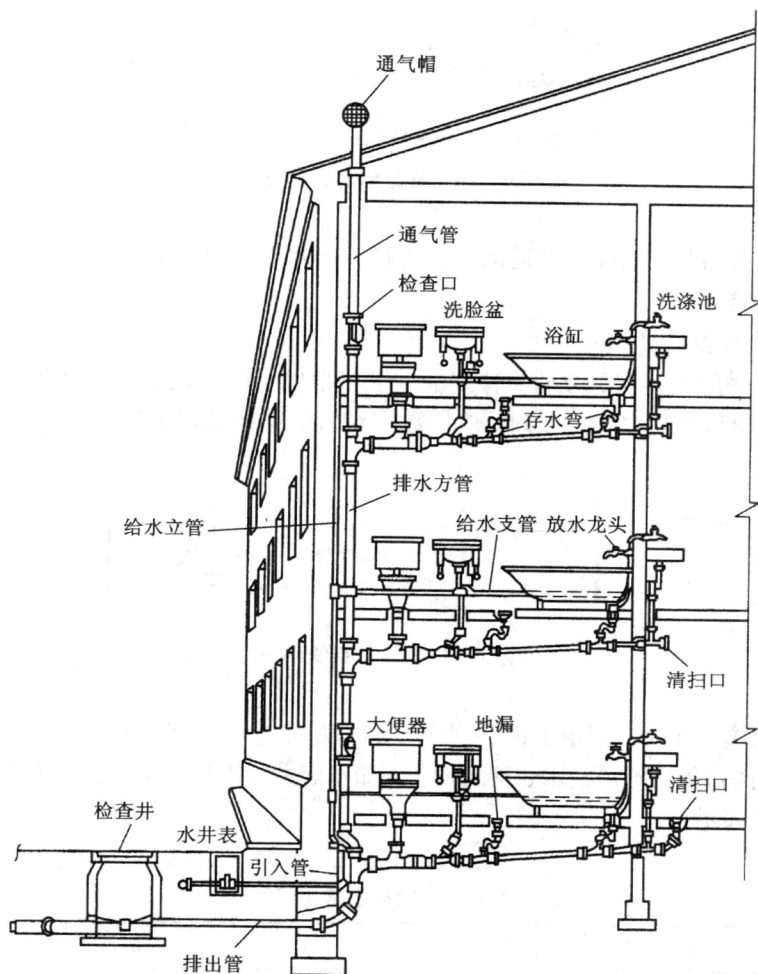

图 6 - 15　室内给排水系统的组成

6.2.2　建筑给水排水施工图一般规定

1. 给排水管道

不论管径大小，采用单根粗线条表示；通常用粗实线表示给水管道，粗虚线表示排水管道。

2. 绘图比例

通常与建筑平面图相同，即 1:50，1:100。

3. 管道标高

管道标高为相对标高，以米为单位，通常标注在起迄点、转角点、连接点、变坡点处，给水管道宜标注管中心标高，排水管道标注管内底标高。

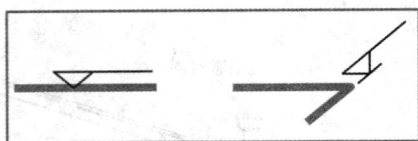

图 6-16　管道标高表示方法

4. 管径标注

管径以毫米为单位，应标注管道的公称直径。给水管用 DN 表示，如 DN15 等；排水管用 φ 表示，如 φ100 等。

5. 立管和管道系统的编号

当管道穿过一层或多层的立管，其数量多于一根以上时，宜采用数字进行立管编号；当给水排水的进、出口数量多于一个时，应用数字对管道系统进行编号。

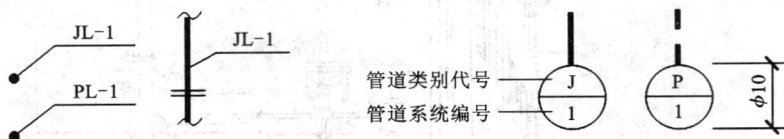

图 6-17　管道系统编号

6. 图例

在给水排水施工图中，管道上的各种构配件，如水龙头、截止阀、地漏等，各种卫生器具，如洗脸盆、浴盆等；各种给水、排水设备，如水表井、检查井、化粪池等均采用国家标准中制定的图例来表示。

表 6-2　给排水常用图例

名称	图例	说明	名称	图例	说明
管道	——————	用于一张图内只有一种管道	管道		
	—— J —— P ——	用汉语拼音字头表示管道类别	法兰堵塞		
	— · — · —	用图例表示管道类别	阀门		用于一张图内只有一种阀门
交叉管		指管道交叉，不连接，在下方和后面的管道应断开	闸阀		
三通连接			截止阀		
四通连接			浮球阀		

268

名称	图例	说明	名称	图例	说明
多孔管			放水龙头		
管道立管	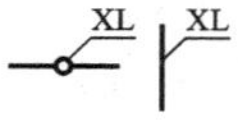 XL XL	X 为管道类别代号	洗脸盆		
存水弯			浴盆		
检查口			盥洗槽	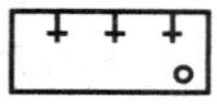	
通气帽			污水池		
圆形地图			坐式大便器		
自动冲洗水箱			水便槽		
法兰连接	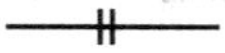		淋浴喷头		
承插连接	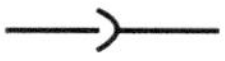		矩形化粪池	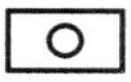	HC 为化粪池代号
螺纹连接	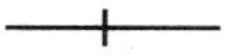		液量计		
活接头	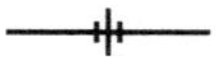		阀门井检查井		

6.2.3　建筑给排水施工图图示方法

1. 建筑给排水平面图图示方法

室内给排水平面图是在建筑平面图的基础上，根据给排水工程制图的规定绘制出的用来反映给水排水设备、管网的平面布置情况的图样。

给排水平面图主要表达给水、排水管道在室内的平面布置和走向。管道不论管径大小，均用单线条表示。

对多层建筑，应分层绘制。若多个楼层管道布置相同时，可绘制标准层管道平面图；但底层管道平面图应单独绘制。屋顶设有水箱时，应绘制屋顶管道平面图。

各种管道不论在楼（地）面之上或之下，均不考虑其可见性，按管道类别用规定的线型绘制。若在同一层布置几根上下高度不同的管道时，应将其平行排列绘制。

在管道平面图中，管线与墙身的距离不反映管道与墙身的实际距离，仅表示管道沿墙的走向，即使是明装管道也可绘制在墙身内，但应在施工说明中注明。

2. 建筑给排水系统图图示方法

室内给排水系统图：

（1）室内给排水系统图是采用轴测投影的方法形成的。

（2）室内给排水系统图中的管道用单线图表示，附件用图例表示。

（3）室内给排水平面图是系统图的基础，两者互相说明又互为补充。

（4）室内给排水系统图一般按比例绘制，如果局部管道按比例无法表达清楚，可以不按比例。

各种管道均用单根粗实线表示，管道上的各种附件均用图例绘制。若有多层布置相同，可绘制其中一层，其他层用折断线断开。

给排水管道系统图的绘制是运用正面斜等轴测投影原理，将房间的开间、进深作为 X、Y 方向；楼层高度作为 Z 方向，三个轴向伸缩系数均为 1，如图 6-18 所示。

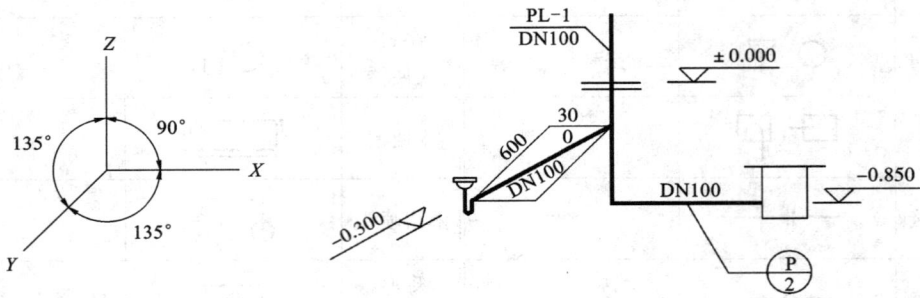

图 6-18　轴测轴

6.2.4　建筑给排水施工图绘制内容与方法

1. 建筑给排水平面图图示内容

1）抄绘建筑平面图

需抄绘建筑平面图中主要部分内容，如墙身、柱、门窗、楼梯等主要构件以及标注定位轴线和主要尺寸。

2）绘制卫生设备或洁具的图例

用中粗实线绘制卫生设备或洁具的平面图。

3）绘制给水排水管线及附件或配件

用单线条绘制给水、排水管道；其上的附件或配件应按国标图例绘制；各类立管用小圆圈（直径 3b）表示，并标注立管的类别和编号。在底层管道平面图中，各种管道应按系统予以编号。

4）尺寸和标高

标注给水引入管和排水排出管的定位尺寸及检查井定位尺寸。各类管道的长度不必标注，在安装时以实测尺寸为依据。

2. 建筑给排水平面图的绘图步骤

（1）先绘制底层管道平面图，再绘制各楼层管道平面图和屋顶管道平面图；

（2）绘制管道布置图，先绘制立管，再绘制引入管和排出管，最后按水流方向，依次绘制

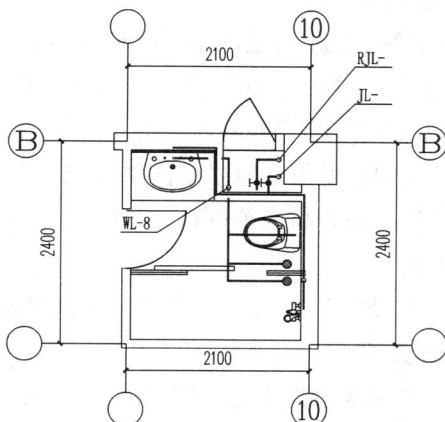

五号卫生间平面 1:50

图 6-19　给排水平面图

横支管和附件；底层平面图中，应绘制引入管和排出管；给水管一般画至各设备的放水龙头或冲洗水箱的支管接口。排水管一般画至各设备的废、污水排出口。

（3）在各层管道平面图中，标注立管类别和编号。在底层管道平面图中，表明管道系统索引符号。

3. 建筑给排水系统图图示内容

给水排水管道系统图主要表达各类管道的空间走向以及管段的管径、坡度、标高和各种附件在管道上的具体位置。

（1）管道系统：各管道系统详图编号应与底层管道平面图中的系统索引编号相同。

（2）房屋构件位置的表示：系统图中应画出被管道穿过的墙、楼地面和屋面的位置。

（3）管径、坡度、标高：管道系统中所有管段的管径、坡度和标高，均应标注在管道系统图上。

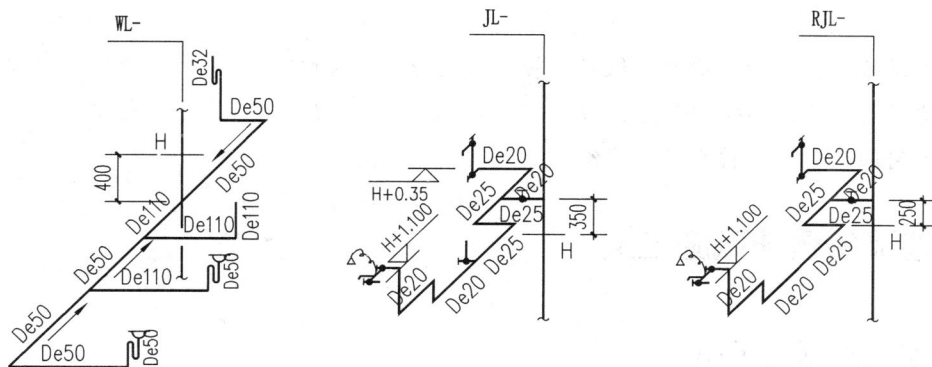

五号卫生间给排水系统图

图 6-20　给排水系统图

4. 建筑给排水系统图绘图步骤

（1）首先绘制管道系统的立管，定出各层的楼、地面线、屋面线。

（2）从立管上引出各横向的连接管段，并绘出给水管系中的截止阀、放水龙头、连接支管、冲洗水箱等，或排水管系中的承接支管、存水弯等。

管道系统图中，管段的长度和宽度由管道平面图中量取，高度则应根据房屋的层高、门窗的高度、梁的位置和卫生器具的安装高度等进行综合确定。

（3）绘制墙、楼板等的位置。

（4）注写各管段的公称直径、坡度、标高、冲洗水箱的容积等数据。

5. 建筑给排水施工图阅读方法

管道平面图和管道系统图是建筑给排水施工图中最基本的图样，两者必须互为对照和相互补充，进而将室内卫生器具和管道系统组合成完整的工程体系，明确各种设备的具体位置和管路在空间的布置情况，最终搞清楚图样所表达的内容。

1）粗读各层管道平面图

首先要搞清楚两个问题：

（1）各层平面图中，哪些房间有卫生器具和管道？卫生器具是如何布置的？楼地面标高是多少？

（2）有哪几个管道系统？

2）阅读各管道系统图，弄清楚各管段的管径、坡度和标高

（1）给水管道系统图：从给水引入管开始，按水流方向依次阅读：引入管→水平干管→立管→支管→卫生器具。

（2）排水管道系统图：按排水方向依次阅读：卫生器具→连接短管→排水横管→立管→排出管→检查井。

复习思考题

1. 建筑给水系统由哪些部分组成？管线布置形式有哪些？

2. 建筑排水系统由哪些部分组成？

3. 如何阅读建筑给排水工程图纸？

6.3　建筑供暖通风施工图

6.3.1　建筑供暖施工图

1. 建筑供暖系统概述

供暖工程是指向室内供给热量，保持室内一定的室温要求的措施。供暖系统由三个部分组成，即热源、输热管道和散热设备。

供暖系统可分为局部供暖系统和集中供暖系统。局部供暖系统是指热源与散热设备处于同一个房间；集中供暖系统是指热源远离需要供暖的房间，通过输热管道将热源输送到多个需供暖的房间。按热媒的不同又可分为热水供暖系统和蒸汽供暖系统。

热水供暖系统热水循环的原动力分为自然循环系统和机械循环系统。

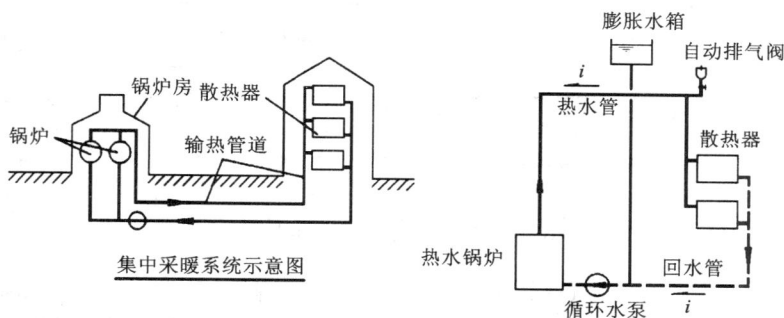

图 6 - 21　供暖系统

热水供暖系统按立管与散热器连接形式又可分为单管单侧顺流式与单管双侧顺流式、双管单侧顺流式与双管双侧顺流式、单管单侧跨越式与双管双侧跨越式。

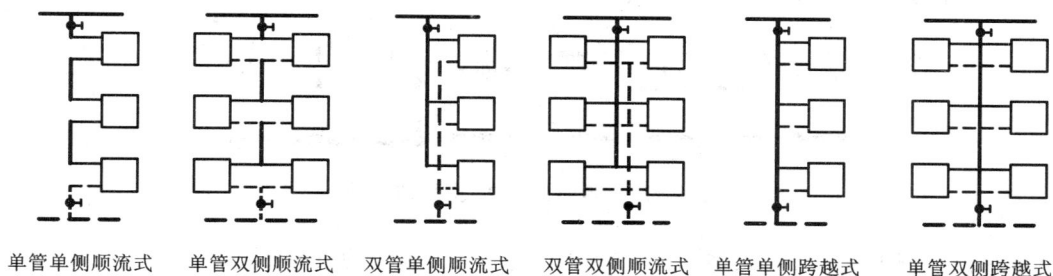

单管单侧顺流式　　单管双侧顺流式　　双管单侧顺流式　　双管双侧顺流式　　单管单侧跨越式　　单管双侧跨越式

图 6 - 22　热水供暖系统立管形式

2. 建筑供暖施工图一般规定

1）线型

供暖供热、供汽干管、立管用单根粗实线绘制；供暖回水、凝结水管用单根粗虚线绘制；散热器及连接支管用中粗实线绘制；建筑物部分均用细实线绘制。

2）比例

供暖平面图、系统图的常用比例为 1 : 50、1 : 100；供暖详图的常用比例为 1 : 1、1 : 2、1 : 5、1 : 10、1 : 20。

3）图例

供暖设备及配件均采用国标规定的图例表示，见表 6 - 3 所示。

表6-3　供暖图例

名　称	图　例	名　称	图　例
供水(汽)管	———————	自动排汽阀	
回(凝结)水管	— — — — —	散热器	
立管	○	手动排汽阀	
流向	———→———	截止阀	
丝堵	————————‖	闸阀	
固定支架	——※——	止回阀	
水泵	⊖	安全阀	

4)标高与坡度

管道应标注管中心标高,一般注在管段的始端或末端;散热器宜标注底标高,同一层、同标高的散热器只标右端的一组。

管道的坡度用单面箭头表示,数字表示管道铺设坡度,箭头表示坡向的下方。

5)管道的转向、连接、交叉的表示

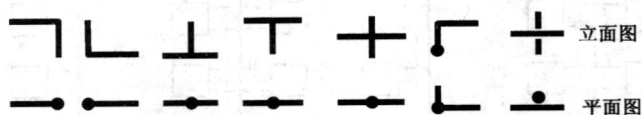

图6-23　转向、连接、交叉的表示

管道在本图中断,转至其他图上或管道由其他图引来时的表示方法。

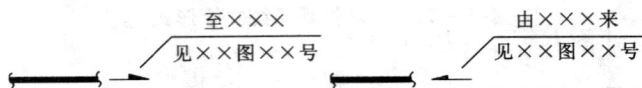

图6-24　中断表示

6)管径标注法

管径应标注公称直径,如 DN15 等;一般标注在管道变径处,水平管道注在管道线上方,斜管道注在管道斜上方,竖直管道注在管道左侧,当管道无法按上述位置标注时,可用引出线引出标注。

7)供暖立管与供暖入口编号

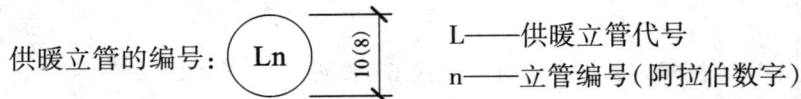

供暖立管的编号: (Ln) 10(8)　　L——供暖立管代号
n——立管编号(阿拉伯数字)

供暖入口编号：　⊙ Rn　$\binom{10(8)}{}$　　R——供暖入口代号

　　　　　　　　　　　　　　　　　　n——立管编号（阿拉伯数字）

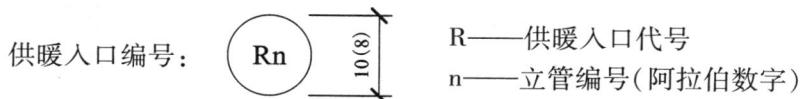

8）散热器的规格及数量的标注

柱式散热器只标注数量，如14；

圆翼形散热器应注根数、排数，如2×2；

光管散热器应注管径、长度和排数，如：D76×3000×3；

串片式散热器应注长度和排数，如1.0×2；

在平面图中，散热器的规格和数量应标注在散热器所靠窗户外侧附近；而在管道系统图中，则应标注在散热器图例内或上方。

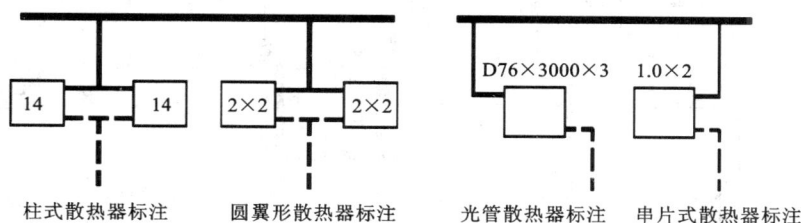

柱式散热器标注　　　圆翼形散热器标注　　　光管散热器标注　　　串片式散热器标注

图 6 - 25　散热器标注方法

3. 建筑供暖施工图图示方法

对多层建筑，原则上应分层绘制，若楼层平面散热器布置相同，可绘制一个楼层供暖平面图（即标准层供暖平面图），以表明散热器和供暖立管的平面布置，但底层和顶层供暖平面图应单独绘制。

在供暖平面图中，管线与墙身的距离不反映管道与墙身的实际距离，仅表示管道沿墙的走向，即使是明装管道也可绘制在墙身内，但应在施工说明中注明。

供热、回水管道不论管径大小，均用单线条表示。供热管用粗实线绘制，回水管用粗虚线绘制。管径用公称直径 DN 表示，供暖平面图主要表达供热干管、供暖立管、回水管道和散热器在室内的平面布置。

供暖系统图是运用正面斜等轴测投影原理，将房屋的长度、宽度方向作为 X、Y 方向；楼层高度作为 Z 方向，三个轴向伸缩系数均为1。

供热干管、立管用单根粗实线表示，回水干管用单根粗虚线表示。管道上的各种附件均用图例绘制。

4. 建筑供暖施工图图示内容

1）供暖平面图的图示内容（如图 6 - 26 所示）

供暖平面图主要表达供热干管、供暖立管、回水管道和散热器在室内的平面布置。基本内容包括：①建筑平面图（含定位轴线），与供暖设备无关的细部省略不画；②供暖管道系统的干管、立管、支管的平面位置，立管编号和管道安装方式；③散热器的位置、规格、数量及安装方式；④供暖干管上的阀门、固定支架等其他设备的平面位置；⑤管道及设备安装的预留洞、管沟等。

2）供暖系统图的图示内容（如图 6 - 27 所示）

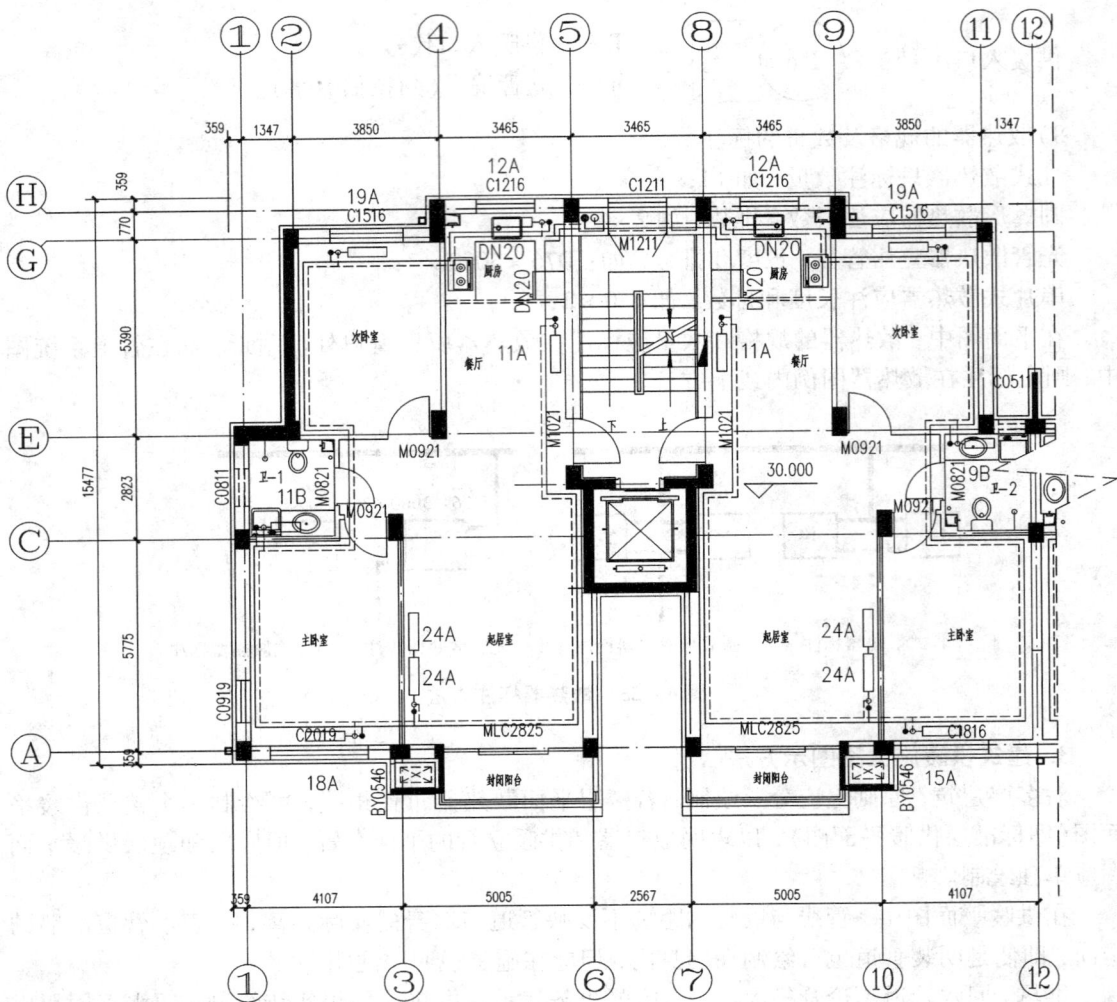

十一层供暖平面图 1:100

图 6-26 供暖平面图

供暖系统图主要表达管道系统从入口到出口的室内供暖管网系统、散热设备及主要附件的空间位置和相互关系。主要内容包括：①管道系统及入口系统编号；②房屋构件位置；③标注管径、坡度、管中心标高、散热器规格及数量、立管编号等。

5. 建筑供暖施工图阅读方法

供暖平面图和供暖管道系统图是建筑供暖施工图中最基本图样，两者必须互为对照和相互补充，进而将室内散热器和管道系统组合成完整的工程体系，明确各种散热器及其附属设备的具体位置和供暖管路在空间的布置情况。

1) 粗读各层供暖平面图

首先要搞清楚两个问题：

(1) 各层供暖平面图中，哪些房间有散热器和管道？供暖管道上附属设备其位置在何处？

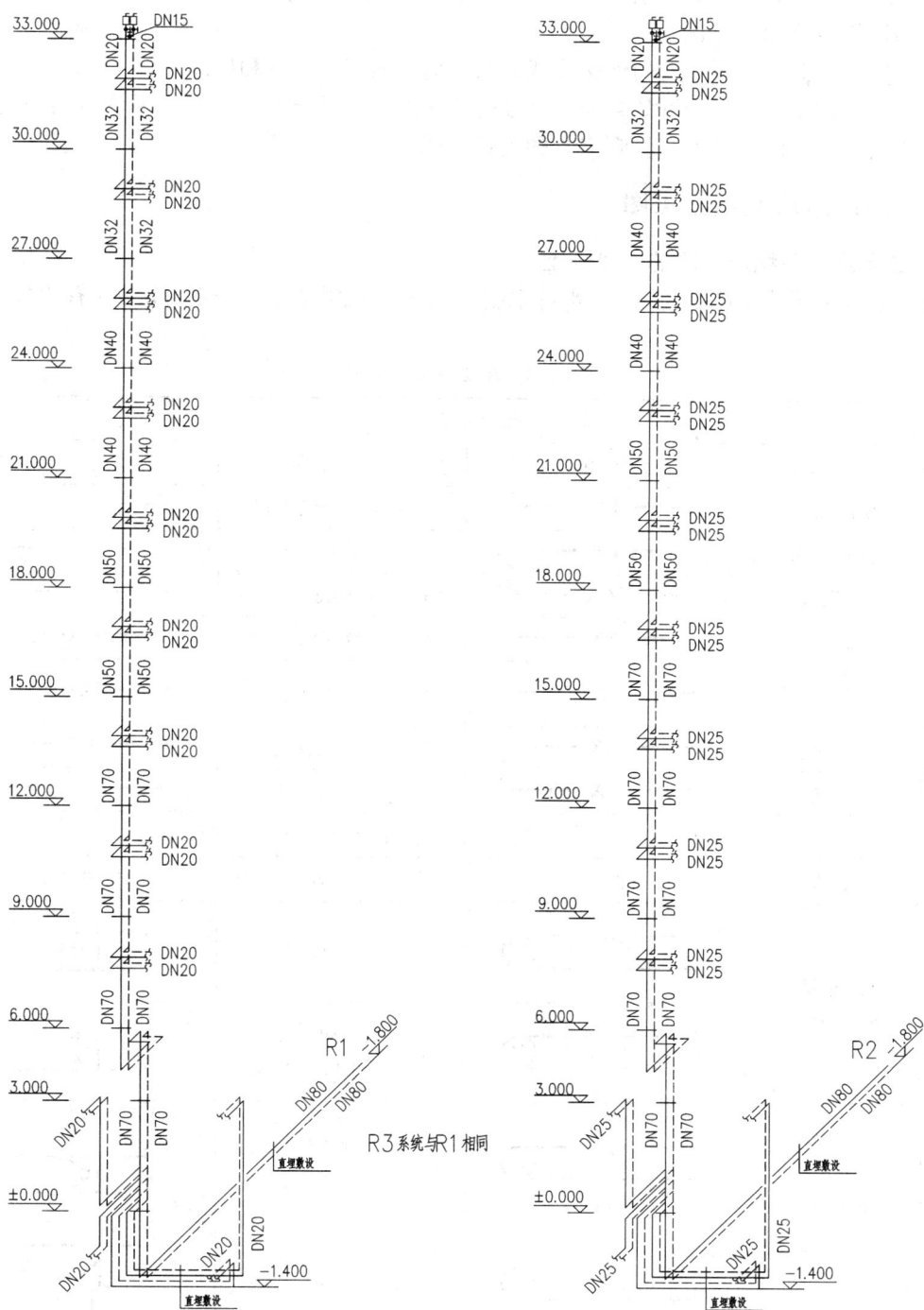

供暖系统图 1:100

图 6-27 供暖系统图

（2）供暖管道系统的入口与出口位置在何处？管沟位置在何处？

2）阅读供暖管道系统图

弄清楚散热器与供暖立管的连接形式以及各管段管径、坡度和标高。

从供暖管道系统入口处开始，按水流方向依次阅读：系统入口→供暖干管→供暖立管→支管→散热器。弄清散热器与供暖立管的连接形式。

6.3.2 建筑通风空调施工图

1. 通风空调系统施工图的一般规定

通风空调系统施工图应符合《给水排水制图标准》和《暖通空调制图标准》的有关规定。

表 6-4 施工图常用图例

一、水、汽管道代号

序号	名称	图例	序号	名称	图例
1	热供暖供水管	—— RG ——	8	空调供水管	—— LG ——
2	热供暖回水管	—— RH ——	9	空调回水管	—— LH ——
3	蒸汽管	—— ZX ——	10	空调冷凝水管	—— nX ——
4	凝结水管	—— NX ——	11	冷却供水管	—— LQG ——
5	膨胀水管、排污管	—— PX ——	12	冷却回水管	—— LQH ——
6	补给水管	—— GX ——	13	软化水管	—— RH ——
7	信号管	—— XX ——	14	盐水管	—— YS ——

二、风道、阀门及其附件图例

序号	名称	图例	序号	名称	图例
1	送风管、新(进)风管		15	蝶阀	
			16	手动对开式多叶调节阀	
2	回风管、排风管		17	电动对开式多叶调节阀	
			18	三通调节阀	
3	混凝土或砖砌风管		19	防火(调节阀)	

278

序号	名称	图例	序号	名称	图例
4	异径风管	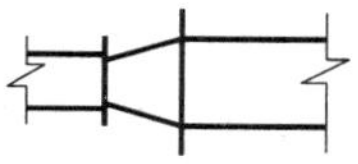	20	余压阀	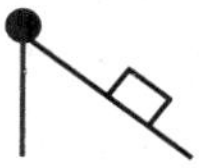
5	天圆地方	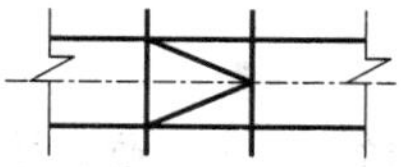	21	止回阀	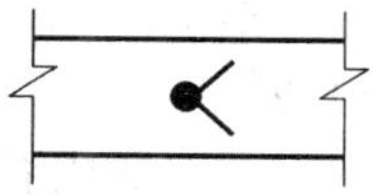
6	柔性风管	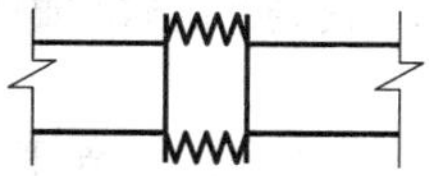	22	送风口	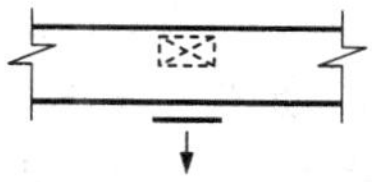
7	风管检查孔	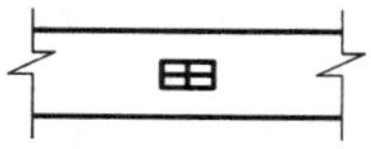	23	回风口	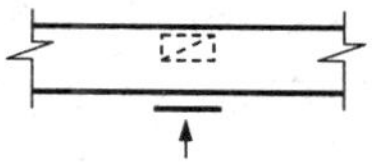
8	风管测定孔	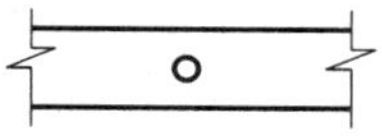	24	方形散流器	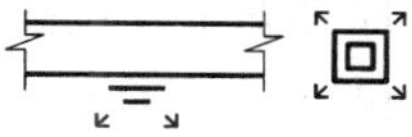
9	矩形三通	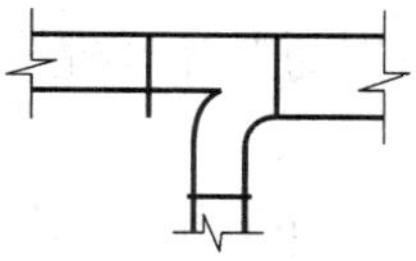	25	圆形散流器	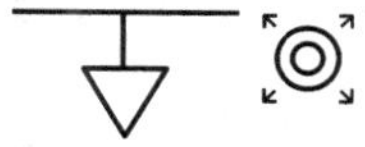
10	圆形三通	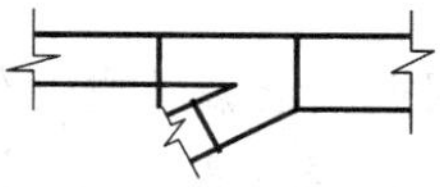	26	伞形风帽	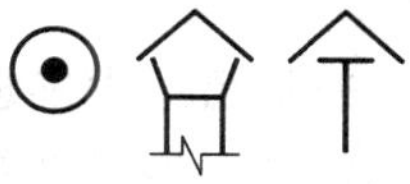
11	弯头	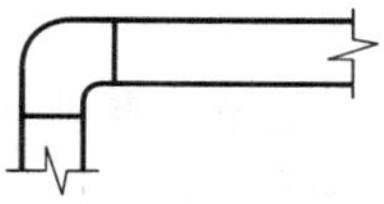	27	锥形风帽	
12	带导流片弯头	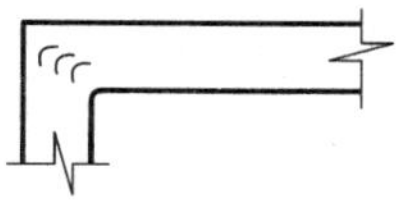	28	筒形风帽	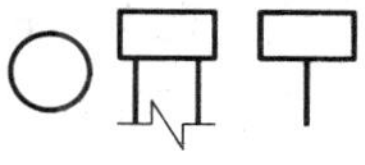
14	插板阀	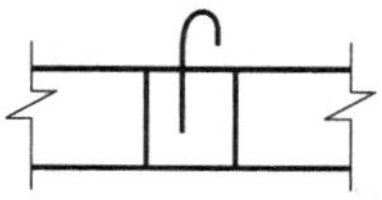			

　　矩形风管的标高标注在风管底,圆形风管为风管中心线标高;圆形风管的管径用 f 表示,如 f100,表示直径为 100 mm 的圆形风管;矩形风管用断面尺寸"长×宽"表示,如 200×400,表示长 200 mm、宽 400 mm 的矩形风管。

2.通风空调系统施工图的组成及内容

1)设计施工说明

设计施工说明主要介绍工程概况;系统采用的设计气象参数和室内设计计算参数;系统

的划分与组成；通风空调系统的形式、特点；风管、水管所用材料、连接方式、保温方法和系统试压要求；风管系统和水管系统的材料、加工方法、支架的安装要求及防腐要求。

系统调试和试运行方法和步骤及采用的施工验收规范等。

2）通风空调系统平面图

（1）通风空调系统平面图。

（2）通风空调机房平面图。

3）通风空调系统剖面图

剖面图上的内容应与在平面图剖切位置上的内容对应一致，并标注设备的高度及连接管道的标高。剖面图主要有系统剖面图、机房剖面图、冷冻机房剖面图及空调器剖面图等。

4）通风空调系统图

系统图较复杂时，可单独绘制风管系统和水系统图，可用单线条绘制，也可用双线条绘制。主要内容有系统的编号、系统中设备、配件的型号、尺寸、定位尺寸、数量及连接管道在空间的弯曲、交叉、走向和尺寸等。

5）空调系统原理图

原理图主要包括系统原理和流程；控制系统之间的相互关系；系统中的管道、设备、仪表、阀门及部件等。原理图不需按比例绘制。

3. 通风空调施工图的识读方法与步骤

（1）阅读图纸目录。根据图纸目录了解工程图纸的总体情况，包括图纸的名称、编号等情况。

（2）通过阅读设计施工说明可充分了解设计者的意图和工程概况，包括设计参数、设备种类等。

（3）从目录中确定并阅读有代表性的图纸。根据图纸编号找出有代表性的图纸。

（4）辅助性图纸的查阅。有些内容是平面图无法表示清楚的，就要根据平面图上的提示和图纸目录找出相关辅助性图纸进行对照阅读。

（5）其他内容的阅读。在了解整个工程系统的情况下，再进一步阅读施工设计说明、材料设备表及整套施工图纸，对每张图纸要反复对照去看，了解每一个施工安装的细节，从而达到完全掌握图纸的全部内容。

4. 识图举例

以某建筑通风空调系统为例，介绍识读方法。

某医院住院楼九层（产房）空调水管、空调风管平面图见图 6－28、图 6－29。

复习思考题

1. 给水排水施工图由哪几部分组成？

2. 供暖施工图和给水排水施工图有哪些相同和不同之处？

3. 如何识读水暖施工图？

4. 通风空调系统施工图包括哪些内容？

5. 怎样识读通风空调施工图？

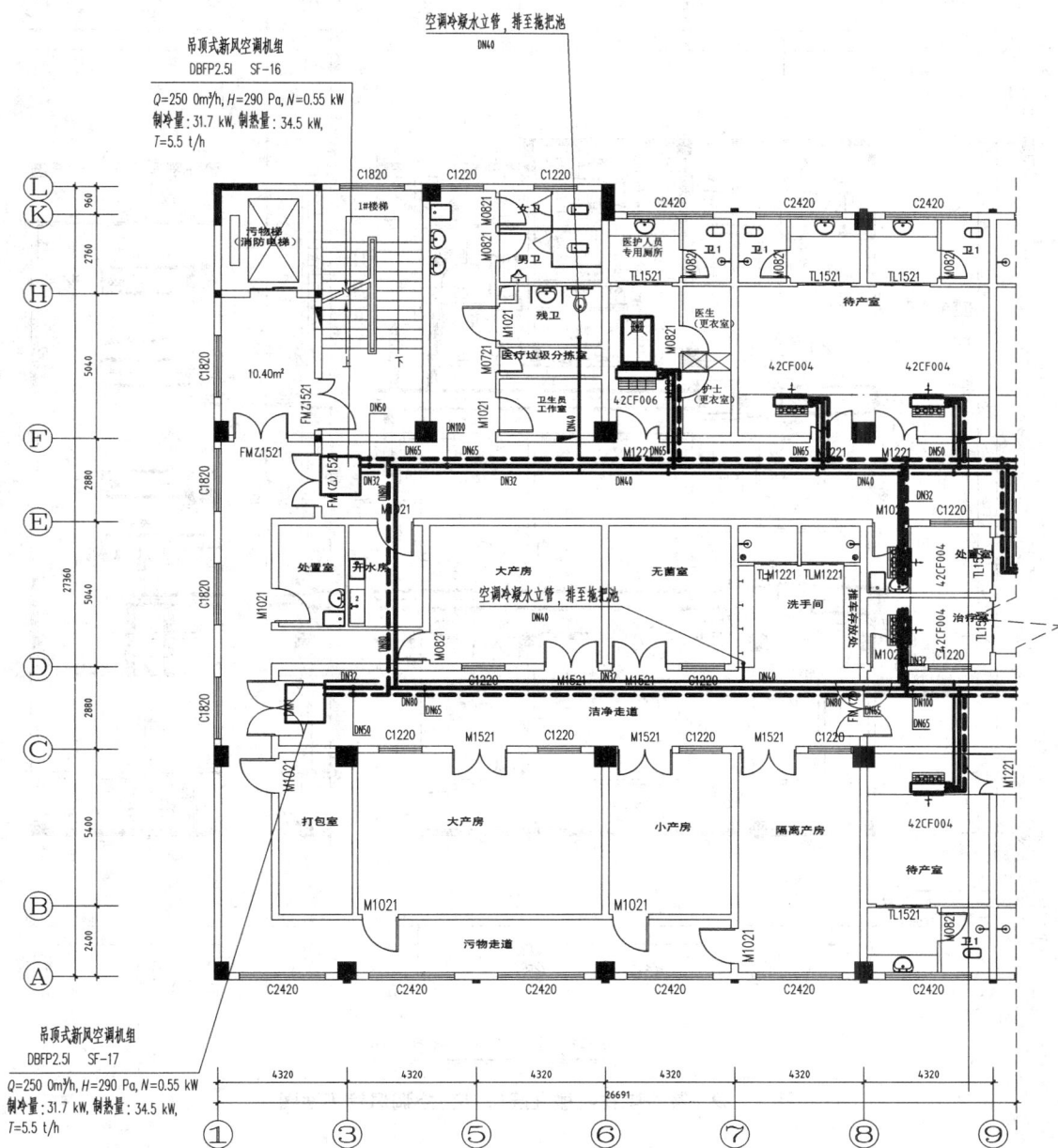

九层(产房)空调水管平面图 1:100

图 6-28 某医院住院楼九层(产房)空调水管平面图

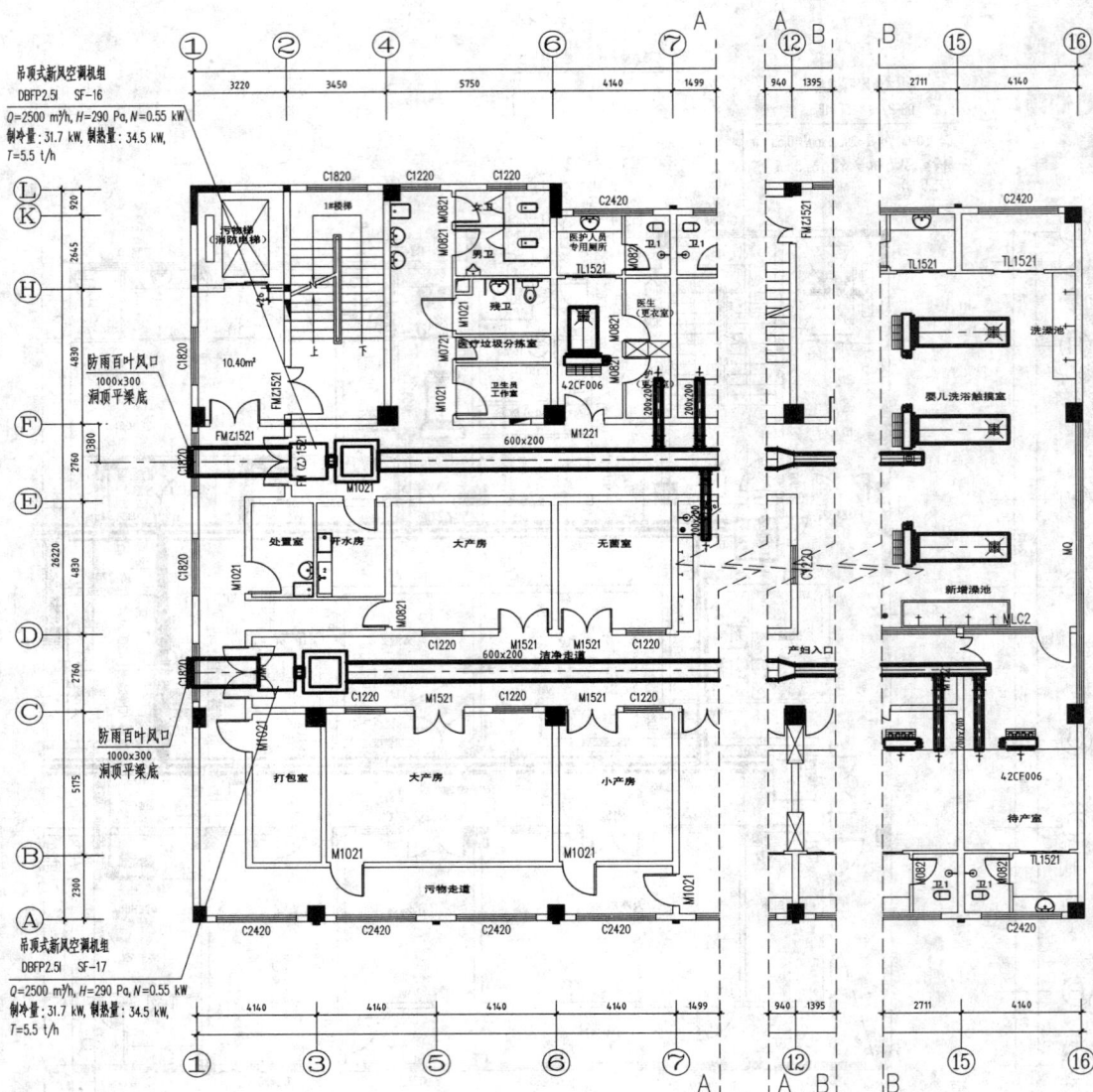

九层（产房）空调风管平面图 1:100

图6-29 某医院住院楼九层（产房）空调风管平面图

6.4 建筑电气工程施工图

6.4.1 电气工程施工图概述

建筑物内利用电工技术和电子技术实现某些功能以满足人们需求的一切电工、电子设备和系统，统称建筑电气设备系统。

建筑电气设备系统的内容十分广泛，种类繁多，一般可以分为供配电系统和用电系统，其中根据用电设备的不同又可以将用电系统分为建筑电气照明系统、建筑动力系统和建筑弱电系统。

建筑电气工程图主要是用来说明建筑中电气工程的构成和功能,描述电气装置的工作原理,提供安装技术数据和使用维护依据。

电气施工图的种类:电气施工图包括系统图、平面图(剖面图)、电路图和接线图等四种。

系统图用来表示各种系统的基本组成、相互关系及其主要特征,供了解设备或装置的总体概况。

平面图(剖面图)用来详细、具体地标注各种电气成套装置、设备、组件和元件的实际位置,电气线路的具体走向,电气设备的型号、安装方式,线路敷设方式等。它是系统图实际位置的具体体现,是施工安装的主要依据。

电路图用来表示电路、设备或成套装置的组成、连接关系和作用原理,为调整、安装和维修提供依据。电路图有一次电路(也叫"主电路")和二次电路(也叫"控制电路")之分。主电路用来表示电源供配电以及电动机主电路情况,控制电路包括控制、保护、测量和信号等线路,电路图包括各种弱电系统的原理电路。

接线图,也叫"安装接线图",用来表示电路元件、电气设备的实际接线方式、实际(相对)安装位置等。

通常,系统图和平面图相对应,电路图和接线图相对应。

所有电气施工图上的图形符号、文字符号以及制图方式,均按有关国家标准。

1. 建筑电气系统

现代建筑物中,为了满足生活、工作、生产用电而安装的与建筑物本体结合在一起的各类电气设备,称为电气系统。主要包括五个部分:

1)变电与配电系统

建筑物内各类用电设备,一般使用低电压即380 V以下,对使用高压线路(10 kV以上)的独立建筑物就需自备变压设备,并装设低压配电装置。

2)动力设备系统

建筑物内的动力设备如电梯、水泵、空调设备等,这些设备及其供电线路、控制电路、保护继电器等组成动力设备系统。

3)电气照明系统

利用电能转变成光能进行人工照明的各种设施,主要由照明电光源、照明线路和照明灯具组成。

4)避雷和接地系统

避雷装置是将雷电泄入地,使建筑物免遭雷击;用电设备不应带电的金属部分需要接地装置。

5)弱电系统

主要用于信号传输,如电话系统、有线电视系统、闭路监视系统、计算机网络系统等构成弱电系统。

2. 室内电气照明一般知识

对用电量不多的建筑可采用220 V单相二线制供电系统,对较大的建筑或厂房常采用三相四线制供电系统。

照明线路供电电压通常采用380/220 V的三相四线制供电,即由用户配电变压器的低压侧引出三根相线和一根零线。

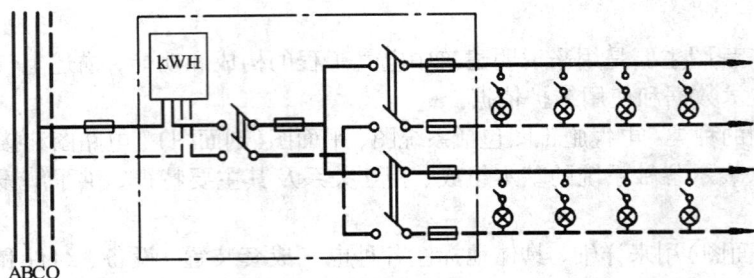

接线图

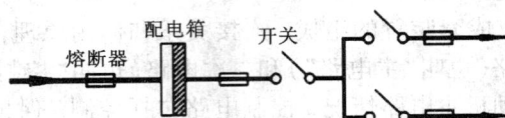

系统图

220V单相二线制供电系统

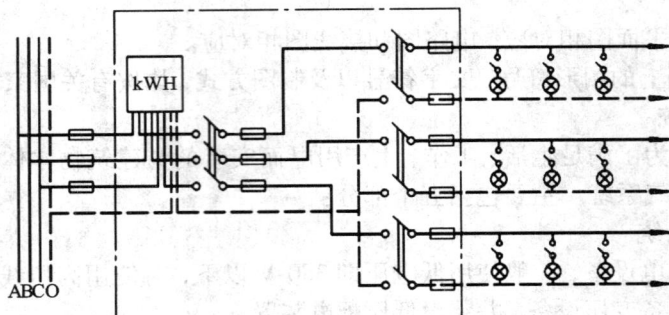

接线图

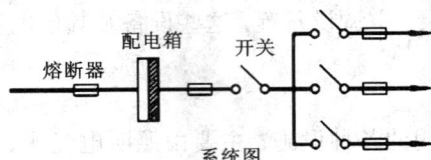

系统图

380/220V三单相四线制供电系统

图6-30 照明系统配电

接户线——从室外的低压架空线上接到用电建筑外墙上铁横担的一段导线。

进户线——从铁横担到室内配电箱的一段导线,是室内供电起点。

配电箱——是接受和分配电能的装置,内部装有记录用电量的电度表,进行总控制的总开关和总保护熔断器以及各分支线路的分开关和分路保护熔断器。

室内电器照明线路的敷设有明线布置和暗线布置两种方法。

(1)明线布置是指用绝缘的槽板、瓷夹、线夹等将导线牢固地固定在建筑物的墙面或天棚的表面。

(2)暗线布置是指将塑料管或金属管预设在建筑物的墙体内、楼板内或天棚内,然后再将导线穿入管中。

灯具开关有明装和暗装两类,按其构造分有单联、双联和三连开关。开关应安装在火线上,利用开关控制线路上的各种灯具或其他用电设备。电器照明的基本线路的接线方式如图6-31所示。

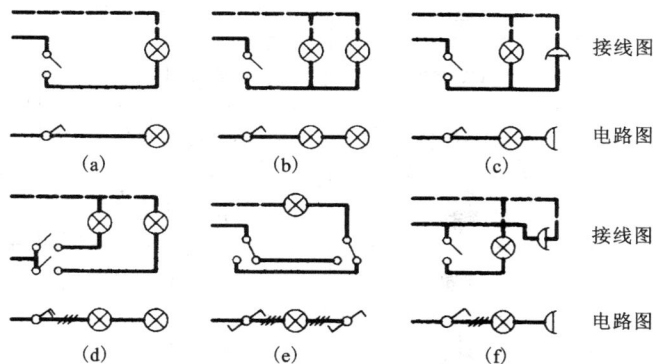

图6-31　照明系统基本线路接线方式

(a)一只单联开关控制一盏灯;(b)一只单联开关控制两盏灯;
(c)一只单联开关控制一盏灯和一个插座;(d)两只单联开关分别控制两盏灯;
(e)两只双联开关异地控制一盏灯;(f)一只单联开关控制一盏灯,但不控制插座

3. 电气施工图的分类

电气施工图主要包括供电平面图和供电系统图。

(1)供电平面图主要标明各种电气线路,如照明、动力、电话、电视等线路的走向、型号、数量、敷设位置及方法,配电箱、控制开关、插座等控制设备位置的平面布置图。

(2)供电系统图主要表明供电系统的接线原理。

6.4.2　电气照明施工图一般规定

1. 图线

建筑物的轮廓线用细实线绘制,电路中主回路线用粗实线绘制,以突出表达室内的电气线路的平面布置。

2. 比例

室内供电平面图采用与建筑平面图相同的比例;与建筑物无关的其他电气施工图,可任选比例或不按比例示意性绘制。

3. 图例符号

建筑电器施工图是用电气图例和规定代号表示的,电气符号包括图形符号、电工设备文字符号和电工系统图的回路标号三种。

1)电气图形符号

国标规定的常用图例如表6-5所示。

表 6 – 5　电气照明常用图例

名　称	图　例	名　称	图　例
配电箱	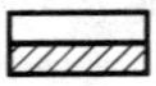	电度表	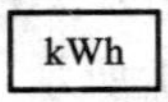 kWh
接地线		灯具的一般符号	 ⊗
熔断器		荧光灯管	
墙上灯座		暗装双联开关	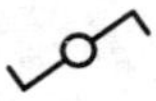
壁灯		拉线开关	
吸顶灯		向上引线	
明装单相双极插座		自下引线	
暗装单相双极插座		向下引线	
暗装单相三极插座		自下向上引线	
暗装三相四极插座		向下并向上引线	
电源引入线		自上向下引线	
暗装单极开关		一根导线	
明装单极开关	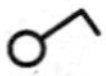	两根导线	
暗装双极开关		三根导线	
暗装三极开关		四根导线	
暗装四极开关		n 根导线	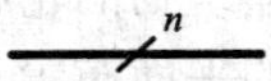

2)电工设备文字符号

电工设备符号用来表明系统中设备、装置、元件、部件及线路的名称、性能、作用、位置和安装方式。

(1)在配电线路上的标注格式为：

$$a - b(c \times d + c \times d)e - f$$

其中：a 为回路编号；d 为导线截面；b 为导线型号代号；e 为敷设方式代号及穿管管径；c 为导线根数；f 为敷设部位代号。

在配电线路上，常用的导线型号、铺设方式和铺设部位的代号及含义见表 6 – 6。

表6-6 导线表示方法

线路文字符号			导线敷设方式的标注		
名称	文字符号		名称	文字符号	
	单	双		新	旧
控制线路		WC	明敷设	E	M
电力线路	W	WP	暗敷设	C	A
广播线路		WB	电线管	MT	T 或 DG
直流线路		WD	焊接钢管	SC	S 或 G,GG
电话线路	W	WF	硬塑料管	PC	VG、SG 或 PVC
电视线路		WV	阻燃半硬塑料管	FPC	RVG 或 P
照明线路		WL	塑料波纹电线管	FPC	RVG 或 P
应急线路	W	WE	金属软管	CP	F 或 SPC
插座线路		WX	金属线槽	MR	MR 或 XC
导线敷设部位的标注			塑料线槽	PR	PR 或 XC
名称	文字符号		塑料线卡	PL	XQ
	新	旧	钢索	M	M
地面地板	E	D	瓷绝缘子	K	K 或 CP
梁(屋架)	B	L	桥架	CT	CT
构架	R	CJ	电缆沟	TC	无
墙	W	Q	直接埋设	DB	无
柱	C	Z	铝线卡	AL	QD
吊顶内敷设	SCE	SC 或 DD			
顶棚	CE	P			

在施工图上应标出线路的功能、规格、敷设方式与位置等特征。

如：WL3 - BV - 4 * 16 SC50 - FC/WC

表明 3 号照明线路，采用 4 根聚氯乙烯绝缘(铜芯)导线。单根线芯截面为 16 mm^2，穿直径 50 mm 厚壁钢管(焊接钢管)，在地面下/墙内暗敷设。

(2)照明灯具的标注格式：

$$a - b \frac{c \times d \times L}{e} f$$

式中：a 为灯具数量；b 为灯具型号或编号；c 为灯泡（管）数量；d 为灯泡（管）容量；e 为安装高度；f 为灯具安装方式；L 为光源种类。

在施工图上采用图形与文字符号相结合的方法表示照明器具。其中光源种类、灯具类型、安装方式见表 6-7。

表 6-7　常用照明器具的一般标准符号

项目	名称	符号	名称	符号	名称	符号
电光源种类	氖灯	Ne	氙灯	Xe	弧光灯	Arc
	钠灯	Na	汞灯	Hg	红外线灯	IR
	碘钨灯	I	白炽灯	IN	发光二极管	LED
	荧光灯	FL	电发光灯	EL	紫外线灯	Uv
灯具类型	普通吊灯	P	防爆灯具	B	公共场所灯具	Z
	船用灯具	C	民用建筑类灯具	M	农用灯具	N
	工矿一般灯具	G	医疗灯具	Y	陆上变通灯具	L
灯具安装方式	链吊安装	Ch（旧 C, CS, L）	线吊式安装	CP（老 SW、WP）	吸顶嵌入式	DR
	管吊安装	DS（旧 P）	支架上安装	SP（旧 S）	柱上安装式	CL（旧 Z）
	吸顶式	S（旧 D, -）	座装	HM	顶棚内安装	CR
	嵌入式	R	壁装式	Y（旧 W, B）	台上安装式	T

如：$4-H\dfrac{2\times40IN}{3}C$ 表示有 4 盏花灯，每盏灯具有 2 个 40 W 的白炽灯泡，安装高度为 3 m，采用链吊式安装。$2-Y\dfrac{1\times40}{-}$ 则表示 2 盏荧光灯，单管 40 W 的灯管，吸顶安装。

3）照明配电箱的标注

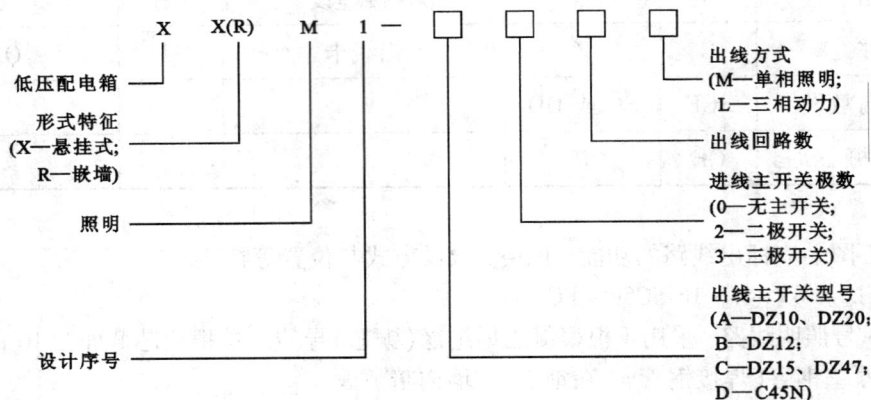

例如：型号为 XRM1-A312M 的配电箱，表示该照明配电箱为嵌墙安装，箱内装设一个型号为 DZ20 的进线主开关，单相照明出线开关 12 个。

4）开关及熔断器标注格式

$$a\,\frac{b}{c/i}\,或\,a—b—c/i$$

若需要标注引入线的规格时为

$$a\,\frac{b-c/i}{d(e\times f)-g}$$

式中：a 为设备编号；b 为设备型号；c 为额定电流，A；i 为整（镇）定电流，A；d 为导线型号；e 为导线根数；f 为导线截面，mm^2；g 为导线敷设方式及部位。

如：开关标注为 m3－（DZ20Y－200）－200/200

表示设备编号为 m3，开关的型号为 DZ20Y－200，额定电流为 200 A 的低压空气断路器，断路器的整定电流值为 200 A。

又如：$m3\,\dfrac{DZ20Y-200-200/200}{BV\times(3\times50)K-BE}$

表示设备编号为 m3，开关型号为 DZ20Y－200，额定电流为 200 A 的低压空气断路器，断路器的整定电流值为 200 A，引入导线为塑料绝缘铜线，三根 50 mm^2，用悬式绝缘端子沿屋架敷设。

6.4.3　建筑电气照明平面图

建筑物部分的平面图，均使用细实线绘制，用单根粗实线绘制本层的电气线路，电气线路上导线的根数用斜短线表示。若楼层电气线路布置相同时，可用标准层处理。

电气线路上的各种灯具、插座等用电气图例符号表示，其规格、安装方式、安装位置等用规定标记标识。

配电线路应按规定格式进行标注，以表明线路导线的型号、规格、数量敷设方式和敷设位置。照明灯具也应按规定格式标注其数量、型号、容量、安装高度及安装方式。

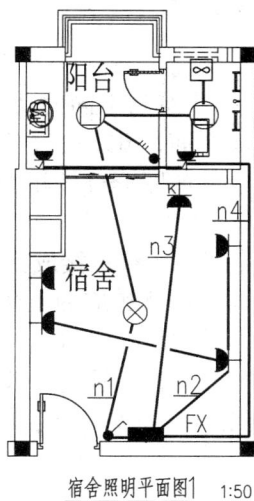

宿舍照明平面图1　1:50

图 6－32　照明平面图

6.4.4 电气照明供电系统图

照明系统图是根据用电量和配电方式画出的，它是表明建筑物内配电系统的组成与连接的示意图，通常用粗实线绘制，不表示电气设备的具体安装位置，没有比例关系，不按比例绘制。从系统图可以看到配电装置，配电线路的连接情况及所有导线的型号、截面、铺设方式、套管管径和用电总容量。

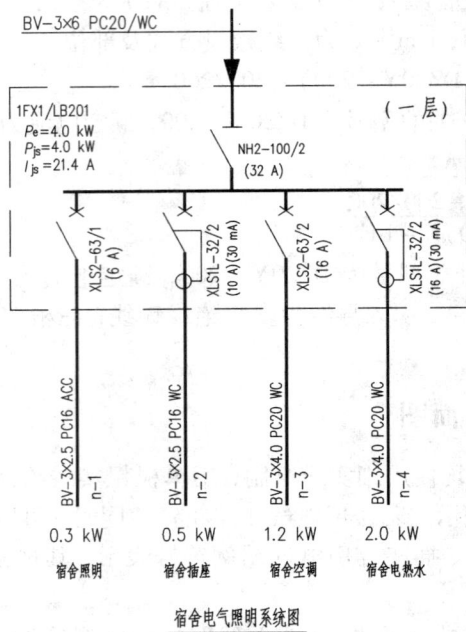

宿舍电气照明系统图

图 6 - 33　照明系统图

6.4.5 电气施工图的组成及阅读方法

1. 电气工程图的特点

电气施工图所涉及的内容往往根据建筑物不同的功能而有所不同，主要有建筑供配电、动力与照明、防雷与接地、建筑弱电等方面，用以表达不同的电气设计内容。

（1）建筑电气工程图大多是采用统一的图形符号并加注文字符号绘制而成的。

（2）电气线路都必须构成闭合回路。

（3）线路中的各种设备、元件都是通过导线连接成为一个整体的。

（4）在进行建筑电气工程图识读时应阅读相应的土建工程图及其他安装工程图，以了解相互间的配合关系。

（5）建筑电气工程图对于设备的安装方法、质量要求以及使用维修方面的技术要求等往往不能完全反映出来，所以在阅读图纸时有关安装方法、技术要求等问题，要参照相关图集和规范。

2. 电气施工图的组成

1）图纸目录与设计说明

包括图纸内容、数量、工程概况、设计依据以及图中未能表达清楚的各有关事项。如供电电源的来源、供电方式、电压等级、线路敷设方式、防雷接地、设备安装高度及安装方式、工程主要技术数据、施工注意事项等。

2）主要材料设备表

包括工程中所使用的各种设备和材料的名称、型号、规格、数量等，它是编制购置设备、材料计划的重要依据之一。

3）系统图

如变配电工程的供配电系统图、照明工程的照明系统图、电缆电视系统图等。系统图反映了系统的基本组成、主要电气设备、元件之间的连接情况以及它们的规格、型号、参数等。

4）平面布置图

平面布置图是电气施工图中的重要图纸之一，如变、配电所电气设备安装平面图、照明平面图、防雷接地平面图等，用来表示电气设备的编号、名称、型号及安装位置、线路的起始点、敷设部位、敷设方式及所用导线型号、规格、根数、管径大小等。通过阅读系统图，了解系统基本组成之后，就可以依据平面图编制工程预算和施工方案，然后组织施工。

5）控制原理图

包括系统中各所用电气设备的电气控制原理，用以指导电气设备的安装和控制系统的调试运行工作。

6）安装接线图

包括电气设备的布置与接线，应与控制原理图对照阅读，进行系统的配线和调校。

7）安装大样图（详图）

安装大样图是详细表示电气设备安装方法的图纸，对安装部件的各部位注有具体图形和详细尺寸，是进行安装施工和编制工程材料计划时的重要参考。

3. 电气施工图的阅读方法

1）熟悉电气图例符号，弄清图例、符号所代表的内容

常用的电气工程图例及文字符号可参见国家颁布的《电气图形符号标准》。

2）针对一套电气施工图，一般应先按以下顺序阅读，然后再对某部分内容进行重点识读

（1）看标题栏及图纸目录。了解工程名称、项目内容、设计日期及图纸内容、数量等。

（2）看设计说明。了解工程概况、设计依据等，了解图纸中未能表达清楚的各有关事项。

（3）看设备材料表。了解工程中所使用的设备、材料的型号、规格和数量。

（4）看系统图。了解系统基本组成，主要电气设备、元件之间的连接关系以及它们的规格、型号、参数等，掌握该系统的组成概况。

（5）看平面布置图。如照明平面图、防雷接地平面图等。了解电气设备的规格、型号、数量及线路的起始点、敷设部位、敷设方式和导线根数等。平面图的阅读可按照以下顺序进行：电源进线总配电箱干线支线分配电箱电气设备。

（6）看控制原理图。了解系统中电气设备的电气自动控制原理，以指导设备安装调试工作。

（7）看安装接线图。了解电气设备的布置与接线。

（8）看安装大样图。了解电气设备的具体安装方法、安装部件的具体尺寸等。

3）抓住电气施工图要点进行识读

在识图时，应抓住要点进行识读，如：

（1）在明确负荷等级的基础上，了解供电电源的来源、引入方式及路数；

（2）了解电源的进户方式是由室外低压架空引入还是电缆直埋引入；

（3）明确各配电回路的相序、路径、管线敷设部位、敷设方式以及导线的型号和根数；

（4）明确电气设备、器件的平面安装位置。

4）结合土建施工图进行阅读

电气施工与土建施工结合得非常紧密，施工中常常涉及各工种之间的配合问题。电气施工平面图只反映了电气设备的平面布置情况，结合土建施工图的阅读还可以了解电气设备的立体布设情况。

5）熟悉施工顺序，便于阅读电气施工图

如识读配电系统图、照明与插座平面图时，就应首先了解室内配线的施工顺序。

（1）根据电气施工图确定设备安装位置、导线敷设方式、敷设路径及导线穿墙或楼板的位置；

（2）结合土建施工进行各种预埋件、线管、接线盒、保护管的预埋；

（3）装设绝缘支持物、线夹等，敷设导线；

（4）安装灯具、开关、插座及电气设备；

（5）进行导线绝缘测试、检查及通电试验；

（6）工程验收。

6）识读时，施工图中各图纸应协调配合阅读

对于具体工程来说，为说明配电关系时需要有配电系统图；为说明电气设备、器件的具体安装位置时需要有平面布置图；为说明设备工作原理时需要有控制原理图；为表示元件连接关系时需要有安装接线图；为说明设备、材料的特性、参数时需要有设备材料表等。这些图纸各自的用途不同，但相互之间是有联系并协调一致的。在识读时应根据需要，将各图纸结合起来识读，以达到对整个工程或分部项目全面了解的目的。

7）电气工程系统图的识读

识读程序：先看图纸目录，再看施工说明；了解图例符号，系统结合平面。

识读要点：

（1）供电方式和相数：高压还是低压供电，单相还是三相。

（2）进户方式：电杆进户、沿墙边埋角钢进户、地下电缆进户。

（3）线路分配情况。

（4）线路敷设方式：绝缘子布线、管子布线、线槽布线、电缆布线等。

（5）照明设备器具的布置：安装高度及平面位置。

（6）接地防雷情况。

（7）识读顺序：进户线 → 总配电箱 → 干线 → 分配电箱 → 支线 → 用电设备。

复习思考题

1. 建筑电气工程施工图有哪些？

2. 试画出常用电气照明控制线路的图。

3. 试用文字标注方式列出你所在教室的照明灯具。

4. 如何阅读电气工程施工图？

主要参考文献

［1］王继明等. 建筑设备（第2版）. 北京：中国建筑工业出版社，2007

［2］景星蓉. 管道工程施工与预算（第2版）. 北京：中国建筑工业出版社，2005

［3］汤万龙，刘玲. 建筑设备安装识图与施工工艺. 北京：中国建筑工业出版社，2004

［4］蔡秀丽，鲍东杰. 建筑设备工程. 北京：科学出版社，2007

［5］马铁椿. 建筑设备. 北京：高等教育出版社，2003

［6］孙光远. 建筑设备与识图. 北京：高等教育出版社，2005

［7］李永喜. 建筑设备工程. 武汉：湖北科学技术出版社，2012

图书在版编目（CIP）数据

建筑设备工程／吕东风,常爱萍主编. —长沙：中南大学出版社,
2013.8（2020.1 重印）

ISBN 978 - 7 - 5487 - 0799 - 8

Ⅰ.建… Ⅱ.①吕…②常… Ⅲ.房屋建筑设备－高等职业
教育－教材 Ⅳ.TU8

中国版本图书馆 CIP 数据核字（2013）第 020899 号

建筑设备工程
（第 2 版）

吕东风 常爱萍 主编

□**责任编辑** 周兴武

□**责任印制** 易建国

□**出版发行** 中南大学出版社

社址：长沙市麓山南路 邮编：410083

发行科电话：0731 - 88876770 传真：0731 - 88710482

□**印 装** 湖南省众鑫印务有限公司

□**开 本** 787 mm×1092 mm 1/16 □**印张** 19 □**字数** 474 千字

□**版 次** 2016 年 2 月第 2 版 □2020 年 1 月第 3 次印刷

□**书 号** ISBN 978 - 7 - 5487 - 0799 - 8

□**定 价** 47.00 元